21世纪高职高专规划教材

·机·械·基·础·系·列·

机械基础

刘 韬 主编

陈晓娟 周 全 副主编

清华大学出版社

北京

内容简介

为突出职业教育的特色与理念，本书将工程力学、工程材料、机械原理与机械零件三门课程的经典内容与最新成果进行了优化整合，强化了工程应用，突出了实践能力与创新思维能力的培养。

本书共分三篇11章，主要内容包括静力学、材料力学、常用工程材料、常用机构、联接、挠性传动、齿轮传动、轮系、机械中的支承部件、减速器、联轴器和离合器等。

本书可供高职高专机械类、机电类及近机类相关专业教学使用，也可作为成人高校教学用书及相关专业的工程技术人员参考用书。

图书在版编目 CIP 数据

机械基础/刘韬主编. —北京：清华大学出版社，2012.9 (2021.1重印)
(21世纪高职高专规划教材. 机械基础系列)
ISBN 978-7-302-27102-4

Ⅰ. ①机… Ⅱ. ①刘… Ⅲ. ①机械学—高等职业教育—教材 Ⅳ. ①TH11

中国版本图书馆 CIP 数据核字(2011)第210705号

责任编辑：贺志洪
封面设计：常雪影
责任校对：袁 芳
责任印制：吴佳雯

出版发行：清华大学出版社
网 址：http://www.tup.com.cn，http://www.wqbook.com
地 址：北京清华大学学研大厦A座 **邮 编**：100084
社 总 机：010-62770175 **邮 购**：010-62786544
投稿与读者服务：010-62776969，c-service@tup.tsinghua.edu.cn
质量反馈：010-62772015，zhiliang@tup.tsinghua.edu.cn
课件下载：http://www.tup.com.cn，010-62795764
印 装 者：三河市龙大印装有限公司
经 销：全国新华书店
开 本：185mm×260mm **印 张**：18.5 **字 数**：461千字
版 次：2012年10月第1版 **印 次**：2021年1月第10次印刷
定 价：48.00元

产品编号：044402-02

前　言

随着职业教育改革的不断深化，课程体系改革越来越注重学生技能目标的培养，这就要求相关的基础课程、专业课程设置打破传统课程结构的封闭性，调整、优化、重组相关课程，减少课程间不必要的重复，加强其联系，从而促进理论与实践、基础课与专业课之间的紧密结合，突出学生专业技能的培养。

本着“重在实用，淡化理论，够用为度”的指导思想，编者将工程力学、机械工程材料、机械设计这三大联系较为密切的机械专业的基础课程的内容进行了融合，并结合课程实际情况和教学实践、工程实践的经验，将上述三门课程整合成《机械基础》一门课程，编写了本教材。

教材在编写过程中将工程力学、机械工程材料和机械设计的经典内容及最新成果，按照教学的科学性、自适应性、可接受性和循序渐进性等教育教学规律优化组合，文字表达上力求简单易懂，在保证基本理论的前提下，简化甚至舍去了烦琐的理论推导和复杂的数据计算，强调经验的归纳和总结，增加了更多典型习题与案例的讲解，突出了实用性和综合性，侧重于学生基本技能的训练和综合能力的培养。同时，教材在每一小节前注明了该节的学习目标，可帮助学生更好地明确与掌握各项基本知识与技能。

本教材适用学时为 100～120，少学时的教学内容可根据需要选择内容。本书可供高职高专机械类、机电类及近机类相关专业教学使用，也可作为成人高校教学用书及相关专业的工程技术人员参考用书。

参加本书编写的有湖南交通职业技术学院刘韬（绪论、第 4、7 章）、陈晓娟（第 1、2 章），湖南工业职业技术学院周全（第 5、6 章），长沙理工大学李战慧（第 3 章、附录），湖南交通职业技术学院李志明（第 8、10 章）、周永洪（第 9 章）、刘政（第 11 章）。全书由刘韬任主编，陈晓娟、周全任副主编。

湖南交通职业技术学院张斌副教授主审了本书，并对全书的编写提出了许多宝贵意见。本书在编写过程中参阅了有关院校、工厂、科研单位的教材、资料和文献，得到了中南大学胡军科教授、中联重科谢平高级工程师等专家的大力帮助，在此一并表示衷心的感谢。

限于编者的水平有限，书中错误和欠妥之处在所难免，恳请各位专家、同仁和广大读者批评指正。

编　者

2012 年 5 月

目 录

第3篇 机械原理与机械零件

绪 论

机械是人类在长期的生活、实践中创造和发展起来的。它为国民经济各个部门和国防建设提供技术装备，为航空、航天工业、核能源工业、海洋开发等尖端技术部门提供技术装备，同时也为人民日常生活提供各种消费品。机械化生产是现代生产的主要方式，随着科学技术的不断发展，机械的发展程度已经成为衡量一个国家技术水平和现代化程度的重要标志之一。作为一名工程技术人员，学习和掌握一定的机械基础知识是极为必要的。

1. 课程的研究对象

本课程研究的对象是机械，它是机器和机构的统称。

人们在日常生活和工程实际当中广泛使用的各类机车、洗衣机、电动机、内燃机、切削机床、工程机械等都是机器，它们或是实现确定的机械运动，做有用的机械功，如机车、洗衣机等；或者能转换能量，如电动机、内燃机等；或者能传递物料、信息等，如机械手、照相机等。

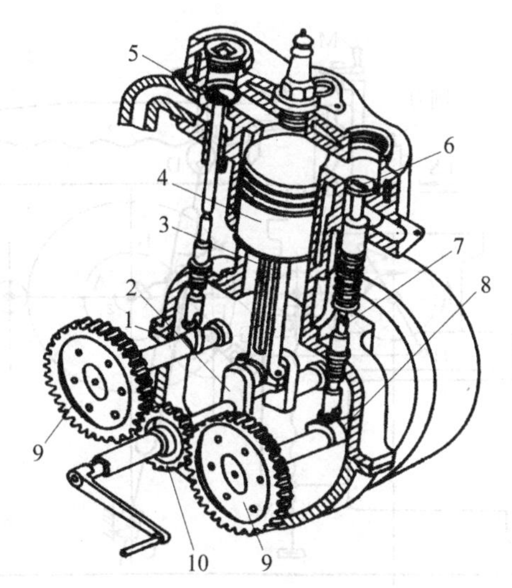

图 0-1 单缸内燃机

1—汽缸体；2—曲柄；3—连杆；4—活塞；5—进气阀；6—排气阀；7—推杆；8—凸轮；9、10—齿轮

机器的种类很多，构造、用途各不相同，但一部机器都由若干个机构组合而成，共同联合工作而实现预定的工作要求，都具有一些共同的特征。下面分析两个机器的实例。

图 0-1 所示的单缸内燃机，它由机架(汽缸体)1、曲柄 2、连杆 3、活塞 4、进气阀 5、排气阀 6、推杆 7、凸轮 8 和齿轮 9、10 组成。当燃烧的气体推动活塞 4 作往复运动时，通过连杆 3 使曲柄 2 作连续转动，从而将燃气的压力能转换为曲柄的机械能。齿轮、凸轮和推杆的作用是按一定的运动规律按时开闭阀门，完成吸气和排气。这种内燃机中有三种机构：①曲柄滑块机构，由活塞 4、连杆 3、曲柄 2 和汽缸体 1 构成，作用是将活塞的往复直线运动转换成曲柄的连续转动；②齿轮机构，由齿轮 9、10 和汽缸体 1 构成，作用是改变转速的大小和方向；③凸轮机构，由凸轮 8、推杆 7 和汽缸体 1 构成，作用是将凸轮的连续转动变为推杆的往复移动，完成有规律地启闭阀门的工作。

图 0-2 所示的牛头刨床中，有带传动机构(图中未画出)、齿轮机构，它们主要用于实现运动速度的改变，将电动机的高速变为工作机所需的较低的转速；曲柄导杆机构，将大齿轮的转动变为刨刀的往复运动，并满足工作行程等速、非工作行程急回的要求；曲柄摇杆机构和棘轮机构保证工作台的进给，三个螺旋机构 M_1、M_2、M_3 分别完成刀具的上下、工作台的上下及刀

具行程的位置调整功能。

从以上两例可以看出，机器具有以下三个共同特征。

(1) 都是一种人为的实物组合。

(2) 各个实物之间具有确定的相对运动。

(3) 能代替或减轻人类的劳动，完成有用的机械功(如车床、汽车等)或完成能量的转换(如内燃机、电动机、发电机等)。

以上机器中的齿轮机构、凸轮机构、棘轮机构、带传动机构、曲柄滑块机构、曲柄导杆机构等机构具有前两个特征，但不具备第三个特征。它们在机器中的主要作用是传递运动和动力，实现运动形式或速度的变化。机构是机器的重要组成部分，用以实现机器的动作要求。一部机器可能只包含有一个机构，如电动机；也可由若干个机构所组成。

机器与机构的根本区别在于：机构的主要职能是传递运动和动力，而机器的主要职能除传递运动和动力外，还能转换机械能或完成有用的机械功。但从运动的观点来看，机器与机构并无差别，所以，通常人们将机器与机构统称为"机械"。

组成机械的各个相对运动的实体称为构件，机械中不可拆的制造单元称为零件。构件可以是一个单独的零件，如内燃机中的曲柄 2；也可以是多个零件组成的组合体，如内燃机中的连杆 3 就是多个零件组成的刚性整体，各零件之间没有相对运动，如图 0-3 所示。构件与零件的根本区别在于：构件是运动的单元，而零件是制造的单元。

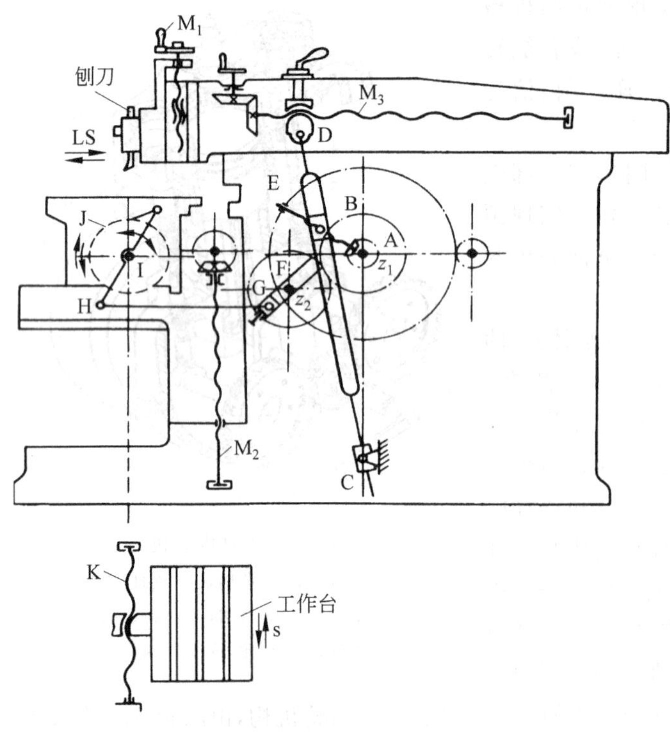

图 0-2 牛头刨床

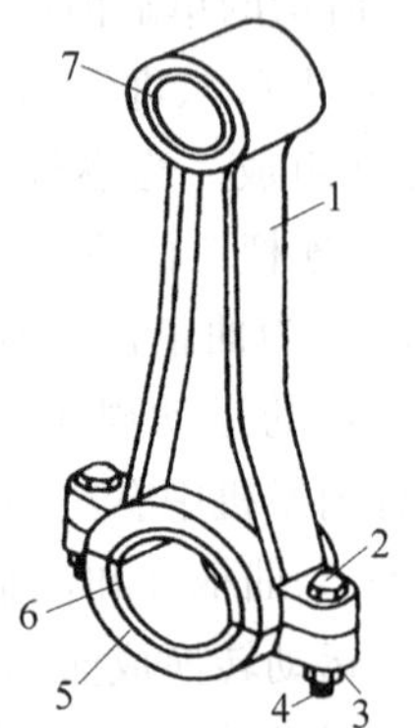

图 0-3 内燃机连杆

1—连杆体；2—螺栓；3—螺母；4—开口销；5—连杆盖；6—轴瓦；7—轴套

零件可分为两类：一类是通用零件，是在各种机器中使用的零件，如螺栓、螺母等；另一类是专用零件，是仅在特定机器中使用的零件，如内燃机中的曲轴、活塞等。此外，机械中还把为完成同一使命、彼此协同工作的一组零件所组成的组合体称为部件，如滚动轴承、联轴器、减速器等。所以通常所称的机械零部件，包括了零件和部件。

一台完整的机器就其基本组成来讲，一般都有如下三个基本组成部分。

(1) 原动部分。它是驱动整个机器完成预定功能的动力源。各种机器广泛使用的动力源有电动机、内燃机等。通常一部机器只用一个原动机，对于复杂的机器也可能有两个或几个原动机。

(2) 执行部分(又称工作部分)。它是机器中直接完成工作任务的组成部分，如车床的刀架、起重机的吊钩、挖掘机的挖斗、压路机的压轮等。

(3) 传动部分。它是机器中介于原动机和执行部分之间，用来完成运动形式、运动和动力转换的组成部分。利用它可以减速、增速、调速、改变转矩以及改变运动形式等，从而满足执行部分的各种要求。

简单的机器都可以由上述三部分组成，有的甚至只有原动部分和执行部分，如水泵、排风扇等。但是，随着现代科学技术的发展，对于较复杂的机器除具有上述三个基本组成部分外，往往还有第四个组成部分——控制系统。它既包括机械控制装置，也包括电子控制系统。此外，根据需要还可另加润滑装置和照明装置等。

2. 课程内容概述

本课程的名称是机械基础，是将工程力学、机械工程材料和机械设计三大基础课程整合而成的一门课程。课程内容分为以下三篇。

第 1 篇工程力学，主要介绍构件的受力分析、力系的简化、构件的平衡条件，以及构件在外力作用下的变形和破坏规律、强度(抵抗破坏的能力)和刚度(抵抗变形的能力)的计算方法。

第 2 篇工程材料，主要介绍机械工程材料的组织结构、成分、性能、牌号及热处理方法，为合理地选择机械工程材料提供理论依据。

第 3 篇机械原理与机械零件，主要介绍常用机构、机械传动、联接和通用零部件的基本类型、结构、工作原理、特点、应用及设计的基本知识；轴系零部件的结构、特点、标准及其选用和设计的基本方法，以及机械的润滑与密封的基本知识。

3. 课程的性质和任务

本课程是高职高专院校机械类、机电类专业的一门重要的技术基础课。通过本课程的学习，学生应达到：

(1) 能够对构件进行受力分析并能运用静力学平衡条件求解简单力系的平衡问题。

(2) 能够根据杆件的受力特征判断其变形形式，并能运用相应方法对杆件进行简单的强度和刚度验算，且具有一定的实验能力。

(3) 能够表述常用工程材料的种类、牌号、性能、应用和热处理知识，会根据相应条件合理选用常用金属材料及热处理工艺。

(4) 能够表述常用机构、常用联接、机械传动装置和通用机械零部件的工作原理、结构、特点、应用场合及其维护等方面的基本常识，会根据具体条件进行合理选用，并能大致说出其设计思路与方法。

(5) 能够具备正确分析、使用及维护简单机械的能力，以及严谨认真的工作态度。

(6) 能够初步具有应用有关标准、手册、图册等技术资料的能力。

思考题与习题

0-1 机器和机构有何区别与联系？

0-2 零件、构件和部件有何区别与联系？

0-3 一部完整的机器一般由哪些部分组成？各部分作用如何？试举一机器实例进行说明。

0-4 试各举出具有下述功能的两种机器：

(1)实现能量转换的机器；(2)做有用功的机器；(3)变换或传递信息的机器；(4)传递物料的机器。

0-5 试指出一台汽车中的三个通用零件和三个专用零件。

第1篇

工程力学

本篇主要介绍构件的受力分析、力系的简化、构件的平衡条件，以及构件在外力作用下的变形和破坏规律、构件的强度及刚度的计算方法。

第 1 章

静 力 学

机器和机械都是由许多构件组成的，这些构件互相连接并分别按一定的规律运动或相对静止。设计时必须分析各构件的受力情况。当构件平衡时，还要研究其平衡条件，进而确定作用在构件上的未知力。

静力学是研究物体在力系作用下平衡规律的科学。它是工程力学的一个重要组成部分。作用于物体上的一组力称为力系。物体相对于惯性参考系保持静止或做匀速直线运动的状态称为平衡状态。若物体处于平衡状态，则作用于物体上的力系必须满足一定的条件，这些条件称为力系的平衡条件。静力学理论是对处于平衡状态下的构件进行受力分析和计算的基础，在工程技术中广泛运用。它主要研究三方面的问题：物体的受力分析，力系的简化，力系的平衡条件。

力在物体平衡时所表现出来的基本性质，也同样表现于物体作一般运动的情形中。在静力学里关于力的合成、分解与力系简化的研究结果，可以直接应用于动力学。静力学在工程技术中具有重要的实用意义。

1.1 静力学的基本概念

学习目标 能清楚表述力的含义及其对物体所产生的效应；知道力系、平衡力系、等效力系、合力、分力的概念；明白静力学的研究对象——刚体的概念。

1. 力的概念

力的概念是人类在长期的生活和生产实践中逐渐建立进行的。当人们用手握、拉、掷及举起物体时，由于肌肉紧张而感受到力的作用。这种作用广泛存在于人与物及物与物之间。例如，奔腾的水流能推动水轮机旋转，锤子的敲打会使烧红的铁块变形等。

(1) 力的定义　力是物体之间相互的机械作用。这种作用是通过其所产生的效果体现出来的。分析和研究力都应该着眼于力的作用效果。物体受力后将产生两种效应。一种称为力的外效应，即力使物体的机械运动状态发生改变。例如用手推小车，小车由静止开始运动，改变推力的大小可改变小车运动的速度，改变推力的方向，还可改变其运动方向。有时几个力作用在物体上并不改变它的运动状态，这是由于作用在物体上的这些力的作用效果互相抵消的缘故，此时物体处于平衡状态。一种称为力的内效应，即力使物体产生变形。例如弹簧受力会伸长或缩短，桥式起重机横梁在起吊重物时会产生弯曲变形等。力作用于物体时，总会引起物体变形。但在正常情况下，工程用的构件在力的作用下变形都很小，这种微小变形对力的外效应影响很小，在静力分析中可以忽略。因此，静力学只研究力的外效应，而将研究的物体看做不发生变形的刚体。力的内效应在材料力学中进行研究。

(2) 力的三要素　实践证明,力对物体的作用效应,决定于力的大小、方向(包括方位和指向)和作用点的位置,这三个因素就称为力的三要素。在这三个要素中,如果改变其中任何一个,也就改变了力对物体的作用效应。例如:用扳手拧螺母时,作用在扳手上的力,因大小不同,或方向不同,或作用点不同,它们产生的效果就不同(见图 1-1(a))。

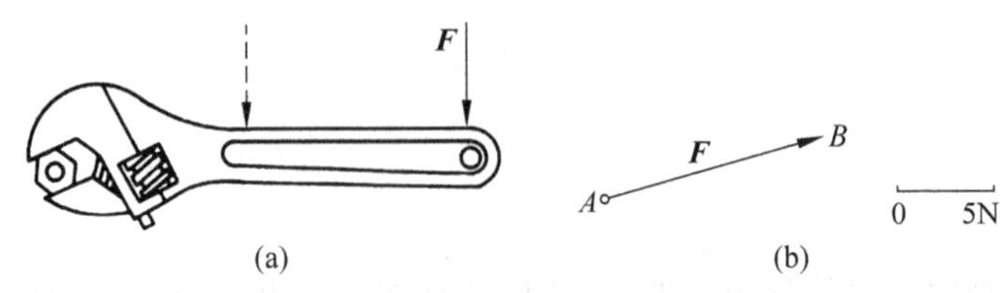

图 1-1　力的表示

(3) 力是矢量　力是一个既有大小又有方向的量,而且又满足矢量的运算法则,因此力是矢量(或称向量)。矢量常用一个带箭头的有向线段来表示(见图 1-1(b)),线段长度 AB 按一定比例代表力的大小,线段的方位箭头表示力的方向,其起点或终点表示力的作用点。此线段的延伸称为力的作用线。用黑体字 $\boldsymbol{F}$ 代表力矢,并以同一字母的非黑体字 F 代表该矢量的模(大小)。

(4) 力的单位　力的国际制单位是牛(顿)或千牛(顿),其符号为 N 或 kN。

2. 力系的有关概念

物体处于平衡状态时,作用于该物体上的力系称为平衡力系。力系平衡所满足的条件称为平衡条件。如果两个力系对同一物体的作用效应完全相同,则称这两个力系互为等效力系。当一个力系与一个力的作用效应完全相同时,把这一个力称为该力系的合力,而该力系中的每一个力称为合力的分力。

必须注意,等效力系只是不改变原力系对于物体作用的外效应,至于内效应显然将随力的作用位置等的改变而有所不同。

3. 静力学的研究对象

前面已经提到,静力学只研究力对物体产生的外效应,即把所研究的物体均视为刚体。所谓刚体是指在受力状态下保持其几何形状和尺寸不变的物体。显然,这是一个理想化的模型,实际上并不存在这样的物体。但是,工程实际中的机械零件和结构构件,在正常工作情况下所产生的变形,一般都是非常微小的。这样微小的变形对于研究物体的外效应的影响极小,是可以忽略不计的。当然,在研究物体的变形问题时,就不能把物体看做是刚体,否则会导致错误的结果,甚至无法进行研究。

1.2　静力学公理

学习目标　熟悉静力学四大公理及两个推论的内容,知道二力构件与三力构件的概念,明白公理一与公理四的不同之处,为后续的物系受力分析打好基础。

所谓公理,就是符合客观现实的真理。静力学公理是人类经过长期经验积累和反复实践验证总结出来的一些最基本的力学规律,它们是进行构件受力分析、研究力系简化和力系平衡的理论依据。

公理一　二力平衡公理

作用在刚体上的两个力，使刚体保持平衡的充分与必要条件是：这两个力大小相等，方向相反，且作用于同一直线上（即两力等值、反向、共线），如图 1-2 所示。

该公理揭示了作用于物体上的最简单的力系在平衡时所必须满足的条件，它是静力学中最基本的平衡条件，是推证各种力系平衡条件的依据。

二力构件——只受两个力作用而平衡的构件称为二力构件，简称二力杆。

二力杆的形状可以是直线形的，也可以是弯曲的，因只有两个受力点，根据平衡公理可知二力杆的受力特点是：两个力的方向必在二力作用点的连线上。

应用二力杆的概念，可以很方便地判定结构中某些构件的受力方向。

如图 1-3 所示三铰拱中 AB 部分，当车辆不在该部分上且不计铰拱自重时，它只可能通过 A、B 两点受力，是一个二力构件，故 A、B 两点的作用力必沿 AB 连线的方向。

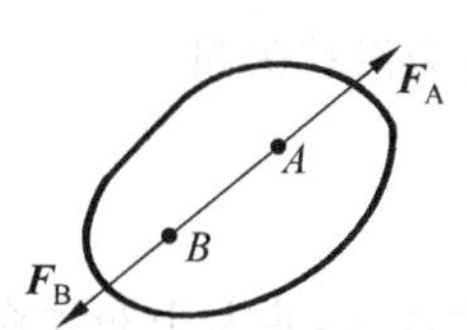

图 1-2　二力平衡公理

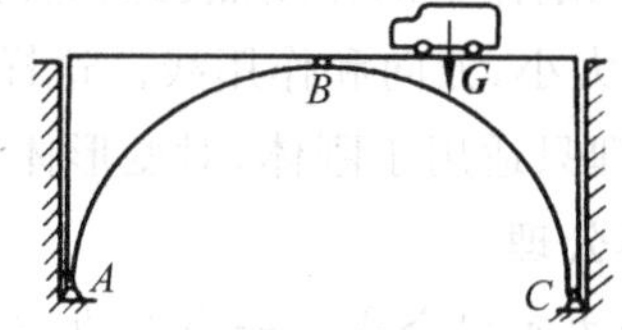

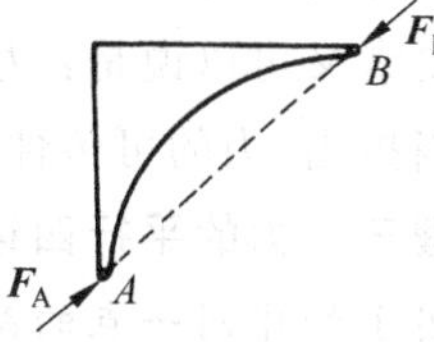

图 1-3　二力杆

二力平衡条件只适合于刚体。对于变形体来说，公理一给出的只是必要条件，而不是充分条件。如一段软绳，只能承受拉力，在两端受到一对等值、反向、共线的压力作用时，不能保持平衡，如图 1-4(c)和(d)所示。

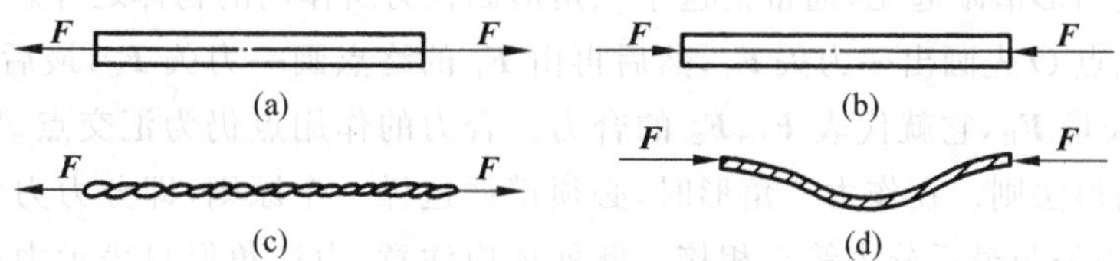

图 1-4　二力平衡条件

公理二　加减平衡力系公理

即在刚体的原有力系中，加上或减去任一平衡力系，不会改变原力系对刚体的作用效应。

这一公理的正确性是显而易见的，因为一个平衡力系是不会改变物体的原有状态的。这个公理常被用来简化某一已知力系。依据这一公理，可以得出一个重要推论：

推论　力的可传性原理

作用于刚体上的力可以沿其作用线移至刚体内任一点，而不改变其对刚体的作用效应。

例如，图 1-5 中在车后 A 点加一水平力推车，与在车前 B 点加一水平力拉车，其效果是一样的。

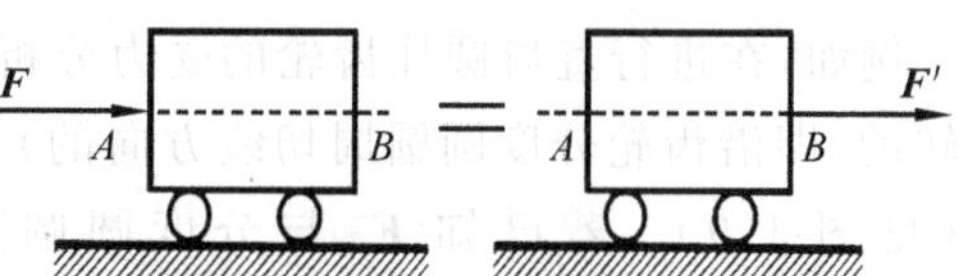

图 1-5　力的可传性

这个原理可以利用上述公理推证如下（见图 1-6）：

(1) 设 $\boldsymbol{F}$ 作用于 A 点（见图 1-6(a)）。

(2) 在力的作用线上任取一点 B，并在

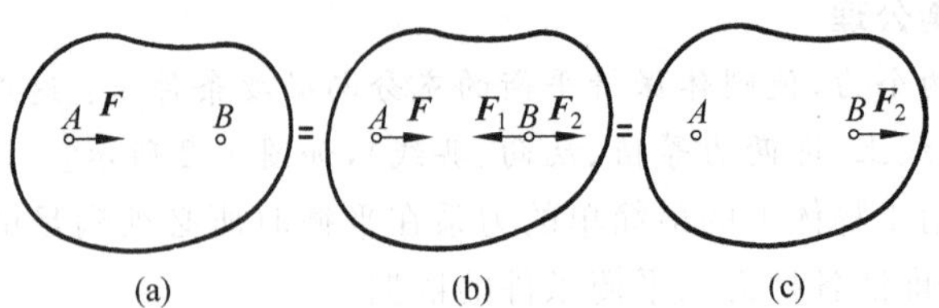

图 1-6 力的可传性原理论证

B 点加一平衡力系($\boldsymbol{F}_1,\boldsymbol{F}_2$),使 $\boldsymbol{F}_1=-\boldsymbol{F}_2=-\boldsymbol{F}$(见图 1-6(b))。由加减平衡力系公理知,这并不影响原力 $\boldsymbol{F}$ 对刚体的作用效应。

(3) 再从该力系中去掉平衡力系($\boldsymbol{F},\boldsymbol{F}_1$),则剩下的 $\boldsymbol{F}_2$(见图 1-6(c))与原力 $\boldsymbol{F}$ 等效。这样就把原来作用在 A 点的力 $\boldsymbol{F}$ 沿其作用线移到了 B 点。

根据力的可传性原理,力在刚体上的作用点已为它的作用线所代替,所以作用于刚体上的力的三要素又可以说是:力的大小、方向和作用线。这样的力矢量称为滑移矢量。

应当指出,力的可传性原理只适用于刚体,对变形体不适用。

公理三　力的平行四边形公理

作用于物体同一点的两个力可以合成为一个合力,合力也作用于该点,其大小和方向由以这两个力为邻边所构成的平行四边形的对角线所确定,即合力矢等于这两个分力矢的矢量和,如图 1-7 所示。其矢量表达式为

$$\boldsymbol{F}_R=\boldsymbol{F}_1+\boldsymbol{F}_2 \tag{1-1}$$

从图 1-7 可以看出,在求合力时,实际上只需作出力的平行四边形的一半,即一个三角形就行了。为了使图形清晰起见,通常把这个三角形画在力所作用的物体之外。如图 1-8 所示,其方法是自任意点 O 先画出一力矢 $\boldsymbol{F}_1$,然后再由 $\boldsymbol{F}_1$ 的终点画一力矢 $\boldsymbol{F}_2$,最后由 O 点至力矢 $\boldsymbol{F}_2$ 的终点作一矢量 $\boldsymbol{F}_R$,它就代表 $\boldsymbol{F}_1$、$\boldsymbol{F}_2$ 的合力。合力的作用点仍为汇交点 A。这种作图方法称为力的三角形法则。在作力三角形时,必须遵循这样一个原则,即分力力矢首尾相接,但次序可变,合力力矢与最后分力箭头相接。此外还应注意,力三角形只表示力的大小和方向,而不表示力的作用点或作用线。

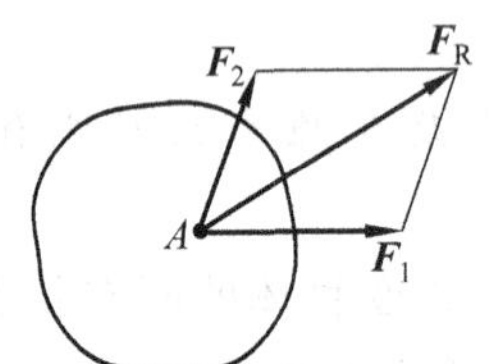

图 1-7 力的平行四边形法则

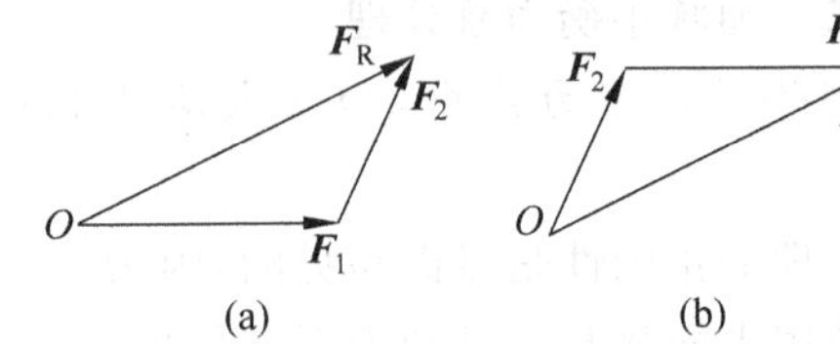

图 1-8 力的三角形法则

力的平行四边形法则说明了力的可加性,它是力系合成的依据,也是力分解的法则。在实际问题中,常将合力沿两个相互正交的方向分解为两个分力,称为合力的正交分解。

例如,在进行直齿圆柱齿轮的受力分析时,常将齿面的法向正压力 $\boldsymbol{F}_n$ 分解为推动齿轮旋转的(即沿齿轮分度圆圆周切线方向的)分力——圆周力 $\boldsymbol{F}_t$,指向轴心的压力——径向力 $\boldsymbol{F}_r$(见图 1-9)。若已知 $\boldsymbol{F}_n$ 与分度圆圆周切向所夹的压力角为 α,则有 $F_t=F_n\cos\alpha$,$F_r=F_n\sin\alpha$。

推论　三力平衡汇交定理

当刚体受同一平面内互不平行的三个力作用而平衡时，则此三力的作用线必汇交于一点。

如图 1-10 所示，刚体受到三个互不平行的力 $\boldsymbol{F}_1$、$\boldsymbol{F}_2$ 和 $\boldsymbol{F}_3$ 作用，当刚体处于平衡时，三力的作用线必汇交于 O 点，读者可自行证明。

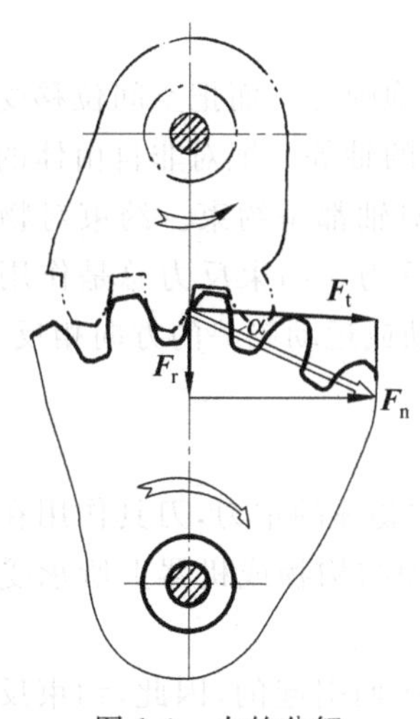

图 1-9　力的分解

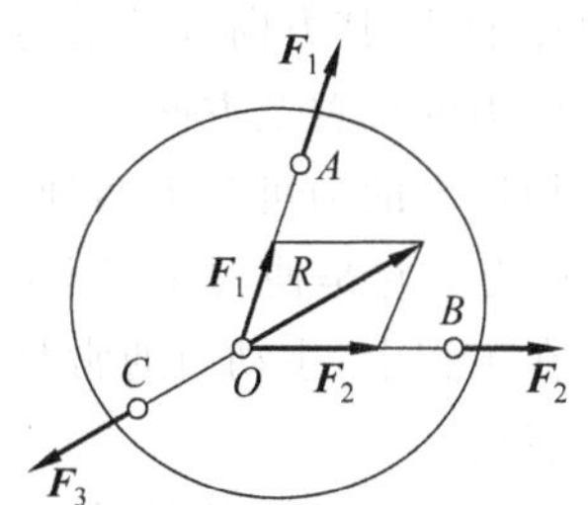

图 1-10　三力汇交定理

三力构件——只受三个力作用而平衡的构件称为三力构件，简称三力杆。

根据三力平衡汇交定理，若已知三力杆上所受三个力中的两个力的作用线，以及第三个力的作用点，即可判断出第三个力的作用线的方位。方法是：作出已知的两作用线的交点，连接该交点与第三个力的作用点，则该连线即为第三个力的作用线，其指向可假设。

需要指出的是，三力平衡定理的逆定理是不成立的，即若刚体上受到三个汇交于一点的力作用，刚体并不一定处理平衡状态，三力汇交于一点仅是平衡的必要条件而非充分条件。

公理四　作用与反作用公理

两物体相互作用时，作用力与反作用力总是同时存在，其大小相等，方向相反，沿同一直线分别作用于这两个物体上。

公理四概括了自然界中物体相互作用力的关系，表明了作用力和反作用力总是同时存在又同时消失的。已知作用力就可以知道反作用力，它是进行物体受力分析时必须遵循的重要依据。

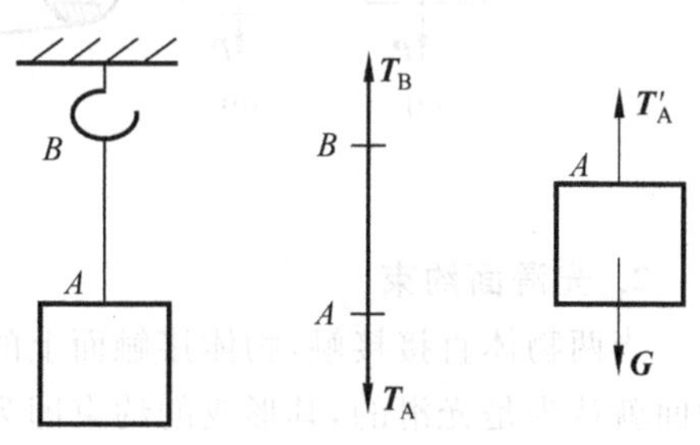

图 1-11　作用力与反作用力

如图 1-11 所示，重物给绳一个向下的拉力 T_A，同时绳作用在重物上一个向上的拉力 T'_A，T_A 与 T'_A 互为作用力与反作用力。必须强调指出，作用力和反作用力是分别作用于两个不同的物体上的，因此，决不能认为这两个力相互平衡，这与两力平衡公理中的两个力有着本质上的区别。此外，公理四适用于任何物体。

1.3 约束和约束反力

学习目标 清楚约束与约束反力的概念；能判断物体所受约束的类型；清楚4种约束类型的反力性质，为分析物系受力、画受力图打好基础。

我们把空间位移不受限制的物体称为自由体，如飞机、炮弹等。而把空间位移受到一定限制的物体称为非自由体，如路面上行驶的汽车，机器中转动的轴等。把对非自由体的某些位移起限制作用的物体称为约束，例如，地面对工程机械、轴承对轴都是约束。约束对物体位移的限制是通过力的作用实现的，这种力称为约束反力或简称反力。约束反力总是作用在被约束体与约束的接触处，其方向也总是与该约束所能限制的运动或运动趋势的方向相反。据此，即可确定约束反力的位置及方向。

作用在物体上的力可分为两种。

(1) 主动力　它是使物体产生运动或运动趋势的力，如物体的重力，刀具作用在工件上的切削力等。在工程上，主动力通常是给定或可测定的。工程结构物或机器上所承受的主动力往往被称为载荷。

(2) 约束力　一般情况下，约束反力是由主动力的作用而引起的，因此，约束反力也称为被动力。约束反力的大小一般是未知的，要由平衡条件求得。确定未知的约束反力，是静力学的重要任务之一。

工程中的约束可以归纳为几种基本形式，下面介绍几种常见的约束类型及其约束反力。

1. 柔性约束

由绳索、胶带、链条等柔性物体形成的约束称为柔性约束，如图1-12(a)、(c)所示。柔性物体只能承受拉力，不能承受压力和抵抗弯曲。作为约束，它只能限制被约束体沿其中心线伸长方向的运动，而无法限制物体沿其他方向的运动。因此，柔性约束产生的约束反力，通过接触点沿着柔性体的中心线背离被约束物体。即对被约束物体而言，该约束反力恒为拉力，如图1-12(b)、(d)所示。柔性约束的约束反力常用符号 $\boldsymbol{F}_T$ 或 $\boldsymbol{T}$ 来表示。

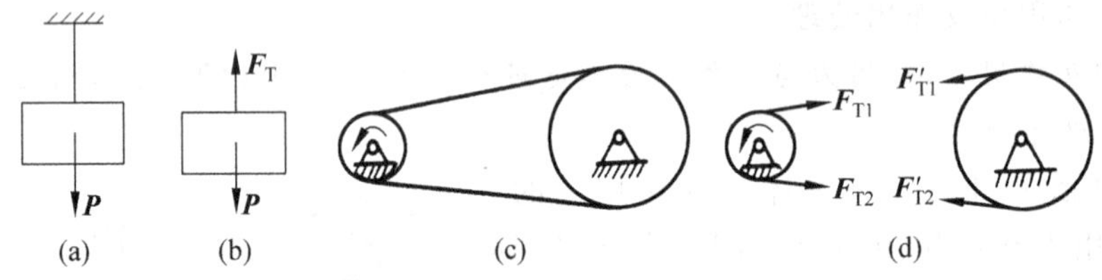

图1-12　柔性约束

2. 光滑面约束

当两物体直接接触，物体接触面上的摩擦力与其他力相比很小，则可忽略不计，这样的接触面就认为是光滑的，其形成的约束即为光滑面约束。光滑面约束只能限制物体在接触点沿接触面的公法线方向指向约束的运动，不能限制物体沿接触面切线方向的运动，故约束反力必过接触点沿接触面公法线方向并指向被约束体，即对被约束物体而言，该约束反力恒为压力，通常用 $\boldsymbol{F}_N$ 或 $\boldsymbol{N}$ 表示。如图1-13(a)和(b)所示分别为光滑曲面对刚体球的约束和齿轮传动机构中齿轮轮齿的约束，图1-13(c)为直杆与方槽在 A、B、C 三点接触，三处的约束反力沿二者接触点的公法线方向作用。

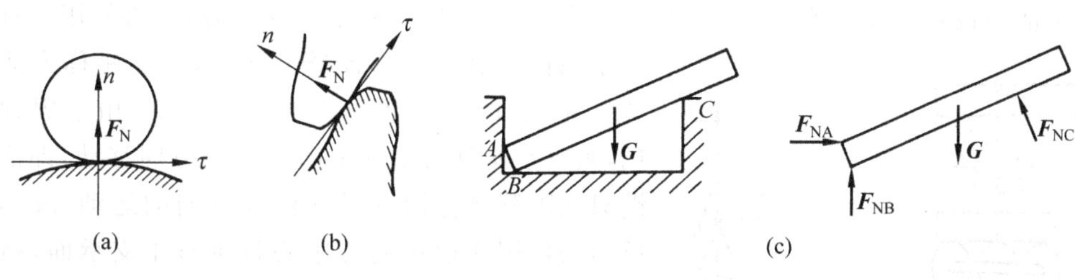

图 1-13　光滑面约束

3. 光滑铰链约束

将两个构件在连接处钻上圆孔，用圆柱销连接起来即构件铰链，如图 1-14 所示。铰链是工程上常见的一种约束。门轴用的活页、铡刀与刀架、起重机的动臂与机座的连接等，都是常见的铰链连接。若不计摩擦，则可视为光滑铰链约束。该约束只能限制两个非自由体的相对径向移动，而不能限制它们的相对转动。光滑铰链约束也可认为是一种光滑表面约束，约束反力应通过接触点 K 沿公法线方向（通过销钉中心）指向构件，如图 1-15(a)所示。但实际上很难确定 K 的位置，因此反力 $\boldsymbol{F}_N$ 的方向无法确定。所以，这种约束反力通常是用两个通过铰链中心的大小和方向未知的正交分力 $\boldsymbol{F}_x$、$\boldsymbol{F}_y$ 来表示，两分力的指向可以任意设定，如图 1-15(b)所示。

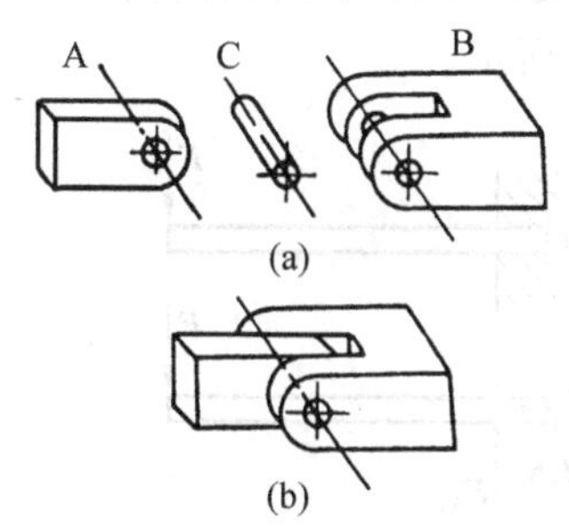

图 1-14　圆柱铰链约束

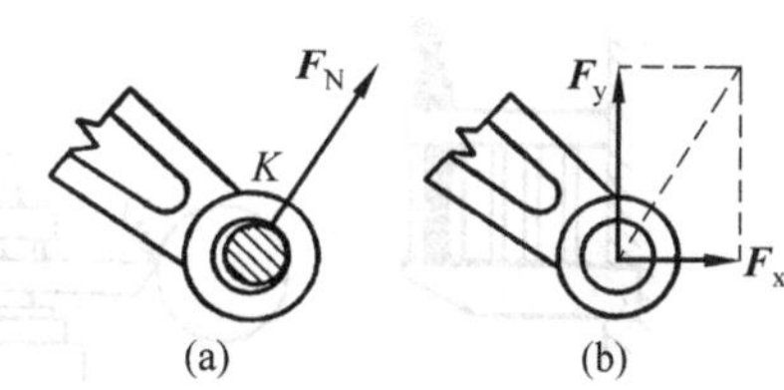

图 1-15　铰链约束受力

这种约束在工程上应用广泛，可分为以下三种类型。

(1) 固定铰支座　当铰链连接的构件中有一构件为固定构件（支座）时构成的约束称为固定铰链约束，简称固定铰支座，如图 1-16(a)所示；图 1-16(b)是这种约束的力学模型。固定铰支座的约束反力用一对作用在销钉中心的正交分力来表示。

(2) 中间铰链　如图 1-17(a)所示，当铰链连接的构件均不固定时，即构成中间铰链。如曲柄连杆机构中曲柄与连杆、连杆与滑块的连接均为中间铰链。中间铰链的约束反力同样用一对作用在销钉中心的正交分力来表示，如图 1-17(b)所示。通常在两个构件连接处用一个小圆圈表示铰链，如图 1-17(c)所示。

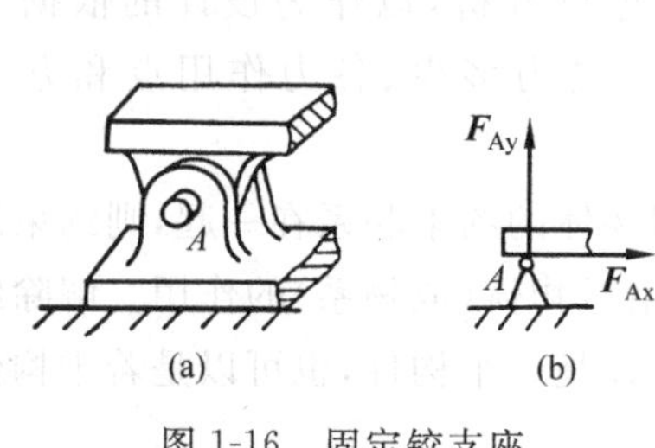

图 1-16　固定铰支座

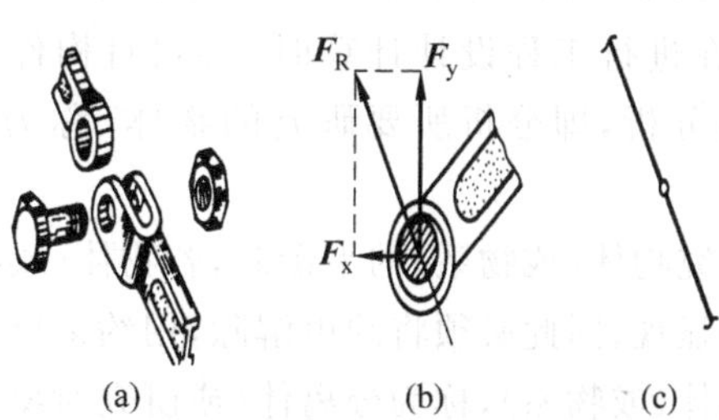

图 1-17　中间铰链

(3) 活动铰链支座 在桥梁、屋架等结构中,除了使用固定铰支座外,还常使用一种放在几个圆柱形滚子上的铰链支座,这种支座称为活动铰链支座,它的构造如图 1-18(a)所示。由于辊轴的作用,被支承构件可沿支承面的切线方向移动,即活动铰链只能限制物体沿支承面法线方向的运动,故其约束反力的作用线通过销钉中心且垂直于支承面,指向一般向上,采用特殊装置也可使其指向向下。活动铰链支座的简图如图 1-18(b)所示。

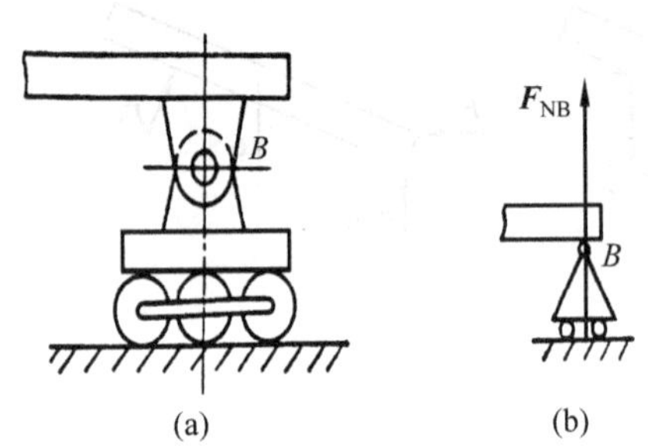

图 1-18 活动铰链支座

必须强调的是,当铰链连接的构件为二力构件时,根据二力平衡公理,其约束力的作用线是完全可以确定的,此时约束反力不能再用一对正交分力来表示,而只需用一个力来表示。该力的作用线必沿二力构件两受力点的连线,方向可以假设。

4. 固定端约束

物体的一部分固嵌于另一物体所构成的约束,称为固定端约束。图 1-19(a)所示为建筑物上的阳台,图 1-19(b)所示为夹持在刀架上的刀具,均属于这种约束。该约束限制物体沿任何方向的移动和转动。其约束反力包括限制移动的两个正交约束反力 F_{Ax}、F_{Ay} 和限制转动的约束反力偶 M_A。固定端的力学模型及约束力如图 1-19(c)所示。

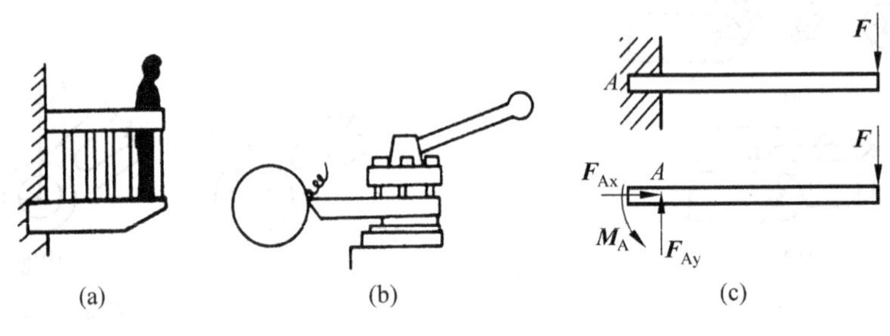

图 1-19 固定端约束

1.4 受力分析及受力图

学习目标 明白受力图的概念及作图方法;能对受平面力系作用的物体进行受力分析并画出其受力图。

1. 受力图的概念及作图方法

工程中,构件总是承受着各种载荷的作用,并以一定的形式与周围其他构件相连接。因此,在进行工程设计计算时,必须对构件的受力状态进行分析,以作为设计的依据。所谓受力分析,即分析所要研究的物体(称为研究对象)上受力多少、各力作用点和方向的过程。

研究物体(或物系)的平衡时,若物体(或物系)和周围物体的约束联系在一起,则约束反力将无法显现,因此必须将约束解除,用约束反力代替原有给对物体(或物系)的作用。解除约束后的物体(或物系),称为分离体(或研究对象)。分离体可以是一个构件,也可以是若干构件的组合。

研究对象所受的力可分为外力和内力。研究对象以外的物体作用在研究对象上的力，称为外力；研究对象内部各个物体之间或各个部分之间相互作用的力，称为系统内力。将研究对象所受到的全部外力（包括主动力和约束反力）画在研究对象上，所得到的图形即为受力图。

注意：*在画物系受力图时，系统内力不必画出。*

画受力图的步骤是：

（1）明确研究对象，解除约束，画出分离体简图（取分离体）。

（2）在分离体上画出其所受的全部主动力（载荷及物体自重等）。

（3）在分离体解除约束处，画出全部相应的约束反力。

（4）校核。

例 1-1 重力为 G 的圆球放在光滑的斜面上，并用一绳拉住，如图 1-20(a)所示。试画出小球的受力图。

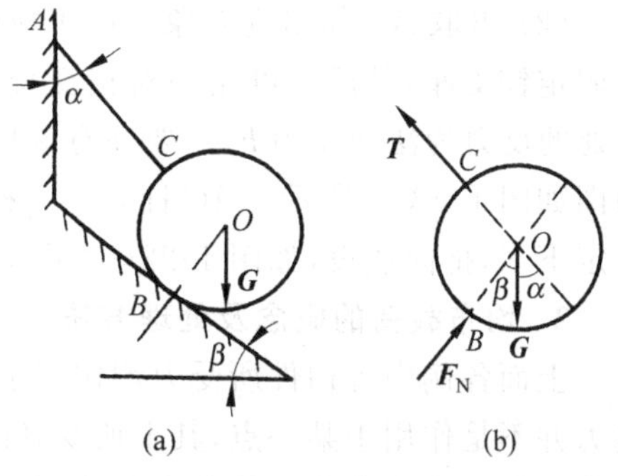

图 1-20 例 1-1 图

解：（1）取小球为研究对象，解除斜面和绳的约束，画出分离体。

（2）画主动力。小球受重力 G，方向铅垂向下，作用于球心 O。

（3）画出全部约束反力。小球受到的约束有绳和斜面。绳为柔索约束，其约束反力 T 作用在 C 点，沿绳索背离小球；小球于斜面为光滑接触，斜面对小球的约束反力 F_N 作用在 B 点，垂直于斜面（沿公法线方向），并指向球心 O 点，如图 1-20(b)所示。

例 1-2 如图 1-21(a)所示，水平梁 AB 用斜杆 CD 支承，A、C、D 三处均为光滑铰链连接。匀质梁 AB 重 G_1，其上放一重为 G_2 电动机。若不计斜杆 CD 自重，试分别画出斜杆 CD 和梁 AB（包括电动机）的受力图。

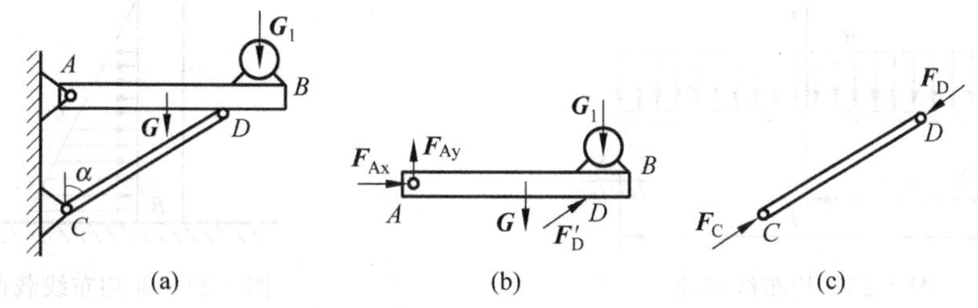

图 1-21 例 1-2 图

解：（1）取斜杆 CD 为研究对象，由于斜杆 CD 自重不计，并且只在 C、D 两处受铰链约束而处于平衡，因此斜杆 CD 为二力杆。斜杆 CD 的约束反力必通过两铰链中心 C 与 D 的连线，用 F_C 和 F_D 表示，如图 1-21(c)所示。

（2）取梁 AB（包括电动机）为研究对象，梁 AB 受主动力 G_1 和 G_2 的作用。在 D 处为铰链约束，约束反力 F'_D 与 F_D 是作用与反作用的关系，且 $F'_D=-F_D$。A 处为固定铰链支座约束，约束反力用两个正交的分力 F_{Ax} 和 F_{Ay} 表示，方向可任意假设，如图 1-21(b)所示。

例 1-3 重力为 P 的圆球放在板 AC 与墙壁 AB 之间，如图 1-22(a)所示。设板 AC 重力不计，试作出板与球的受力图。

解：（1）先取球为研究对象，作出简图。球上主动力有 P，约束反力有 F_{ND} 和 F_{NE}，均属光

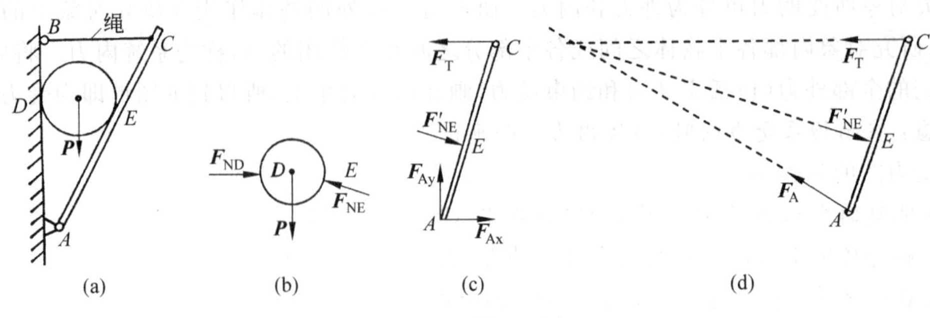

图 1-22　例 1-3 图

滑面约束的法向反力。受力图如图 1-22(b)所示。

(2) 再取 AC 作研究对象。由于板的自重不计，故只有 A、C、E 处的约束反力。其中 A 处为固定铰支座，其反力可用一对正交分力 F_{Ax}、F_{By} 表示；C 处为柔索约束，其反力为拉力 F_T；E 处的反力为法向反力 F'_{NE}，要注意该反力与球所在处受反力 F_{NE} 为作用与反作用的关系。受力图如图 1-22(c)所示。AC 杆是三力杆，A 处的作用力 F_A 的作用线也可运用三力汇交定理确定下来，指向假设，如图 1-22(d)所示。

2. 均布载荷的概念及处理方法

上面各例中各构件所受力均作用于一点，称为集中载荷，而在实际工程中，许多构件上所受力并不是作用于某一点，其上所受到的力属于分布载荷。分布在较大范围内，不能看做集中力的载荷称分布荷载。若分布载荷可以简化为沿物体中心线分布的平行力，则称此力系为平行分布线载荷，简称线载荷。线载荷若是均匀分布的，则称为均布线载荷(简称均布载荷)，如图 1-23 所示。反之则称为非均布线载荷，如图 1-24 所示。非均布载荷的情况比较复杂多样，下面仅对均布载荷的处理做简要介绍。

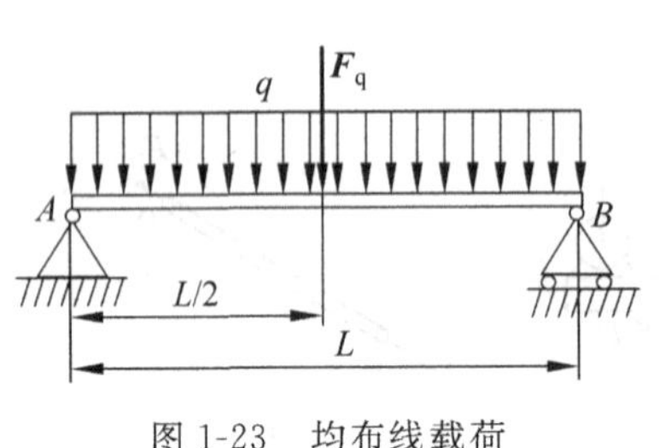

图 1-23　均布线载荷

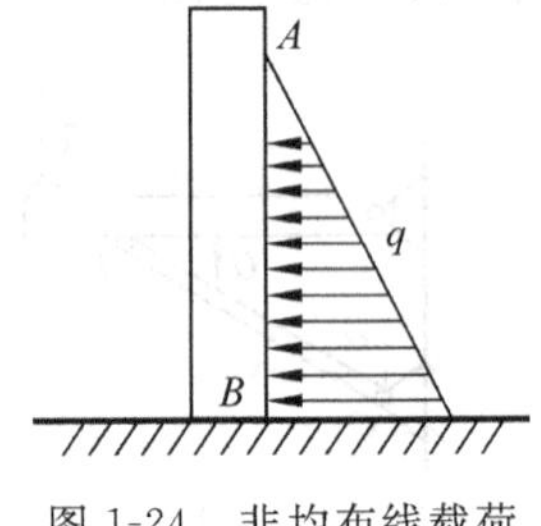

图 1-24　非均布线载荷

线载荷以集度 q 来表示，单位为 N/m 或 kN/m。工程上一般把线载荷处理为一集中载荷(求其合力，找到其作用点)，再对分离体进行受力分析。对于均布载荷，其合力 $\boldsymbol{F}_q$ 的计算公式为

$$\boldsymbol{F}_q = qL \tag{1-2}$$

式中，L 为线载荷的作用长度。

均布载荷的合力 $\boldsymbol{F}_q$ 的作用线平行于线载荷作用线并通过线载荷作用全长的中点处，如图 1-23 所示。

例 1-4　作出图 1-25(a)中杆 AB 的受力图。

解：(1) 取分离体 AB 画出其简图。

(2) 画出全部主动力。AB 杆上作用有集中载荷 F 及均布载荷 q，在杆上画出力 F 及均布

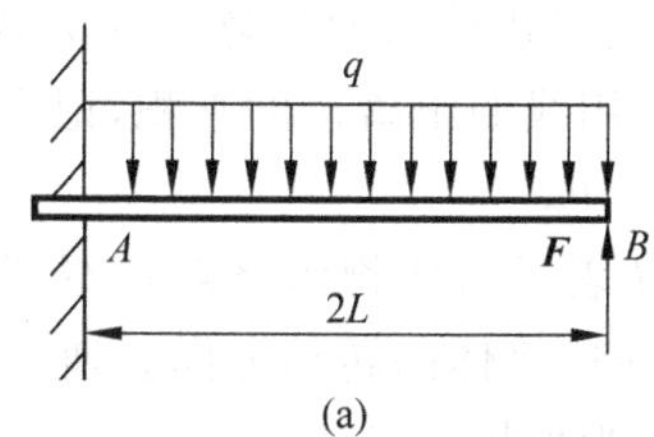

(a)

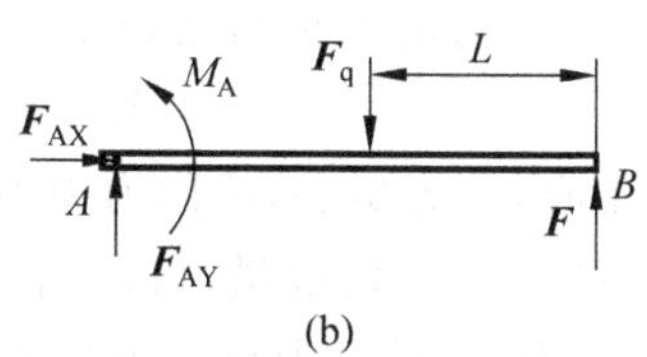

(b)

图 1-25 例 1-4 图

载荷 q 的合力 F_q，F_q 的大小等于 $2qL$，作用点在 AB 杆的中点处。

(3) 画出全部约束反力。AB 杆上只在 A 端受到一个固定端约束。在 A 处作出其约束反力：一对正交分力 F_{AX}、F_{AY} 及一个约束反力偶 M_A（见图 1-25(b)）。

3. 画受力图的注意事项

画受力图时，须注意以下几点。

(1) 作图时要明确所取的研究对象，把它单独取出来分析，分离体的形状和方位必须和原物体保持一致。在取整体作为研究对象时，有时为了简便起见，可以在题图上画受力图，但要明确，这时整体所受的约束实际上已被解除。

(2) 在分离体上要画出全部主动力和约束反力，不能多画也不能少画。在画约束反力时，必须严格按照约束性质画出，不能随意取舍。

(3) 要注意应用二力平衡公理、三力汇交定理。若物系中有二力构件，应先分析二力构件的受力，然后再分析其他作用力。若物系中有三力构件，知道其所受两个力的作用线和第三个的作用点，通过三力汇交定理可确定第三个力的作用线。当然也并不是一定要确定下来，有些时候用一对正交分力来表示更能方便解题，具体情况要具体分析。

(4) 要注意运用作用力与反作用力的关系。当两个相互连接的物体被拆开时，其连接处的约束反力是一对作用力与反作用力，要等值、反向、共线地分别画在两个物体上。

(5) 在画物体系统受力图时，系统内力不能画出。

画受力图可概括为："按要求取构件，主动力画上面；连接处解约束，二力杆先分析。"

1.5 力矩和力偶

学习目标 清楚力矩、力偶、力偶矩的定义与性质；能运用合力矩定理或平面力偶系的合成与平衡条件解决实际问题。

1. 力对点之矩

(1) 力矩的概念 人们从实践中知道，力可以对物体产生移动和转动两种外效应。由经验知道，力使物体转动的效果不仅与力的大小和方向有关，还与力的作用点(或作用线)的位置有关。

例如，用扳手拧螺母时(见图 1-26)，螺母的转动效应除与力 F 的大小和方向有关外，还与点 O 到力作用线的距离 d 有关。距离 d 越大，转动的效果就越好，且越省力，反之则越差。显然，当力的作用线通过螺母的转动中心时，则无法使螺母转动。

图 1-26 力矩的概念

可以用力对点之矩(简称力矩)这样一个物理量来描述力使物体转动的效果。其定义为：力 F 对某点 O 的矩等于力的大小与点 O 到力的作用线的距离 d 的乘积，记为

$$M_O(F)=\pm Fd \tag{1-3}$$

式中，点 O 为转动中心，称为矩心，d 称为力臂，Fd 表示力使物体绕点 O 转动效果的大小，而正负号则表明 $M_O(F)$ 是一个代数量，可以用它来描述物体的转动方向。通常规定：使物体逆时针方向转动的力矩为正，反之为负。力矩的单位为牛顿·米(N·m)。

根据定义，图 1-26 中所示的力 F_1 对点 O 的矩为

$$M_O(F_1)=-F_1d_1=-F_1d\sin\alpha$$

由定义知：力对点的矩与矩心的位置有关，同一个力对不同点的矩是不同的。因此，求力矩一定要指明矩心。

力对点的矩在两种情况下等于零：①力为零；②力臂为零，即力的作用线过矩心。

(2) 合力矩定理　在计算力系的合力对某点的矩时，除根据力矩的定义计算外，还常用到合力矩定理，即：平面汇交力系的合力对平面上任一点之矩，等于其所有分力对同一点力矩的代数和，即

$$M_O(F)=M_O(F_1)+M_O(F_2)+M_O(F_3)+\cdots+M_O(F_n)=\sum M_O(F_i) \tag{1-4}$$

上述合力矩定理不仅适用于平面汇交力系，对于其他力系，如平面任意力系、空间力系等，也都同样成立。

在力矩的计算中，有时力臂不易确定，力矩不易直接求出，但如果将力进行适当分解，各分力力矩的计算就非常容易，所以应用合力矩定理可以简化力矩的计算。

例 1-5　图 1-27(a)所示圆柱直齿轮的齿面受一啮合角 $\alpha=20°$ 的法向压力 $F_n=1\text{kN}$ 的作用，齿面分度圆直径 $d=60\text{mm}$。试计算力对轴心 O 的力矩。

解法 1：按力对点之矩的定义，有

$$M_O(F_n)=F_nh=F_n\frac{d}{2}\cos\alpha=28.2\text{N}\cdot\text{m}$$

解法 2：按合力矩定理

将 F_n 沿半径的方向分解成一组正交的圆周力 $F_t=F_n$ 与 $\cos\alpha$ 与径向力 $F_r=F_n\cos\alpha$。有

$$M_O(F_R)=M_O(F_1)+M_O(F_2)=F_tr+0=F_n\cos\alpha\, r=28.2\text{N}\cdot\text{m}$$

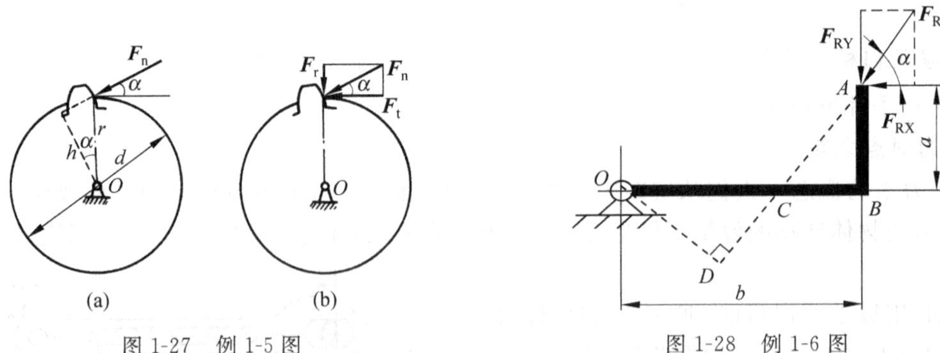

图 1-27　例 1-5 图　　图 1-28　例 1-6 图

例 1-6　图 1-28 所示为弯杆 ABO，其上 A 点作用有力 F_R。已知 $a=180\text{mm}$，$b=400\text{mm}$，$\alpha=60°$，$F_R=100\text{N}$，求力 F_R 对 O 点之矩。

解：因为合力 F_R 对 O 点的力臂不易计算，故可将 F_R 沿水平和垂直方向分解为两分力

F_{RX}和 F_{RY}。

① 求分力 F_{RX}、F_{RY}对 O 点之矩。

$$M_O(F_{RX}) = F_{RX} \cdot a = F_R\cos\alpha \cdot a = 9\text{N} \cdot \text{m}$$

$$M_O(F_{RY}) = -F_{RY} \cdot b = -F_R\sin\alpha \cdot b = -34.6\text{N} \cdot \text{m}$$

② 由合力矩定理得：

$$M_O(F_R) = M_O(F_{RX}) + M_O(F_{RY}) = 9 - 34.6 = -25.6\text{N} \cdot \text{m}$$

本题用力矩的定义也可求解。力 F_R 对 O 点的力臂 $OD=(OB-BC)\sin\alpha$，读者可自行求解。但显然本题采用合力矩定理计算要简单些。

由力矩的定义可知，力矩具有以下性质。

(1) 当力的作用线通过矩心时，力臂为零，力矩也为零，即该力不能使物体绕矩心转动。

(2) 当力沿其作用线移动时，不改变该力对任一点之矩。

(3) 等值、反向、共线的两个力对任一点之矩总是大小相等、方向相反，因此，两者的代数和恒等于零。

(4) 矩心的位置可任意选定，即力可以对其作用平面内的任意点取矩，矩心不同，所求的力矩的大小和转向就可能不同。

2. 力偶

(1) 力偶的概念　在日常生活及生产实践中，常见到物体受一对大小相等、方向相反但不在同一作用线上的平行力作用。例如图 1-29 所示的司机转动驾驶盘及钳工对丝锥的操作等。这种作用在同一物体上的大小相等、方向相反、作用线平行且不共线的两个力所组成的力系，称为力偶，以符号(F,F')表示。此二力之间的距离称为力偶臂。由实践经验可知，力偶中的两个力不满足二力平衡条件，不能平衡，也不能对物体产生移动效应，只能对物体产生纯转动效应。

力偶对物体产生的转动效应，随力 F 的增大或力偶臂的增大而增强，因此在力学上，以 F 与力偶臂 d 的乘积作为量度力偶在其作用面内对物体转动效应的物理量，称为力偶矩，并记为 $M(\boldsymbol{F},\boldsymbol{F}')$或 M，即：

$$M(\boldsymbol{F},\boldsymbol{F}') = M = \pm Fd \tag{1-5}$$

力偶矩的大小也可以通过力与力偶臂组成的三角形面积的两倍来表示，如图 1-30(a)所示，即 $M=\pm 2\triangle OAB$。

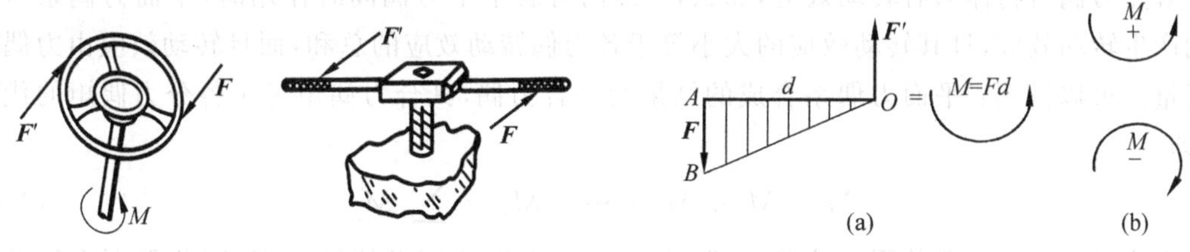

图 1-29　力偶作用实例　　　图 1-30　力偶的计算

在平面内，力偶矩与力矩一样，也是代数量，可用正负号表示力偶的转向。其规定与力矩相同：使物体产生逆时针转动力偶矩为正，反之为负，如图 1-30(b)所示。力偶矩的单位也与力矩相同，为 N·m 或 kN·m。

力偶对物体的转动效应取决于力偶三要素，即：力偶矩的大小、力偶的转向和力偶作用面的方位。三要素中,只要其中之一改变,力偶的作用效应就会改变。

(2) 力偶的性质 根据力偶的概念可以证明,力偶具有以下性质。

① 力偶对其作用面内任意点的力矩恒等于此力偶的力偶矩,而与矩心的位置无关。

② 力偶在任意坐标轴上的投影之和为零(见图 1-31),故力偶无合力,力偶不能与一个力等效,也不能用一个力来平衡。

力偶无合力,故力偶对物体的平移运动不会产生任何影响,力与力偶相互不能代替,不能构成平衡。因此,力与力偶是力系的两个基本元素。

③ 力偶的等效性:作用在同一平面的两个力偶,若其力偶矩大小相等,转向相同,则此两力偶彼此等效,这称为力偶的等效性。

由力偶的等效性,可得到以下两个推论。

推论 1 力偶对刚体的转动效应与它在作用面内的位置无关,力偶可以在它的作用面内任意移动或转动,而不改变其对刚体的作用效应。

推论 2 在保证力偶矩的大小和转向不变的条件下,可同时改变力偶中力的大小和力偶臂的长短,而不改变其对刚体的作用效应。

如图 1-32 所示各图中力偶的作用效应都相同。力偶的力偶臂、力及其方向既然都可改变,就可简明地以一个带箭头的弧线并标出值来表示力偶,如图 1-31(d)所示。应当注意,力偶的等效性及其推论,只使用于刚体,不使用于变形体。

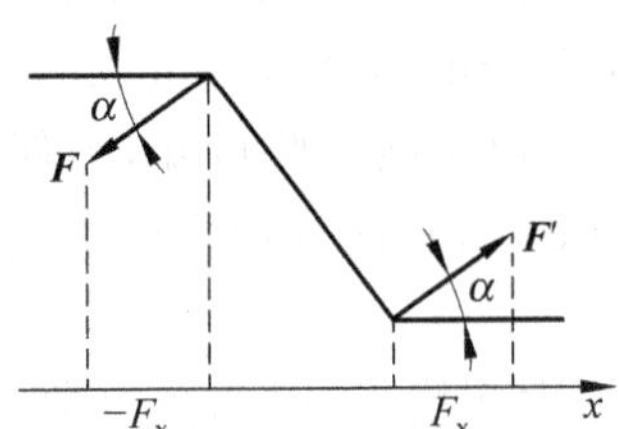

图 1-31 力偶在任意坐标轴上的投影

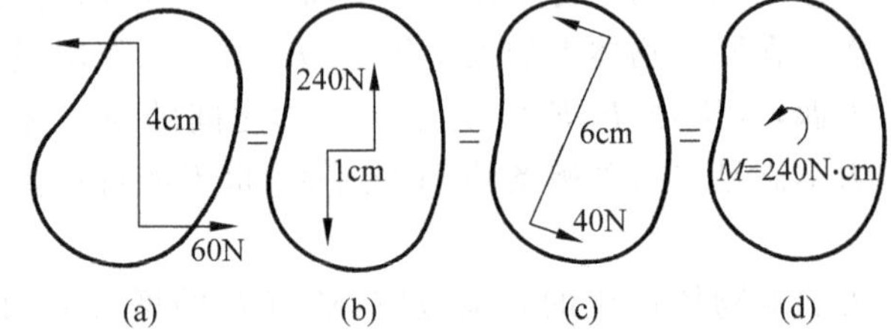

图 1-32 力偶的等效

3. 平面力偶系的合成及平衡

作用在同一物体上的若干个力偶组成一个力偶系。若力偶系中各力偶均作用在同一平面内,则称为平面力偶系。

既然力偶对物体只有转动效应,那么,平面内有若干个力偶同时作用时(平面力偶系),也只能产生转动效应,且其转动效应的大小等于各力偶转动效应的总和,而且转动效应由力偶矩来度量。可以证明:平面力偶系合成的结果为一合力偶,其合力偶矩等于各分力偶矩的代数和,即

$$M = M_1 + M_2 + \cdots + M_n = \sum M \tag{1-6}$$

由式(1-6)可知,要使平面力偶系平衡,则其合力偶的矩必须等于零,因此平面力偶系平衡的必要和充分条件是:力偶系中各力偶矩的代数和等于零,即

$$\sum M = 0 \tag{1-7}$$

式(1-7)称为平面力偶系的平衡方程,利用这个平衡方程,可以求解一个未知量。

例 1-7 四连杆机构在如图 1-33 所示位置平衡,已知 $OA=60\text{cm}$,$O_1B=40\text{cm}$,作用在摇杆 OA 上的力偶矩 $M_1=1\text{N}\cdot\text{m}$,不计杆自重,求力偶矩 M_2 的大小。

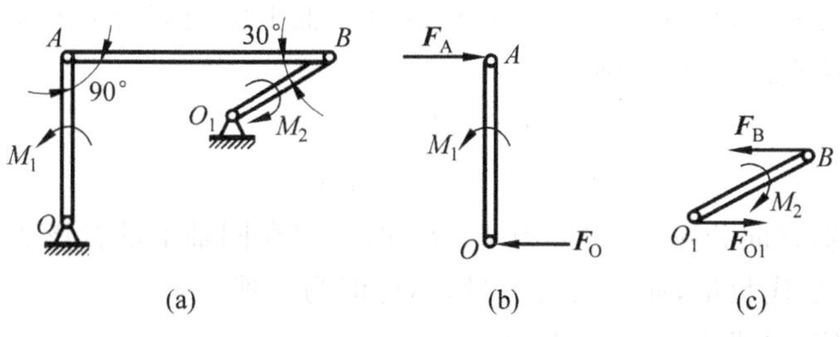

图 1-33　例 1-7 图

解：(1) 受力分析。先取 OA 杆分析，如图 1-33(b)所示，在杆上作用有主动力偶矩 M_1，根据力偶的性质，力偶只与力偶平衡，所以在杆的两端点 O、A 上必作用有大小相等、方向相反的一对力 $\boldsymbol{F}_O$ 及 $\boldsymbol{F}_A$，而连杆 AB 为二力杆，所以 $\boldsymbol{F}_A$ 的作用方向可以确定。再取 O_1B 杆分析，如图 1-33(c)所示，此时杆上作用一个待求力偶 M_2，此力偶与作用在 O_1、B 两端点上的约束反力构成的力偶平衡。

(2) 列平衡方程。由 $\sum M=0$，得

$$M_1 - F_A \times OA = 0 \tag{a}$$

$$F_A = \frac{M_1}{OA} = 1.67\text{N}$$

(3) 对受力图 1-33(c)列平衡方程。由 $\sum M=0$，得

$$F_B \times O_1B\sin30^\circ - M_2 = 0 \tag{b}$$

因 $F_B=F_A=1.67\text{N}$，故由式(b)得

$$M_2 = F_A \times O_1B \times 0.5 = 1.67 \times 0.4 \times 0.5 = 0.33\text{N}\cdot\text{m}$$

1.6　平面力系

学习目标　能说出力的平移定理的内容及其适用场合；能运用力的平移定理对平面力系进行简化；能根据实际情况选用不同形式平衡方程解决物系平衡问题。

按照力系中各力的作用线是否在同一平面内，可将力系分为平面力系和空间力系。若力系中各力均作用在同一平面内则称为平面力系，反之称为空间力系。本节将介绍平面力系的简化及平衡问题。

按照各力在平面内的相互位置，平面力系可分为平面汇交力系、平面平行力系和平面一般力系三类。在平面力系中，若各力作用线汇交于一点，称为平面汇交力系；各力作用线相互平行，称为平面平行力系；各力既不汇交也不平行，称为平面一般力系(或称平面任意力系)。按照由特殊到一般的认识规律，我们先研究平面汇交力系的简化与平衡条件。

1. 平面汇交力系的简化与平衡条件

(1) 力在坐标轴上的投影

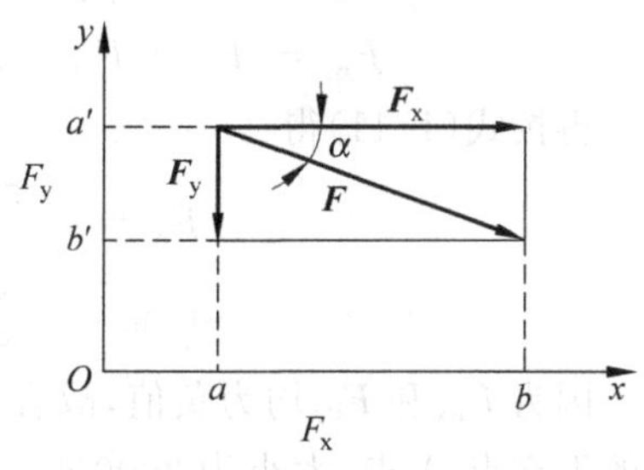

图 1-34　力的投影与分解

过 $\boldsymbol{F}$ 两端向坐标轴引垂线(见图 1-34)得垂足 a、b、a'、b'。线段 ab 和 $a'b'$ 分别为 $\boldsymbol{F}$ 在 x 轴和 y 轴上投影的大小，投影的正负号规定为：从 a 到 b(或从 a' 到 b')的指

向与坐标轴正向相同为正，相反为负。$\boldsymbol{F}$ 在 x 轴和 y 轴上的投影分别计为 F_x、F_y。若已知 $\boldsymbol{F}$ 的大小及其与 x 轴所夹的锐角 α，则有：

$$\left.\begin{aligned} F_x &= F\cos\alpha \\ F_y &= -F\sin\alpha \end{aligned}\right\} \tag{1-8}$$

如将 $\boldsymbol{F}$ 沿坐标轴方向分解，所得分力 $\boldsymbol{F}_x$、$\boldsymbol{F}_y$ 的值与在同轴上的投影 F_x、F_y 相等。但须注意，力在轴上的投影是代数量，而分力是矢量，不可混为一谈。

若已知 $\boldsymbol{F}_x$、$\boldsymbol{F}_y$ 值，可求出 $\boldsymbol{F}$ 的大小和方向，即

$$\left.\begin{aligned} F &= \sqrt{F_x^2 + F_y^2} \\ \tan\alpha &= |F_y/F_x| \end{aligned}\right\} \tag{1-9}$$

(2) 平面汇交力系的合成　设刚体上作用有一个平面汇交力系 $\boldsymbol{F}_1$、$\boldsymbol{F}_2$、…、$\boldsymbol{F}_n$，根据式(1-8)有

$$\boldsymbol{F}_R = \boldsymbol{F}_1 + \boldsymbol{F}_2 + \cdots + \boldsymbol{F}_n = \sum \boldsymbol{F}$$

将上式两边分别向 x 轴和 y 轴投影，即有

$$\left.\begin{aligned} F_{Rx} &= F_{1x} + F_{2x} + \cdots + F_{nx} = \sum F_x \\ F_{Ry} &= F_{1y} + F_{2y} + \cdots + F_{ny} = \sum F_y \end{aligned}\right\} \tag{1-10}$$

式(1-10)即为合力投影定理：力系的合力在某轴上的投影，等于力系中各力在同一轴上投影的代数和。若进一步按式(1-9)运算，即可求得合力的大小及方向，即

$$\left.\begin{aligned} F_R &= \sqrt{\left(\sum F_x\right)^2 + \left(\sum F_y\right)^2} \\ \tan\alpha &= \left|\sum F_y \Big/ \sum F_x\right| \end{aligned}\right\} \tag{1-11}$$

例 1-8　一固定于房顶的吊钩上有三个力 $\boldsymbol{F}_1$、$\boldsymbol{F}_2$、$\boldsymbol{F}_3$，其数值与方向如图 1-35 所示。用解析法求此三力的合力。

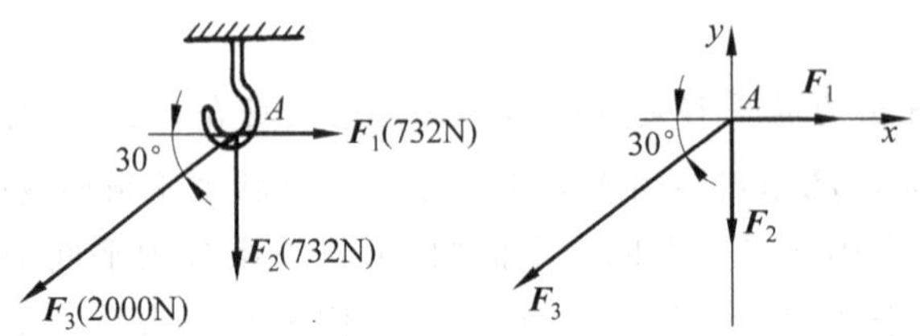

图 1-35　例 1-8 图

解：建立直角坐标系 Axy，并应用式(1-10)求出

$$F_{Rx} = F_{1x} + F_{2x} + F_{3x} = 732 + 0 - 2000 \times \cos 30° = -1000\text{N}$$

$$F_{Ry} = F_{1y} + F_{2y} + F_{3y} = 0 - 732 - 2000 \times \sin 30° = -1732\text{N}$$

再按式(1-11)得

$$F_R = \sqrt{\left(\sum F_x\right)^2 + \left(\sum F_y\right)^2} = 2000\text{N}$$

$$\tan\alpha = \left|\sum F_y \Big/ \sum F_x\right| = 1.732, \quad \alpha = 60°$$

因为 F_{Rx} 和 F_{Ry} 均为负值，故合力 F_R 在第三象限，与 x 轴所夹锐角为 60°，作用线通过原力系的汇交点 A 点，大小为 2000N。

(3) 平面汇交力系的平衡条件　由前面分析可知，平面汇交力系的合成结果是一个合力。

若合力为零，该力系将不引起物体运动状态的改变，即该力系是平衡力系。从式(1-11)可知，平面汇交力系保持平衡的必要条件是

$$F_R = \sqrt{\left(\sum F_x\right)^2 + \left(\sum F_y\right)^2} = 0$$

即

$$\left.\begin{aligned}\sum F_x = 0\\ \sum F_y = 0\end{aligned}\right\} \tag{1-12}$$

由式(1-12)可知，平面汇交力系平衡的解析条件是：各力在 x、y 两轴上投影的代数和分别等于零。上式称为平面汇交力系的平衡方程。这是两个独立的方程，可求解两个未知量。用该平衡方程可求得与物体所受的主动力组成的平面汇交力系中的约束反力。

例 1-9　图 1-36 所示的一圆柱体放置于夹角为 α 的 V 形槽内，并用压板 D 夹紧。已知压板作用于圆柱体上的压力为 $\boldsymbol{F}$，试求槽面对圆柱体的约束反力。

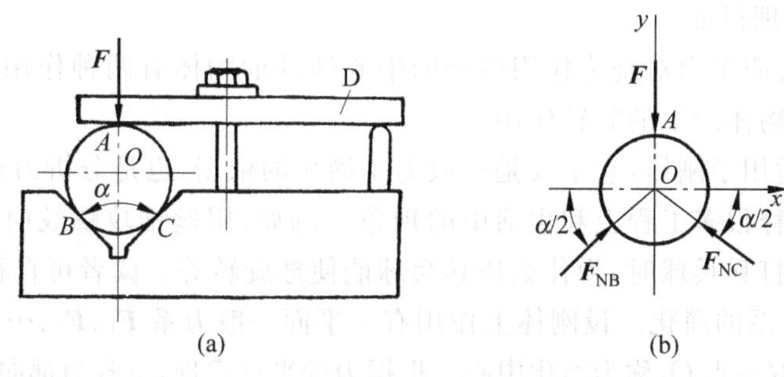

图 1-36　例 1-9 图

解：① 取圆柱体为研究对象，画出其受力图如图 1-36(b)所示。

② 选取坐标系 xOy。

③ 列平衡方程式求解未知力，由式(1-12)得

$$\sum F_x = 0,\quad F_{NB}\cos\frac{\alpha}{2} - F_{NC}\cos\frac{\alpha}{2} = 0 \tag{1}$$

$$\sum F_y = 0,\quad F_{NB}\sin\frac{\alpha}{2} + F_{NC}\sin\frac{\alpha}{2} - F = 0 \tag{2}$$

由式(1)得

$$F_{NB} = F_{NC}$$

由式(2)得

$$F_{NB} = F_{NC} = \frac{F}{2\sin\dfrac{\alpha}{2}}$$

2. 平面一般力系的简化及平衡规律

到目前为止，我们已经学习了平面力偶系与平面汇交力系这两种简单力系的合成与平衡规律。如果能把一个复杂的平面一般力系转化成简单的平面汇交力系和平面力偶系，即能简化平面一般力系平衡问题的求解。为完成这一转化，需要用到力的平移定理。

(1) 力的平移定理　作用在刚体上 A 点处的力 $\boldsymbol{F}$，可以平移到刚体内任意点 O，但为了保证其对刚体的作用效应不变，必须同时附加一个力偶，其力偶矩等于原来的力 $\boldsymbol{F}$ 对新作用点 O

的矩。这就是力的平移定理。

如图 1-37 所示，设在一力 $\boldsymbol{F}$ 作用在刚体上的 A 点时，欲将其平移到平面内任意一点 O，可假想在 O 点施加一对与 $\boldsymbol{F}$ 平行且等值的平衡力 $\boldsymbol{F}'$ 和 $\boldsymbol{F}''$（见图 1-37(b)），根据加减平衡力系公理，力系 $\boldsymbol{F}$、$\boldsymbol{F}'$ 和 $\boldsymbol{F}''$ 与力 $\boldsymbol{F}$ 等效，而其中的 $\boldsymbol{F}$ 和 $\boldsymbol{F}''$ 组成一个力偶，其力偶矩等于原力 $\boldsymbol{F}$ 对 O 点的矩，即：$M=M_O(\boldsymbol{F})=\boldsymbol{F}d$。

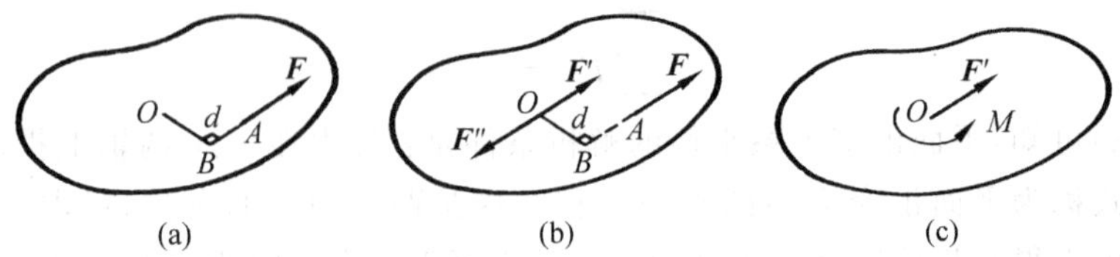

图 1-37 力的平移定理

于是作用在 A 点的力 $\boldsymbol{F}$ 就与作用于 O 点的平移力 $\boldsymbol{F}'$ 和附加力偶 M 的联合作用等效，如图 1-37(c)所示。定理得证。

力的平移定理表明了力对绕力作用线外的中心转动的物体有两种作用，一是平移力的作用，二是附加力偶对物体产生的旋转作用。

力的平移定理适用于刚体，它不仅是一般力系简化的依据，也是分析力对物体作用效应的一个重要方法，能解释很多工程上和生活中的现象。例如，用丝锥攻螺纹时，为什么单手操作时容易断锥或攻偏；打乒乓球时，为什么搓乒乓球能使球旋转等。读者可自行分析。

(2) 平面一般力系的简化 设刚体上作用有一平面一般力系 $\boldsymbol{F}_1$、$\boldsymbol{F}_2$、…、$\boldsymbol{F}_n$，如图 1-38(a)所示，在平面内任意取一点 O，称为简化中心。根据力的平移定理，将各力都向 O 点平移，得到一个汇交于 O 点的平面汇交力系 $\boldsymbol{F}'_1$、$\boldsymbol{F}'_2$、…、$\boldsymbol{F}'_n$，以及平面力偶系 M_1、M_2、…、M_n，如图 1-38(b)所示。

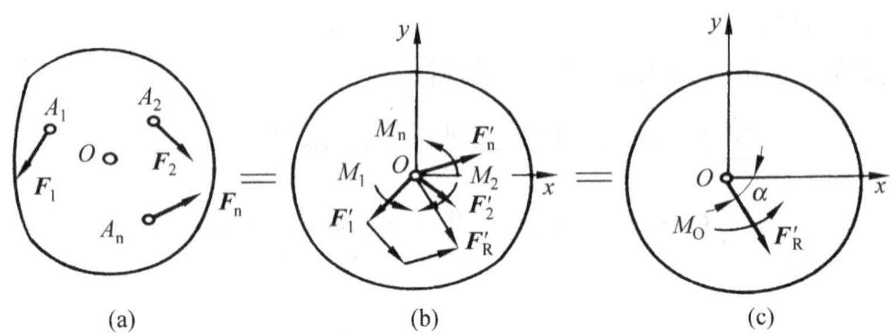

图 1-38 平面一般力系的简化

① 平面汇交力系 $\boldsymbol{F}'_1$、$\boldsymbol{F}'_2$、…、$\boldsymbol{F}'_n$，可以合成为一个作用于 O 点的合矢量 $\boldsymbol{F}'_R$，如图 1-38(c)所示，即

$$\boldsymbol{F}'_R=\sum \boldsymbol{F}'=\sum \boldsymbol{F} \tag{1-13}$$

它等于力系中各力的矢量和。显然，单独的 $\boldsymbol{F}'_R$ 不能和原力系等效，它被称为原力系的主矢。将式(1-13)写成直角坐标系下的投影形式：

$$\left.\begin{aligned} F'_{Rx}&=F_{1x}+F_{2x}+\cdots+F_{nx}=\sum F_x \\ F'_{Ry}&=F_{1y}+F_{2y}+\cdots+F_{ny}=\sum F_y \end{aligned}\right\} \tag{1-14}$$

因此主矢 $\boldsymbol{F}'_R$ 的大小及其与 x 轴正向的夹角分别为

$$\left.\begin{aligned} F'_R &= \sqrt{F_{Rx}^2 + F_{Ry}^2} = \sqrt{\left(\sum F_x\right)^2 + \left(\sum F_y\right)^2} \\ \theta &= \arctan\left|\frac{F_{Ry}}{F_{Rx}}\right| = \arctan\left|\frac{\sum F_y}{\sum F_x}\right| \end{aligned}\right\} \tag{1-15}$$

② 附加平面力偶系 M_1、M_2、…、M_n 可以合成为一个合力偶矩 M_O，即

$$M_O = M_1 + M_2 + \cdots + M_n = \sum M_O(F) \tag{1-16}$$

显然，单独的 M_O 也不能与原力系等效，因此它被称为原力系对简化中心 O 的主矩。

综上所述，得到如下结论：平面一般力系向平面内任一点简化可以得到一个力和一个力偶，这个力等于力系中各力的矢量和，作用于简化中心，称为原力系的主矢；这个力偶的矩等于原力系中各力对简化中心之矩的代数和，称为原力系的主矩。

原力系与主矢 $\boldsymbol{F}'_R$和主矩 M_O 的联合作用等效。主矢 $\boldsymbol{F}'_R$的大小和方向与简化中心的选择无关。主矩 M_O 的大小和转向与简化中心的选择有关。

(3) 平面一般力系的合成结果　由前述可知，平面一般力系向一点 O 简化后，一般来说可得到主矢 $\boldsymbol{F}'_R$和主矩 M_O，但这并不是简化的最终结果，进一步分析可能出现以下 4 种情况。

① $\boldsymbol{F}'_R=0$，$M_O\neq0$。说明该力系无主矢，而最终简化为一个力偶，其力偶矩就等于力系的主矩，此时主矩与简化中心无关。

② $\boldsymbol{F}'_R\neq0$，$M_O=0$。说明原力系的简化结果是一个力，而且这个力的作用线恰好通过简化中心，此时 $\boldsymbol{F}'_R$就是原力系的合力 $\boldsymbol{F}_R$。

③ $\boldsymbol{F}'_R\neq0$，$M_O\neq0$。这种情况还可以进一步简化，根据力的平移定理逆过程，可以把 $\boldsymbol{F}'_R$和 M_O 合成一个合力 $\boldsymbol{F}_R$。合成过程如图 1-39 所示，合力 $\boldsymbol{F}_R$ 的作用线到简化中心 O 的距离为：

$$d = \left|\frac{M_O}{F_R}\right| = \left|\frac{M_O}{F'_R}\right| \tag{1-17}$$

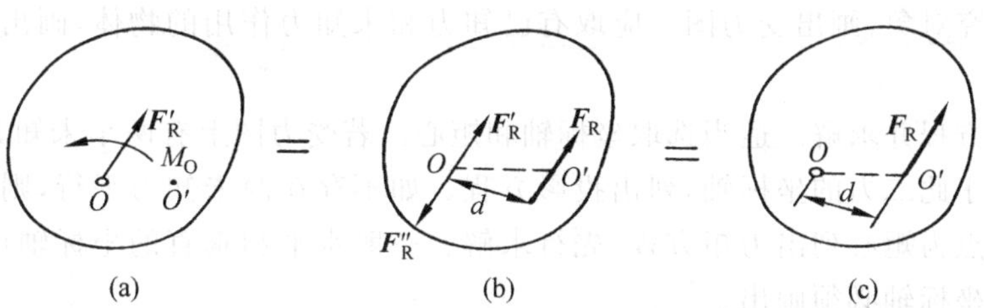

图 1-39　力偶与力的合成

④ $\boldsymbol{F}'_R=0$，$M_O=0$。这表明：该力系对刚体总的作用效果为零，即物体处于平衡状态。

(4) 平面一般力系的平衡方程及其应用

① 平面一般力系的平衡方程。有三种形式，分别介绍如下。

- 基本形式。由上述讨论知，若平面一般力系的主矢和对任一点的主矩都为零，则物体处于平衡；反之，若力系是平衡力系，则其主矢、主矩必同时为零。

因此，平面一般力系平衡的充要条件是：

$$\left.\begin{aligned} F'_R &= \sqrt{\left(\sum F_x\right)^2 + \left(\sum F_y\right)^2} = 0 \\ M_O &= \sum M_O(F) = 0 \end{aligned}\right\} \tag{1-18}$$

故得平面一般力系的平衡方程为：

$$\left.\begin{aligned}\sum F_x &= 0\\ \sum F_y &= 0\\ \sum M_O(F) &= 0\end{aligned}\right\} \tag{1-19}$$

式(1-19)满足平面一般力系平衡的充分和必要条件,所以平面一般力系有三个独立的平衡方程,可求解最多三个未知量。

用解析表达式表示平衡条件的方式不是唯一的。平衡方程式的形式还有二矩式和三矩式两种形式。

- 二矩式。二矩式表示如下:

$$\left.\begin{aligned}\sum F_x &= 0\\ \sum M_A(F) &= 0\\ \sum M_B(F) &= 0\end{aligned}\right\} \tag{1-20}$$

附加条件:AB 连线不得与 x 轴相垂直。

- 三矩式。三矩式表示如下:

$$\left.\begin{aligned}\sum M_A(F) &= 0\\ \sum M_B(F) &= 0\\ \sum M_C(F) &= 0\end{aligned}\right\} \tag{1-21}$$

附加条件:A、B、C 三点不在同一直线上。

式(1-20)和式(1-21)是物体取得平衡的必要条件,但不是充分条件,读者可自行推证。

② 平面一般力系平衡方程的解题步骤

- 确定研究对象,画出受力图。应取有已知力和未知力作用的物体,画出其分离体的受力图。
- 列平衡方程并求解。适当选取坐标轴和矩心。若受力图上有两个未知力互相平行,可选垂直于此二力的坐标轴,列出投影方程。如不存在两未知力平行,则选任意两未知力的交点为矩心列出力矩方程,先行求解。一般水平和垂直的坐标轴可画可不画,但倾斜的坐标轴必须画出。

例 1-10 绞车通过钢丝牵引小车沿斜面轨道匀速上升,如图 1-40(a)所示。已知小车重 $P=10\text{kN}$,绳与斜面平行,$\alpha=30°$,$a=0.75\text{m}$,$b=0.3\text{m}$,不计摩擦。求钢丝绳的拉力及轨道对车轮的约束反力。

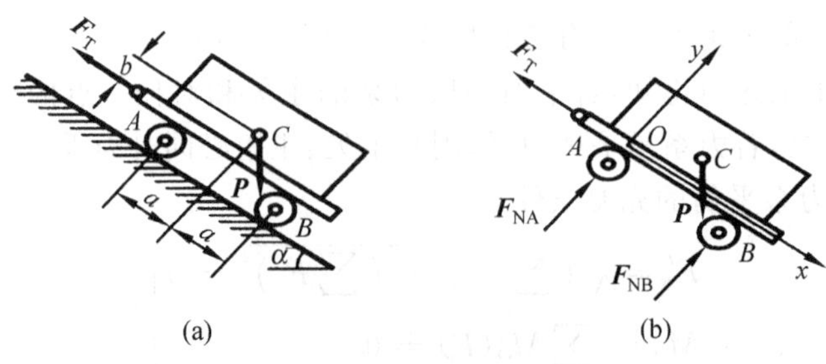

图 1-40 例 1-10 图

解：(1) 取小车为研究对象，画受力图(见图 1-40(b))。小车上作用有重力 P，钢丝绳的拉力 F_T，轨道在 A、B 处的约束反力 F_{NA} 和 F_{NB}。

(2) 取图示坐标系，列平衡方程。

$$\sum F_x = 0,\quad -F_T + P\sin\alpha = 0$$

$$\sum F_y = 0,\quad F_{NA} + F_{NB} - P\cos\alpha = 0$$

$$\sum M_O(\boldsymbol{F}) = 0,\quad F_{NB}(2a) - Pb\sin\alpha - Pa\cos\alpha = 0$$

解得：

$$F_T = 5\text{kN},\quad F_{NB} = 5.33\text{kN},\quad F_{NA} = 3.33\text{kN}$$

例 1-11　悬臂梁如图 1-41 所示，梁上作用有均布载荷 q，在 B 端作用有集中力 $F=ql$ 和力偶为 $M=ql^2$，梁长度为 $2l$，已知 q 和 ql(力的单位为 N，长度单位为 m)。求固定端的约束反力。

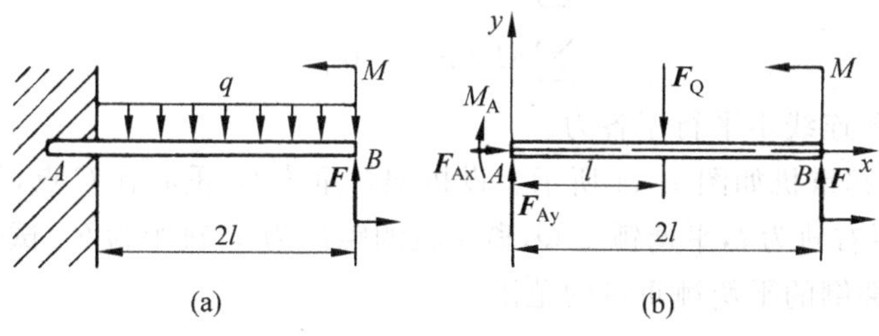

图 1-41　例 1-11 图

解：(1) 取 AB 梁为研究对象，画受力图(见图 1-41(b))，均布载荷 q 可简化为作用于梁中点的一个集中力 $F_Q=q\times 2l$。

(2) 列平衡方程

$$\sum F_x = 0,\quad F_{Ax} = 0$$

$$\sum M_A(\boldsymbol{F}) = 0,\quad M - M_A + F(2l) - F_Q l = 0$$

$$M_A = M + 2Fl - F_Q l = ql^2 + 2ql^2 - 2ql^2 = ql^2$$

$$\sum F_y = 0,\quad F_{Ay} + F - F_Q = 0$$

$$F_{Ay} = F_Q - F = 2ql - ql = ql$$

因 M_A、F_{Ay} 计算结果为正，故其方向与假设一致。

③ 平面一般力系的特殊情况。有两种特殊情况。

- 平面汇交力系。此力系前面已学习过，因力系中各力的作用线汇交于一点(如图 1-42(b) 所示)，$M_O = \sum M_O(F) = 0$ 恒能满足，故其平衡方程只需要下面两个投影方程即可。

$$\left.\begin{aligned}\sum F_x = 0\\ \sum F_y = 0\end{aligned}\right\}$$

- 平面平行力系。在图 1-43 所示平面平行力系中，若取 y 轴平行于各力的作用线，$\sum F_x = 0$ 恒能满足，则其独立的平衡方程为

$$\left.\begin{aligned}\sum F_y = 0\\ \sum M_O(F) = 0\end{aligned}\right\}\qquad(1\text{-}22)$$

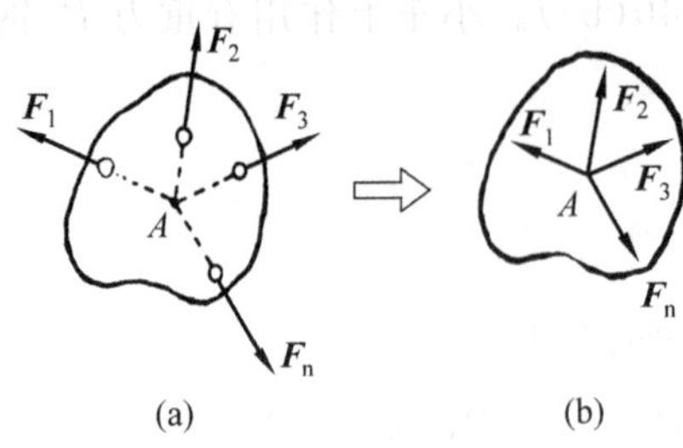

图 1-42 平面汇交力系

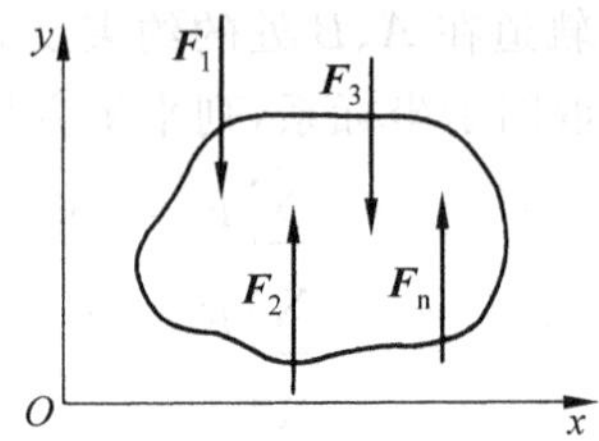

图 1-43 平面平行力系

式(1-22)表明，当所有的力平行于 y 轴时，平面平行力系平衡的充要条件是：各力在与力平行的坐标轴上投影的代数和为零，各力对任意点的力矩的代数和也为零，也可用二矩式，即

$$\left.\begin{aligned}\sum M_A(F)=0\\ \sum M_B(F)=0\end{aligned}\right\} \tag{1-23}$$

附加条件：A、B 连线不平行于各力。

例 1-12 塔式起重机如图 1-44 所示。设机架自重为 G，重心在 C 点，与右轨距离为 e，载重 W，吊臂最远端距右轨为 l，平衡锤重 Q，离左轨的距离为 a，轨距为 b。试求塔式起重机在满载和空载时都不致翻倒的平衡锤重量的范围。

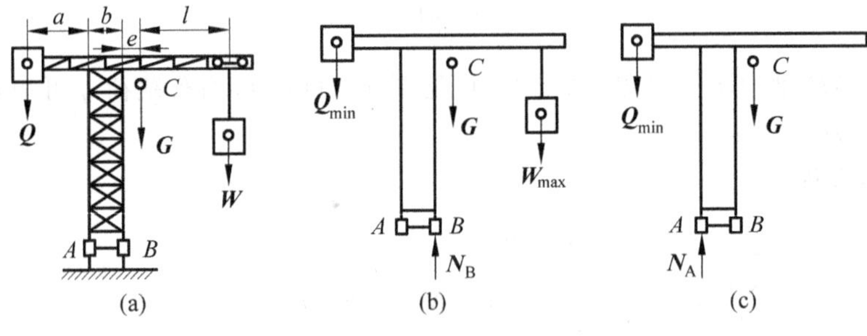

图 1-44 例 1-12 图

解：取塔式起重机为研究对象，作用在起重机上的力有重物 W、机架重 G、平衡锤的重力 Q 及钢轨的约束反力 N_A 和 N_B，这些力构成了平面平行力系，起重机在该平面平行力系作用下平衡。

(1) 满载时 $W=W_{max}$，$Q=Q_{min}$，机架可能绕 B 点右翻，在临界平衡状态，A 处悬空，$N_A=0$，受力图如图 1-44(b)所示，则

$$\sum M_B(F)=0,\quad Q_{min}(a+b)-W_{max}l-Ge=0,\quad 即\ Q_{min}=\frac{Ge+W_{max}l}{a+b}$$

(2) 空载时 $W=0$，$Q=Q_{max}$，机架可能绕 A 点左翻，在临界平衡状态，B 处悬空，$N_B=0$，受力图如图 1-44(c)所示，则

$$\sum M_A(F)=0,\quad Q_{max}a-G(e+b)=0,\quad 即\ Q_{max}=\frac{G(e+b)}{a}$$

因临界点是比较危险的，故平衡锤的范围应满足不等式：

$$\frac{Ge+W_{max}l}{a+b}<Q<\frac{G(e+b)}{a}$$

3. 物体系统的平衡

一个刚体平衡时,未知量的个数等于独立平衡方程个数,全部未知量可通过静力学平衡方程求得,这类问题称为静定问题,如图1-45所示。反之,若问题中未知量的数目超过了独立的平衡方程的总数,则单靠平衡方程不能解出全部未知量,这类问题称为超静定问题或静不定问题,如图1-46所示。在工程实际中为了提高刚度和稳固性,常对物体增加一些支承或约束,因而使问题由静定变为超静定。在用平衡方程来解决工程实际问题时,应首先判别该问题是否静定。本章只研究静定问题。

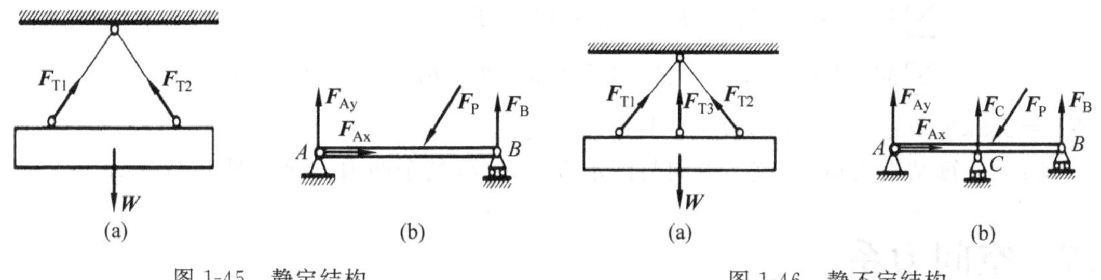

图1-45 静定结构　　图1-46 静不定结构

求解物体系统平衡问题的步骤如下:

(1) 适当选择研究对象,画出各研究对象的分离体的受力图(研究对象可以是物系整体、单个物体,也可以是物系中几个物体的组合)。

(2) 分析各受力图,确定求解顺序。

(3) 根据确定的求解顺序,逐个列出平衡方程求解。

例1-13 组合梁由 AC 和 CE 用铰链连接,载荷及支承情况如图1-47(a)所示,已知:$l=8\text{m}$,$F=5\text{kN}$,均布载荷集度 $q=2.5\text{kN/m}$,力偶矩 $M=5\text{kN}\cdot\text{m}$。求支座 A、B、E 及中间铰 C 的反力。

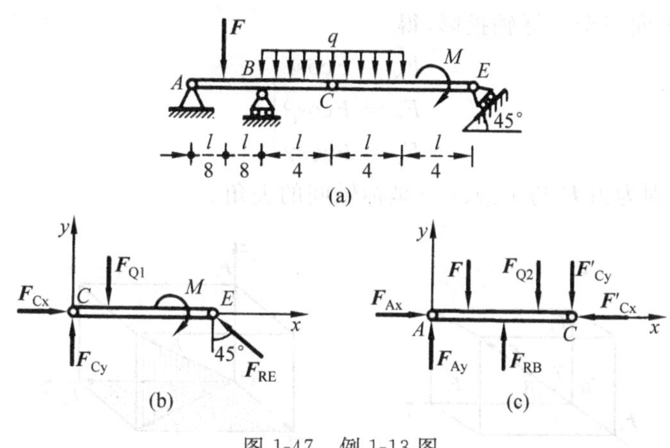

图1-47 例1-13图

解:(1) 分别取梁 CE 及 ABC 为研究对象,画出各分离体的受力图,如图1-47(b)、(c)所示。其中 F_{Q1} 和 F_{Q2} 分别为梁 CE 梁 ABC 上均布载荷的合力。

(2) 列平衡方程求解。图1-47(c)有5个未知力,不可解;图1-47(b)有3个未知力,可解。

$$\sum F_x = 0,\quad F_{Cx} - F_{RE}\cos 45^\circ = 0$$

$$\sum F_y = 0, \quad F_{Cy} - F_{Q1} + F_{RE}\sin45° = 0$$

$$\sum M_C(F) = 0, \quad -F_{Q1} \times 1 - 5 + F_{RE}\sin45° \times 4 = 0$$

得 $F_{RE}=3.54\text{kN}$，$F_{Cx}=2.5\text{kN}$，$F_{Cy}=2.5\text{kN}$。

因计算结果均为正，故各力方向与图示方向一致。

(3) 以 ABC 为研究对象，列平衡方程。

$$\sum F_x = 0, \quad F_{Ax} - F'_{Cx} = 0$$

$$\sum F_y = 0, \quad F_{Ay} - F - F_{Q2} - F'_{Cy} + F_{RB} = 0$$

$$\sum M_A(F) = 0, \quad -F \times 1 + F_{RB} \times 2 - F_{Q2} \times 3 - F'_{Cy} \times 4 = 0$$

得 $F_{Ax}=2.5\text{kN}$，$F_{Ay}=-2.5\text{kN}$，$F_{RB}=15\text{kN}$。

因 F_{Ay} 计算结果为负，故该力方向与图示方向相反，其余两力方向如图 1-47 所示。

1.7 空间力系

学习目标 会将空间力向坐标轴进行投影，求出各分力的大小；知道力对轴之矩的概念，会求力对轴之矩；知道空间力系的平衡条件，清楚空间力系平衡问题的解题思路。

本节主要介绍空间力系的简化与平衡问题。当力系中各力的作用线不在同一平面，而呈空间分布时，称为空间力系。

1. 力在空间直角坐标轴上的投影

在平面力系中，常将作用于物体上某点的力向坐标轴 x、y 上投影。同理，在空间力系中，也可将作用于空间某一点的力向坐标轴 x、y、z 上投影。具体作法如下：

(1) 直接投影法　若一力 $\boldsymbol{F}$ 的作用线与 x、y、z 轴对应的夹角已经给定，如图 1-48(a)所示，则可直接将力 $\boldsymbol{F}$ 向三个坐标轴投影，得

$$\left.\begin{aligned} F_x &= F\cos\alpha \\ F_y &= F\cos\beta \\ F_z &= F\cos\gamma \end{aligned}\right\} \tag{1-24}$$

其中，α、β、γ 分别为力 $\boldsymbol{F}$ 与 x、y、z 三坐标轴间的夹角。

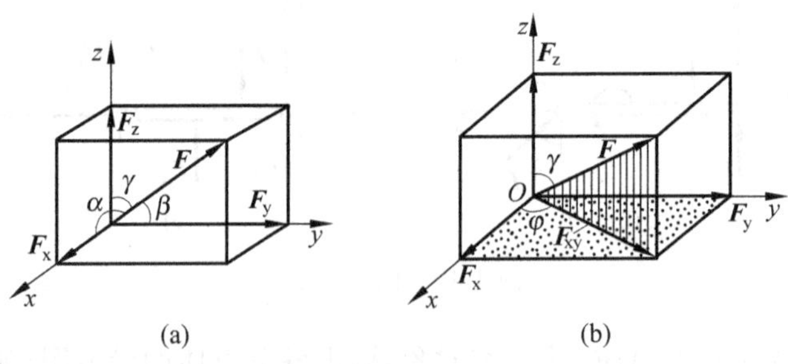

图 1-48　力在空间坐标轴上的投影

(2) 二次投影法　当力 $\boldsymbol{F}$ 与 x、y 坐标轴间的夹角不易确定时，可先将力 $\boldsymbol{F}$ 投影到坐标平面 xOy 上，得一力 $\boldsymbol{F}_{xy}$，进一步再将 $\boldsymbol{F}_{xy}$ 向 x、y 轴上投影，如图 1-48(b)所示。若 γ 为力 $\boldsymbol{F}$ 与 z 轴间的夹角，φ 为 $\boldsymbol{F}_{xy}$ 与 x 轴间的夹角，则力 $\boldsymbol{F}$ 在三个坐标轴上的投影为

$$\left.\begin{aligned}F_x &= F_{xy}\cos\varphi = F\sin\gamma\cos\varphi \\ F_y &= F_{xy}\sin\varphi = F\sin\gamma\sin\varphi \\ F_z &= F\cos\gamma\end{aligned}\right\} \tag{1-25}$$

具体计算时，可根据问题的实际情况选择一种适当的投影方法。

力和它在坐标轴上的投影是一一对应的，如果力 $\boldsymbol{F}$ 的大小、方向是已知的，则它在选定的坐标系的三个轴上的投影是确定的；反之，如果已知力 $\boldsymbol{F}$ 在三个坐标轴上的投影 F_x、F_y、F_z 的值，则力 $\boldsymbol{F}$ 的大小、方向也可以求出，其形式如下：

$$F = \sqrt{F_x^2 + F_y^2 + F_z^2} \tag{1-26}$$

$$\left.\begin{aligned}\cos\alpha &= \frac{F_x}{F} \\ \cos\beta &= \frac{F_y}{F} \\ \cos\gamma &= \frac{F_z}{F}\end{aligned}\right\} \tag{1-27}$$

例 1-14　已知圆柱斜齿轮所受的啮合力 $F_n = 1410\text{N}$，齿轮压力角 $\alpha = 20°$，螺旋角 $\beta = 25°$（见图 1-49）。试计算斜齿轮所受的圆周力 $\boldsymbol{F}_t$、轴向力 $\boldsymbol{F}_a$ 和径向力 $\boldsymbol{F}_r$。

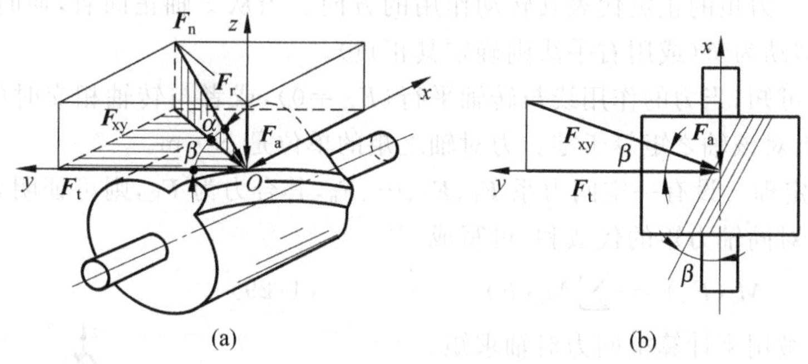

图 1-49　例 1-14 图

解：取坐标系如图 1-49(a)所示，使 x、y、z 分别沿齿轮的轴向、圆周的切线方向和径向。先把啮合力 $\boldsymbol{F}_n$ 向 z 轴和坐标平面 xOy 投影，得

$$F_r = -F_n\sin\alpha = -1410\sin 20° = -482\text{N}$$

F_n 在 xOy 平面上的分力 F_{xy}，其大小为：

$$F_{xy} = F_n\cos\alpha = 1410\cos 20° = 1325\text{N}$$

再把 $\boldsymbol{F}_{xy}$ 投影到 x、y 轴得：

$$F_a = -F_{xy}\sin\beta = -F_n\cos\alpha\sin\beta = -1410\cos 20°\sin 25° = -560\text{N}$$

$$F_t = -F_{xy}\cos\beta = -F_n\cos\alpha\cos\beta = -1410\cos 20°\cos 25° = -1201\text{N}$$

2. 力对轴之矩

(1) 力对轴之矩的概念　在工程中，常遇到刚体绕定轴转动的情形，为了度量力对转动刚体的作用效应，必须引入力对轴之矩的概念。

现以关门动作为例，图 1-50(a)中门的一边有固定轴 z，在 A 点作用一力 $\boldsymbol{F}$，为度量此力对刚体的转动效应，可将该力 $\boldsymbol{F}$ 分解为两个互相垂直的分力：一个是与转轴平行的分力 $F_z = F\sin\beta$；另一个是在与转轴垂直平面上的分力 $F_{xy} = F\cos\beta$。

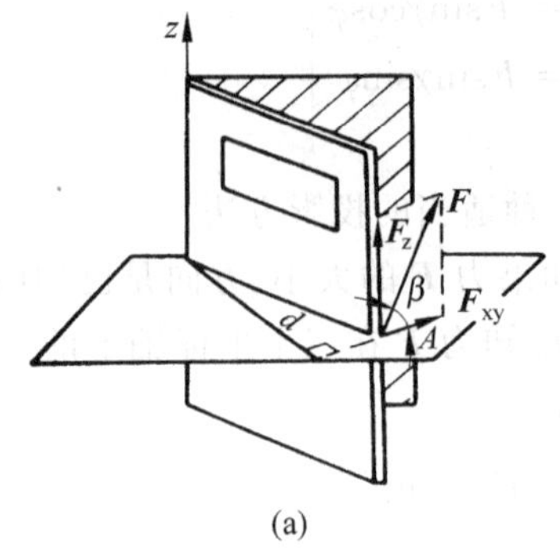

(a)

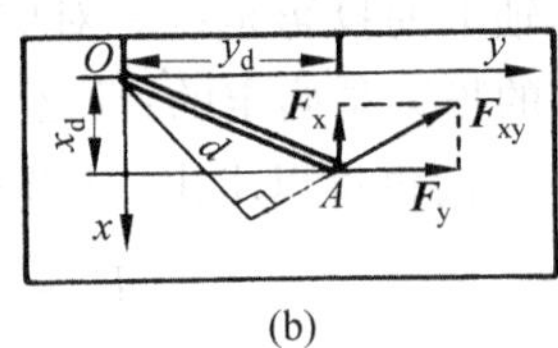

(b)

图 1-50　力对轴之矩

由经验可知，F_z 不能使门绕 z 轴转动，只有分力 F_{xy} 才能产生使门绕 z 轴转动的效应。

如以 d 表示 $\boldsymbol{F}_{xy}$ 作用线到 z 轴与平面的交点 O 的距离，则 $\boldsymbol{F}_{xy}$ 对 O 点之矩，就可以用来度量力 $\boldsymbol{F}$ 使门绕 z 轴转动的效应，记作：

$$M_z(F) = M_O(F_{xy}) = \pm F_{xy}d \tag{1-28}$$

力对轴之矩在轴上的投影是代数量，其值等于此力在垂直该轴平面上的投影对该轴与此平面的交点之矩。力矩的正负代表其转动作用的方向。当从 z 轴正向看，逆时针方向转动为正，顺时针方向转动为负(或用右手法则确定其正负)。

由式(1-28)可知，当力的作用线与转轴平行($F_{xy}=0$)，或者与转轴相交时($d=0$)，即当力与转轴共面时，力对该轴之矩等于零。力对轴之矩的单位是 N·m。

(2) 合力矩定理　设有一空间力系 $\boldsymbol{F}_1$、$\boldsymbol{F}_2$、…、$\boldsymbol{F}_n$，其合力为 $\boldsymbol{F}_R$，则可证明合力 $\boldsymbol{F}_R$ 对某轴之矩等于各分力对同轴力矩的代数和，可写成

$$M_z(F_R) = \sum M_z(F) \tag{1-29}$$

式(1-29)常被用来计算空间力对轴求矩。

例 1-15　计算图 1-51 所示手摇曲柄上 $\boldsymbol{F}$ 对 x、y、z 轴之矩。已知：$\boldsymbol{F}$ 为平行于 xz 平面的力，$F=100\text{N}$，$\alpha=60°$，$AB=0.2\text{m}$，$BC=0.4\text{m}$，$CD=0.15\text{m}$，A、B、C、D 处于同一水平面上。

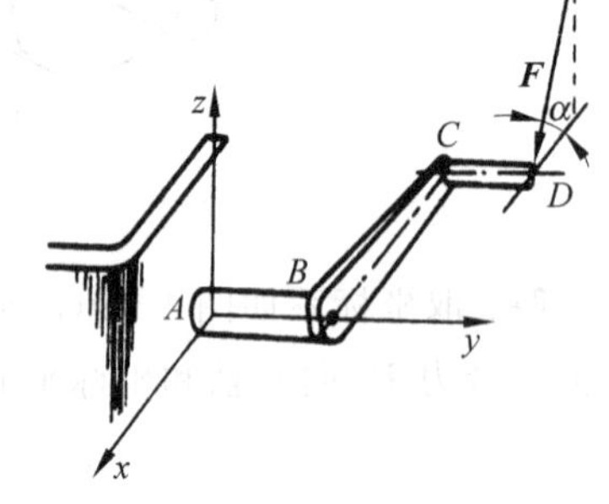

图 1-51　例 1-15 图

解：力 $\boldsymbol{F}$ 在 x 和 z 轴上有投影：

$$F_x = F\cos\alpha$$

$$F_z = -F\sin\alpha$$

计算 $\boldsymbol{F}$ 对 x、y、z 各轴的力矩：

$$M_x(\boldsymbol{F}) = -F_z(AB + CD) = -100\sin60°(0.2 + 0.15) = -30.31\text{N}\cdot\text{m}$$

$$M_y(\boldsymbol{F}) = -F_zBC = -100\sin60° \times 0.4 = -34.64\text{N}\cdot\text{m}$$

$$M_z(\boldsymbol{F}) = -F_x(AB + CD) = -100\cos60°(0.2 + 0.15) = -17.5\text{N}\cdot\text{m}$$

3. 空间力系的平衡方程及其应用

(1) 空间一般力系的平衡条件和平衡方程

某物体上作用有一个空间一般力系 $\boldsymbol{F}_1$、$\boldsymbol{F}_2$、…、$\boldsymbol{F}_n$(见图 1-52)。若物体不平衡，则力系可能使物体沿 x、y、z 轴方向的移动状态发生变化，也可能使该物体绕该三轴的转动状态发生变化。若物体在力系作用下处于平衡，则物体沿 x、y、z 三轴的移动状态不变，绕该三轴的转动

状态也不变。当物体沿 x 方向的移动状态不变时，该力系中各力在 x 轴上的投影的代数和为零，即 $\sum F_x = 0$；同理可得 $\sum F_y = 0$，$\sum F_z = 0$。当物体绕 x 轴的转动状态不变时，该力系对 x 轴力矩的代数和为零，即 $\sum M_x(\boldsymbol{F}) = 0$，同理可得 $\sum M_y(\boldsymbol{F}) = 0$，$\sum M_z(\boldsymbol{F}) = 0$。由此可见，空间一般力系的平衡方程为

$$\left.\begin{array}{l}\sum F_x = 0,\quad \sum F_y = 0,\quad \sum F_z = 0 \\ \sum M_x(\boldsymbol{F}) = 0,\quad \sum M_y(\boldsymbol{F}) = 0,\quad \sum M_x(\boldsymbol{F}) = 0\end{array}\right\} \tag{1-30}$$

式(1-30)表达了空间一般力系平衡的必要和充分条件为：各力在三个坐标轴上投影的代数和以及各力对三个坐标轴之矩的代数和都必须分别等于零。

利用该 6 个独立平衡方程式，可以求解 6 个未知量。

(2) 空间力系的特殊情况

① 空间汇交力系。各力的作用线汇交于一点的空间力系称为空间汇交力系(见图 1-53)。若以汇交点为原点，取直角坐标系 $Oxyz$，则由于各力与三个坐标轴都相交，方程组(1-30)中的三个力矩方程自然得到满足，所以空间汇交力系的平衡方程只有三个，即

$$\sum F_x = 0,\quad \sum F_y = 0,\quad \sum F_z = 0 \tag{1-31}$$

② 空间平行力系。各力作用线互相平行的空间力系称为空间平行力系(见图 1-54)。取坐标系 $Oxyz$，令 z 轴与力系中各力平行，则不论力系是否平衡，都自然满足 $\sum F_x = 0$，$\sum F_y = 0$，$\sum M_z(\boldsymbol{F}) = 0$。于是空间平行力系的平衡方程为

$$\sum F_z = 0,\quad \sum M_x(\boldsymbol{F}) = 0,\quad \sum M_y(\boldsymbol{F}) = 0 \tag{1-32}$$

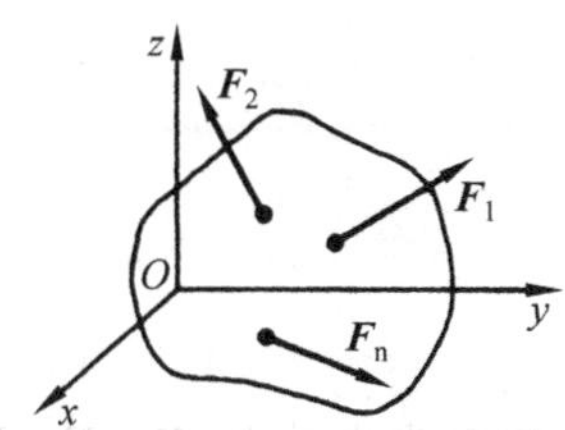

图 1-52　空间一般力系

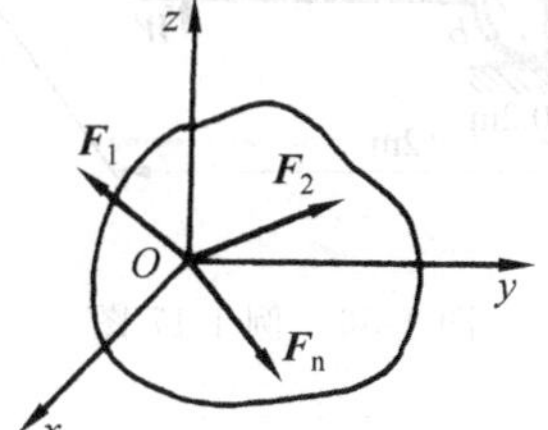

图 1-53　空间汇交力系

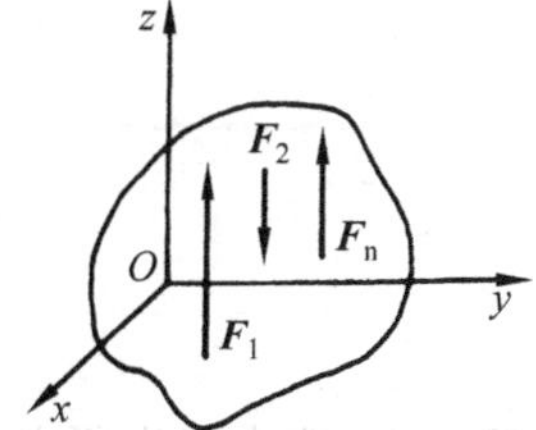

图 1-54　空间平行力系

例 1-16　有一空间支架固定在相互垂直的墙上。支架由垂直于两墙的铰接二力杆 OA、OB 和钢绳 OC 组成。已知 $\theta=30°$，$\varphi=60°$，O 点吊一重量 $G=1.2\text{kN}$ 的重物(见图 1-55(a))。试求两杆和钢绳所受的力。图中 O、A、B、D 四点都在同一水平面上，杆和绳的重量忽略不计。

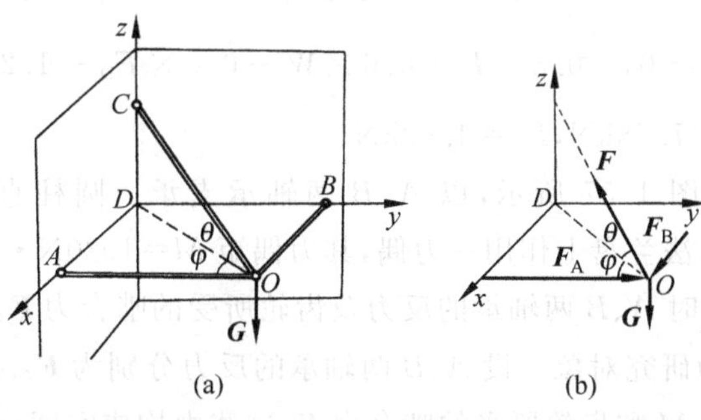

图 1-55　例 1-16 图

解：(1) 选研究对象画受力图。取铰链 O 为研究对象，设坐标系为 $Dxyz$，受力如图 1-55(b) 所示。

(2) 列平衡方程式，求未知量，即

$$\sum F_x = 0,\quad F_B - F\cos\theta\ \sin\varphi = 0$$

$$\sum F_y = 0,\quad F_A - F\cos\theta\ \cos\varphi = 0$$

$$\sum F_z = 0,\quad F\sin\theta - G = 0$$

$$F = \frac{G}{\sin\theta} = \frac{1.2}{\sin 30^\circ} = 2.4\text{kN}$$

解上述方程得

$$F_A = F\cos\theta\ \cos\varphi = 2.4\cos 30^\circ\cos 60^\circ = 1.04\text{kN}$$

$$F_B = F\cos\theta\ \sin\varphi = 2.4\cos 30^\circ\sin 60^\circ = 1.8\text{kN}$$

计算结果为正，各力方向均与图示一致。

例 1-17 三轮小车自重 W=8kN，作用于点 C，载荷 F=10kN，作用于点 E，如图 1-56 所示。求小车静止时地面对车轮的反力。

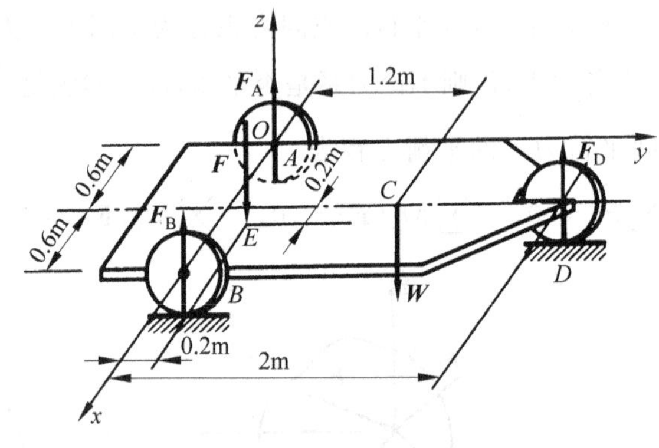

图 1-56 例 1-17 图

解：(1) 选小车为研究对象，画受力图如图 1-56 所示。其中 $\boldsymbol{W}$ 和 $\boldsymbol{F}$ 为主动力，$\boldsymbol{F}_A$、$\boldsymbol{F}_B$、$\boldsymbol{F}_D$ 为地面的约束反力，此 5 个力相互平行，组成空间平行力系。

(2) 取坐标轴如图 1-56 所示，列出平衡方程求解

$$\sum F_z = 0,\quad -F - W + F_A + F_B + F_D = 0$$

$$\sum M_x(\boldsymbol{F}) = 0,\quad -0.2\times F - 1.2\times W + 2\times F_D = 0$$

$$\sum M_y(\boldsymbol{F}) = 0,\quad 0.8\times F + 0.6\times W - 0.6\times F_D - 1.2\times F_B = 0$$

得 F_D=5.8kN，F_B=7.78kN，F_A=4.42kN。

例 1-18 传动轴如图 1-57 所示，以 A、B 两轴承支承。圆柱直齿轮的节圆直径 d=17.3mm，压力角 α=20°，法兰盘上作用一力偶，其力偶矩 M=1030N·m。如轮轴自重和摩擦不计，求传动轴匀速转动时 A、B 两轴承的反力及齿轮所受的啮合力 $\boldsymbol{F}$。

解：(1) 取整个轴为研究对象。设 A、B 两轴承的反力分别为 $\boldsymbol{F}_{Ax}$、$\boldsymbol{F}_{Az}$、$\boldsymbol{F}_{Bx}$、$\boldsymbol{F}_{Bz}$，并沿 x、z 轴的正向，此外还有力偶 M 和齿轮所受的啮合力 $\boldsymbol{F}$，这些力构成空间一般力系。

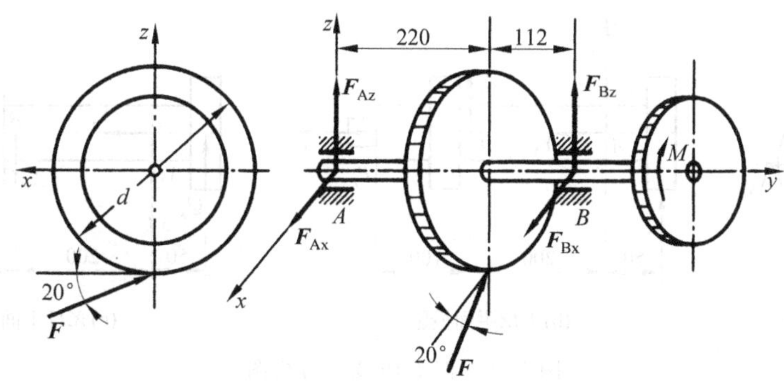

图 1-57　例 1-18 图

(2) 取坐标轴如图 1-57 所示，列平衡方程

$$\sum M_y(\boldsymbol{F}) = 0, \quad -M + F\cos 20° \times \frac{d}{2} = 0$$

$$\sum M_x(\boldsymbol{F}) = 0, \quad F\sin 20° \times 220 + F_{Bz} \times 332 = 0$$

$$\sum M_z(\boldsymbol{F}) = 0, \quad -F_{Bx} \times 332 + F\cos 20° \times 220 = 0$$

$$\sum F_x = 0, \quad F_{Ax} + F_{Bx} - F\cos 20° = 0$$

$$\sum F_z = 0, \quad F_{Az} + F_{Bz} + F\sin 20° = 0$$

联立求解以上各式得：$F=12.67\text{kN}$，$F_{Bz}=-2.87\text{kN}$，$F_{Bx}=7.89\text{kN}$，$F_{Ax}=4.02\text{kN}$，$F_{Az}=-1.46\text{kN}$，以上各力中，除 F_{Bz}、F_{Az} 两力方向与图示相反，其余各力方向均与图示一致。

4. 空间力系任意力系平衡问题的平面解法及其应用

当空间力系平衡时，它在任意平面上的投影力系（平面力系）也平衡。因此，可将空间力系投影到坐标平面上，转化为平面力系的问题进行计算，这种方法称为空间力系的平面解法，此方法特别适合解决轮轴类零件空间受力平衡问题。

例 1-19　如图 1-58 所示，车床主轴上 A 为向心推力轴承，B 为向心轴承，切削力 $P_x=466\text{N}$，$P_y=352\text{N}$，$P_z=1400\text{N}$，求力 Q 大小及 A、B 处的约束反力。

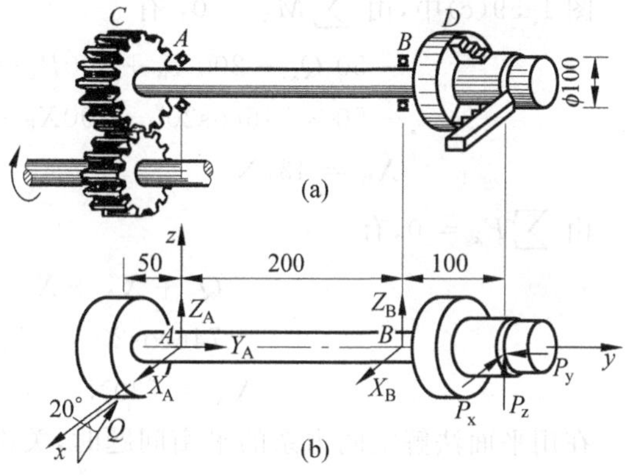

图 1-58　例 1-19 图

解：取主轴及工件为研究对象，受力如图 1-58(b)所示。向心轴承 B 的约束反力为 X_B 和 Z_B，向心推力轴承 A 处约束反力有 X_A、Y_A、Z_A，其中 Y_A 起止推作用。主轴共受 9 个力作用，是空间一般力系。

将空间力系平衡问题转化为平面力系平衡问题来解。首先设坐标系 $Axyz$，将空间力系化为三个坐标平面内的平面力系，如图 1-59 所示。

图 1-59(a)中，由 $\sum M_A = 0$，有

$$100Q_x - P_z \times 50 = 0$$

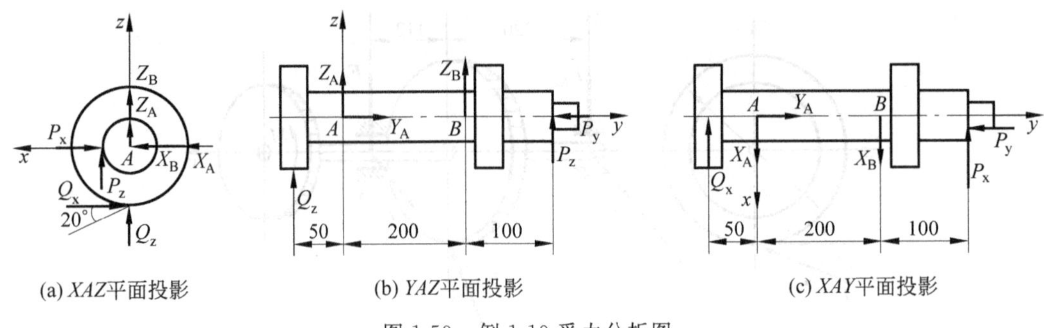

(a) *XAZ*平面投影　　(b) *YAZ*平面投影　　(c) *XAY*平面投影

图 1-59　例 1-19 受力分析图

$$100Q\cos20° - 1400 \times 50 = 0$$
$$Q = 746\text{N}$$

图 1-59(b)中，由 $\sum M_A = 0$，有

$$-50Q_z + 200Z_B + 300P_z = 0$$
$$-50 \times 746 \times \sin20° + 200Z_B + 300 \times 1400 = 0$$
$$Z_B = -2040\text{N}$$

由 $\sum F_z = 0$，有

$$Q_z + Z_A + Z_B + P_z = 0$$
$$746 \times \sin20° + Z_A - 2040 + 1400 = 0$$
$$Z_A = 385\text{N}$$

由 $\sum F_y = 0$，有

$$Y_A - P_y = 0$$
$$Y_A = P_y = 352\text{N}$$

图 1-59(c)中，由 $\sum M_A = 0$，有

$$-50\,Q_x - 200X_B + 300P_x - 50P_y = 0$$
$$-50 \times 746\cos20° - 200X_B + 300 \times 466 - 50 \times 352 = 0$$
$$X_B = 437\text{N}$$

由 $\sum F_x = 0$，有

$$-Q_x + X_A + X_B - P_x = 0$$
$$-746\cos20° + X_A + 437 - 466 = 0$$
$$X_A = 730\text{N}$$

在用平面法解空间力系的平衡问题时，关键在于正确地将空间力系投影到三个坐标平面上，转化为平面力系，在列平面力系平衡方程中，可以运用平面力系的解题技巧。

附：机械应用实例

实例 1-1　新型千斤顶

图 1-60 所示为一种新型千斤顶，它的结构简单、重量轻，举升高度大，最大可达 285mm，主要由底座 1、上下支撑杆 4、14 及丝杠 15 等零部件组成。在使用时，用手转动摇把 5，带动其

丝杠 15 旋转，使左右上下支撑杆 4、14 靠拢或分离，带动联接板 11 驱动顶杆 13 上升或下降，升降工作过程完成。

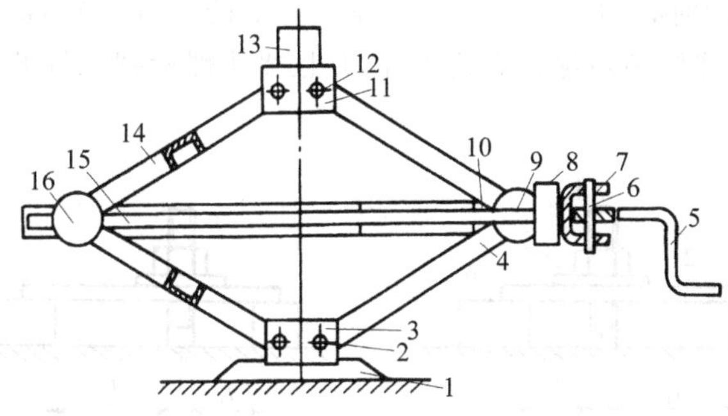

图 1-60　新型千斤顶

1—底座；2、12—轴销；3、11—联接板；4、14—支撑杆；5—摇把；6—摇把销子；7—拨叉；8—推力轴承；9—联接轴；10—定位套；13—顶杆；15—丝杠；16—丝杠螺母

上支撑杆 14 和下支撑杆 4 的两端均为受力点，并为圆柱铰链约束。因此，在杆件自重忽略不计时，上下支撑杆都为二力杆件。丝杠在轴向只有两个受力点，也可简化为二力杆件，且为拉杆。这种新型千斤顶可简化为图 1-61 所示的力学简图。各杆件均为二力杆件，两端为铰链连接。由分析计算上下支架所受的力可知

$$F_{\mathrm{AB}}=2F_{\mathrm{AC}}\cos\alpha=\frac{2F\cos\alpha}{2\sin\alpha}=F\cot\alpha$$

由于千斤顶结构的对称性，上下支撑杆受力的大小相等，而支撑杆与丝杠受力的大小与夹角 α 有关，且随角 α 的增大而减小。

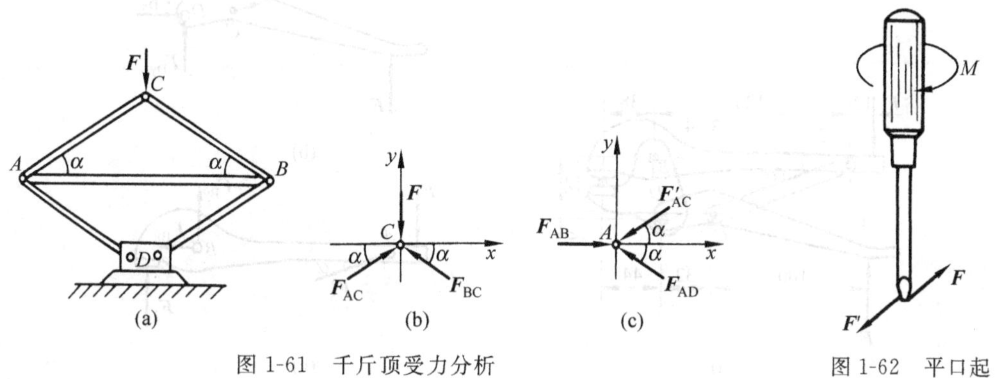

图 1-61　千斤顶受力分析　　　　图 1-62　平口起

实例 1-2　旋具拧螺钉

在修配工作中，经常用到各种各样的螺钉，如开槽盘头(或沉头、圆柱头)螺钉、十字槽盘头(或沉头)螺钉、开槽紧定螺钉等，而相应的工具有一字起和十字起等。例如，用一字起拧螺钉时，受力分析如图 1-62 所示。作用于手柄上一力偶 M，螺钉对旋具头作用两个约束反力必组成一个反力偶(F,F')。由于力偶(F,F')的力偶臂很短(决定于旋具刃的长度)，力 F 与 F'就很大。

因此，在拧螺钉时，常易把螺钉头弄坏。而用十字起拧螺钉时，其刀刃与螺钉槽有较好的接触面，刀刃可以看成相互垂直的两把一字起，故其受力相比于一字起好。并且，十字头螺钉又便于对中，故在机电产品中被广泛地应用。

实例 1-3 螺栓压板

在铣床上，安装工件的主要工具由垫铁 1、压板 2、T 形螺栓 3 及螺母 4、垫圈 5 等组成（见图 1-63(a)）。在使用时必须注意垫铁应放在压板下的正确位置，高度与工件相同或略高于工件；为增大压紧力，螺栓必须尽量靠近工件，并且要使螺栓到工件 6 的距离 l_2 小于螺栓到垫铁的距离 l_1。

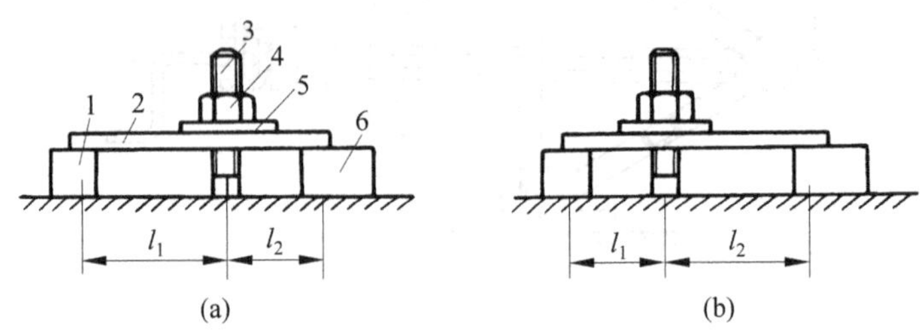

图 1-63 螺栓压板

1—垫铁；2—压板；3—T 形螺栓；4—螺母；5—垫圈；6—工件

根据平面力系的平衡方程：$\sum M_O(F_i)=0$，力臂长，压力小，力臂短，压力大，所以压板的螺栓要尽量靠近工件。显然，图 1-63(b)所示压板的螺栓位置是错误的。

实例 1-4 鲤鱼钳

图 1-64 所示鲤鱼钳由钳夹 1、链杆 2、上钳头 3 与下钳头 4 等组成。若钳夹手握力为 F，不计各杆自重与摩擦，试求钳头的夹紧力 F_1 的大小。设图中的尺寸单位是 mm，链杆 2 与水平线夹角 $\alpha=20°$。

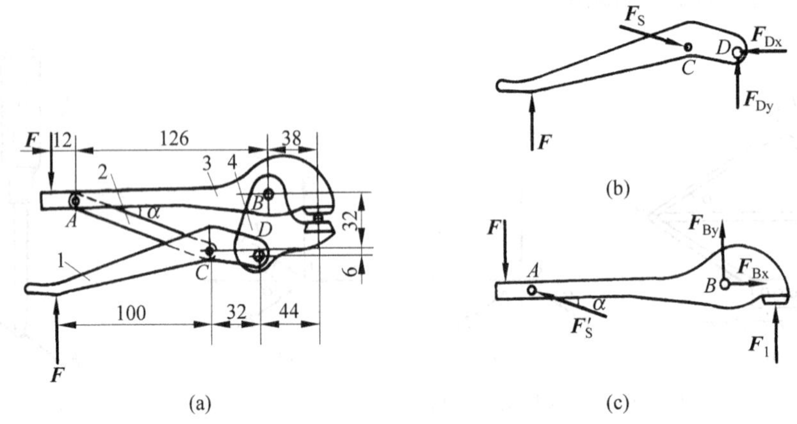

图 1-64 鲤鱼钳

1—钳夹；2—链杆；3—上钳头；4—下钳头

先取钳夹 1 为研究对象，它所受的力有手握力 F，连杆（二力杆）的作用力 F_S，下钳头与钳夹铰链 D 的约束反力 F_{Dx}、F_{Dy}。受力图如图 1-64(b)所示。列出平衡方程

$$\sum M_D(F_i)=0,\quad -F(100+32)+F_S\sin\alpha\times 32-F_S\cos\alpha\times 6=0$$

解得

$$F_S=\frac{132F}{32\sin\alpha-6\cos\alpha}=\frac{132}{32\sin 20°-6\cos 20°}=24.88F \tag{a}$$

再取上钳头 3 为研究对象，它所受的力有手握力 F，连杆的作用力 F'_S，上、下钳夹头铰链

B 的约束反力 F_{Bx}、F_{By}，钳头夹紧力 F_1。受力图如图 1-64(c)所示。列出平衡方程

$$\sum M_B(F_i)=0,\quad F(126+12)-F'_S\sin\alpha\times 126+F_1\times 38=0$$

得

$$F_1=\frac{126F'_S\sin\alpha-138F}{38} \tag{b}$$

考虑到 $F_S=F'_S$，将式(a)代入式(b)，得

$$F_1=\frac{126F'_S\sin\alpha-138F}{38}=\frac{126\times 24.88\times\sin 20^\circ-138}{38}F=24.6F$$

由此可见：鲤鱼钳通过巧妙的设计，使剪切力为手握力的 24.6 倍，达到了省力的目的。

思考题与习题

1-1　回答下列问题：

(1) 作用力与反作用力是一对平衡力吗？

(2) 图 1-65(a)中所示三铰拱架上的作用力 $\boldsymbol{F}$，可否依据力的可传性原理把它移到 D 点？为什么？

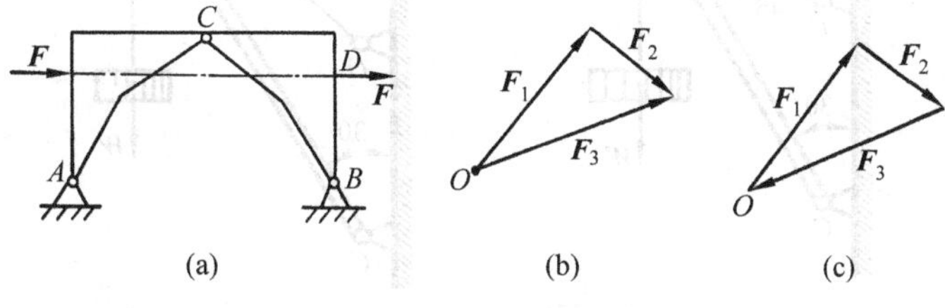

图 1-65　题 1-1 图

(3) 二力平衡条件、加减平衡力系原理能否用于变形体？为什么？

(4) 只受两个力作用的构件称为二力构件，这种说法对吗？

(5) 图 1-65(b)、(c)中所画出的两个力三角形各表示什么意思？二者有什么区别？

1-2　作出图 1-66 所示物系中每个刚体的受力图。设接触面都是光滑的，没有画重力矢的物体都不计重力。

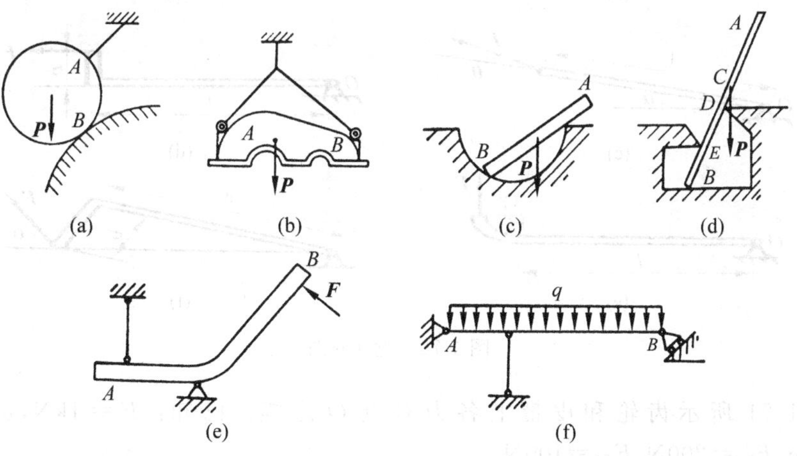

图 1-66　题 1-2 图

1-3 试分别画出图 1-67 所示结构中构件 AB、BC 以及物系整体的受力图。

1-4 试用解析法求图 1-68 所示平面汇交力系的合力。

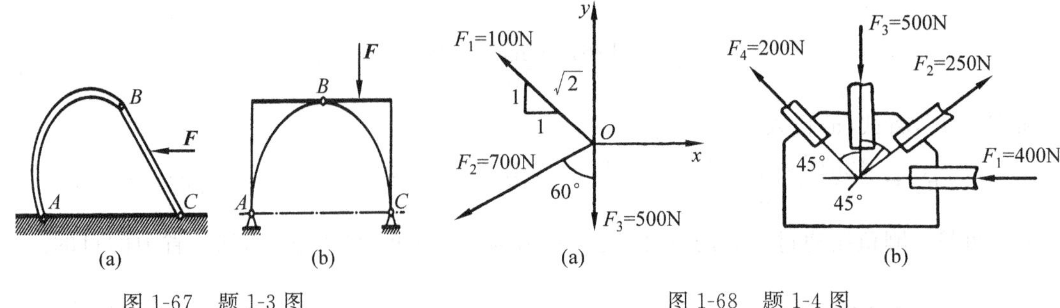

图 1-67 题 1-3 图　　图 1-68 题 1-4 图

1-5 图 1-69 所示简易起重机用钢丝绳吊起重 $W=2000\text{N}$ 的重物，各杆自重不计，A、B、C 三处简化为铰链连接，求杆 AB 和 AC 受到的力。（滑轮尺寸和摩擦不计）

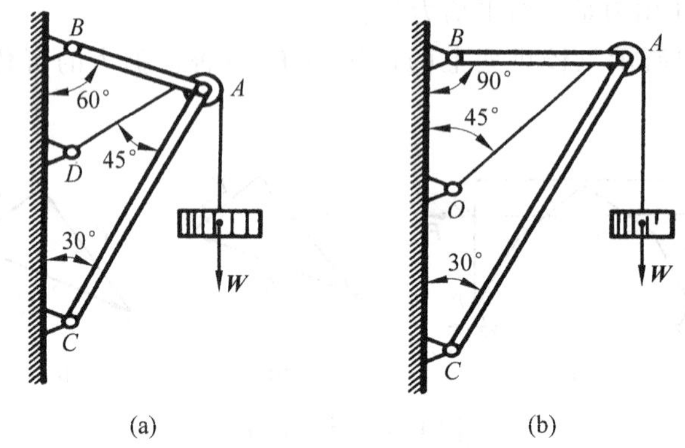

图 1-69 题 1-5 图

1-6 试计算图 1-70 中各图力 $\boldsymbol{F}$ 对点 O 之矩。

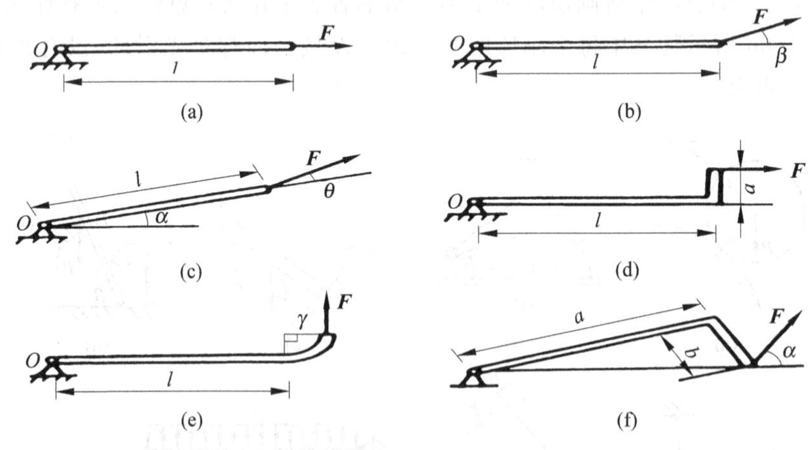

图 1-70 题 1-6 图

1-7 求图 1-71 所示齿轮和皮带上各力对点 O 之矩。已知：$F=1\text{kN}$，$\alpha=20°$，$D=160\text{mm}$，$F_{T1}=200\text{N}$，$F_{T2}=100\text{N}$。

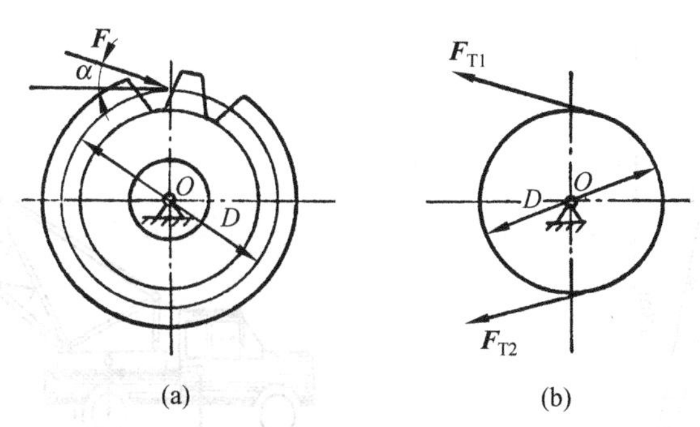

图 1-71　题 1-7 图

1-8　构件的载荷及支承情况如图 1-72 所示，$l=4$m，求支座 A、B 的约束反力。

1-9　一均质杆重 1kN，将其竖起如图 1-73 所示。在图示位置平衡时，求绳子的拉力和 A 处的支座反力。

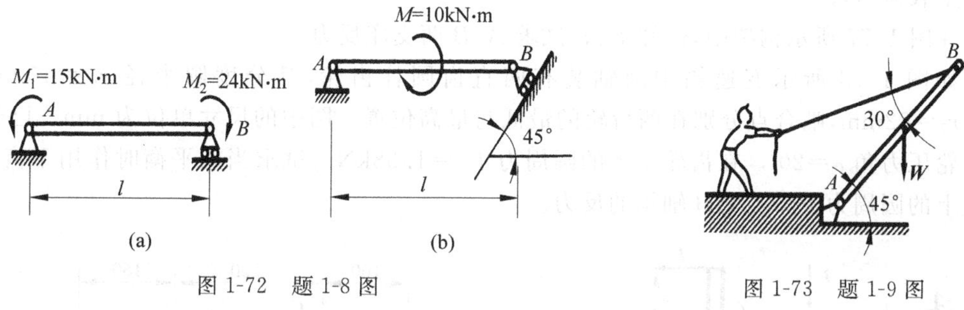

图 1-72　题 1-8 图　　图 1-73　题 1-9 图

1-10　已知 q、a（见图 1-74），且 $F=qa$、$M=qa^2$，求图示各梁的支座反力。

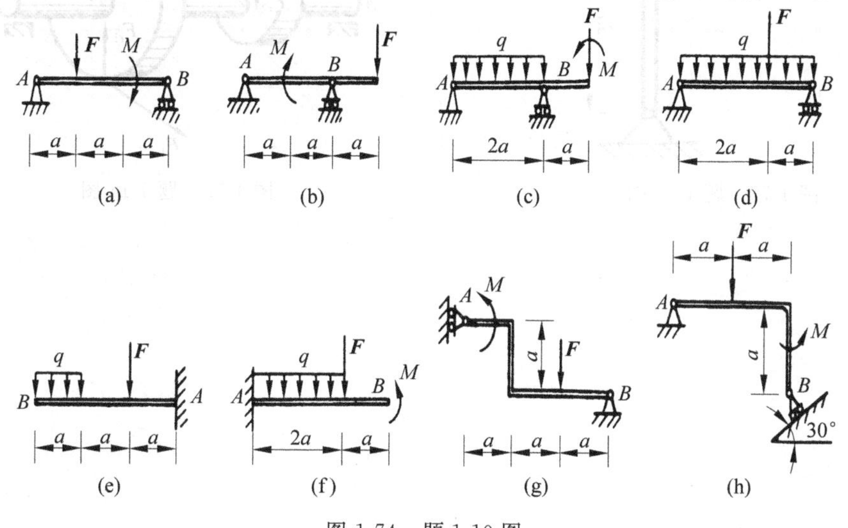

图 1-74　题 1-10 图

1-11　水塔总重量 $G=160$kN，固定在支架 A、B、C、D 上，A 为固定铰支座，B 为活动铰支座，$q=16$kN/m，如图 1-75 所示。为保证水塔平衡，试求 A、B 间最小距离。

1-12　图 1-76 所示汽车起重机的车重 $W_Q=26$kN，臂重 $G=4.5$kN，起重机旋转及固定部分的重量 $W=31$kN。设伸臂在起重机对称面内。试求图示位置汽车不致翻倒的最大起

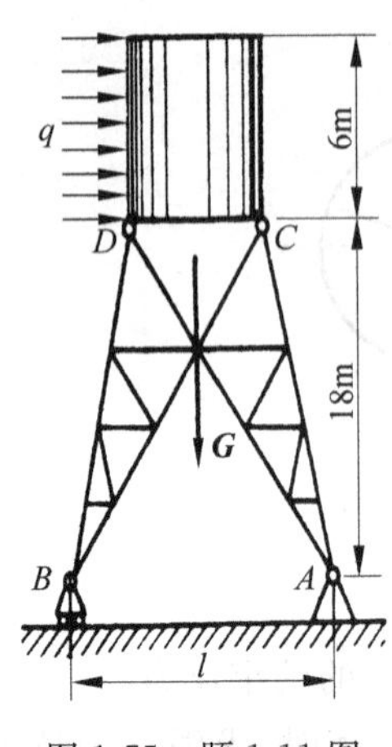

图 1-75 题 1-11 图

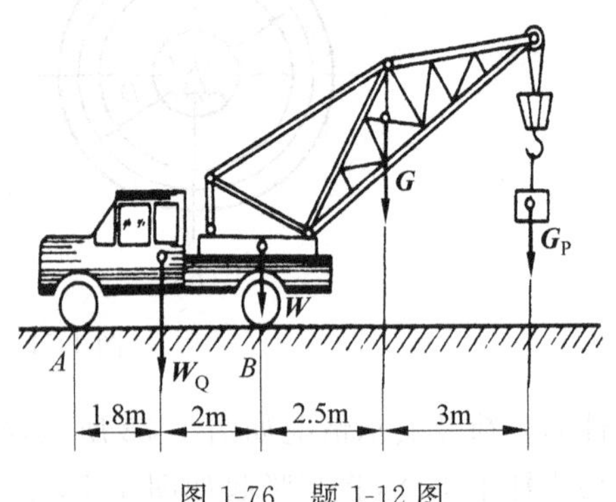

图 1-76 题 1-12 图

重载荷 G_P。

1-13 在图 1-77 所示构架中,已知 F、a,试求 A、B 两支座反力。

1-14 如图 1-78 所示变速箱中间轴装有两直齿圆柱齿轮,其分度圆半径 $r_1=100\text{mm}$,$r_2=72\text{mm}$,啮合点分别在两齿轮的最低与最高位置。图中的尺寸单位为 mm。已知齿轮压力角 $\alpha=20°$。在齿轮 1 上的圆周力 $F_1=1.58\text{kN}$。试求当轴平衡时作用于齿轮 2 上的圆周力 F_2 与 A、B 轴承的反力。

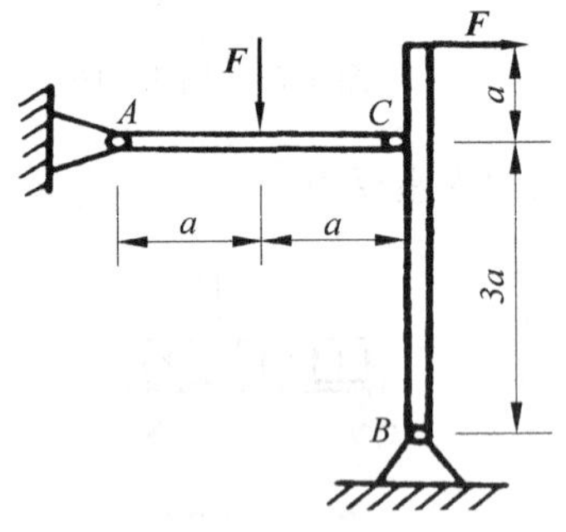

图 1-77 题 1-13 图

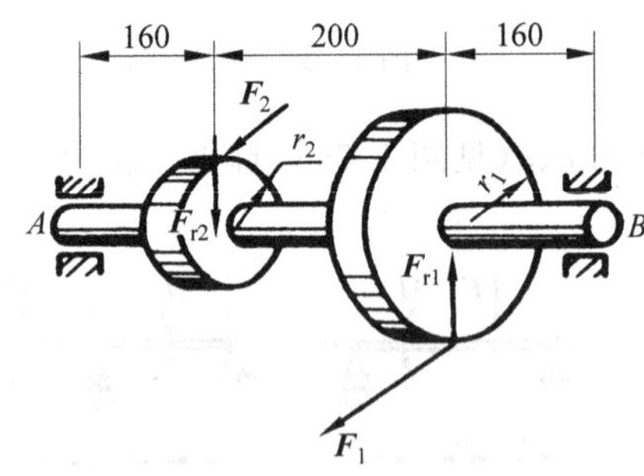

图 1-78 题 1-14 图

第 2 章

材料力学

前面以刚体为研究对象对构件进行了静力分析，但任何构件在外力作用下尺寸和形状都会发生变化，构件过大变形会使其丧失正常的工作能力，为保证机器安全工作，要求每一个零件在外力作用下，有足够的抵抗破坏和变形的能力。因此要进一步研究构件的变形、破坏与作用在构件上的外力之间的关系，这部分知识称为材料力学。

材料力学是一门研究构件强度、刚度及稳定性的科学，是固体力学在工程中应用最为广泛的分支。材料力学的基本任务是在保证构件满足安全性要求的前提下，以最经济的代价，为合理设计构件尺寸、形状，选择适宜的材料，提供必要的理论基础、计算方法与实验技术，从而合理地解决构件设计中的安全性与经济性这对基本矛盾。

2.1 概述

学习目标 明白强度、刚度、稳定性的概念及其各自对构件的意义；清楚材料力学的研究范畴与研究对象；知道构件的基本变形形式，能根据构件的受力特征判断构件将会产生何种变形。

1. 构件的强度、刚度与稳定性

各种机械和工程结构都是由若干构件组成的。这些构件工作时都要承受力的作用，要使机器或工程结构能够正常地进行工作，首先必须保证其各组成构件在外力作用下不致破坏。构件在工作过程中(即在外力作用下)是否破坏的问题，在材料力学中称为强度问题。所谓强度即构件在外力作用下抵抗破坏的能力。

工程上还有一些构件在满足强度要求之后，还不一定能够正常地工作。例如，机床的主轴在工作过程中虽然没有破坏，但如果主轴的变形过大，则将影响机床的加工精度而使零件报废，达不到预期的设计目的。构件在外力作用下产生的变形应在允许的限度内。研究构件在外力作用下变形大不大的问题，在材料力学中称为刚度问题。所谓刚度即构件在外力作用下抵抗变形的能力。

另外，对于一些细长构件，在外力作用下，还存在着一个能否保证其原有平衡形式的问题，在材料力学中称为稳定性问题。某些细长杆件(或薄壁构件)在轴向压力达到一定的数值时，会失去原来的平衡形态而丧失工作能力，这种现象称为失稳。所谓稳定性是指构件在外力作用下维持其原有平衡形态的能力。

对于所设计的构件，如果具备了足够的强度、刚度和稳定性，就认为这个构件是安全的。当然只要选用好材料，加大构件尺寸，安全是容易得到的，可是片面地追求安全就会造成浪费。

因此，安全和经济是一对矛盾，材料力学就是在解决这一对矛盾的过程中发展起来的一门科学。

因此，材料力学的任务是：研究构件在外力作用下的变形和破坏的规律，为合理设计构件提供有关强度、刚度和稳定性分析的基本理论和方法。

2. 材料力学的基本假设

由各种固体材料制成的构件，在载荷作用下将产生变形，统称为变形固体。为便于分析和简化计算，对变形固体作以下基本假设。

(1) 连续性假设　即认为组成构件的物质毫无空隙地充满到整个构件的几何容积体内。

(2) 均匀性假设　即认为材料的各个部分的力学性能完全相同。

(3) 各向同性假设　即认为材料在各个方向的力学性能完全相同。

若材料沿不同方向呈现不同的力学性能，则称为各向异性。从微观来看，以上的 3 个假设是不存在的，但从宏观来看，按统计学的规则，材料的力学性能是所有组成材料的晶粒与晶间物质的统计平均值，故上述假设是成立的。实验结果表明，依据上述假设所得到的理论，满足一般工程的要求，是符合实际的。

(4) 小变形假设　认为构件受力后的变形量与构件原始尺寸相比是极其微小的。这样，在研究构件的平衡和运动，以及其内部的受力和变形等问题时，均可按构件的原始尺寸计算，从而使计算得以简化。

3. 杆件的基本受力与变形形式

实际的工程结构中，许多承力构件如桥梁、汽车传动轴、房屋的梁、柱等，其长度方向的尺寸远远大于横截面尺寸，这一类的构件在材料力学的研究中，通常称为杆件，杆的所有横截面形心的连线，称为杆的轴线，若轴线为直线，则称为直杆；轴线为曲线，则称为曲杆。所有横截面的形状和尺寸都相同的杆称为等截面杆；不同者称为变截面杆。材料力学主要研究等截面直杆。

杆件在不同的外力作用下，将产生不同形式的变形。主要的受力和变形有如下几种。

(1) 轴向拉伸与压缩　当杆件两端承受沿轴线方向的拉力或压力载荷时，杆件将产生轴向拉伸或压缩变形，如图 2-1 所示。图中实线为杆件变形前的位置；虚线为杆件变形后的位置。

(2) 剪切　当大小相等、方向相反、作用线非常接近的两个力沿着垂直于杆件轴线的方向施加于杆件时，杆件将产生剪切变形，如图 2-2 所示。

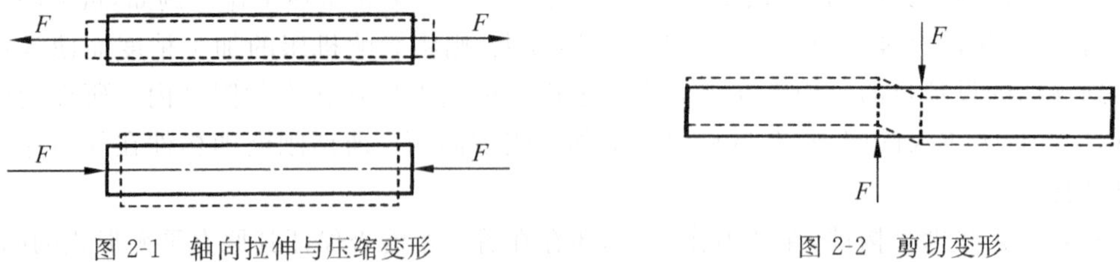

图 2-1　轴向拉伸与压缩变形　　图 2-2　剪切变形

(3) 扭转　当在杆件的两端截面内施加大小相等、方向相反的力偶时，杆件将产生扭转变形，如图 2-3 所示。承受扭转的杆件称为轴。

(4) 弯曲　当外力施加于杆的某个纵向平面内并垂直于杆的轴线，或者在某个纵向平面内施加力偶时，杆将发生弯曲变形，其轴线将由直线变成一曲线，如图 2-4 所示。承受弯曲的

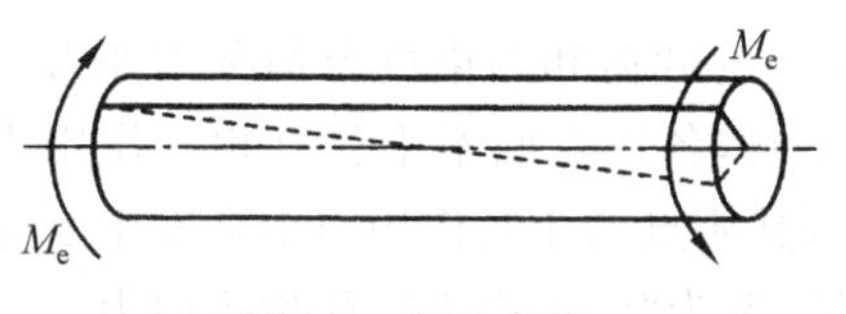

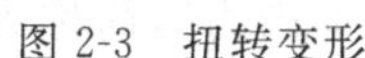
图 2-3　扭转变形

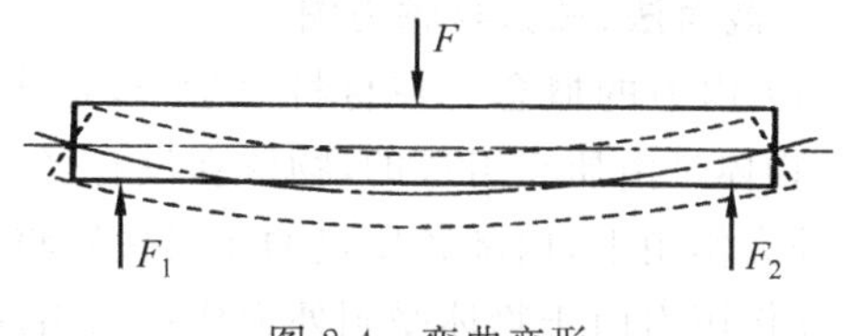

图 2-4　弯曲变形

杆件称为梁。

若杆件上存在两种或两种以上的基本变形，则称为组合变形。如图 2-5 所示杆件的变形，即为轴向拉伸与弯曲的组合变形。

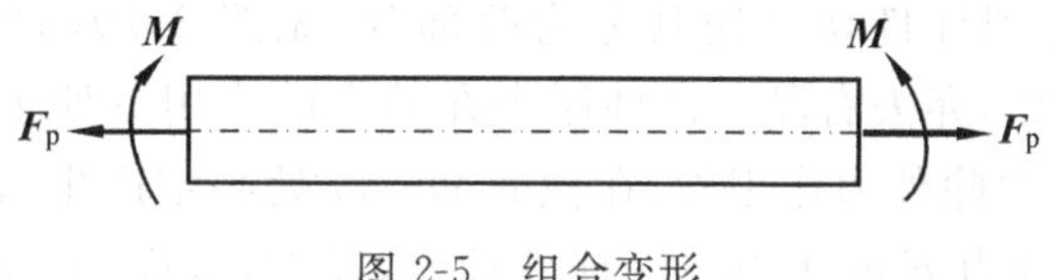

图 2-5　组合变形

实际杆件的受力不管多么复杂，在一定的条件下，都可以简化为基本受力形式的组合。

2.2　轴向拉伸与压缩

学习目标　能表述构件轴向拉压变形的受力特征与变形特征；能区分轴力、应力与应变的概念；会计算构件的轴力、应力与应变；能运用胡克定律及轴向拉压的强度条件，对产生轴向拉伸与压缩变形的构件进行变形量及强度计算；能利用所学材料力学性能的知识解释不同材料在拉压时的不同反应；明白应力集中的概念，清楚应力集中对构件强度的影响。

1. 拉伸与压缩的概念和实例

工程中有很多杆件是承受轴向拉伸或压缩的。例如，旋臂式吊车中的 AB 杆（见图 2-6）、紧固螺栓（见图 2-7）等都是受拉伸的杆件，而油缸活塞杆（见图 2-8）、建筑物中的支柱（见图 2-9）等则是受压缩的杆件。其受力特点为：作用于杆件的外力合力的作用线与杆件的轴线相重合。其变形特征为：杆件沿杆轴线方向伸长或缩短，这种变形称为轴向拉伸或压缩。这类杆件称为拉杆或压杆。

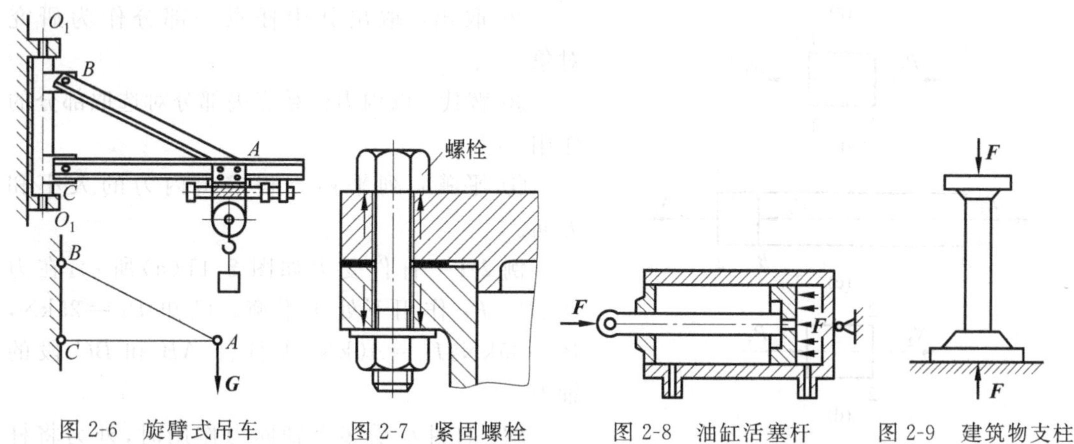

图 2-6　旋臂式吊车　　图 2-7　紧固螺栓　　图 2-8　油缸活塞杆　　图 2-9　建筑物支柱

2. 截面法、轴力与轴力图

(1) 内力的概念　在材料力学中，凡作用在杆件上的载荷和约束反力均称为外力。我们知道，物体是由质点组成的，物体在没有受到外力作用时，各质点间本来就有相互作用力。物体在外力作用下，内部各质点的相对位置将发生改变，其质点的相互作用力也会发生变化。这种相互作用力由于物体受到外力作用而引起的改变量，称为"附加内力"，简称为内力。

内力随外力的增大而增大，当内力达到某一限度时，就会引起构件的破坏。因此，要进行构件的强度计算就必须先分析构件的内力。

(2) 截面法与轴力　为了研究杆件的内力，常采用截面法。即假想地从某一截面将杆件截开以显示内力，根据平衡条件求内力的大小。具体求法如下：欲求某一截面 $m—m$ 处的内力时，就沿该截面假想地把杆件切开使其分为两部分(见图 2-10(a))，任取其中一部分(见图 2-10(b))作为研究对象，弃去右段。杆件原来在外力的作用下处于平衡状态，则选取部分仍应保持平衡。因此，左段除外力作用外，在截面 $m—m$ 处必定产生右段对左段的作用力，并与外力 F 相平衡。由于外力 F 的作用线沿杆件轴线，显然，截面 $m—m$ 上内力的合力也必然沿杆件轴线，因此拉压杆的内力又称为轴力，一般用 $\boldsymbol{F}_{\mathrm{N}}$ 或 $\boldsymbol{N}$ 表示。

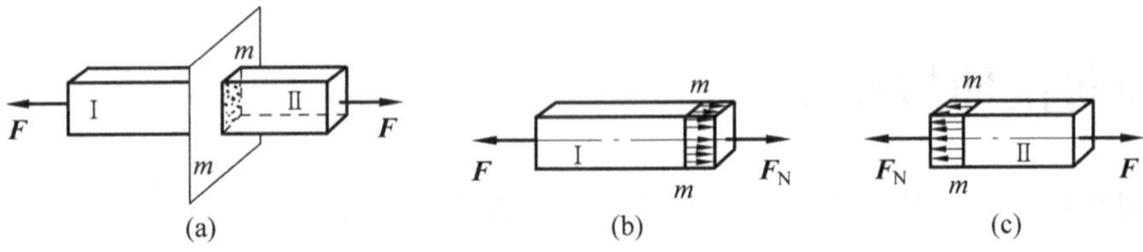

图 2-10　截面法求内力

根据平衡方程 $\sum F_x = 0$，有 $F_N - F = 0$，可得 $F_N = F$，其指向背离截面。

同样，若取右段为研究对象(见图 2-10(c))，可得出相同的结果。

轴力的符号根据杆件的变形而定：当轴力指向背离截面时，杆件受拉，规定轴力为正；反之，当轴力指向截面时，杆件受压，规定轴力为负。轴力的单位为牛顿(N)或千牛顿(kN)。

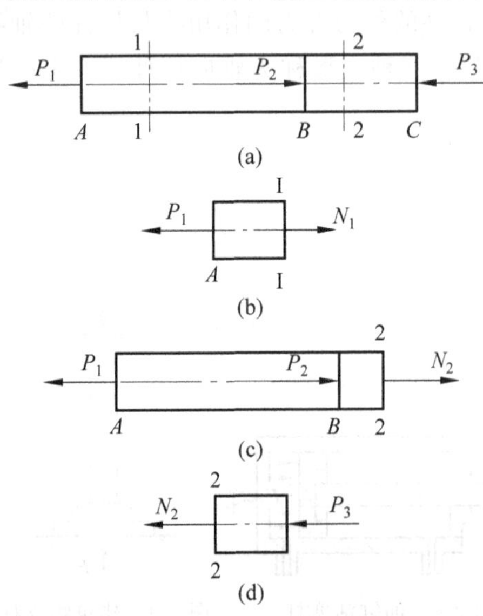

图 2-11　例 2-1 图

截面法是材料力学中研究内力的基本方法，必须熟练掌握。其步骤可归纳如下。

① 截开：沿所求截面假想地将杆件切开。

② 取出：取出其中任意一部分作为研究对象。

③ 替代：以内力代替弃去部分对选取部分的作用。

④ 平衡：列平衡方程求出内力的大小和方向。

例 2-1　杆件受力如图 2-11(a)所示，在力 P_1、P_2、P_3 作用下处于平衡。已知 $P_1 = 25\text{kN}$，$P_2 = 35\text{kN}$，$P_3 = 10\text{kN}$，求杆件 AB 和 BC 段的轴力。

解：杆件承受多个轴向力作用时，外力将杆分为几段，各段杆的内力将不相同，因此要分段求出杆的内力。

① 求 AB 段的轴力。用 1—1 截面在 AB 段内将杆截开，取左段为研究对象(见图 2-11(b))，截面上的轴力用 N_1 表示，并假设为拉力。

由平衡方程 $\sum X=0$ 有

$$N_1-P_1=0$$

得
$$N_1=P_1=25\text{kN}$$

结果为正，说明假设方向与实际方向相同，即杆件在 AB 段受拉。

② 求 BC 段的轴力。用 2—2 截面在 BC 段内将杆截开，取左段为研究对象(见图 2-11(c))，截面上的轴力用 N_2 表示，由平衡方程 $\sum X=0$ 有

$$N_2+P_2-P_1=0$$

得
$$N_2=P_1-P_2=25-35=-10\text{kN}$$

结果为负，说明假设方向与实际方向相反，即杆件在 BC 段受压。

若取右段为研究对象(图 2-11(d))，由平衡方程 $\sum X=0$ 有

$$-N_2-P_3=0$$

得
$$N_2=-P_3=-10\text{kN}$$

结果与取左段相同。

必须指出，在采用截面法之前，不能随意使用力的可传性和力偶的可移性原理。这是因为将外力移动后就改变了杆件的变形性质，并使内力也随之改变。如将上例中的 P_2 移到 A 点，则 AB 段将受压而缩短，其轴力也变为压力。可见，外力使物体产生内力和变形，不但与外力的大小有关，而且与外力的作用位置及作用方式有关。

(3) 轴力图　当杆件受到多于两个的轴向外力作用时，在杆的不同截面上轴力将不相同，在这种情况下，对杆件进行强度计算时，必须知道杆的各个横截面上的轴力，最大轴力的数值及其所在截面的位置。为了直观地看出轴力沿横截面位置的变化情况，可按选定的比例尺，用平行于轴线的坐标表示横截面的位置，用垂直于杆轴线的坐标表示各横截面轴力的大小，绘出表示轴力与截面位置关系的图线，该图线就称为轴力图。画图时，习惯上将正值的轴力画在上侧，负值的轴力画在下侧。

例 2-2　杆件受力图 2-12(a)所示。试求杆内的轴力，并作出轴力图。

解：① 为了运算方便，首先求出支座反力。根据平衡条件可知，轴向拉压杆固定端的支座反力只有 R，如图 2-12(b)所示，取整根杆为研究对象，列平衡方程

$$\sum X=0,\quad -R-P_1+P_2-P_3+P_4=0$$

$$R=-P_1+P_2-P_3+P_4=-20+60-40+25=25\text{kN}$$

② 求各段杆的轴力。在计算中，为了使计算结果的正负号与轴力规定的符号一致，在假设截面轴力指向时，一律假设为拉力，即设正法。如果计算结果为正，表明内力的实际指向与假设指向相同，轴力为拉力，如果计算结果为负，表明内力的实际指向与假设指向相反，轴力为压力。

以外力的作用点为界，将轴分为 AB、BC、CD、DE 四段，分别计算四段的轴力。

求 AB 段轴力：用 1—1 截面将杆件在 AB 段内截开，取左段为研究对象(见图 2-12(c))，以 N_1 表示截面上的轴力，由平衡方程

$$\sum X=0,\quad -R+N_1=0,\quad N_1=R=25\text{kN}$$

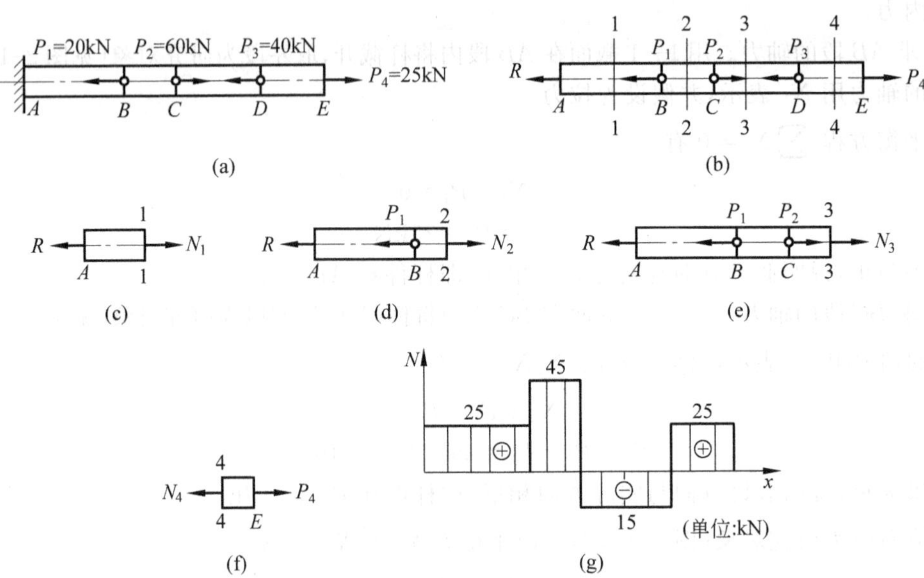

图 2-12 例 2-2 图

求 BC 段的轴力：用 2—2 截面将杆件截断，取左段为研究对象（见图 2-12(d)），由平衡方程

$$\sum X = 0, \quad -R + N_2 - P_1 = 0, \quad N_2 = P_1 + R = 20 + 25 = 45\text{kN}$$

求 CD 段轴力：用 3—3 截面将杆件截断，取左段为研究对象（见图 2-12(e)），由平衡方程

$$\sum X = 0, \quad N_3 + P_2 - P_1 - R = 0, \quad N_3 = P_1 + R - P_2 = 20 + 25 - 60 = -15\text{kN}$$

求 DE 段轴力：用 4—4 截面将杆件截断，取右段为研究对象（见图 2-12(f)），由平衡方程

$$\sum X = 0, \quad P_4 - N_4 = 0, \quad N_4 = 25\text{kN}$$

③ 画轴力图。以平行于杆轴的 x 轴为横坐标，垂直于杆轴的坐标轴为 N 轴，按一定比例将各段轴力标在坐标轴上，可作出轴力图，如图 2-12(g)所示。由轴力图可很直观地看到，杆件在 AB、BC 及 DE 三段受拉，在 CD 段受压，最大的轴力产生在 BC 段，其值为 45kN。

3. 拉(压)杆横截面上的正应力

(1) 应力的概念　求出杆件的内力，并不能判断出杆件在某一点受力的强弱程度。例如有一沿轴向直径不同的钢杆，两端受外力 F 作用而拉伸，当力 F 增大到一定值时，直径较小的一端将被拉断，但钢杆上任一截面的内力大小都是一样的。这就说明，杆件受力强弱程度，不仅与内力大小有关，还与杆的横截面面积有关。工程上常用单位面积上内力的大小衡量构件受力的强弱程度。构件在外力作用下，单位面积上所受的内力，称为应力。应力描述了内力在横截面上的分布情况和密集程度，它才是判断构件强度是否足够的量。

(2) 应力的计算　设杆的横截面面积为 A，轴力为 F_N，则单位面积上的内力即应力为 F_N/A。由于内力 F_N 垂直于横截面，故应力也垂直于横截面，这样的应力称为正应力，以符号 σ 表示。于是有

$$\sigma = \frac{F_N}{A} \tag{2-1}$$

这就是拉(压)杆件横截面上正应力 σ 的计算公式。σ 的正负号规定与轴力相同，正应力 σ 为拉应力时，符号为正；正应力 σ 为压应力时，符号为负。

应力的国际单位制单位为 Pa(帕)，或 MPa(兆帕)，1MPa＝10^6Pa。

例 2-3　在图 2-13 中，已求得各段内力分别为 $F_{NAB}=10\text{kN}$，$F_{NBC}=50\text{kN}$，$F_{NCD}=-5\text{kN}$，$F_{NDE}=20\text{kN}$，设等直杆的横截面积 $A=500\text{mm}^2$，试求此杆各段截面上的应力，并指出此杆危险截面所在的位置。

解：根据前面已求得的各段轴力，各段截面上的应力为

AB 段：　$$\sigma_{AB}=\frac{F_{N1}}{A}=\frac{10\times10^3}{500}=20\text{MPa}$$

BC 段：　$$\sigma_{BC}=\frac{F_{N2}}{A}=\frac{50\times10^3}{500}=100\text{MPa}$$

CD 段：　$$\sigma_{CD}=\frac{F_{N3}}{A}=-\frac{5\times10^3}{500}=-10\text{MPa}$$

DE 段：　$$\sigma_{DE}=\frac{F_{N4}}{A}=\frac{20\times10^3}{500}=40\text{MPa}$$

由以上计算可知，杆件在 BC 段应力最大，其值为 100MPa，故 BC 段各截面为危险截面。

4. 拉压变形和胡克定律

(1) 绝对变形和相对变形　轴向拉伸(或压缩)时，杆件的变形主要表现为沿轴向的伸长(或缩短)，即纵向变形。由实验可知，当杆沿轴向伸长(或缩短)时，其横向尺寸也会相应缩小(或增大)，即产生垂直于轴线方向的横向变形。

设一等截面直杆原长为 l，横截面面积为 A。在轴向拉力 F 的作用下，长度由 l 变为 l_1(见图 2-14(a))。杆件沿轴线方向的伸长为

$$\Delta l = l_1 - l \tag{2-2}$$

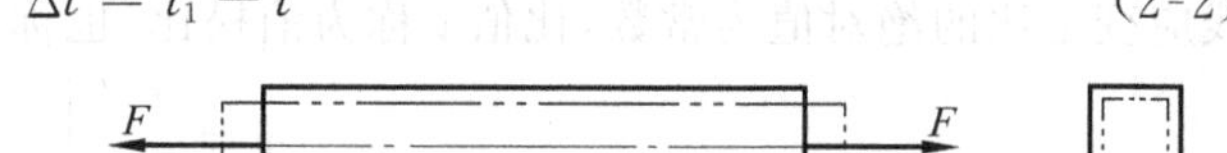

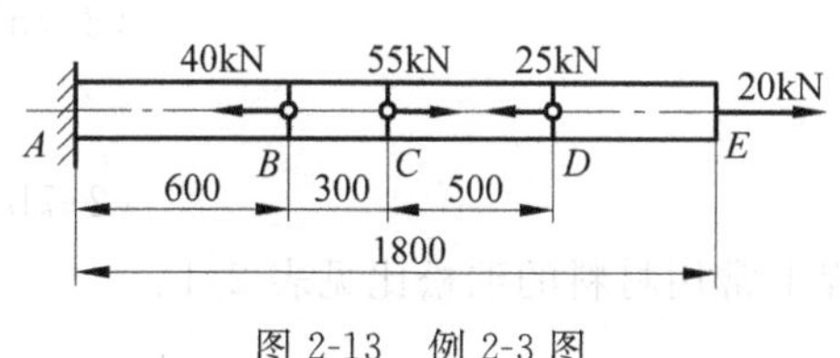

图 2-13　例 2-3 图

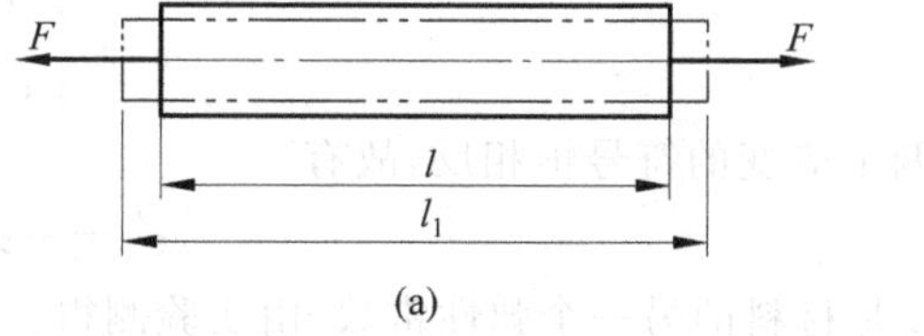

图 2-14　拉、压杆件变形

Δl 为杆件的绝对变形，拉伸时 Δl 为正，压缩时 Δl 为负。绝对变形只能表示杆件变形的大小，而不能表示杆件变形的程度。

杆件的伸长量与杆的原长有关，为了消除杆件长度的影响，将 Δl 除以 l，即以单位长度的伸长量来表征杆件变形的程度，称为线应变或相对变形，用 ε 表示，有

$$\varepsilon = \frac{\Delta l}{l} \tag{2-3}$$

ε 的符号与 Δl 的符号一致。

在轴向力作用下，杆件沿轴向的伸长(缩短)的同时，横向尺寸也将缩小(增大)。设横向尺寸由 b 变为 b_1(见图 2-14(b))，$\Delta b=b_1-b$，则横向线应变为

$$\varepsilon' = \frac{\Delta b}{b} \tag{2-4}$$

(2) 胡克定律　实验证明，当杆件横截面上的正应力不超过比例极限时，杆件的伸长量 Δl 与轴力 F_N 及杆原长 l 成正比，与横截面面积 A 成反比。即

$$\Delta l \propto \frac{F_N l}{A}$$

引入比例常数 E，则上式可写为

$$\Delta l = \frac{F_N l}{EA} \tag{2-5}$$

上式称为胡克定律。

将式(2-1)和式(2-3)代入上式，可得

$$\sigma = E\varepsilon \tag{2-6}$$

这是胡克定律的另一形式。可表述为：当应力不超过比例极限时，则正应力与纵向线应变成正比。

式中的 **E** 为材料的弹性模量，与材料的性质有关，其单位与应力相同，常用单位为 GPa。材料的弹性模量由实验测定。弹性模量表示在受拉(压)时，材料抵抗弹性变形的能力。由式(2-5)可看出，EA 越大，杆件的变形 Δl 就越小，故称 **EA** 为杆件抗拉(压)刚度。工程上常用材料的弹性模量见表 2-1。

表 2-1 常用材料的弹性模量和泊松比

材 料	E/GPa	ν	材 料	E/GPa	ν
碳素钢	200～210	0.24～0.30	铜及其合金	72.5～128	0.31～0.42
合金钢	185～205	0.25～0.30	铝合金	70	0.25～0.33
灰口铸铁	80～150	0.23～0.27			

(3) 泊松比 实验表明，对于同一种材料，当应力不超过比例极限时，横向线应变与纵向线应变之比的绝对值为常数，比值 ν 称为泊松比，也称横向变形系数。即

$$\nu = \left|\frac{\varepsilon'}{\varepsilon}\right| \tag{2-7a}$$

由于这两个应变的符号恒相反，故有

$$\varepsilon' = -\nu\varepsilon \tag{2-7b}$$

泊松比 ν 是材料的另一个弹性常数，由实验测得。工程上常用材料的泊松比见表 2-1。

例 2-4 图 2-15(a)为一阶梯形钢杆，已知杆的弹性模量 $E=200\text{GPa}$，AC 段的截面面积为 $A_{AB}=A_{BC}=500\text{mm}^2$，$CD$ 段的截面面积为 $A_{CD}=200\text{mm}^2$，杆的各段长度及受力情况如图所示。试求：①杆截面上的内力和应力；②杆的总变形。

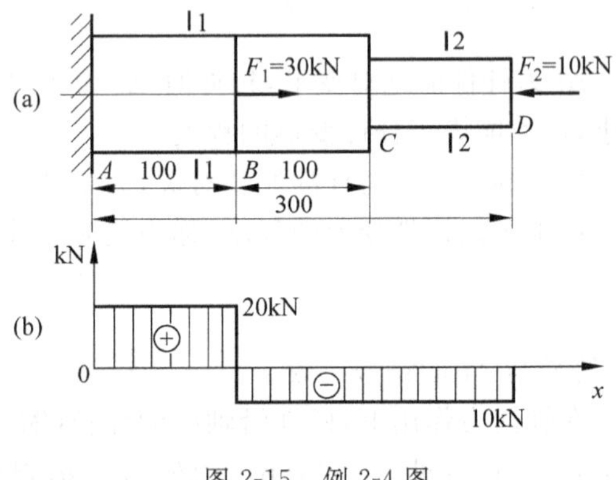

图 2-15 例 2-4 图

解：① 求各截面上的内力

BD 段：$F_{N2}=-F_2=-10\text{kN}$ (受压)

AB 段：$F_{N1}=F_1-F_2=30-10$

$=20\text{kN}$ (受拉)

② 画轴力图(见图 2-15(b))

③ 计算各段应力

AB 段： $\sigma_{AB}=\frac{F_{N1}}{A_{AB}}=\frac{20\times10^3}{500}=40\text{MPa}$ (拉应力)

BC 段： $\sigma_{BC}=\frac{F_{N2}}{A_{AB}}=-\frac{10^4}{500}=-20\text{MPa}$ (压应力)

CD 段：
$$\sigma_{CD}=\frac{F_{N2}}{A_{CD}}=-\frac{10^4}{200}=-50\text{MPa}\quad(\text{压应力})$$

④ 杆的总变形。全杆总变形 Δl_{AD} 等于各段杆变形的代数和，即

$$\Delta l_{AD}=\Delta l_{AB}+\Delta l_{BC}+\Delta l_{CD}=\frac{F_{N1}l_{AB}}{EA_{AB}}+\frac{F_{N2}l_{BC}}{EA_{BC}}+\frac{F_{N2}l_{CD}}{EA_{CD}}$$

将有关数据代入，并注意单位和符号，即得：

$$\begin{aligned}\Delta l_{AD}&=\frac{1}{200\times10^3}\times\left(\frac{20\times10^3\times100}{500}-\frac{10^4\times100}{500}-\frac{10^4\times100}{200}\right)\\&=-0.015\text{mm}\end{aligned}$$

计算结果为负，说明整个杆件是缩短的。

5. 材料在拉伸与压缩时的力学性能

前面所讨论的拉（压）杆的计算中，曾涉及材料在轴向拉（压）时的一些有关数据，如弹性模量和比例极限等。材料在受力过程中各种物理性质的数据称为材料的力学性能。它们都是通过材料试验来测定的。实验证明，材料的力学性能不仅与材料自身的性质有关，还与载荷的类别（静载荷、动载荷），温度条件（高温、常温、低温）等因素有关。此处只讨论材料在常温、静载下的力学性能。

工程中使用的材料种类很多，可根据试件在拉断时塑性变形的大小，区分为塑性材料和脆性材料。塑性材料在拉断时具有较大的塑性变形，如低碳钢、合金钢、铅、铝等；脆性材料在拉断时，塑性变形很小，如铸铁、砖、混凝土等。这两类材料其力学性能有明显的不同。实验研究中常把工程上用途较广泛的低碳钢和铸铁作为两类材料的代表性试验。材料在外力作用下其强度和变形方面所表现出的力学性能，是强度计算和选用材料的重要依据。在不同的温度和加载速度下，材料的力学性能将发生变化。

（1）材料在拉伸时的力学性能

试件的尺寸和形状对试验结果有很大的影响，为了便于比较不同材料的试验结果，在做试验时，应该将材料做成国家统一的标准试件，如图 2-16 所示。试件的中间部分较细，两端加粗，便于将试件安装在试验的夹具中。在中间等直部分上标出一段作为工作段，用来测量变形，其长度称为标距 l。

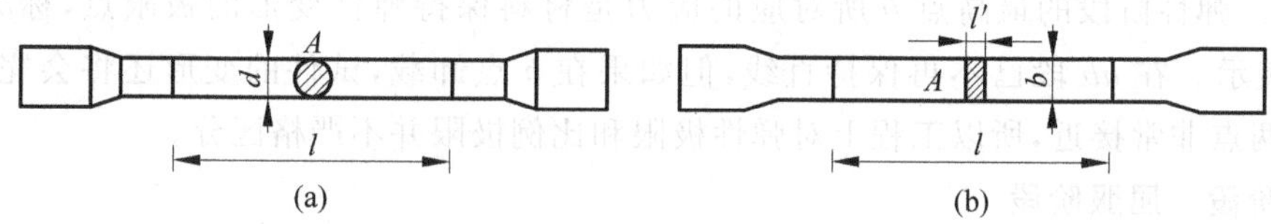

图 2-16　拉伸标准试件

根据国家标准，拉伸试件分为长短两种。对圆截面试件，规定标距 l 与截面直径的比例关系分别为 $l=10d$ 和 $l=5d$；对矩形截面试件，规定其标距 l 与横截面面积 A 的关系分别为 $l=11.3\sqrt{A}$ 和 $l=5.65\sqrt{A}$。

① 低碳钢在拉伸时的力学性能。低碳钢是工程上应用最广泛的材料，同时，低碳钢试件在拉伸试验中所表现出来的力学性能最为典型。因此，先研究这种材料在拉伸时的力学性能。

将试件装上试验机后，缓慢加载，直至拉断，试验机的绘图系统可自动绘出试件在试验

过程中工作段的变形和拉力之间的关系曲线图。常以横坐标代表试件工作段的伸长 Δl，纵坐标代表试验机上的载荷读数，通常即试件的拉力 F，此曲线称为拉伸图或 F-Δl 曲线，如图 2-17 所示。

将拉力 F 除以试件横截面原面积 A，得试件横截面上的应力 σ。将伸长 Δl 除以试件的标距 l，得试件的应变 ε。以 ε 和 σ 分别为横坐标与纵坐标，这样得到的曲线则与试件的尺寸无关，此曲线称为应力-应变图或 σ-ε 曲线。图 2-18 所示为 Q235 钢的 σ-ε 曲线。从图中可见，整个拉伸过程可分为 4 个阶段。

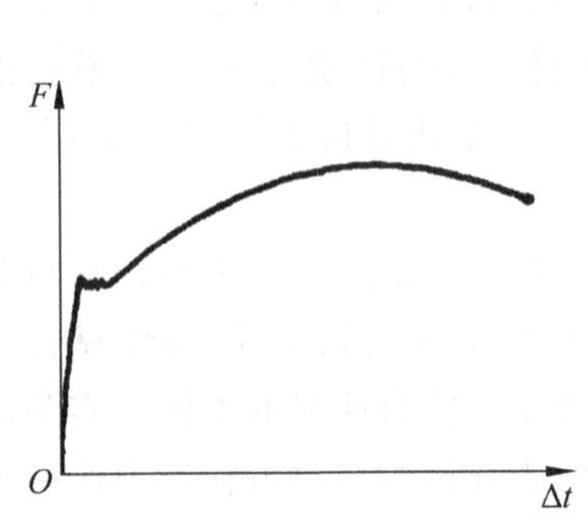

图 2-17 低碳钢拉伸试验曲线

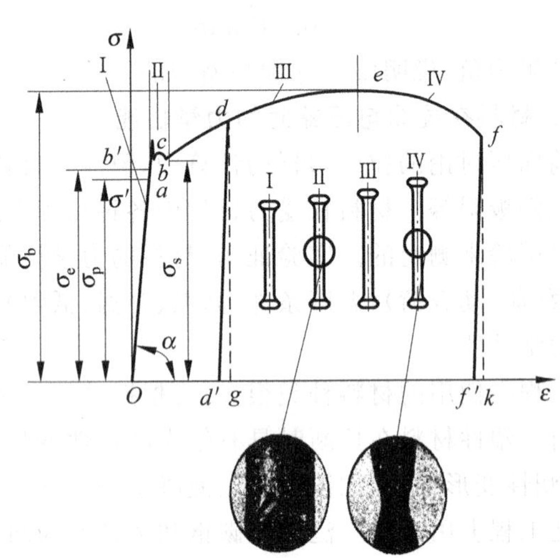

图 2-18 Q235 钢的应力-应变图

第Ⅰ阶段 弹性阶段

在弹性阶段，试件的变形随外力的增加而增大，但若将外力卸去，试件的变形将完全消失而恢复原状，这种随外力消失而消失的变形称为弹性变形。

图 2-18 中 Oa 是直线，说明在此范围内应力与应变成正比，及符合胡克定律 $\sigma=E\varepsilon$，直线的斜率就是材料的弹性模量，即 $E=\tan\alpha$。直线 Oa 的最高点 a 所对应的应力，称为比例极限，用 σ_p 表示。弹性阶段的最高点 b 所对应的应力是材料保持弹性变形的极限点，称为弹性极限，用 σ_e 表示。在 ab 段已不再保持直线，但如果在 b 点卸载，试件的变形还将会完全消失。由于 a、b 两点非常接近，所以工程上对弹性极限和比例极限并不严格区分。

第Ⅱ阶段 屈服阶段

当应力超过弹性极限时，应力在此阶段基本保持不变，而应变却明显增加。此阶段称为屈服阶段或流动阶段，在屈服阶段中，对应于曲线最高点与最低点的应力分别称为上屈服点应力和下屈服点应力。通常，下屈服点应力值较稳定，故一般将下屈服点应力作为材料的屈服点应力，用 σ_s 表示。当材料屈服时，将产生显著的塑性变形。通常，在工程中是不允许构件在塑性变形的情况下工作的，所以 σ_s 是衡量材料强度的重要指标。

第Ⅲ阶段 强化阶段

经过屈服阶段后，图中 ce 段曲线又逐渐上升，表示材料恢复了抵抗变形的能力，且变形迅速加大，这一阶段称为强化阶段。强化阶段中的最高点 e 所对应的是材料所能承受的最大应力，称为强度极限，用 σ_b 表示。

第Ⅳ阶段　局部变形阶段

在强化阶段，试件的变形基本是均匀的。过 e 点后，变形集中在试件的某一局部范围内，横向尺寸急剧减少，形成颈缩现象。由于在颈缩部分横截面面积明显减少，使试件继续伸长所需要的拉力也相应减少，故在 σ-ε 曲线中，应力由最高点下降到 f 点，最后试件在缩颈段被拉断，这一阶段称为局部变形阶段。

对于低碳钢来说，屈服极限 σ_s 和强度极限 σ_b 是衡量材料强度的两个重要指标。

因此下面介绍材料的塑性指标。试件拉断后，材料的弹性变形消失，塑性变形则保留下来，试件长度由原长 l 变为 l_1。试件拉断后的塑性变形量与原长之比以百分比表示，即

$$\delta=\frac{l_1-l}{l}\times 100\% \tag{2-8}$$

式中，δ 称为断后伸长率。断后伸长率是衡量材料塑性变形程度的重要指标之一，Q235 钢的断后伸长率 δ 为 20%～30%。断后伸长率越大，材料的塑性性能越好，工程上将 $\delta\geqslant5\%$ 的材料称为塑性材料，如低碳钢、铝合金、青铜等均为常见的塑性材料。$\delta<5\%$ 的材料称为脆性材料，如铸铁、高碳钢、混凝土等均为脆性材料。

衡量材料塑性变形程度的另一个重要指标是断面收缩率 ψ。设试件拉伸前的横截面积为 A，拉断后断口横截面面积为 A_1，以百分比表示的比值，即

$$\psi=\frac{A-A_1}{A}\times 100\% \tag{2-9}$$

称为断面收缩率，断面收缩率越大，材料的塑性越好，Q235 钢的断面收缩率约为 50%。

② 铸铁在拉伸时的力学性能。对于脆性材料，例如灰口铸铁，从图 2-19 所示的 σ-ε 曲线可以看出，从开始受拉到断裂，没有明显的直线部分(图中实线)。一般可将该曲线近似地视为直线(图中虚线)，即认为胡克定律在此范围内仍然适用。图中也无屈服阶段和局部变形阶段，断裂是突然发生的，断口齐平，断后伸长率为 0.4%～0.5%，故为典型的脆性材料。强度极限 σ_b 是衡量铸铁强度的唯一指标。

(2) 材料在压缩时的力学性能

在试验机上做压缩试验时，考虑到试件可能被压弯，金属材料选用短粗圆柱试件，其高度为直径的 1.5～3 倍。图 2-20 中实线表示低碳钢压缩时的 σ-ε 曲线。将其与拉伸时的 σ-ε 曲线(图中虚线)比较，可以看出，在弹性阶段和屈服阶段，拉、压的 σ-ε 曲线基本重合。这表明，拉伸和压缩时，低碳钢的比例极限、屈服点应力及弹性模量大致相同。与拉伸试验不同的是，当试件上压力不断增大，试件的横截面积也不断增大，试件越压越扁而不破裂，故不能测出它的抗压强度极限。

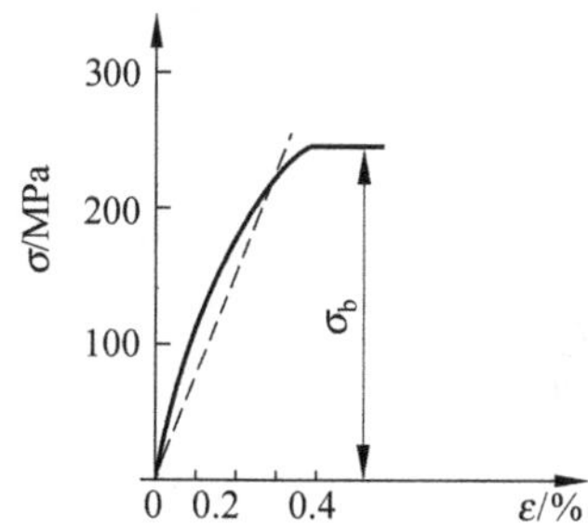

图 2-19　铸铁拉伸试验曲线

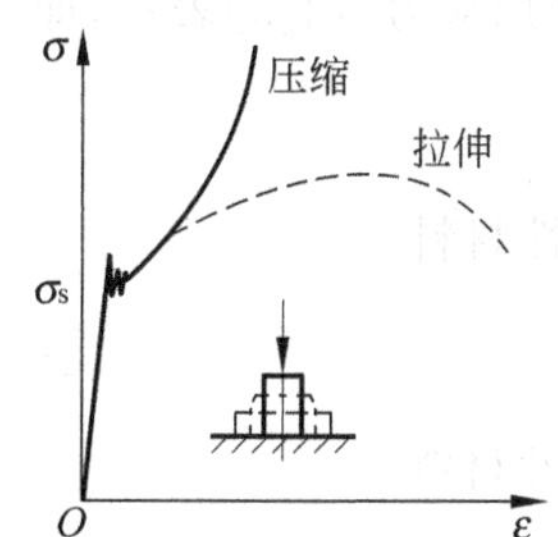

图 2-20　低碳钢压缩时 σ-ε 曲线

铸铁压缩时的曲线 σ-ε 如图 2-21 实线所示。与其拉伸时的 σ-ε 曲线(图中虚线)相比,抗压强度极限 σ_{bc} 远高于抗拉强度极限 σ_b(达 3～4 倍),所以,脆性材料宜作受压构件。铸铁试件压缩时的破裂断口与轴线约成 45°倾角,这是因为受压试件在 45°方向的截面上存在最大切应力,铸铁材料的抗剪切能力比抗压能力差,当达到剪切极限应力时首先在 45°截面上被剪断。

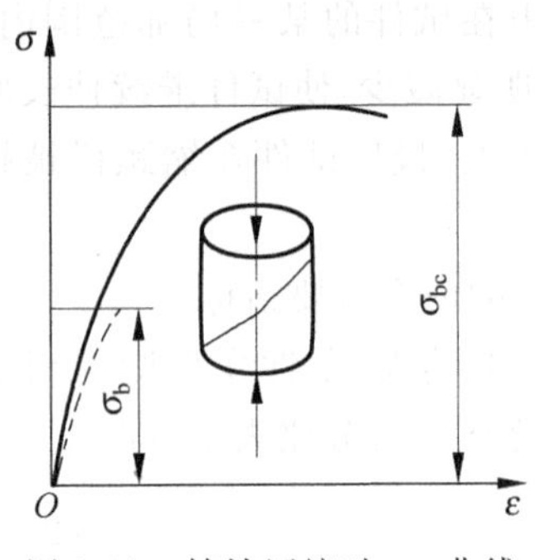

图 2-21 铸铁压缩时 σ-ε 曲线

低碳钢试件拉伸断裂时,其颈缩部位断口内部的应力比较复杂,但仔细观察,不难发现断口边缘与轴线约成 45°的斜面,可知这是由最大切应力引起的。前面已经得到塑性材料具有相同的抗拉与抗压性能(σ_p、σ_s、E 均相同)的结论。因此,对不同材料拉伸和压缩试验进行分析研究,可得出塑性材料和脆性材料在力学性能上的主要差别如下:

① 强度方面。塑性材料拉伸和压缩的弹性极限、屈服极限基本相同。脆性材料压缩时的强度极限远比拉伸时大,因此,一般适用于受压构件。塑性材料在应力超过弹性极限后有屈服现象;而脆性材料没有屈服现象,破坏是突然的。

② 变形方面。塑性材料的 δ 和 ψ 值都比较大,构件破坏前有较大的塑性变形,材料的可塑性大,便于加工和安装时的矫正。脆性材料的 δ 和 ψ 较小,难以加工,在安装时的矫正中易产生裂纹和损坏。

必须指出,上述关于塑性材料和脆性材料的概念是指常温、静载时的情况。实际上,材料是塑性的还是脆性的并非一成不变,它将随条件而变化。如加载速度、温度高低、受力状态都能使其发生变化。例如,低碳钢在低温时也会变得很脆。

6. 轴向拉伸或压缩时的强度计算

(1) 极限应力·许用应力·安全系数　工程上将使材料丧失正常工作能力的应力称为极限应力或危险应力,用 σ_u 表示。对于塑性材料,当应力达到屈服点应力 σ_s 时,构件将发生明显的塑性变形而影响其正常工作。此时,一般认为材料已经破坏。故对塑性材料规定用屈服点应力为其极限应力或危险应力,所以 $\sigma_u=\sigma_s$。脆性材料直到拉断时也无明显的塑性变形,其破坏表现为断裂,故用材料的强度极限 σ_b(或 σ_{bc})作为极限应力或危险应力,即 $\sigma_u=\sigma_b$(或 σ_{bc})构件在载荷作用下产生的应力称为工作应力。等截面直杆最大轴力处的横截面称为危险截面。危险截面上的应力称为最大工作应力。

为使构件正常工作,最大工作应力应小于材料的极限应力,并使构件留有必要的强度储备。因此,一般将极限应力除以一个大于 1 的系数,即安全系数 n,作为强度设计时的最大许可值,称为许用应力,用$[\sigma]$表示,即

$$[\sigma]=\frac{\sigma_u}{n} \tag{2-10}$$

对于塑性材料

$$[\sigma]=\frac{\sigma_s}{n_s} \quad 或 \quad [\sigma]=\frac{\sigma_{p0.2}}{n_s} \tag{2-11}$$

对于脆性材料

$$[\sigma]=\frac{\sigma_b}{n_b} \quad 或 \quad [\sigma]=\frac{\sigma_{bc}}{n_s} \tag{2-12}$$

式中,n_s、n_b 分别为对应屈服点应力和强度极限的安全系数。各种材料在不同工作条件下的

安全系数和许用应力值，可从有关规定或设计手册中查到。在静载荷作用下，一般杆件的安全系数为 $n_s=1.5\sim2.5$，$n_b=2.0\sim3.5$。常用材料的许用应力如表 2-2 所示。

表 2-2　常用材料的许用应力

材料名称	牌　号	应力种类/MPa		
		$[\sigma]$	$[\sigma_y]$	$[\tau]$
普通碳钢	Q215	137～152	137～152	84～93
普通碳钢	Q235	152～167	152～167	93～98
优质碳钢	45	216～238	216～238	128～142
低碳合金钢	16Mn	211～238	211～238	127～142
灰铸铁		28～78	118～147	—
铜		29～118	29～118	—
铝		29～78	29～78	—
松木(顺纹)		6.9～9.8	8.8～12	0.98～1.27
混凝土		0.098～0.69	0.98～8.8	—

注：(1) $[\sigma]$为许用拉应力，$[\sigma_y]$为许用压应力，$[\tau]$为许用剪应力。

(2) 材料质量好，厚度或直径较小时取上限；材料质量较差，尺寸较大时取下限；其详细规定，可参阅有关设计规范或手册。

工程中必须考虑安全因素是出于以下诸多原因，例如，材料的极限应力是在标准试件上获得的，而构件所处的工作环境和受载情况不可能与试验条件完全相同；构件与试件的材料虽然相同，但很难保证材质完全一致；由于对外载荷的估算可能带来误差；对结构、尺寸的简化可能造成计算偏差。

安全系数的选取，关系到工程设计的安全和经济这一对矛盾问题。安全系数越大，强度储备越多，构件则越偏于安全，但不经济；反之，只考虑经济，则安全性下降。因此，在进行强度计算时，应注意根据实际情况合理地选取安全系数。

(2) 强度计算　为保证轴向拉(压)杆件在外力作用下具有足够的强度，应使杆件的最大工作应力不超过材料的许用应力$[\sigma]$，即

$$\sigma_{max}=\frac{F_N}{A}\leqslant[\sigma] \tag{2-13}$$

式(2-13)称为拉(压)杆的强度条件。在轴向拉(压)杆中，产生最大正应力的截面称为危险截面。对于轴向拉压的等直杆，其轴力最大的截面就是危险截面。

根据强度条件，可以解决轴向拉(压)杆强度计算的三种类型的问题。

① 强度校核。若已知杆件尺寸 A、载荷 F 和材料的许用应力$[\sigma]$，则可应用式(2-13)验算杆件是否满足强度要求。若 $\sigma_{max}\leqslant[\sigma]$，表示杆的强度是满足的，否则不满足强度条件。

根据既要保证安全又要节约材料的原则，构件的工作应力不应小于材料的许用应力$[\sigma]$太多。

② 设计截面尺寸。若已知杆件的工作载荷及材料的许用应力$[\sigma]$，则由式(2-12)可得

$$A\geqslant\frac{F_N}{[\sigma]}$$

由此确定满足强度条件的杆件所需的横截面面积，从而得到相应的截面尺寸。

③ 确定许可载荷。若已知杆件尺寸和材料的许用应力$[\sigma]$，由式(2-12)可确定许可载荷，即

$$F_{Nmax} \leqslant [\sigma] A$$

必须指出，对受压直杆进行强度计算时，公式仅适用较粗短的直杆。对细长的受压杆，应进行稳定性计算。

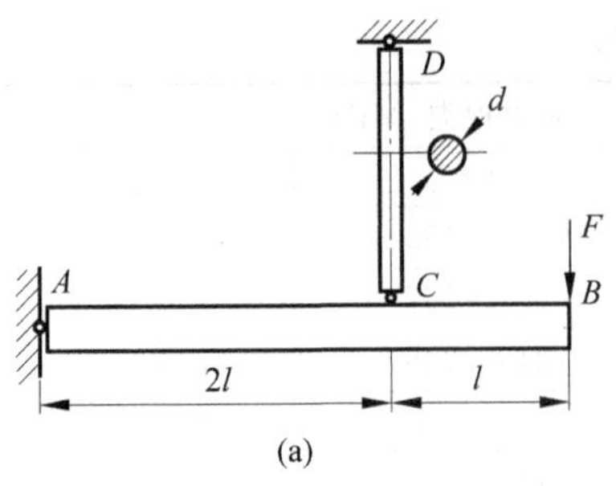

(a)

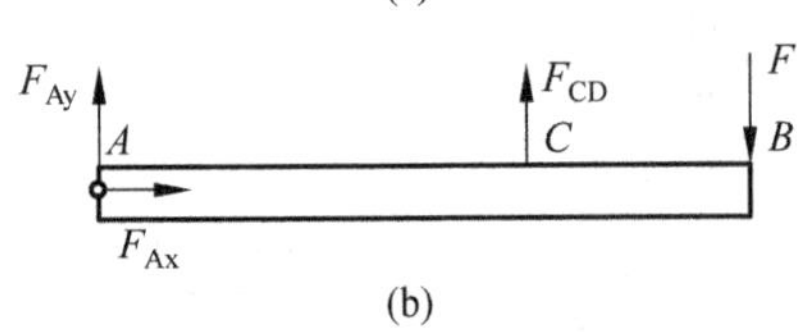

(b)

图 2-22 例 2-5 图

例 2-5 图 2-22(a)所示为一刚性梁 ACB 由圆杆 CD 在 C 点悬挂连接，B 端作用有集中载荷 $F=25\text{kN}$。已知：CD 杆的直径 $d=20\text{mm}$，许用应力$[\sigma]=160\text{MPa}$。

① 校核 CD 杆的强度；

② 试求结构的许可载荷$[F]$；

③ 若 $F=50\text{kN}$，试设计 CD 杆的直径 d。

解：① 校核 CD 杆强度

作 AB 杆的受力图，如图 2-22(b)所示。

由平衡条件 $\sum M_A = 0$ 得

$$2F_{CD} \cdot l - 3F \cdot l = 0$$

故

$$F_{CD} = \frac{3}{2}F$$

求 CD 杆的应力，杆上的轴力 $F_N = F_{CD}$，故

$$\sigma_{CD} = \frac{F_{CD}}{A} = \frac{6F}{\pi d^2} = \frac{6 \times (25 \times 10^3)}{\pi \times 20^2} = 119.4\text{MPa} < [\sigma]$$

所以 CD 杆安全。

② 求结构的许可载荷$[F]$

$$\sigma_{CD} = \frac{F_{CD}}{A} = \frac{6F}{\pi d^2} \leqslant [\sigma]$$

$$F \leqslant \frac{\pi d^2 [\sigma]}{6} = \frac{\pi \times 20^2 \times 160}{6} = 33.5 \times 10^3\text{N} = 33.5\text{kN}$$

由此得结构的许可载荷 $[F]=33.5\text{kN}$。

③ 若 $F=50\text{kN}$，设计圆柱直径 d

$$\sigma_{CD} = \frac{F_{CD}}{A} = \frac{6F}{\pi d^2} \leqslant [\sigma]$$

$$d \geqslant \sqrt{\frac{6F}{\pi[\sigma]}} = \sqrt{\frac{6 \times 50 \times 10^3}{\pi \times 160}} = 24.4\text{mm}$$

根据计算结果，可以取 $d=25\text{mm}$。

例 2-6 图 2-23(a)所示的支架，①杆为直径 $d=16\text{mm}$ 的钢圆截面杆，许用应力$[\sigma]_1 = 160\text{MPa}$；②杆为边长 $a=12\text{cm}$ 的正方形截面杆，$[\sigma]_2 = 10\text{MPa}$，在结点 B 处挂一重物 P，求许可荷载$[P]$。

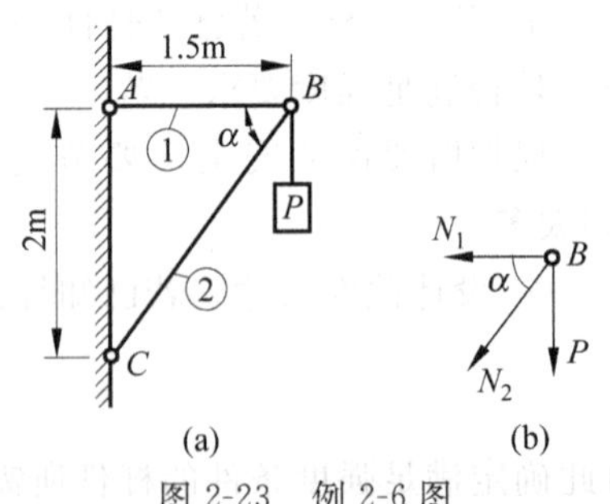

图 2-23 例 2-6 图

解：① 计算杆的轴力

取结点 B 为研究对象(见图 2-23(b))，列平衡方程

$$\sum X = 0, \quad -N_1 - N_2\cos\alpha = 0$$

$$\sum Y = 0, \quad -P - N_2\sin\alpha = 0$$

式中 α 由几何关系得：$\tan\alpha = \dfrac{2}{1.5} = 1.333$，则 $\alpha = 53.13°$。

解方程得：$N_1 = 0.75P$(拉力)， $N_2 = -1.25P$(压力)

② 计算许可荷载

先根据①杆的强度条件计算杆①能承受的许可荷载

$$\sigma=\frac{N_1}{A_1}=\frac{0.75P}{A_1}\leqslant[\sigma]_1$$

所以 $$[P]\leqslant\frac{A_1[\sigma]_1}{0.75}=\frac{\frac{1}{4}\times 3.14\times 16^2\times 160}{0.75}=4.29\times 10^4\,\text{N}=42.9\text{kN}$$

再根据②杆的强度条件计算②杆能承受的许可荷载$[P]$

$$\sigma_2=\frac{N_2}{A_2}=\frac{1.25P}{A_2}\leqslant[\sigma]_2$$

所以 $$[P]\leqslant\frac{A_2[\sigma]_2}{1.25}=\frac{120^2\times 10}{1.25}=11.52\times 10^4\,\text{N}=115.2\text{kN}$$

比较两次所得的许可荷载，取其较小者，则整个支架的许可荷载为$[P]\leqslant 42.9\text{kN}$。

7. 压杆稳定的概念

前面讨论轴向压缩时，认为满足压缩强度条件即可保证构件安全工作。这一结论对于细长杆件不再适用，当细长杆受压时，在应力远远低于极限应力时，会因突然产生显著的弯曲变形而失去承载能力。例如活塞连杆机构中的连杆、凸轮机构中的顶杆、支承机械的千斤顶(见图 2-24)、托架中的压杆(见图 2-25)等，当压力超过一定数值后，在外界微小的扰动下，其直线平衡形式将转变为弯曲形式，从而使杆件或由之组成的机器丧失正常功能。这是一种区别于强度失效与刚度失效的又一种失效形式，称为稳定失效。它和强度、刚度问题一样，在机械或其零部件的设计中占有重要地位。

细长压杆在 P 力作用下处于直线形状的平衡状态(见图 2-26(a))，受外界(水平力 Q)干扰后，杆经过若干次摆动，仍能回到原来的直线形状平衡位置(见图 2-26(b))，杆原来的直线形状的平衡状态称为稳定平衡。若受外界干扰后，杆不能恢复到原来的直线形状而在弯曲形状下保持新的平衡(见图 2-26(c))，则杆原来的直线形状的平衡状态称为非稳定平衡。压杆的稳定性，就是指受压杆件能否保持它原来的直线形状的平衡状态的能力。掌握压杆临界力的大小，是解决压杆稳定问题的关键。

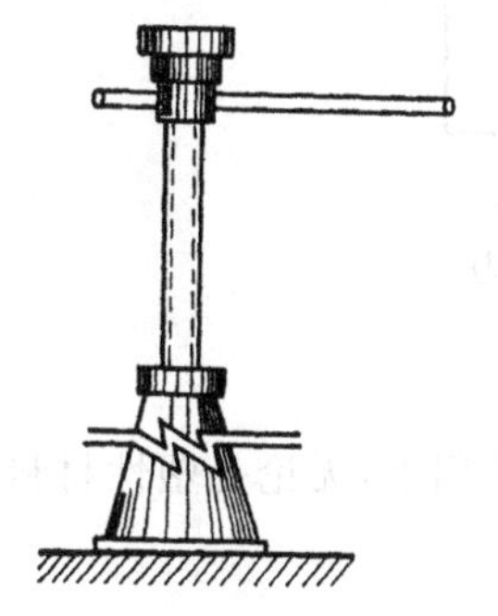

图 2-24　千斤顶

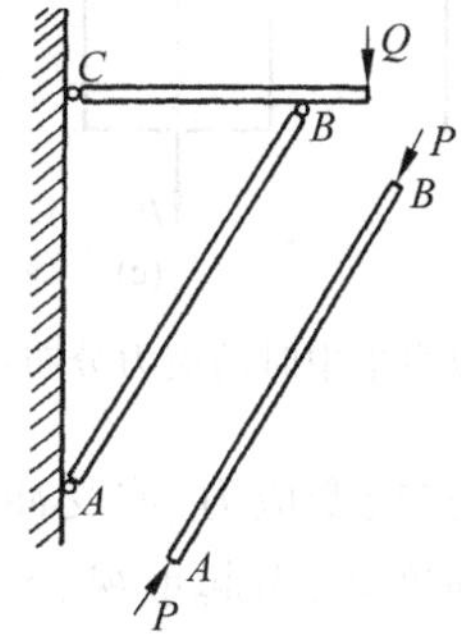

图 2-25　托架

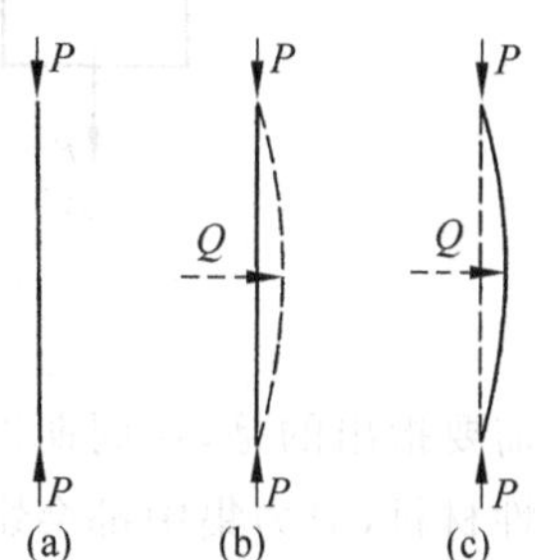

图 2-26　压杆稳定平衡的概念

8. 应力集中问题

(1) 应力集中的概念　等截面直杆受轴向拉伸和压缩时，横截面上的应力是均匀分布的。但是工程上由于实际的需要，常在一些构件上钻孔，开槽以及制成阶梯形等，以致截面的形状和尺寸发生了较大的改变。由实验和理论研究表明，构件在截面突变处应力并不是均匀分布的。例如图 2-27(a)所示开有圆孔的直杆受到轴向拉伸时，在圆孔附近的局部区域内，应力的数值剧烈增加，而在同一截面离开圆孔稍远的地方，应力迅速降低而趋于均匀(见图 2-27(b))。又如图 2-28(a)所示具有浅槽的圆截面拉杆，在靠近槽边处应力很大，在开槽的横截面上，其应力分布如图 2-28(b)所示。这种由于杆件外形的突然变化而引起局部应力急剧增大的现象，称为应力集中。

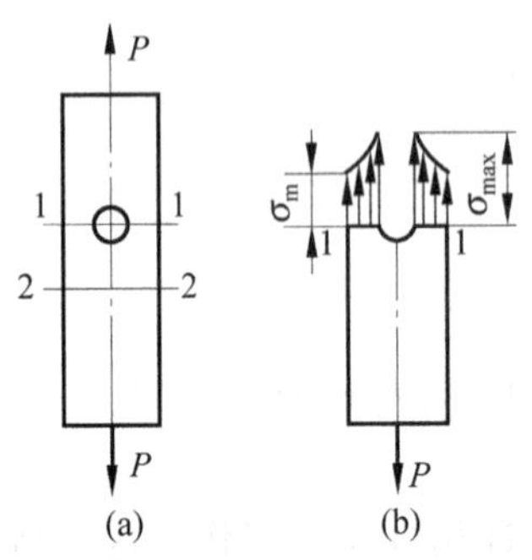

图 2-27 开孔拉杆的应力集中现象

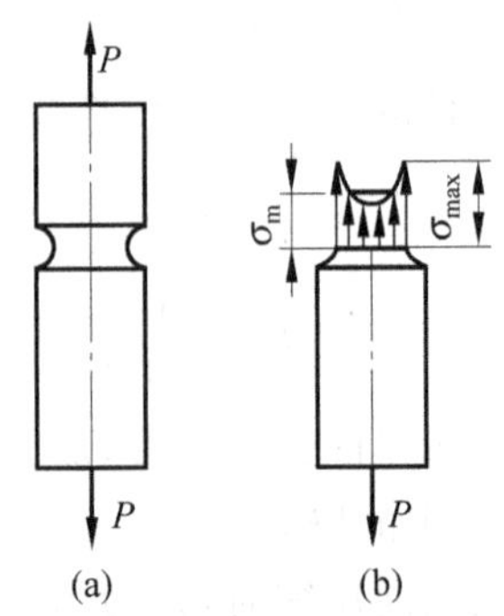

图 2-28 开槽拉杆的应力集中现象

(2) 应力集中对构件强度的影响 应力集中对构件强度的影响随构件性能不同而异。当构件截面有突变时会在突变部分发生应力集中现象，截面应力呈不均匀分布(见图 2-29(a))。继续增大外力时，塑性材料构件截面上的应力最高点首先到达屈服极限 σ_s(见图 2-29(b))。若再继续增加外力，该点的应力不会增大，只是应变增加，其他点处的应力继续提高，以保持内外力平衡。外力不断加大，截面上到达屈服极限的区域也逐渐扩大(见图 2-29(c)、(d))，直至整截面上各点应力都达到屈服极限，构件才丧失工作能力。因此，对于用塑性材料制成的构件，尽管有应力集中，却并不显著降低它抵抗载荷的能力，所以在强度计算中可以不考虑应力集中的影响。脆性材料没有屈服阶段，当应力集中处的最大应力达到材料的强度极限时，将导致构件的突然断裂，大大降低了构件的承载能力。因此，必须考虑应力集中对其强度的影响。

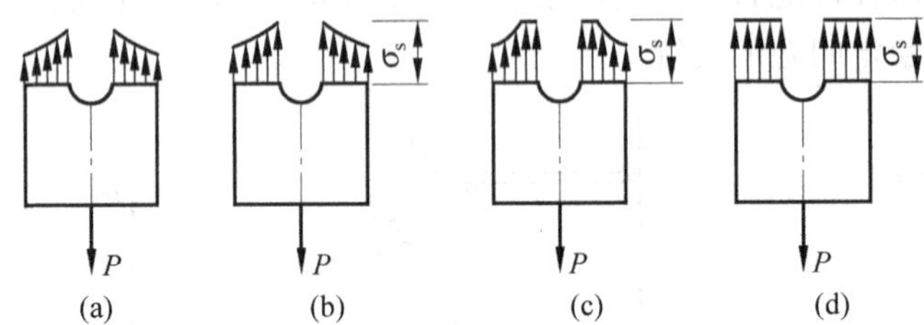

图 2-29 应力集中时的应力分布情况

需要指出的是，在周期性变化的应力(交变应力)或受冲击载荷作用下，无论是塑性材料还是脆性材料，应力集中都会影响杆件的强度，需引起重视。

2.3 剪切与挤压

学习目标 能表述构件剪切与挤压变形的受力特征和变形特征；会确定剪切应力与挤压应力的大小；能运用剪切强度条件与挤压强度条件对产生剪切和挤压变形的构件进行强度计算。知道何为剪应变，了解剪切胡克定律的含义。

1. 剪切的概念和实例

工程结构中的许多联接件，如铆钉、螺栓、键、销等，受力后产生的主要变形为剪切。

图 2-30 为一剪床剪切钢板的示意图，钢板在上、下刀刃的作用下，在相距 δ 区域内发生变形，当外力足够大时，钢板被切断。

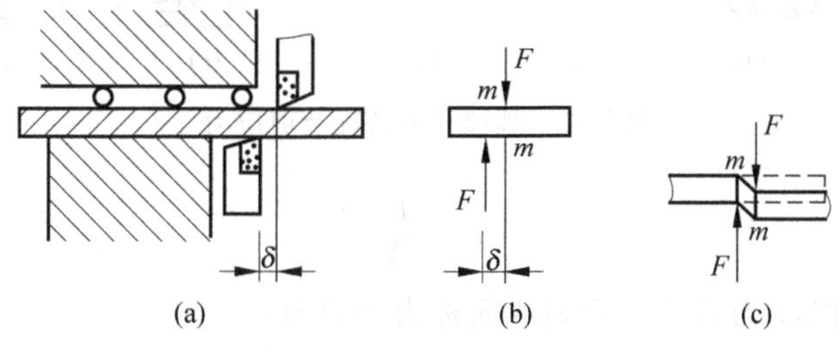

图 2-30　钢板受剪实例

图 2-31(a)为一铆钉联接简图。当被联接件上受到外力 F 的作用后，力由两块钢板传到铆钉与钢板的接触面上，铆钉上受到大小相等，方向相反的两组分布力的合力 F 的作用(见图 2-31(b))，使铆钉上下两部分沿中间截面 $m—m$ 发生相对错动的变形，如图 2-31(c)所示。

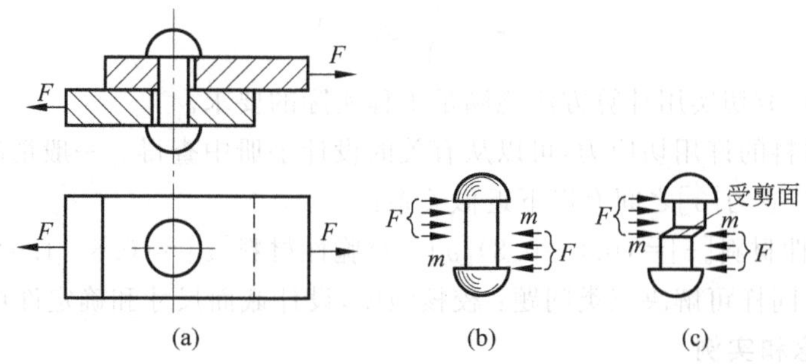

图 2-31　铆钉受剪实例

由上述两例，可见剪切的受力特点为：作用在杆件两侧面上且与轴线垂直的外力的合力大小相等，方向相反，作用线相距很近。其变形特点为：杆件两部分沿中间截面 $m—m$ 在作用力的方向上发生相对错动。杆件的这种变形称为剪切，杆件所沿发生相对错动的中间截面 $m—m$ 称为剪切面。只有一个受剪面的剪切称为单剪，如上述两例。有两个受剪面的剪切称为双剪，如图 2-32 中螺栓所受的剪切。

2. 剪切应力

由截面法可得剪切面上的内力，它是剪切面上分布内力的合力，称为剪力，用 F_s 表示(有些资料上用 F_Q 或 Q 表示)。对任一分离体(如图 2-33(b)、(c)所示)，列平衡方程可得 $F_s=F$。显然，单剪时剪力即等于杆件上所受外力的大小；而双剪时，剪力等于杆件所受外力值的一半(如图 2-32(b)所示)。

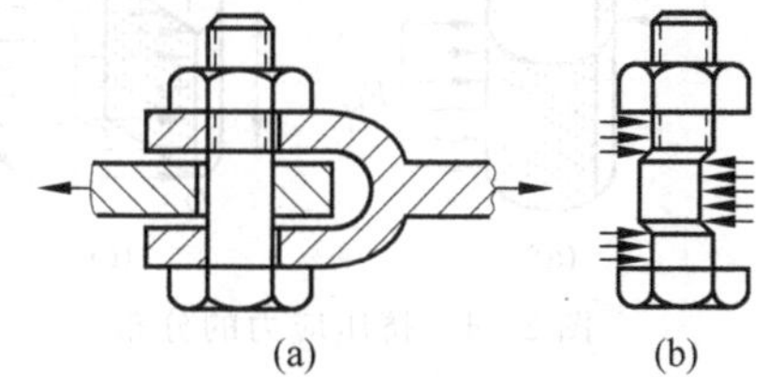

图 2-32　螺栓联接双剪实例

求得剪力 F_s 以后，应进一步计算剪切面上的切应力。切应力在剪切面上分布的情况比较复杂。为便于计算。工程中通常采用以实验、经验为基础的实用计算，近似地认为切应力在受剪面内是均匀分布的(见图 2-33(d))，按此假设计算出的切应力实质上是截面上的平均应力，称为名义切应力，即

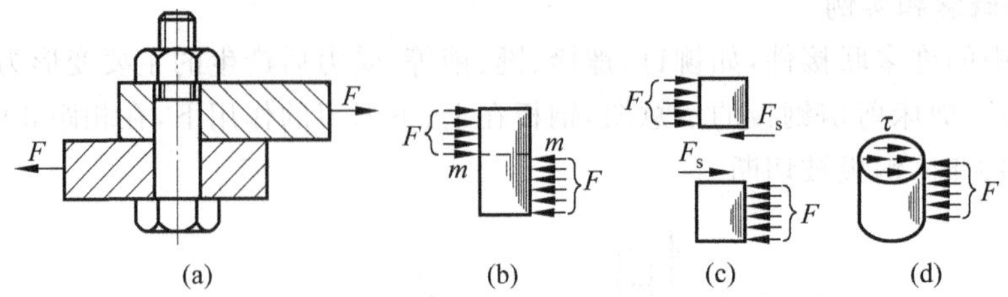

图 2-33　螺栓受剪情况及剪应力

$$\tau=\frac{F_s}{A_s} \tag{2-14}$$

式中，A_s 为剪切面面积，τ 为名义切应力或简称为切应力。

材料的极限切应力 τ_u 是按名义切应力概念，用试验方法得到的。将此极限切应力除以适当的安全系数，即得材料的许用切应力

$$[\tau]=\frac{\tau_u}{n} \tag{2-15}$$

由此，建立剪切强度条件

$$\tau=\frac{F_s}{A_s}\leqslant[\tau] \tag{2-16}$$

大量实践结果表明，剪切实用计算方法能满足工程实际的要求。

工程中常用材料的许用切应力，可以从有关的设计手册中查得。一般情况下，材料的许用切应力$[\tau]$与许用拉应力$[\sigma]$之间有以下近似关系：

对塑性材料$[\tau]=(0.6\sim0.8)[\sigma]$　对脆性材料$[\tau]=(0.8\sim1.0)[\sigma]$

剪切强度条件同样可解决三类问题：校核强度，设计截面尺寸和确定许可载荷。

3. 挤压的概念和实例

铆钉等联接件在外力的作用下发生剪切变形的同时，在联接件和被联接件接触面上互相压紧，出现塑性变形，这种现象称为挤压。接触面上的压力称为挤压力，用 $\boldsymbol{F}_{bs}$ 表示。由挤压力引起的接触面上的表面压强，习惯上称为挤压应力，用 σ_{bs} 表示（有些资料上用 σ_{jy} 表示）。

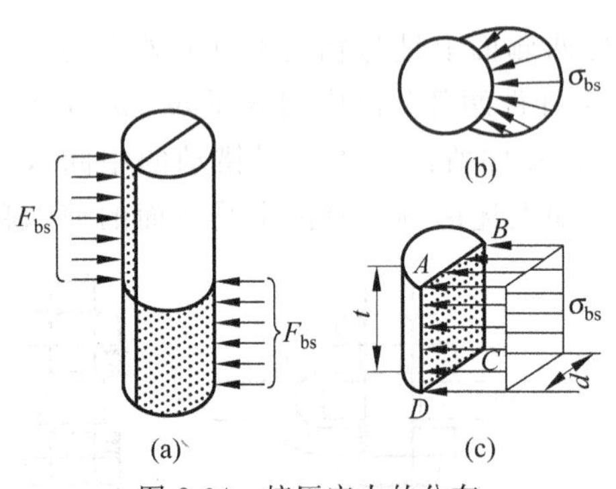

图 2-34　挤压应力的分布

与切应力在剪切面上的分布相类似，挤压面上挤压应力的分布也较复杂，如图 2-34(b)所示。为了简化计算，工程中也采用挤压的实用计算，即假设挤压应力在挤压面上是均匀分布的（见图 2-34(c)）。按这种假设所得的挤压应力称为名义挤压应力。当接触面为平面时，挤压面就是实际接触面；对于圆柱状联接件，接触面为半圆柱面，挤压面面积 A_{bs} 取为实际接触面的正投影面，即其直径面面积 $A_{bs}=t\cdot d$（见图 2-34(c)），因此有

$$\sigma_{bs}=\frac{F_{bs}}{A_{bs}} \tag{2-17}$$

按照式(2-17)计算所得挤压应力与接触面上的实际最大应力大致相等。

应用名义挤压应力的概念，得到材料的极限挤压应力 σ_u，将 σ_u 除以适当的安全系数 n，即

可确定材料的许用挤压应力，即

$$[\sigma_{bs}] = \frac{\sigma_u}{n} \tag{2-18}$$

由此建立挤压强度条件，即

$$\sigma_{bs} = \frac{F_{bs}}{A_{bs}} \leqslant [\sigma_{bs}] \tag{2-19}$$

工程实践证明，挤压实用计算方法能满足工程实际的要求。工程中常用材料的许用挤压应力，可以从设计手册中查到。一般情况下，也可以利用许用挤压应力与许用拉应力的近似关系求得。

对塑性材料：　$[\sigma_{bs}] = (0.9 \sim 1.5)[\sigma]$

对脆性材料：　$[\sigma_{bs}] = (1.5 \sim 2.5)[\sigma]$

应当注意，挤压应力是在联接件和被联接件之间的相互作用。当两者材料不同时，应对其中许用挤压应力较低的材料进行挤压强度校核。挤压与压缩的概念是不同的。压缩变形是指杆件的整体变形，其任意横截面上的应力是均匀分布的；挤压时，挤压应力只发生在构件接触的表面，一般并不均匀分布。

例 2-7　图 2-35 中，已知钢板厚度 $t=10\text{mm}$，其剪切极限应力 $\tau_b=300\text{MPa}$。若用冲床将钢板冲出直径 $d=25\text{mm}$ 的孔，问需要多大的冲剪力 F？

解：剪切面就是钢板内被冲头冲出的圆柱体的侧面，如图 2-35(b)所示。其面积为

$$A = \pi dt = \pi \times 25 \times 10 = 785\text{mm}^2$$

冲孔所需要的冲剪力就是钢板破坏时剪切面上的剪力，即

$$F \geqslant A\tau_b = 785 \times 10^{-6} \times 300 \times 10^6 = 235.5\text{kN}$$

故冲孔所需要的最小冲剪力为 235.5kN。

从该题可看出，剪切破坏一般情况下是要避免的，可有时我们又可利用剪切来加工工件。

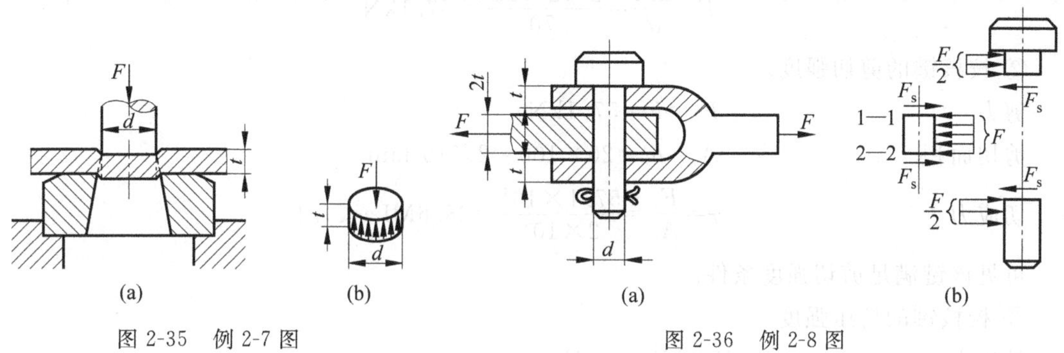

图 2-35　例 2-7 图　　图 2-36　例 2-8 图

例 2-8　电机车挂钩的销钉联接如图 2-36(a)所示。已知挂钩厚度 $t=8\text{mm}$，销钉材料的 $[\tau]=60\text{MPa}$，$[\sigma_{bs}]=200\text{MPa}$，电机车的牵引力 $F=15\text{kN}$，试选择销钉的直径。

解：销钉受力情况如图 2-36(b)所示，因销钉有两个面承受剪切，故每个剪切面上的剪力 $F_s=F/2$，剪切面积为 $A_s=\frac{\pi d^2}{4}$。

① 根据剪力强度条件，设计销钉直径。由式(2-16)可得

$$A_s = \frac{\pi d^2}{4} \geqslant \frac{F/2}{[\sigma]}$$

有 $$d \geqslant \sqrt{\frac{2F}{\pi[\tau]}} = \sqrt{\frac{2 \times 15 \times 10^3}{\pi \times 60}} = 12.6\text{mm}$$

② 根据挤压强度条件，设计销钉直径。由图 2-36(b)可知，销钉上、下部挤压面上的挤压力 $F_{bs} = F/2$，挤压面积 $A_{bs} = d \cdot t$，由式(2-19)得

$$A_{bs} = d \cdot t \geqslant \frac{F/2}{[\sigma_{bs}]}$$

有 $$d \geqslant \frac{F}{2t[\sigma_{bs}]} = \frac{15 \times 10^3}{2 \times 8 \times 200} \approx 5\text{mm}$$

选 $d = 12.6\text{mm}$，可同时满足挤压和剪切强度的要求。考虑到启动和刹车时冲击的影响以及轴径系列标准，可取 $d = 15\text{mm}$。

例 2-9 图 2-37(a)表示齿轮用平键与轴联接。已知轴的直径 $d = 70\text{mm}$，键的尺寸为 $b \times h \times l = 20\text{mm} \times 12\text{mm} \times 100\text{mm}$，传递的扭转力偶矩 $M = 2\text{kN} \cdot \text{m}$，键的许用应力 $[\tau] = 60\text{MPa}$，$[\sigma_{bs}] = 100\text{MPa}$。试校核键的强度。

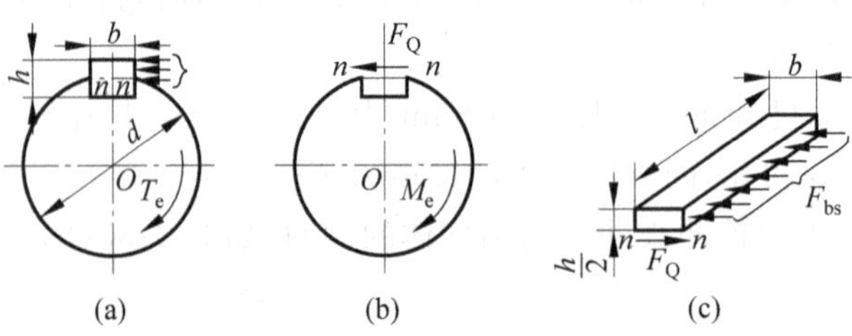

图 2-37 例 2-9 图

解：① 计算键上的作用力 F。对轴心取矩，由平衡条件 $\sum M_O = 0$，有 $F\frac{d}{2} - M = 0$ 得

$$F = \frac{2M}{d} = \frac{2 \times 2 \times 10^6}{70} = 57.1\text{kN}$$

② 校核键的剪切强度。

剪力 $F_s = F = 57.1\text{kN}$

剪切面积 $A_s = bl = 20 \times 100 = 2 \times 10^3 \text{mm}^2$

切应力 $\tau = \frac{F_s}{A_s} = \frac{57.1 \times 10^3}{2 \times 10^3} = 28.6\text{MPa} < [\tau]$

可见该键满足剪切强度条件。

③ 校核键的挤压强度。

挤压力 $F_{bs} = F = 57.1\text{kN}$

挤压面积 $A_{bs} = hl/2 = 12 \times 1000/2 = 600\text{mm}^2$

挤压应力 $\sigma_{bs} = \frac{F_{bs}}{A_{bs}} = \frac{57.1 \times 10^3}{600} = 95.2\text{MPa} < [\sigma_{bs}]$

可见键也符合挤压强度要求。键同时满足剪切和挤压强度条件，故能安全工作。

4. 剪应变和剪切胡克定律

在剪切面处截取一微分六面体——单元体(见图 2-38)，在与剪力相应的切应力的作用下，单元体的右面相对于左面产生相对错动，使得单元体的直角发生微小的改变(见图 2-39)，直角的改变量 γ 称为剪应变或切应变，用弧度(rad)来度量。

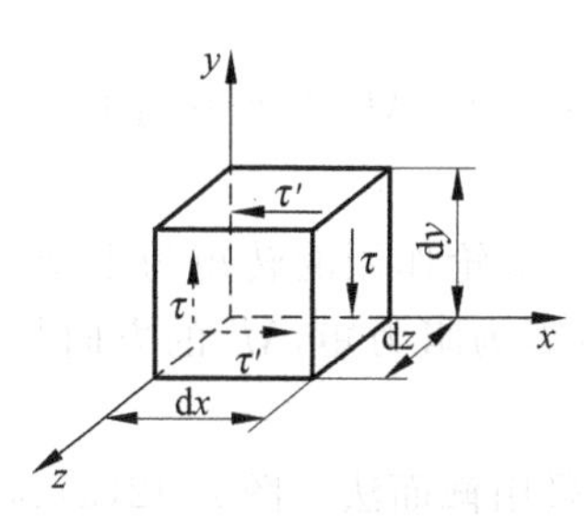

图 2-38　剪切面单元体

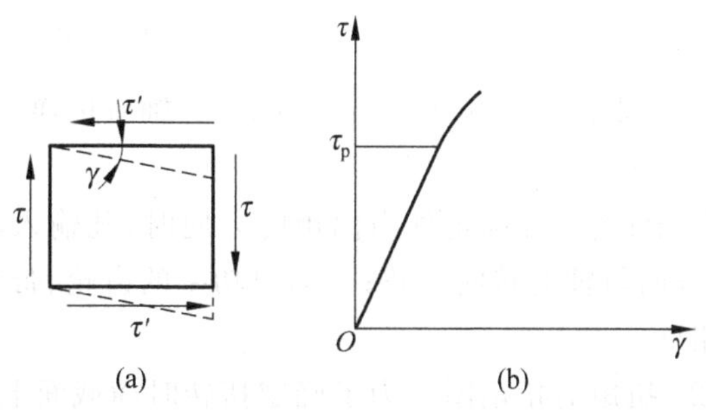

图 2-39　剪应变

试验表明，当切应力不超过材料的剪切比例极限时，切应力与切应变成正比，这就是剪切胡克定律，即

$$\tau = G\gamma \tag{2-20}$$

式中比例常数 G 为材料的切变模量，单位与弹性模量 E 相同，其数值由试验测定，钢材的 G 值约为 80GPa。其他常用材料的 G 值可参阅相关手册。

2.4　圆轴扭转

学习目标　能表述圆轴产生扭转变形的受力特征与变形特征；能确定圆轴扭转时其内力——扭矩的大小及方向，并画出扭矩图；能说出圆轴扭转时横截面上的应力分布规律并知道其计算方法；能运用扭转强度条件对圆轴扭转时的强度进行校核；清楚扭转刚度条件，能进行简单的刚度校核。

1. 圆轴扭转的概念

驾驶汽车时，司机加在方向盘上两个大小相等、方向相反的切向力，它们在垂直于操纵杆轴线的平面内组成一力偶，如图 2-40 所示。同时，操纵杆下端则受到一转向相反的阻力偶的作用。在这两个力偶作用下，操纵杆产生扭转变形。

工程中等直圆杆的扭转变形是很常见的，例如汽车转向轴，油田钻井的钻杆等，工作时都承受扭转变形。扭转变形的受力特点为：杆件两端分别受到大小相等，转向相反，且在垂直于轴线平面内的两个力偶作用，如图 2-41 所示。其变形特点为：杆的各横截面绕轴线作相对转动。同时，杆的纵向线发生微小倾斜，变成螺旋线。

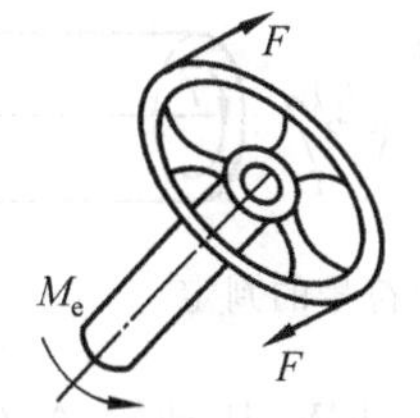

图 2-40　方向盘受力情况

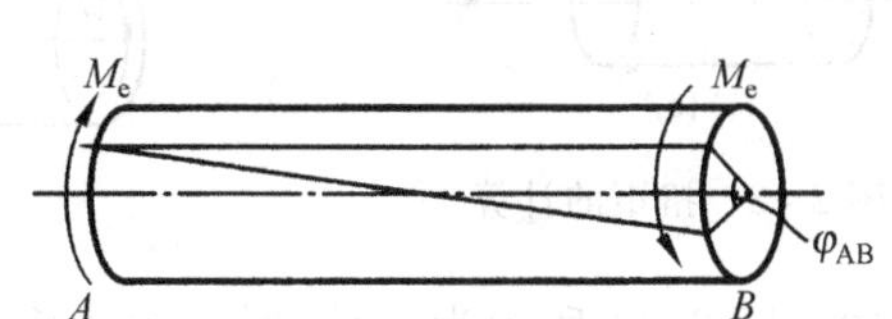

图 2-41　传动轴受力情况

2. 扭矩和扭矩图

(1) 外力偶矩的计算　工程中，对于作用于轴的外力偶矩一般不直接给出，通常是根据轴传递的功率和轴的转速算出。功率、转速和外力偶矩之间的换算关系为：

$$M_e = 9550\frac{P}{n} \tag{2-21}$$

式中，n 为轴的转速，单位是 r/min，P 为轴所传递的功率，单位是 kW；M_e 为外力偶矩的大小，单位是 N·m。

应当注意：在确定外力偶矩的方向时，凡输入功率的齿轮、带轮作用的转矩为主动力矩，M_e 的方向与轴的转向一致；凡输出功率的齿轮、带轮作用的转矩为阻力矩，M_e 的方向与轴的转向相反。

(2) 扭矩与扭矩图　为了确定扭转时横截面上的内力，仍采用截面法。图 2-42(a)为处于平衡状态下的两端垂直于轴线平面内受一对等值、反向的外力偶作用的圆轴。

若求任意横截面 $n—n$ 上的内力，假想沿截面将轴切开，分为左右两段，任取左或右段为研究对象。取左段为研究对象(见图 2-42(b))，由于左端有外力偶作用，在 $n—n$ 截面上必有一个内力偶 T 与之相平衡。

由平衡方程 $\sum M_x = 0, T - M_e = 0$，有 $T = M_e$。

因此，圆轴扭转时，其任意横截面上的内力为一个作用在该截面上的力偶，称为扭矩。用 $\boldsymbol{T}$ 表示，常用单位为 N·m(牛·米)。若取右段为研究对象(见图 2-42(c))，结果相同。

为了使截面两侧求出的转矩具有相同的正负号，采用右手螺旋定则(见图 2-43)：四指转向为圆轴转向，以右手拇指表示为转矩矢量，背离该截面时为正，指向该截面时为负。这样无论取左段或右段，其横截面上的转矩正负号均相同。

与求轴力的方法相类似，用截面法计算转矩时，可将转矩设为正值，计算结果为负说明该转矩转向与所设的转向相反。为清晰地表示转矩沿轴线的变化，与轴力图的绘制方法一样绘制出扭矩图。以平行于轴线的坐标表示横截面所在位置，垂直于杆轴线的坐标表示转矩的数值。

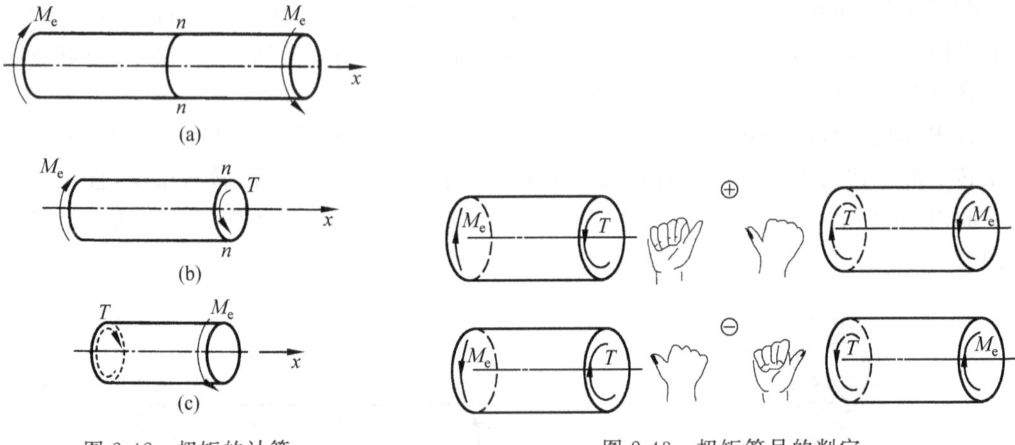

图 2-42　扭矩的计算　　　图 2-43　扭矩符号的判定

例 2-10　图 2-44 所示为一传动轴，主动轮 B 输入功率 $P_B = 60$kW，从动轮 A、C、D 输出功率分别为 $P_A = 28$kW，$P_C = 20$kW，$P_D = 12$kW。轴的转速 $n = 500$r/min，试绘制轴的扭矩图。

解：① 计算外力偶矩。由式(2-19)得

$$M_{eB} = 9550\frac{P_B}{n} = 9550 \times \frac{60}{500} = 1146\text{N} \cdot \text{m}$$

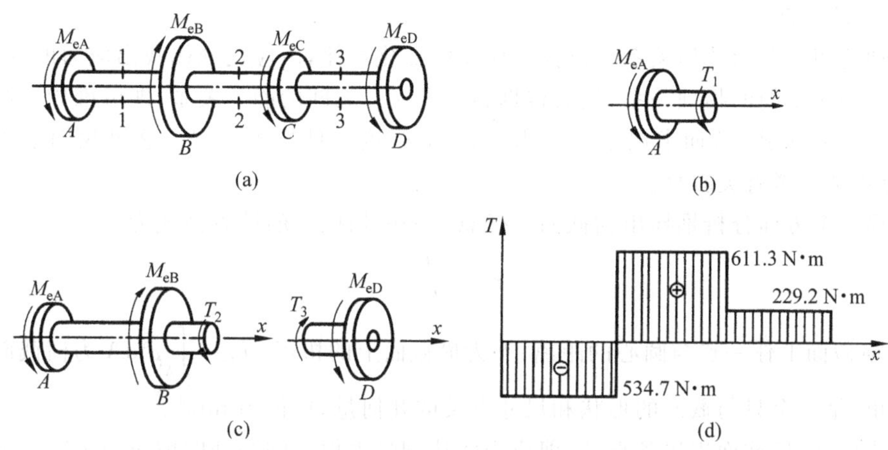

图 2-44　例 2-10 图

$$M_{eA}=9550\frac{P_A}{n}=9550\times\frac{28}{500}=534.8\text{N}\cdot\text{m}$$

$$M_{eC}=9550\frac{P_C}{n}=9550\times\frac{20}{500}=382\text{N}\cdot\text{m}$$

$$M_{eD}=9550\frac{P_D}{n}=9550\times\frac{12}{500}=229.2\text{N}\cdot\text{m}$$

② 计算转矩。以轴所受外力偶矩的作用面为界，将轴分为 AB、BC 和 CD 三段，应用截面法分别计算三段截面上的扭矩，假设各截面上的扭矩均为正值，根据平衡条件，有

AB 段　$T_1+M_{eA}=0$，　　$T_1=-M_{eA}=-534.8\text{N}\cdot\text{m}$

BC 段　$T_2-M_{eB}+M_{eA}=0$，　$T_2=M_{eB}-M_{eA}=1146-534.8=611.2\text{N}\cdot\text{m}$

CD 段　$T_3-M_{eD}=0$，　　$T_3=M_{eD}=229.2\text{N}\cdot\text{m}$

③ 画转矩图。根据以上计算结果，按比例画转矩图（见图 2-44(d)），由图可知，最大转矩在 BC 段内的横截面上，其值为 611.2N·m。

3. 圆轴扭矩时横截面上的应力

（1）圆轴扭转变形　取一圆轴如图 2-45 所示，实验前在其表面上划两条圆周线和两条与轴线平行的纵线，两端加外力偶矩为 M_e 的力偶作用后，圆轴即发生扭转变形。在变形微小的情况下，可观察到如下现象：

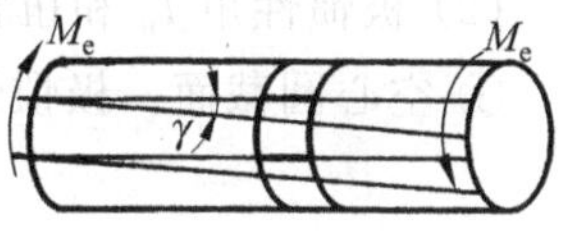

① 纵线倾斜了相同的角度，原来轴表面上的小方格变成了歪斜的平行四边形。

图 2-45　圆轴扭转变形

② 圆周线围绕轴线旋转一个微小的角度，圆周线的长度、形状和两圆周线间的距离均保持不变。

③ 轴的直径和长度都没有改变。

由此可推断，原为平面的横截面变形后仍保持为平面，只是各横截面相对地转过了一个角度，这就是圆轴扭转的平面假设。

根据平面假设，可得出以下结论。

- 由于相邻截面相对地转过了一个角度，即横截面间发生旋转式的相对错动，出现了剪切变形，故截面上有切应力存在。
- 由于相邻截面间距不变，所以横截面没有正应力。又因半径长度不变，切应力方向必与半径垂直。

从圆轴的扭转变形几何关系可以找出应变的变化规律，由应变规律找出应力的分布规律，即建立应力和应变间的物理关系；最后根据转矩和应力之间的静力关系，即可推导出截面上任意点应力的计算公式，从而求出最大应力，为建立强度条件提供依据。这里我们不作详细分析，详细过程请参考有关教材。

由上述三个方面分析推导出横截面上任意点处的切应力的计算公式为

$$\tau_\rho = \frac{T}{I_p}\rho \tag{2-22}$$

式中，ρ 为横截面上任一点与圆心的距离；T 为横截面上的扭矩；$I_p = \int_A \rho^2 \mathrm{d}A$ 为横截面对形心的极惯性矩，是一个只与截面的形状和尺寸有关的几何量，单位为 mm^4。

由上式可知，横截面周边各点处，剪应力将达到最大值。圆心处的剪应力为零。剪应力与 ρ 成正比，即当 $\rho=R$ 时，有：

$$\tau_{max} = \frac{TR}{I_p} \tag{2-23}$$

圆轴扭转时，最大切应力发生在圆轴表面。令

$$W_p = \frac{I_p}{R} \tag{2-24}$$

则有

$$\tau_{max} = \frac{T}{W_p} \tag{2-25}$$

W_p 称为扭转截面系数，单位为 m^3 或 mm^3。

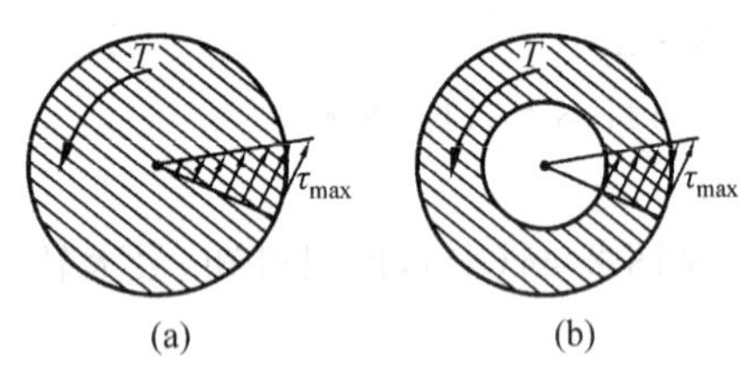

图 2-46 剪应力分布规律

图 2-46 分别表示实、空心圆轴横截面上切应力的分布规律。图中各切应力垂直于半径，且指向与 T 的转向一致。对比图 2-46(a)、(b)分析可知，当最大切应力相同的情况下，即承载能力相同的情况下，采用空心轴可大大减轻轴的重量，从而有利于减小轴运转时的离心力，使轴的工作更为平稳。

(2) 极惯性矩 I_p 和扭转截面系数 W_p

① 空心圆截面。极惯性矩为：

$$I_p = \frac{\pi(D^4 - d^4)}{32} = \frac{\pi D^4}{32}(1-\alpha^4) \tag{2-26}$$

式中，$\alpha=d/D$ 为横截面内外径之比。

扭转截面系数

$$W_p = \frac{I_p}{R} = \frac{2I_p}{D} = \frac{\pi D^3}{16}(1-\alpha^4) \approx 0.2D^3(1-\alpha^4) \tag{2-27}$$

② 实心圆截面。将 $d=0$ 及 $\alpha=d/D=0$ 代入上两式，即可得实心圆截面对形心的极惯性矩和扭转截面系数分别为

$$I_p = \frac{\pi D^4}{32} \tag{2-28}$$

$$W_p = \frac{\pi D^3}{16} \approx 0.2D^3 \tag{2-29}$$

4. 圆轴扭转的强度计算

在前面的讨论中，我们已经知道等截面圆轴扭转时，最大应力发生在最大扭矩截面的外周边各点，变截面轴扭转时最大应力则发生在扭矩与抗扭截面系数之比最大的那个截面上，所以对变截面轴而言，应根据扭矩与抗扭截面系数的比值来判断其危险截面。

等截面圆轴扭转的强度条件为

$$\tau_{max} = \frac{T_{max}}{W_p} \leqslant [\tau] \tag{2-30}$$

变截面圆轴扭转的强度条件为

$$\tau_{max} = \frac{T}{W_p} \leqslant [\tau] \tag{2-31}$$

$[\tau]$可查有关手册，在静载荷作用下，许用切应力与许用正应力有如下关系。

塑性材料　　$[\tau]=(0.5\sim0.6)[\sigma]$

脆性材料　　$[\tau]=(0.8\sim1.0)[\sigma]$

应用扭转强度条件，可对受扭转的圆轴进行强度校核，截面尺寸设计和确定许用载荷。

例 2-11　机床齿轮减速箱中的二级齿轮如图 2-47(a)所示。轮 C 输入功率 $P_C=40\text{kW}$，轮 A、轮 B 输出功率分别为 $P_A=23\text{kW}$，$P_B=17\text{kW}$，$n=1000\text{r/min}$，材料的切变模量 $G=80\text{GPa}$，许用切应力$[\tau]=40\text{MPa}$，试设计轴的直径。

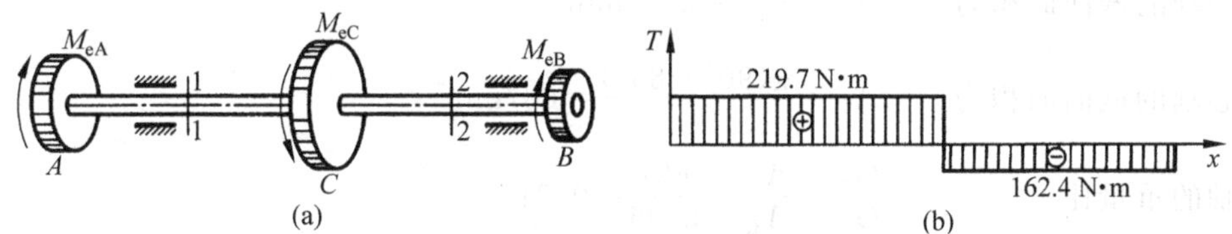

图 2-47　例 2-11 图

解：① 计算外力偶矩。由式(2-19)得

$$M_{eA} = 9550 \times \frac{23}{1000} = 219.7\text{N} \cdot \text{m}$$

$$M_{eB} = 9550 \times \frac{17}{1000} = 162.4\text{N} \cdot \text{m}$$

$$M_{eC} = 9550 \times \frac{40}{1000} = 382.0\text{N} \cdot \text{m}$$

② 画转矩图，由截面法可得

$$T_1 = M_{eA} = 219.7\text{N} \cdot \text{m};$$

$$T_2 = -M_{eB} = -162.4\text{N} \cdot \text{m}$$

最大转矩发生在 AC 段(见图 2-47(b))。因是等截面轴，该段是危险截面。

③ 按强度条件设计轴的直径。

$$\tau_{max} = \frac{T_{max}}{W_p} = \frac{16T_1}{\pi D^3} \leqslant [\tau]$$

$$D \geqslant \sqrt[3]{\frac{16T_1}{\pi[\tau]}} = \sqrt[3]{\frac{16\times 219.7}{40\pi}} = 30.4\text{mm}$$

可取轴的直径 $D=32\text{mm}$。

例 2-12 如图 2-48 所示某汽车的传动轴用 45＃无缝钢管制成，钢管外径 $D=90\text{mm}$，壁厚 $t=2.5\text{mm}$，轴传递的转矩 $m=1.5\text{kN}\cdot\text{m}$，材料的许用切应力 $[\tau]=60\text{MPa}$，要求：①校核轴的强度；②若保持最大切应力不变，将传动轴改为实心轴，在相同条件下设计实心轴的直径；③比较空心轴和实心轴的重量。

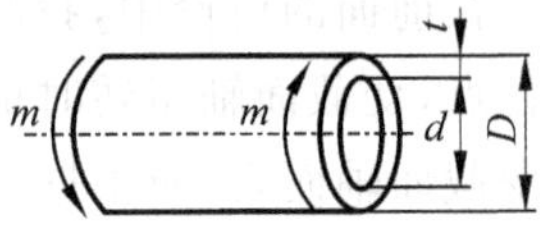

图 2-48 例 2-12 图

解：① 轴的扭矩等于轴传递的转矩，即：

$$T=M=1.5\text{kN}\cdot\text{m}$$

轴的内、外径之比 $\alpha=\dfrac{d}{D}=\dfrac{D-2t}{D}=0.944$

抗扭截面系数 $W_t=0.2D^3(1-\alpha^4)=29800\text{mm}^3$

由强度条件 $\tau_{\max}=\dfrac{T_{\max}}{W_t}=50.3\text{MPa}<[\tau]$

所以传动轴强度满足条件。

② 保持最大切应力，将空心轴改为同一材料的实心轴，因扭矩未变，所以有

$$W_{t1}=W_{t2}$$

则 $W_{t2}=0.2d^3=29800\text{mm}^3$，求得实心轴的直径 $d=53\text{mm}$。

③ 两轴材料、长度均相等同，故两轴的重量比等于两轴的横截面积之比

实心轴的截面面积为 $A_{实}=\dfrac{\pi d^2}{4}=2206\text{mm}^2$

空心轴的截面面积为 $A_{空}=\dfrac{\pi(90^2-85^2)}{4}=687\text{mm}^2$

两轴的重量比 $\dfrac{G_{空}}{G_{实}}=\dfrac{A_{空}}{A_{实}}=\dfrac{687}{2206}=0.31$

由题可知，在最大剪应力相等的情况下，空心圆轴比实心圆轴轻，可大大减轻自重，节省材料。故飞机、轮船、汽车等运输机械的某些轴，常采用空心轴，但空心轴的价格一般较贵。

5. 圆轴扭转的变形和刚度计算

(1) 相对扭转角　圆轴扭转时，相距长度为 l 的两个截面绕轴线相对转动的角度，称为这两个截面的“相对扭转角”(如图 2-49 所示)。

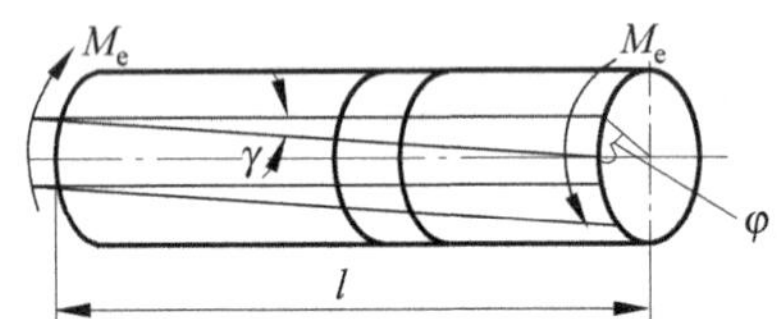

图 2-49 圆轴变形的扭转角

因切应变 γ 很微小，$\tan\gamma\approx\gamma$，由几何关系知 $\gamma l=R\varphi$，而 $\gamma=\tau/G=RT/GI_p$，故有

$$\varphi=\frac{Tl}{GI_p}(\text{rad}) \tag{2-32}$$

式中，GI_p 反映了圆轴抵抗变形的能力，称为轴的抗扭刚度。

(2) 单位长度扭转角　相对长度扭转角与轴的长度有关，为消除长度的影响，通常用单位长度扭转角表示轴的扭转变形，即

$$\theta=\frac{\varphi}{l}=\frac{T}{GI_p}\times\frac{180}{\pi}(°/\text{m}) \tag{2-33}$$

(3) 扭转刚度计算　为保证受扭圆轴具有足够的刚度，单位长度的扭转角的最大值不得超过许用值 $[\theta]$，即

$$\theta_{\max}=\frac{T}{GI_p}\times\frac{180}{\pi}\leqslant[\theta](°/\text{m}) \tag{2-34}$$

式(2-34)称为圆轴扭转时的刚度条件。

$[\theta]$的数值按照对机器的要求和轴的工作条件来确定,可从有关手册中查到。

例 2-13　图 2-50 所示圆截面轴 AC,受外力偶矩 M_A、M_B 与 M_C 作用,已知 $M_A=180\text{N}\cdot\text{m}$,$M_B=320\text{N}\cdot\text{m}$,$M_C=140\text{N}\cdot\text{m}$,$I_p=3.0\times10^5\text{mm}^4$,$l=2\text{m}$,$G=80\text{GPa}$,$[\varphi]=0.5(°/\text{m})$。试校核轴的扭转刚度。

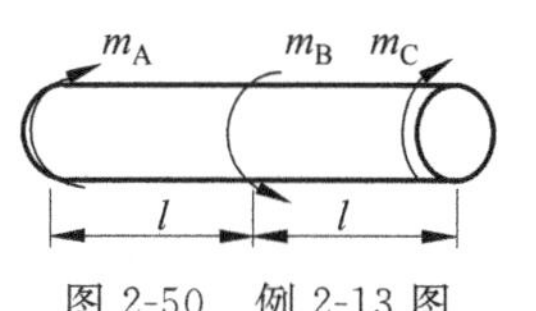

图 2-50　例 2-13 图

解:利用截面法,求得 AB 段 BC 段的扭矩分别为:

$$T_{AB}=m_A=180\text{N}\cdot\text{m},\quad T_{BC}=-m_C=-140\text{N}\cdot\text{m}$$

轴 AC 为等截面轴,而 AB 段的扭矩最大,所以,应校核该段轴的扭转刚度。AB 段的扭转角变化率为:

$$\varphi_{max}=\frac{T_{AB}}{GI_p}\times\frac{180}{\pi}=\frac{180}{(80\times10^9)(3.0\times10^5\times10^{-12})}\times\frac{180}{\pi}=0.43°<[\varphi]$$

可见,该轴的扭转刚度符合要求。

对一些重要的轴,要同时满足扭转的强度和刚度条件。通过扭转强度计算和刚度计算,可进行轴的强度校核、截面尺寸设计及最大许可载荷的确定等工作。

2.5　弯曲

学习目标　能表述构件弯曲变形的受力特征与变形特征;知道梁的概念与类型,能对平面弯曲时梁上的内力进行确定并计算其大小,会绘制弯矩图与剪力图;能说出纯弯曲时梁上应力的分布规律并对最大正应力进行计算;清楚弯曲变形的强度条件与刚度条件,能进行简单的弯曲强度计算;知道提高梁弯曲强度与刚度的常用措施。

1. 平面弯曲的概念和实例

(1) 弯曲的概念　承受设备及起吊重量的桥式起重机的大梁(见图 2-51)、承受转子重量的电动机轴(见图 2-52)等,在工作时最容易发生的变形是弯曲。其受力特征是:杆件都是受到与杆轴线相垂直的外力(横向力)或外力偶的作用。其变形特征为杆轴线由直线变成曲线,这种变形称为弯曲变形。以弯曲变形为主的杆件称为一般称为梁。

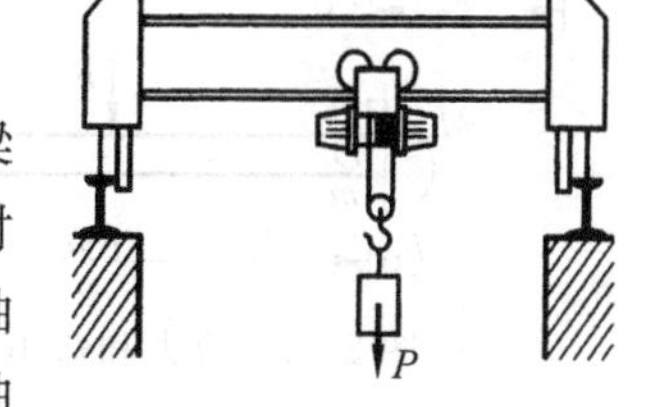

图 2-51　桥式起重机大梁

(2) 平面弯曲　工程中的梁,其横截面通常都有一纵向对称轴。该对称轴与梁的轴线组成梁的纵向对称面(见图 2-53)。外力或外力偶作用在梁的纵向对称平面内,则梁变形后的轴线在此平面内弯曲成一平面曲线,这种弯曲称为平面弯曲或对称弯曲。这里我们主要讨论平面弯曲问题。

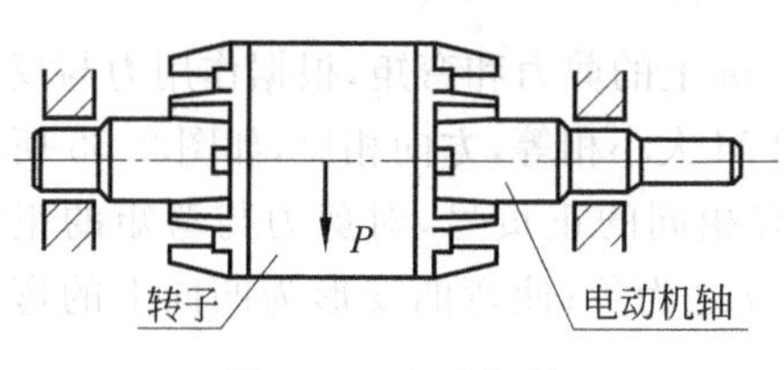

图 2-52　电动机轴

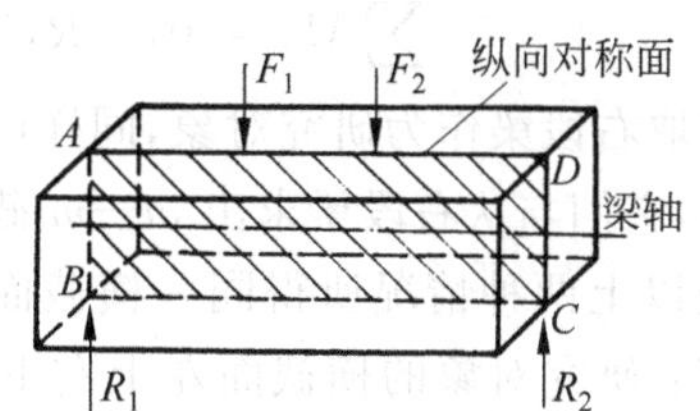

图 2-53　梁的对称平面

(3) 梁的基本形式　根据梁的支承情况，一般可简化为下列三种形式。

① 简支梁。梁的一端为固定铰支座，另一端为可动铰支座，如图 2-54(a)所示。

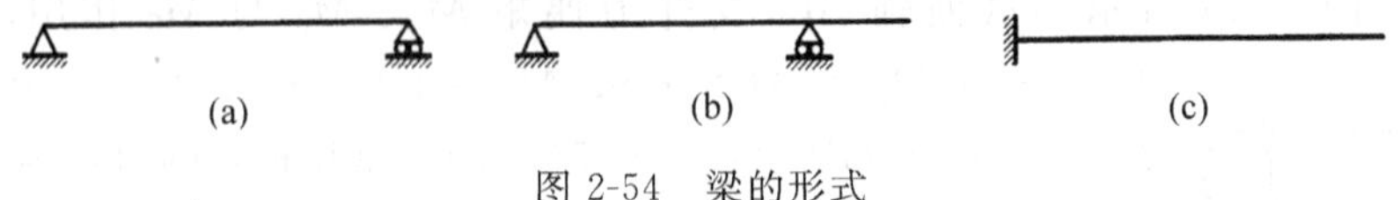

图 2-54　梁的形式

② 外伸梁。带有外伸端的简支梁，如图 2-54(b)所示。

③ 悬臂梁。梁的一端为固定端，另一端为自由端，如图 2-54(c)所示。

在平面弯曲的情况下，梁的主动力与约束反力构成平面力系。上述简支梁、外伸梁和悬臂梁的约束反力，都能由静力平衡方程确定，因此，又称为静定梁。在工程实际中，有时为了提高梁的强度和刚度，采取增加梁的支承的办法，此时静力平衡方程就不足以确定梁的全部约束反力，这种梁称为静不定梁或超静定梁。

2. 梁弯曲时的内力—剪力和弯矩

梁在载荷作用下，根据平衡条件可求得支座反力。当作用在梁上的所有外力(载荷和支座反力)都已知时，用截面法可求出任一横截面上的内力。

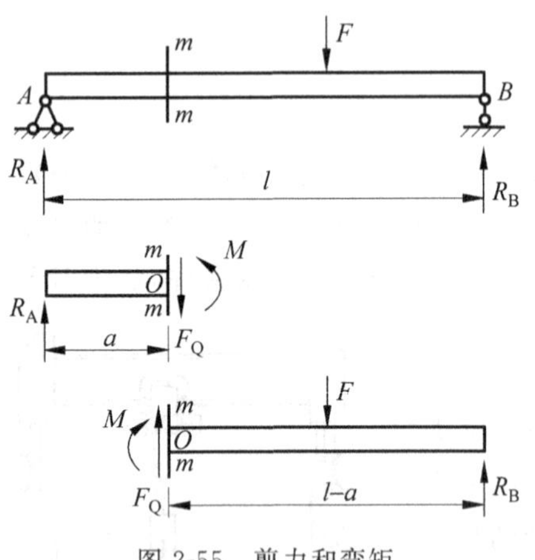

图 2-55　剪力和弯矩

设简梁 AB 受横向力 F 作用下处于平衡状态(见图 2-55)，相应的支反力为 R_A，R_B。现用截面法分析任一截面 m—m 上的内力。假想将梁沿 m—m 截面分为两段，现取左段为研究对象，梁本来是平衡的，截开后也应该是平衡的。因有座支反力 R_A 作用，为使左段满足 $\sum F_Y = 0$，截面 m—m 上必然有与 R_A 等值、平行且反向的内力 F_Q 存在，这个内力 F_Q，称为剪力；同时，因 R_A 对截面 m—m 的形心 O 点有一个力矩 $R_A \cdot a$ 的作用，为满足 $\sum M_O = 0$，截面 m—m 上也必然有一个与力矩 $R_A \cdot a$ 大小相等且转向相反的内力偶矩 M 存在，这个内力偶矩 M 称为弯矩。由此可见，梁发生弯曲时，横截面上同时存在着两个内力素，即剪力和弯矩。

剪力的常用单位为 N 或 kN，弯矩的常用单位为 N · m 或 kN · m。

剪力和弯矩的大小，可由左段梁的静力平衡方程求得，即

$$\sum F_Y = 0, \quad R_A - F_Q = 0, \quad 得 \quad F_Q = R_A$$

$$\sum M_O = 0, \quad R_A \cdot a - M = 0, \quad 得 \quad M = R_A \cdot a$$

如果取右段梁作为研究对象，同样可求得截面 m—m 上的剪力和弯矩，根据作用力与反作用力的关系，它们与从右段梁求出 m—m 截面上的 F_Q 和 M 大小相等，方向相反，如图 2-55 所示。

为使以上两种情况所得同一横截面上的内力具有相同的正负号，对剪力与弯矩的正负作如下规定：研究对象的横截面左上右下的剪力为正，反之为负；使弯曲变形为凹向上的弯矩为正，反之为负(见图 2-56)。

例 2-14　简支梁如图 2-57 所示。已知 $F_1 = 30\text{kN}$，$F_2 = 30\text{kN}$，试求截面 1—1 上的剪力和弯矩。

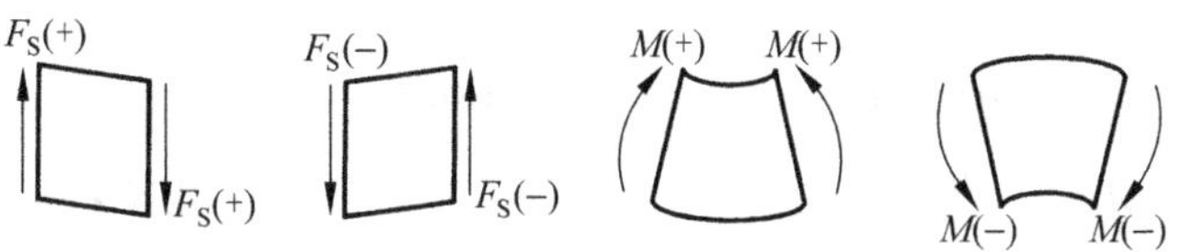

图 2-56　剪力和弯矩的正负号规定

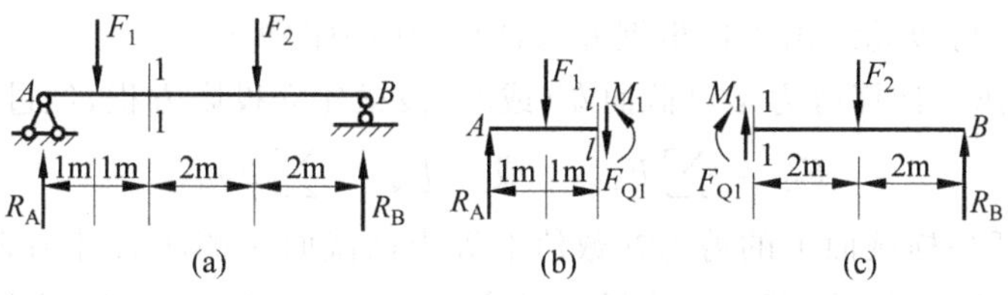

图 2-57　例 2-14 图

解：① 求支座反力，考虑梁的整体平衡。

$$\sum M_B = 0,\quad F_1 \times 5 + F_2 \times 2 - R_A \times 6 = 0$$

$$\sum M_A = 0,\quad -F_1 \times 1 - F_2 \times 4 + R_B \times 6 = 0$$

得 $R_A = 35\text{kN}$（方向向上），$R_B = 25\text{kN}$（方向向上）。

② 求截面 1—1 上的内力。在截面 1—1 处将梁截开，取左段梁为研究对象，画出其受力，内力 F_{Q1} 和 M_1 均先假设为正的方向（见图 2-57(b)），列平衡方程：

$$\sum F_Y = 0,\quad R_A - F_1 - F_{Q1} = 0$$

$$\sum M_1 = 0,\quad -R_A \times 2 + F_1 \times 1 + M_1 = 0$$

得

$$F_{Q1} = R_A - F_1 = 35 - 30 = 5\text{kN}$$

$$M_1 = R_A \times 2 - F_1 \times 1 = 35 \times 2 - 30 \times 1 = 40\text{kN} \cdot \text{m}$$

求得 F_{Q1} 和 M_1 均为正值，表示截面 1—1 上内力的实际方向与假定的方向相同；按内力的符号规定，剪力、弯矩都是正的。所以，画受力图时一定要先假设内力为正的方向，由平衡方程求得结果的正负号，就能直接代表内力本身的正负。

如取 1—1 截面右段梁为研究对象（见图 2-57(c)），可得出同样的结果。

例 2-15　悬臂梁，其尺寸及梁上荷载如图 2-58(a)所示，求截面 1—1 上的剪力和弯矩。

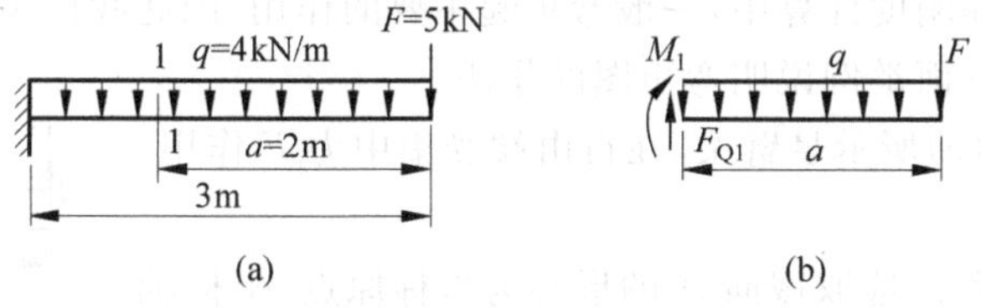

图 2-58　例 2-15 图

解：对于悬臂梁不需求支座反力，可取右段梁为研究对象，其受力图如图 2-58(b)所示。

$$\sum F_Y = 0,\quad F_{Q1} - qa - F = 0$$

$$\sum M_1 = 0,\quad -M_1 - qa \cdot \frac{a}{2} - Fa = 0$$

得

$$F_{Q1} = qa + F = 4 \times 2 + 5 = 13\text{kN}$$

$$M_1 = -\frac{qa^2}{2} - Fa = -\frac{4 \times 2^2}{2} - 5 \times 2 = -18\text{kN} \cdot \text{m}$$

求得 F_{Q1} 为正值，表示 F_{Q1} 的实际方向与假定的方向相同；M_1 为负值，表示 M_1 的实际方向与假定的方向相反，即 1—1 截面上的剪力为正，弯矩为负。

通过上述例题，可以总结出直接根据外力计算梁内力的规律。

(1) 剪力的规律　计算剪力是对截面左(或右)段梁建立投影方程，经过移项后可得

$$F_Q = \sum F_{Y左} \quad 或 \quad F_Q = \sum F_{Y右}$$

上两式说明，梁内任一横截面上的剪力在数值上等于该截面一侧所有外力在垂直于轴线方向投影的代数和。若外力对所求截面产生顺时针方向转动趋势时，等式右方取正号；反之，取负号(参见图 2-56)。此规律可记为“顺转剪力正”。

(2) 求弯矩的规律　计算弯矩是对截面左(或右)段梁建立力矩方程，经过移项后可得

$$M = \sum M_{C左} \quad 或 \quad M = \sum M_{C右}$$

上两式说明，梁内任一横截面上的弯矩在数值上等于该截面一侧所有外力(包括力偶)对该截面形心力矩的代数和。将所求截面固定，若外力矩使所考虑的梁段产生下凸弯曲变形时(即上部受压，下部受拉)，等式右方取正号；反之，取负号(参见图 2-56)。此规律可记为“下凸弯矩正”。

利用上述规律直接由外力求梁内力的方法称为简便法。用简便法求内力可以省去画受力图和列平衡方程从而简化计算过程。

3. 弯矩图

在一般情况下，梁横截面上的剪力和弯矩是随截面的位置不同而变化的。如果沿梁轴线方向选取坐标 x 表示横截面的位置，则梁的各截面上的剪力和弯矩都可表示为 x 的函数，即

$$F_Q = F_Q(x), \quad M = M(x)$$

上两式分别称为梁的剪力方程和弯矩方程。

如果以 x 为横坐标轴，以 F_Q 或 M 为纵坐标轴，分别绘制 $F_Q = F_Q(x)$，$M = M(x)$ 的函数曲线，则分别称为剪力图和弯矩图。

从剪力图和弯矩图上可以很容易确定梁的最大剪力和最大弯矩，以及梁的危险截面的位置。在梁的强度计算和刚度计算中，一般弯矩起主要的作用，因此我们主要研究弯矩方程的建立和弯矩图的绘制。下面举例说明弯矩图的作法。

例 2-16　图 2-59(a)所示悬臂梁，在自由端受集中力 F 作用，试作弯矩图。

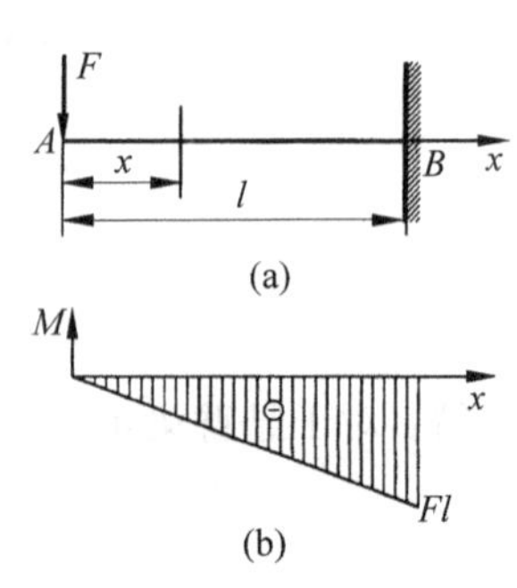

图 2-59　例 2-16 图

解：① 列弯矩方程。选取截面 A 的形心为坐标原点，坐标轴如图所示。在截面 x 处切取左段为研究对象，则有

$$M(x) = -Fx \quad (0 \leqslant x \leqslant l)$$

② 画弯矩图。弯矩 M 为 x 的一次函数，所以弯矩图为一条斜直线。

由上式可知 $x=0, M=0; x=l, M=-Fl$

过原点(0,0)与点$(l,-Fl)$连直线即得弯矩图(见图 2-59(b))。

由图可知,弯矩的最大值在固定端的左侧截面上,$|M|_{\max}=Fl$,故固定端截面为危险截面。

例 2-17　图 2-60(a)所示简支梁,在全梁上受集度的均布载荷,试作此梁的弯矩图。

解:① 求支反力。由 $\sum M_A=0$ 及 $\sum M_B=0$ 得 $F_{Ay}=F_{By}=\dfrac{ql}{2}$。

② 列弯矩方程。取 A 为坐标原点,并在截面 x 处切取左段为研究对象(见图 2-60(b)),则

$$M=F_{Ay}x-\frac{qx^2}{2}=\frac{qxl}{2}-\frac{qx^2}{2}\quad(0\leqslant x\leqslant l)$$

③ 画弯矩图。上式表明,弯矩 M 是 x 的二次函数,弯矩图是一条抛物线。由均布载荷在梁上的对称分布特点可知,抛物线的最大值应在梁的中点处。也可用求极值的方法确定极值所在位置,即极值的 x 坐标值,代入弯矩方程,求出弯矩的最大值。

$$x=0,M=0;\quad x=\frac{l}{2},M=\frac{ql^2}{8};\quad x=l,M=0$$

由三组特殊点,可大致确定这条曲线的形状(图 2-60(c))。

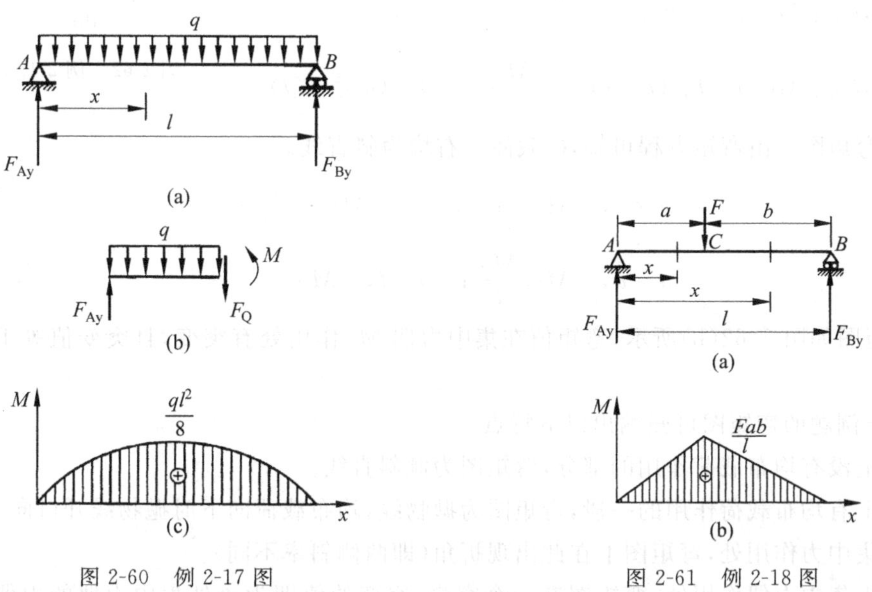

图 2-60　例 2-17 图　　　图 2-61　例 2-18 图

例 2-18　图 2-61(a)所示简支梁,在 C 点处受集中载荷 F 作用。试作出弯矩图。

解:① 求支反力。由 $\sum M_A=0$ 及 $\sum M_B=0$,得

$$F_{Ay}=\frac{Fb}{l},\quad F_{By}=\frac{Fa}{l}$$

② 列弯矩方程。因梁在 C 点处有集中力,故应分段考虑。

AC 段:　$M(x)=F_{Ay}x=\dfrac{Fbx}{l}\quad(0\leqslant x\leqslant a)$

CB 段:　$M(x)=F_{By}(l-x)=\dfrac{Fa}{l}(l-x)\quad(a\leqslant x\leqslant l)$

③ 画弯矩图。由弯矩方程知，C 截面左右段均为斜直线。

AC 段 $\qquad x=0,\quad M=0;\quad x=a,\quad M=\dfrac{Fab}{l}$

BC 段 $\qquad x=a,\quad M=\dfrac{Fab}{l};\quad x=l,\quad M=0$

弯矩图如图 2-61(b)所示。最大弯矩在集中力作用处横截面 C，$M_{\max}=\dfrac{Fab}{l}$。

例 2-19 图 2-62(a)所示为简支梁，在 C 点处作用有一集中力偶 M_e。试作其弯矩图。

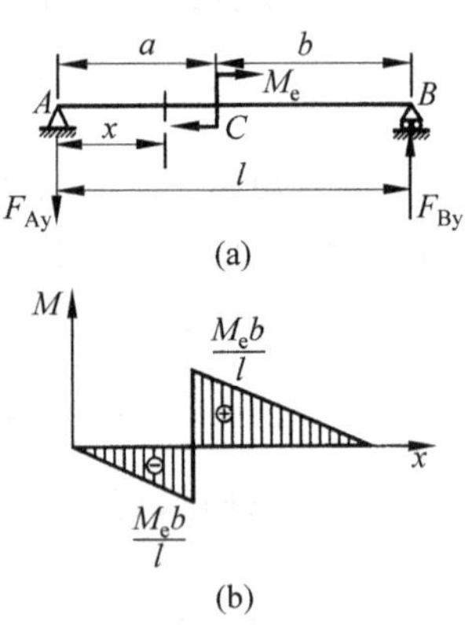

图 2-62 例 2-19 图

解：① 求支反力。由于梁上仅有一外力偶作用，所以支座两端反力必构成一力偶与之平衡，故有

$$F_{Ay}=F_{By}=\frac{M_e}{l}$$

② 列弯矩方程。因梁在 C 点处有集中力偶，故弯矩应分段考虑。

AC 段，$C_{左}$：$M(x)=-F_{Ay}x=-\dfrac{M_e}{l}x \quad (0\leqslant x\leqslant a)$

BC 段，$C_{右}$：$M(x)=F_{By}(l-x)=-\dfrac{M_e}{l}(l-x) \quad (a\leqslant x\leqslant l)$

③ 画弯矩图。由弯矩方程可知，C 截面左右均为斜直线。

AC 段 $\qquad x=0,\quad M=0;\quad x=a,\quad M=-\dfrac{M_ea}{l}$

BC 段 $\qquad x=a,\quad M=\dfrac{M_eb}{l};\quad x=l,\quad M=0$

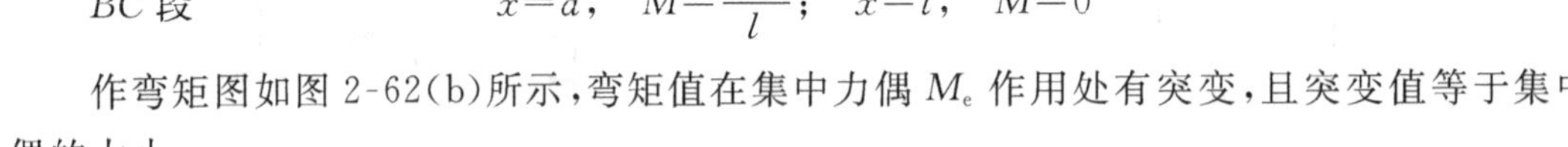

作弯矩图如图 2-62(b)所示，弯矩值在集中力偶 M_e 作用处有突变，且突变值等于集中力偶的大小。

由以上例题的弯矩图可归纳出以下特点。

① 梁上没有均布载荷作用的部分，弯矩图为倾斜直线。

② 梁上有均布载荷作用的一段，弯矩图为抛物线，均布载荷向下时抛物线开口向下(⌒)。

③ 在集中力作用处，弯矩图上在此出现折角(即两侧斜率不同)。

④ 梁上集中力偶作用处，弯矩图有一个突变，突变的值即为该处集中力偶的力偶矩。从左至右，若力偶为顺时针转向，弯矩图向上突变，反之若力偶为逆时针转向，则弯矩图向下突变。

⑤ 绝对值最大的弯矩总是出现在剪力为零的截面上、集中力作用处或者集中力偶作用处。

利用上述特点，可以不列梁的内力方程，而简捷地画出梁的弯矩图。其方法是：以梁上的界点将梁分为若干段，求出各界点处的内力值，最后根据上面归纳的特点画出各段弯矩图。

4. 弯曲时梁横截面上的正应力

当梁的横截面上仅有弯矩而无剪力，从而仅有正应力而无切应力的情况，称为纯弯曲。横截面上同时存在弯矩和剪力，即既有正应力又有切应力的情况称为横力弯曲或剪切弯曲。本节重点讨论纯弯曲时梁横截面上的正应力。

图 2-63 所示的梁 CD 段为纯弯曲变形，在推导纯弯曲梁横截面上正应力的计算公式时，要从几何、物理和静力学三方面综合考虑。

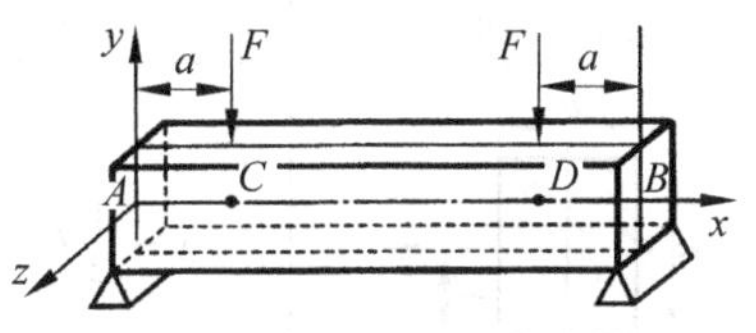

图 2-63　纯弯曲变形梁

取一段纯弯曲梁做试验。梁在加力前先在其侧面上画两条相邻的垂直于轴的横向线 mm 和 nn，并在两横向线间靠近顶面和底面处分别划两条纵向线 aa 和 bb（如图 2-64 所示）。梁变形后，观察到侧面上的两纵向线 aa、bb 弯成弧线；横向线 mm、nn 仍为直线，但相对转了一个角度，且与弯曲后的 aa、bb 垂直。靠近底面的纵线 bb 伸长，而靠近顶面的纵线 aa 缩短。

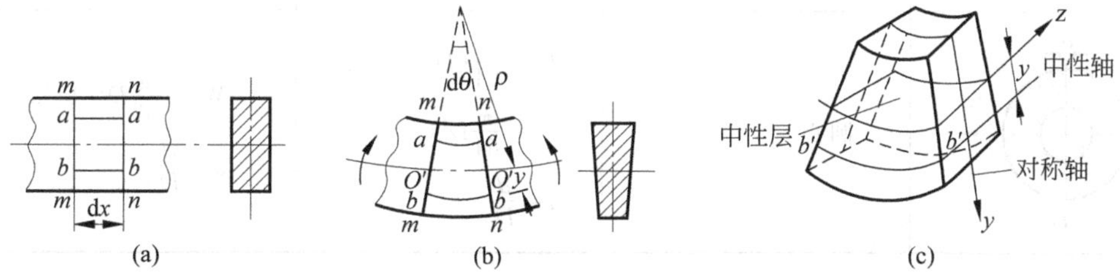

图 2-64　弯曲试验现象

由此可得以下结论：梁在受力弯曲后，原来的横截面仍为平面，它绕其上的某一轴旋转了一个角度，且仍垂直于梁弯曲后的轴线。若设想梁由无数纵向纤维组成，则纯弯曲时所有纵向纤维只受到轴向拉伸与压缩，由变形的连续性可知：从梁上半部的压缩到下半部的伸长，其间必有一层长度不变，该层称为中性层，中性层与横截面的交线，称为中性轴（见图 2-64(c)）。中性轴通过横截面的形心，变形时横截面绕其中性轴转动。从几何、物理、静力学三方面综合分析可得纯弯曲时梁横截面上的正应力计算公式（具体分析过程请参看相关资料）：

$$\sigma = \frac{My}{I_z} \tag{2-35}$$

式中，M 为横截面上的弯矩；y 为横截面上任一点到中性轴的距离；$I_z = \int_A y^2 \mathrm{d}A$ 为截面对中性轴 z 的惯性矩，只与截面的形状和尺寸有关的几何量。

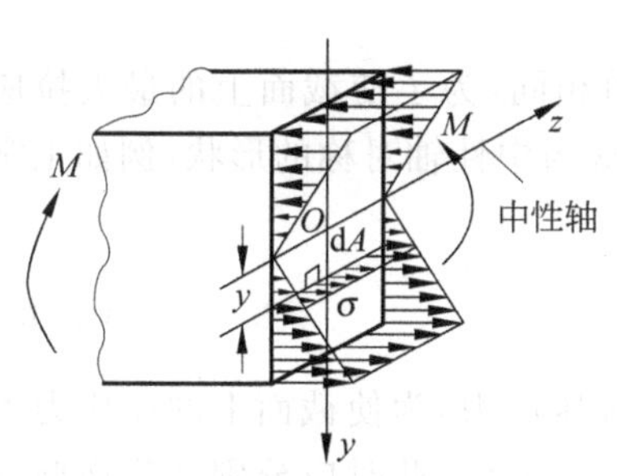

图 2-65　弯曲正应力分布规律图

由上式可知：梁弯曲时，横截面上任一点处的正应力与该截面上的弯矩成正比，与惯性矩成反比，并沿截面高度呈线性分布。y 值相同的点，正应力相等；中性轴上各点的正应力为零。在中性轴的上、下两侧，一侧受拉，一侧受压。距中性轴越远，正应力越大（见图 2-65）。当 $y=y_{\max}$ 时，弯曲正应力最大，其值为：

$$\sigma_{\max} = \frac{My_{\max}}{I_z} = \frac{M}{W_z} \tag{2-36}$$

式中，$W_z = I_z / y_{\max}$，称为截面对于中性轴的弯曲截面系数，是一个与截面形状和尺寸有关的几何量。

工程上常用的矩形、圆形及环形的惯性矩和弯曲截面系数见表 2-3。对于其他截面和各种轧制型钢，其弯曲截面系数可查有关资料。

表 2-3 常用截面的 I_z、W_z 计算公式

图 形	形心位置	形心轴惯性矩	弯曲截面系数
	$y=\frac{1}{2}h(y=0)$	$I_z=\frac{1}{12}bh^3$	$W_z=\frac{1}{6}bh^2$
	圆心	$I_z=\frac{\pi}{64}D^4$	$W_z=\frac{\pi}{32}D^3$
	圆心	$I_z=\frac{\pi}{64}(D^4-d^4)$ $=\frac{\pi}{64}D^4(1-\alpha^4)$ $\alpha=\frac{d}{D}$	$W_z=\frac{\pi}{32}D^3(1-\alpha^4)$ $\alpha=\frac{d}{D}$

5. 梁的弯曲强度计算

式(2-36)是在梁纯弯曲的情况下导出的,但工程中弯曲问题多为横力弯曲,即梁的横截面上同时存在正应力和切应力。但大量的分析和实验证实,当梁的跨度 l 与横截面高度 h 之比大于 5 时,这个公式用来计算梁在横力弯曲时横截面上的正应力还是足够精确的。对于短梁或载荷靠近支座以及腹板较薄的组合截面梁,还必须考虑其切应力的存在。

对于等截面梁,此时的最大正应力应发生在最大弯矩所在的截面(危险截面)上,故有

$$\sigma_{\max}=\frac{M_{\max}y_{\max}}{I_z} \quad 或 \quad \sigma_{\max}=\frac{M_{\max}}{W_z} \tag{2-37}$$

其强度条件是:梁的最大弯曲工作正应力不超过材料的许用弯曲正应力,即

$$\sigma_{\max}\leqslant[\sigma] \tag{2-38}$$

在应用上述强度条件时,应注意下列问题。

(1) 对塑性材料 由于塑性材料的抗拉和抗压许用能力相同,为了使截面上的最大拉应力和最大压应力同时达到其许用应力,通常将梁的横截面做成与中性轴对称的形状,例如工字形、圆形、矩形等,所以强度条件为:

$$\sigma_{\max}=\frac{M_{\max}}{W_z}\leqslant[\sigma] \tag{2-39}$$

(2) 对脆性材料 脆性材料的抗拉许用能力远小于其抗压能力,为使截面上的压应力大于拉应力,常将梁的横截面做成与中性轴不对称的形状,如 T 形截面,此时应分别计算横截面的最大拉应力和最大压应力,则强度条件应为:

$$\sigma_{t,\max}=\frac{M_{\max}\cdot y_1}{I_z}\leqslant[\sigma_t] \tag{2-40}$$

$$\sigma_{c,\max}=\frac{M_{\max}\cdot y_2}{I_z}\leqslant[\sigma_c] \tag{2-41}$$

式中,y_1 和 y_2 分别表示受拉与受压边缘到中性轴的距离。

根据强度条件，一般可进行对梁的强度校核、截面设计及确定许可载荷。

例 2-20　图 2-66(a)为一矩形截面简支梁。已知：$F=5\text{kN}$，$a=180\text{mm}$，$b=30\text{mm}$，$h=60\text{mm}$，试求竖放时与横放时梁横截面上的最大正应力。

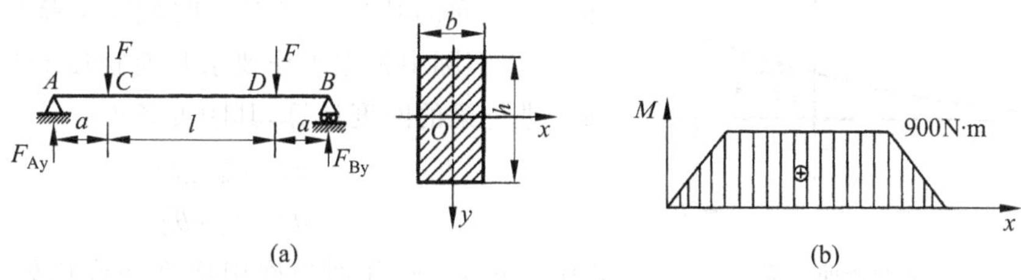

图 2-66　例 2-20 图

解：① 求支反力。$F_{Ay}=F_{By}=5\text{kN}$。

② 画弯矩图(见图 2-66(b))竖放时最大正应力

$$\sigma_{\max}=\frac{M}{W}=\frac{M}{\frac{bh^2}{6}}=\frac{900\times10^3}{\frac{30\times60^2}{6}}=50\text{MPa}$$

横放时最大应力

$$\sigma_{\max}=\frac{M}{W_z}=\frac{M}{\frac{hb^2}{6}}=\frac{900\times10^3}{\frac{60\times30^2}{6}}=100\text{MPa}$$

由以上计算可知，对相同截面形状的梁，放置方法不同，可使截面上的最大应力也不同。对矩形截面，竖放要比横放合理。

例 2-21　有一悬臂梁，长 $l=1\text{m}$，在自由端有一载荷 $P=20\text{kN}$(见图 2-67(a))，已知$[\sigma]=140\text{MPa}$，试选择一适当的工字钢型号。

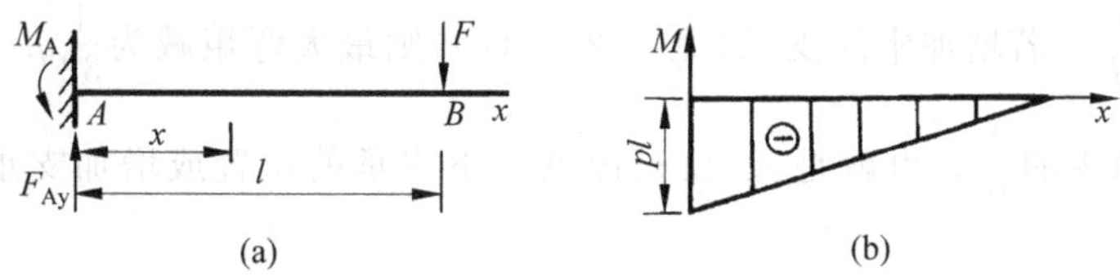

图 2-67　例 2-21 图

解：① 求最大弯矩。$M_{\max}=Pl=20\text{kN}\cdot\text{m}$

② 由强度条件$\frac{M_{\max}}{W_z}\leqslant[\sigma]$得

$$W_z\geqslant\frac{|M|_{\max}}{[\sigma]}=\frac{20\times10^3}{140\times10^6}=143\times10^{-6}\text{m}^3=143\text{cm}^3$$

查型钢规格表，应选用 18♯工字钢，其 $W_z=185\text{cm}^3$。

6. 梁的弯曲刚度简介

在工程实际中，某些机器或工程结构中的构件，在满足强度条件的同时，还需要满足一定的刚度条件。因为对某些构件而言，刚度条件将直接影响到机器或机构的工作精度，如机床主轴，如果刚度不够，将严重影响加工工件的精度，传动轴的变形过大，则不仅会影响齿轮的啮合，还会导致支撑齿轮的轴颈和轴承产生不均匀磨损，既影响轴的旋转精度，同时还会大大降低齿轮、轴及轴承的工作寿命。

梁的弯曲变形可以从两方面来表示，如图 2-68 所示。梁受力变形后截面形心垂直位移 y 称为该截面的挠度。截面相对与原来的位置转角 θ 称为该截面的转角。在不同的截面上挠度和转角不同，工程实际中根据工作要求长对挠度和转角加以限制而进行梁的刚度计算，其刚度条件：

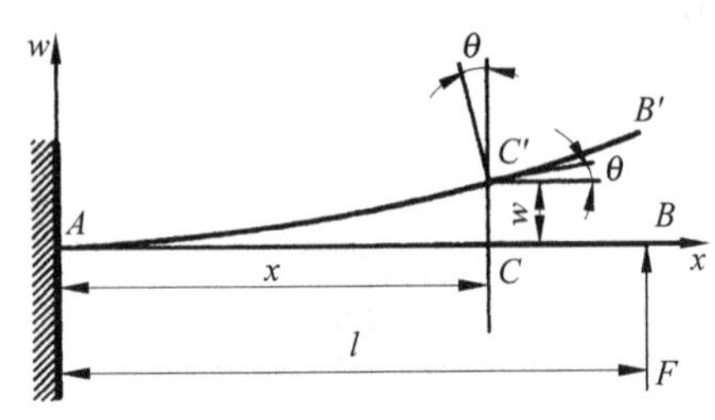

图 2-68　梁的弯曲变形

$$y_{max} \leqslant [y] \tag{2-42}$$

$$\theta_{max} \leqslant [\theta] \tag{2-43}$$

式中，$[y]$和$[\theta]$分别为许用挠度和许用转角，其值应根据具体工作条件确定，可查阅机械手册。

7. 提高梁弯曲强度和刚度的措施

由前所述，影响梁的弯曲强度的主要因素是弯曲正应力，而弯曲正应力的强度条件为

$$\sigma_{max} = \frac{M_{max}}{W_z} \leqslant [\sigma]$$

所以想要提高梁的弯曲强度，应从降低梁内最大弯矩 M_{max} 的数值及提高弯曲截面系数 W_z 的数值着手。梁的变形大小与载荷成正比；与抗弯刚度成反比；梁的跨度对弯曲变形的影响最大。综合上述各因素，提高梁的弯曲强度和刚度，可采取以下措施。

(1) 合理安排梁的受力情况

① 合理布置支承位置。承受均布载荷的简支梁如图 2-69(a)所示，最大弯矩值为$\frac{1}{8}ql^2$，最大挠度为 $w=\frac{5ql^4}{384EI}$，若将两端支承各向内侧移动$\frac{2}{9}l$(见图 2-69(c))，则最大弯矩降为$\frac{2}{81}ql^2$(见图 2-69(d))，前者约为后者的 5 倍，同时因缩短了梁的跨度，使梁的变形大大减小，最大挠度降为 $w=\frac{0.11ql^4}{384EI}$。若增加中间支承(见图 2-69(e))则最大弯矩减为$\frac{1}{32}ql^2$，是原来的$\frac{1}{4}$，同时最大挠度减至原来的$\frac{1}{40}$。也就是说，仅仅改变一下支承的位置或增加支承，就可将梁的承载能力成倍提高。

② 合理配置载荷。如图 2-70(a)所示一受集中力作用的简支梁。集中力 F 作用于中点时，其最大弯矩为$\frac{1}{4}Fl$(见图 2-70(b))，最大挠度为$\frac{Fl^3}{48EI}$。若将集中力 F 移至离支承$\frac{1}{6}l$ 处，则最大弯矩降为$\frac{5}{36}Fl$(见图 2-70(c)，(d))，最大挠度降为$\frac{Fl^3}{324EI}$，梁的最大弯矩与最大挠度都显著降低。又若将集中力分到两处(见图 2-70(e)，(f))，则最大弯矩与最大挠度同样将大大降低。

(2) 合理选择梁的截面形状

梁的强度和弯曲刚度都与梁截面的惯性矩有关，选择惯性矩较大的截面形状能有效提高梁的强度和刚度。在面积相同的情况下(见图 2-71)，工字形、槽形、T 形截面比矩形截面有更大的惯性矩，圆形截面的惯性矩最小。所以工程中常见的梁多为工字形、T 形等。

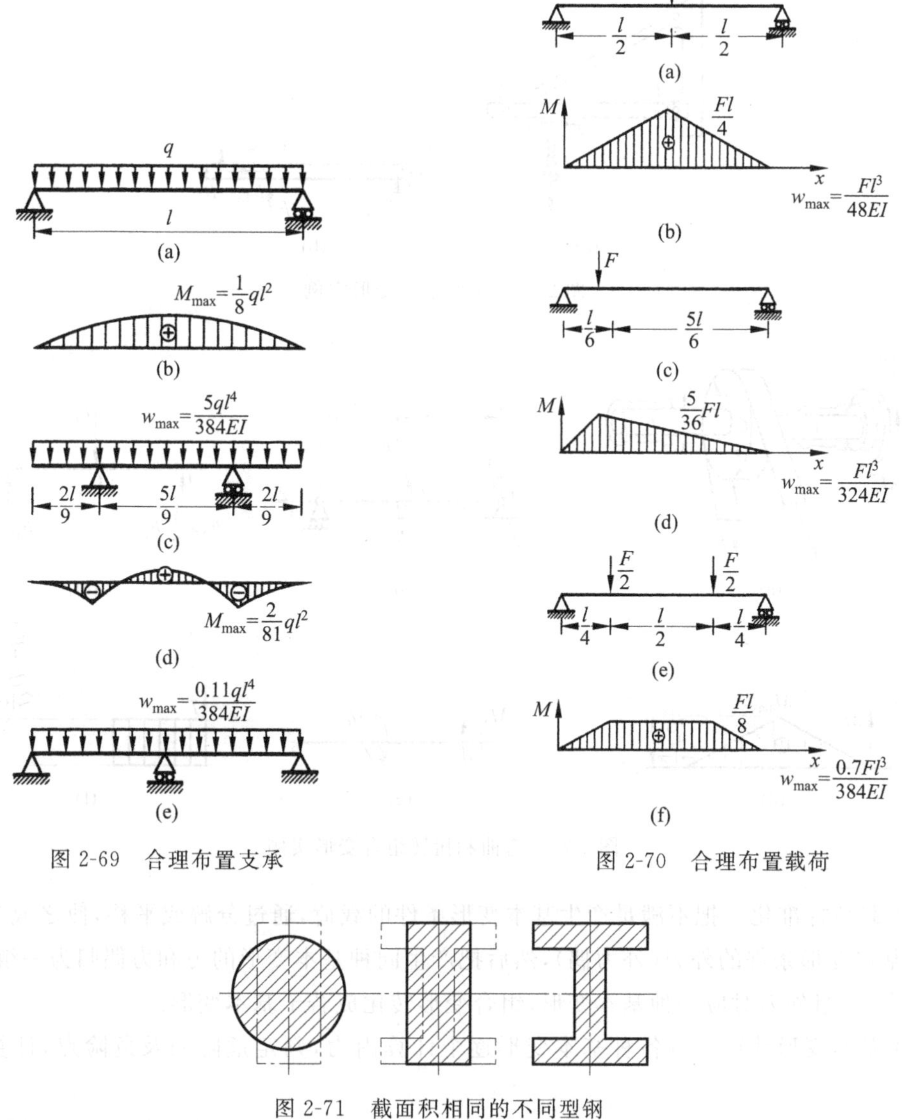

图 2-69 合理布置支承

图 2-70 合理布置载荷

图 2-71 截面积相同的不同型钢

2.6 组合变形简介

学习目标 能说出组合变形的概念，能根据构件的受力情况判断其变形类型；了解叠加法的解题思路。

前面分别研究了拉伸(压缩)、剪切、扭转和弯曲等基本变形的强度和刚度问题。在工程实际中许多构件在载荷作用下，常常同时产生两种或者两种以上的基本变形，这种情况称为组合变形。例如图 2-72 所示横梁 AB 在斜杆 CB 和力 G 作用下产生弯曲和压缩变形；图 2-73 所示钻机中的钻杆工作时产生压缩和扭转变形。

在满足小变形前提，材料处于弹性阶段的条件下，解决组合变形的基本方法是叠加法。叠加法包括以下三个过程。

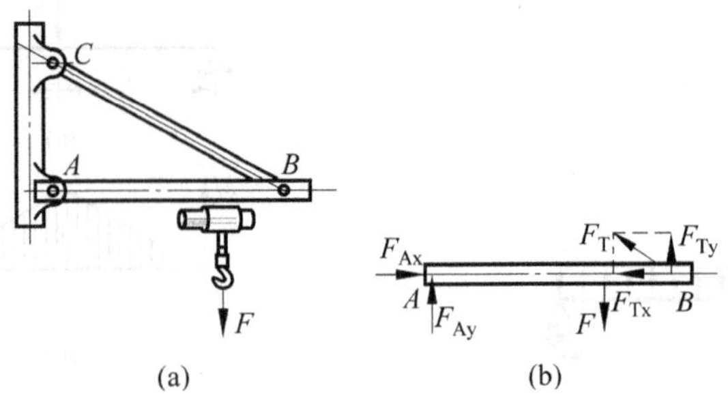

图 2-72 压弯组合变形实例

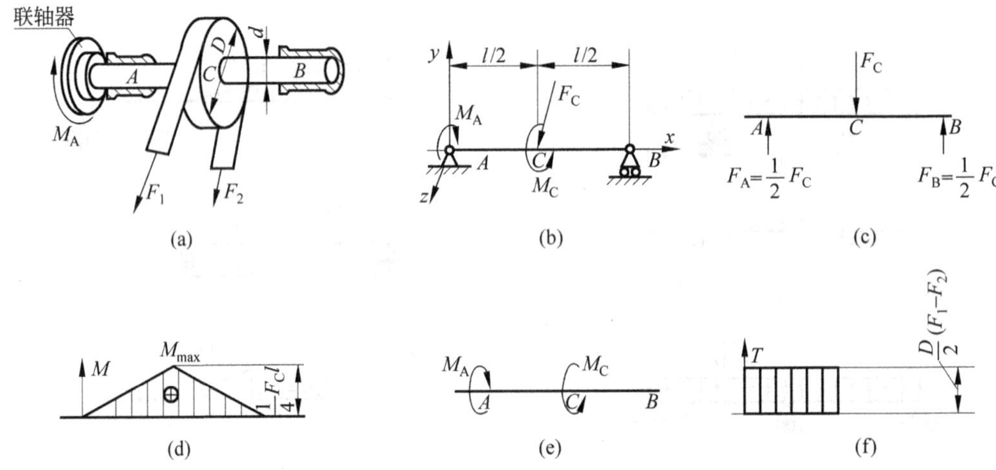

图 2-73 弯曲和扭转组合变形实例

(1) 载荷标准化 把不满足产生基本变形条件的载荷，通过分解或平移，使之成为几个满足不同基本变形条件的外力(外力偶)，然后把产生同种基本变形的力和力偶归为一组，形成若干组外力，一组外力对应一种基本变形，组合变形转化成若干基本变形。

(2) 基本变形计算 对各种基本变形逐个计算内力，判定危险面及危险点，计算应力和位移。

(3) 综合 将各基本变形在同一点上产生的应力进行叠加，依据相应强度理论对危险点进行强度计算；将各基本变形在同一截面上产生的位移进行合成，依据相应刚度条件对构件进行刚度校核。

1. 弯曲与拉伸(压缩)组合变形

拉伸(压缩)与弯曲组合变形的杆件，当其横截面对称于中性轴，在危险截面上距中性轴最远处，分别产生拉伸(压缩)的正应力 $\sigma=F/A$ 和最大弯曲正应力 $\sigma_{max}=M_{max}/W_z$，根据叠加原理，此处的正应力最大(拉、弯曲组合时为最大拉应力 σ_{max}^{+}；压、弯组合时为最大压应力 σ_{max}^{-})。所以，拉伸(压缩)与弯曲组合变形的强度条件为

$$\sigma_{max}^{+}=\frac{F_N}{A}+\frac{M_{max}}{W_z}\leqslant[\sigma] \tag{2-44}$$

$$\sigma_{max}^{-}=\left|-\frac{F_N}{A}-\frac{M_{max}}{W_z}\right|\leqslant[\sigma] \tag{2-45}$$

以上的公式只使用许用拉应力和许用压应力相等的材料。拉伸和弯曲组合变形时按式(2-44)进行强度计算,压缩与弯曲组变形时按式(2-45)进行强度计算。

2. 弯曲与扭转组合变形

对弯曲与扭转变形的圆轴进行强度计算时,首先要画出弯矩图(横截面上的剪力一般忽略不计)和扭矩图,然后据此确定可能出现的危险截面,并确定危险点。如图 2-73(a)所示的带轮轴,其弯矩图(见图 2-73(c))和扭矩图(见图 2-73(f))可以看出截面 C 为危险截面,该截面上的前、后边缘点即为危险点。在危险点上,弯矩和扭矩在该点所产生的弯曲正应力和扭转切应力分别为 $\sigma=M/W_z$,$\tau=T/W_z$。因为承受弯曲与扭转组合变形的圆轴一般由塑性材料制成,故可用第三或第四强度理论设计准则作为强度设计的依据,当 $W_P=2W_z$ 时,即可得塑性圆轴弯曲与扭转组合变形强度设计准则为:

$$\sigma_{r3}=\frac{M_{r3}}{W_z}=\frac{\sqrt{M^2+T^2}}{W_z}\leqslant[\sigma] \tag{2-46}$$

$$\sigma_{r4}=\frac{M_{r4}}{W_z}=\frac{\sqrt{M^2+0.75T^2}}{W_z}\leqslant[\sigma] \tag{2-47}$$

上面两式中的 M_{r3}、M_{r4} 分别为第三或第四强度理论设计准则所对应的相当弯矩;σ_{r3}、σ_{r4} 分别为第三和第四强度理论设计准则所对应的相当应力;$[\sigma]$为材料的许用拉应力。

思考题与习题

2-1 何谓截面法?试述用截面法确定杆件内力的方法和步骤。

2-2 试述杆件拉伸或压缩变形时的受力与变形特点。

2-3 判别图 2-74 所示结构中,哪些杆受拉,哪些杆受压,按图中编号说明。

2-4 试述机械中联接件承受剪切时,其联接处的受力特点和变形情况。

2-5 指出图 2-75 中构件的剪切面和挤压面。

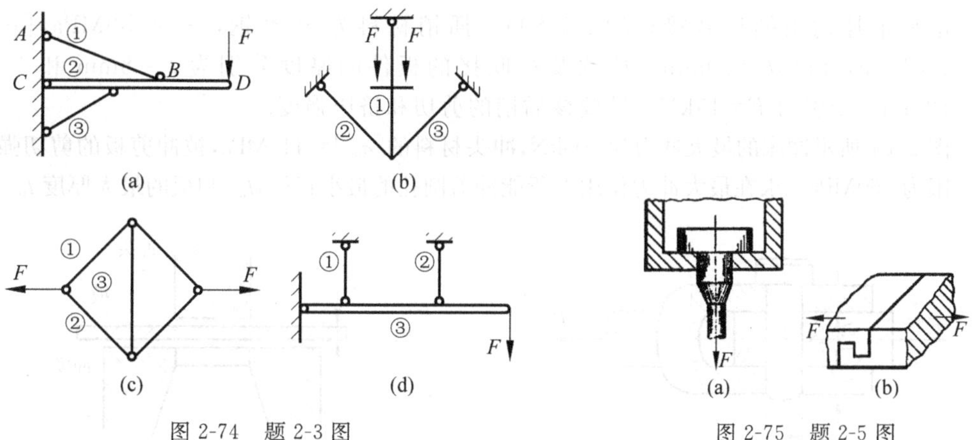

图 2-74 题 2-3 图

图 2-75 题 2-5 图

2-6 根据构件的强度条件,可以解决工程实际中哪三方面的问题?

2-7 具有对称截面的直梁发生平面弯曲的条件是什么?

2-8 试用截面法求图 2-76 中各杆指定截面的轴力,并作出轴力图。

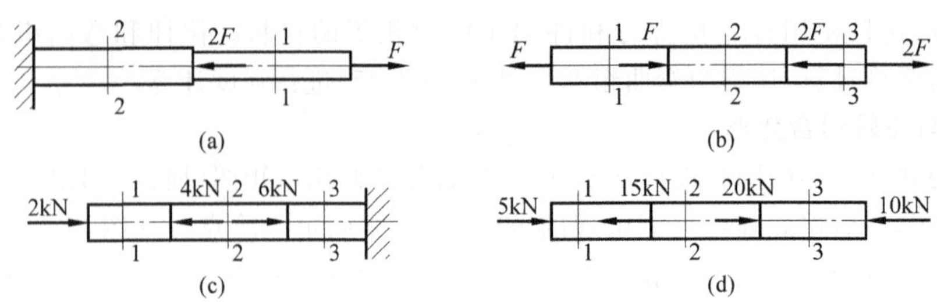

图 2-76　题 2-8 图

2-9　求图 2-77 所示阶梯杆横截面 1—1，2—2，3—3 上的轴力，并作轴力图。若横截面面积 $A_1=200\text{mm}^2$，$A_2=300\text{mm}^2$，$A_3=400\text{mm}^2$，弹性模量 $E=200\text{GPa}$，试求杆的总长。

2-10　如图 2-78 所示起重吊钩的上端用螺母固定，若吊钩螺栓部分的内径 $d=55\text{mm}$，材料的许用应力 $[\sigma]=80\text{MPa}$，试校核螺栓部分的强度。

2-11　图 2-79 所示托架，AC 为圆钢杆，其许用应力 $[\sigma]_{钢}=160\text{MPa}$；$BC$ 为方木杆，其许用应力 $[\sigma]_{木}=4\text{MPa}$，$F=60\text{kN}$，试选择钢杆圆截面的直径 d 及木杆方截面的边长 b。

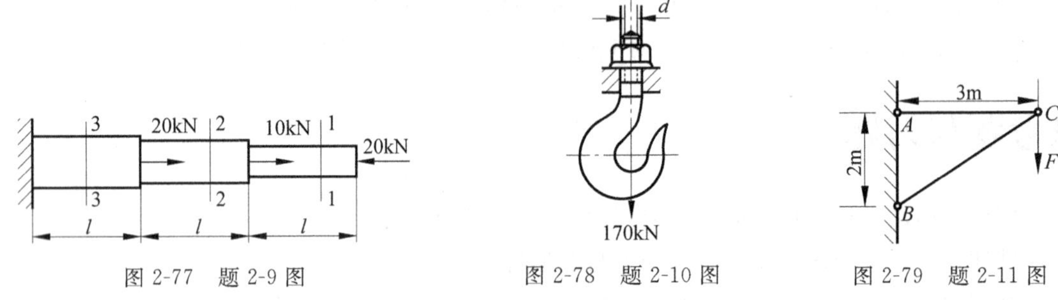

图 2-77　题 2-9 图　　图 2-78　题 2-10 图　　图 2-79　题 2-11 图

2-12　一齿轮用平键与轴联接。已知轴的直径 $d=70\text{mm}$，键的尺寸 $b\times h\times l=20\text{mm}\times 12\text{mm}\times 100\text{mm}$，传递的扭矩 $m=2\text{kN}\cdot\text{m}$，键的许用应力 $[\tau]=60\text{MPa}$，$[\sigma_{bs}]=100\text{MPa}$，试校核键的强度。

2-13　电平车挂钩由插销联接（见图 2-80）。插销材料为 20＃钢，$[\tau]=30\text{MPa}$，$[\sigma_{bs}]=100\text{MPa}$，直径 $d=20\text{mm}$。挂钩及被联接的板件的厚度分别为 $t=8\text{mm}$ 和 $1.5t=12\text{mm}$。牵引力 $F=15\text{kN}$。试校核插销的剪切和挤压强度。

2-14　图 2-81 所示冲床的最大冲力为 400kN，冲头材料的 $[\sigma_{bs}]=440\text{MPa}$，被冲剪板的剪切强度极限为 360MPa。求在最大冲力作用下所能冲剪圆孔的最小直径 d_{min} 和板的最大厚度 t_{max}。

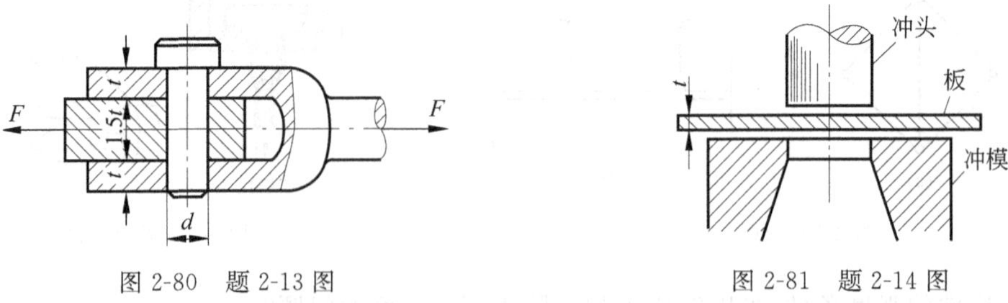

图 2-80　题 2-13 图　　图 2-81　题 2-14 图

2-15　试绘制图 2-82 所示各轴的扭矩图。

2-16　图 2-83 所示传动轴转速 $n=250\text{r/min}$，轮 B 输入功率 $P_B=7\text{kW}$，轮 A、C、D 输出功率为 $P_A=3\text{kW}$，$P_C=2.5\text{kW}$，$P_D=1.5\text{kW}$，$P_B=7\text{kW}$，试绘该轴的扭矩图。

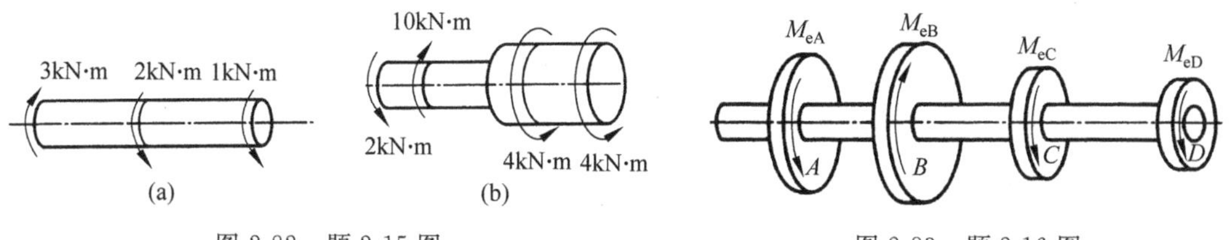

图 2-82　题 2-15 图

图 2-83　题 2-16 图

2-17　由无缝钢管制成的汽车传动轴，外径 $D=90\text{mm}$，壁厚 $t=2.5\text{mm}$，材料许用切应力 $[\tau]=60\text{MPa}$，工作时最大转矩 $T=1.5\text{kN}\cdot\text{m}$。(1)试校核该轴的强度；(2)若改用相同材料的实心轴，并要求它和原来的传动轴的强度相同，试计算其直径 D_1；(3)比较上述空心轴和实心轴的重量。

2-18　试计算图 2-84 所示各梁上指定横截面的剪力和弯矩。

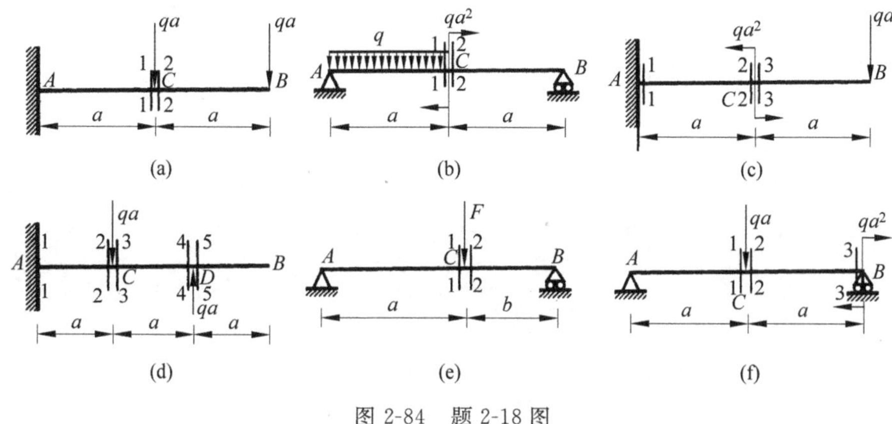

图 2-84　题 2-18 图

2-19　悬臂梁受力及截面尺寸如图 2-85 所示。设 $q=60\text{kN/m}$，$F=100\text{kN}$，梁的许用应力 $[\sigma]=200\text{MPa}$。试求：(1)整个梁横截面上的最大正应力。(2)校核该梁的强度。

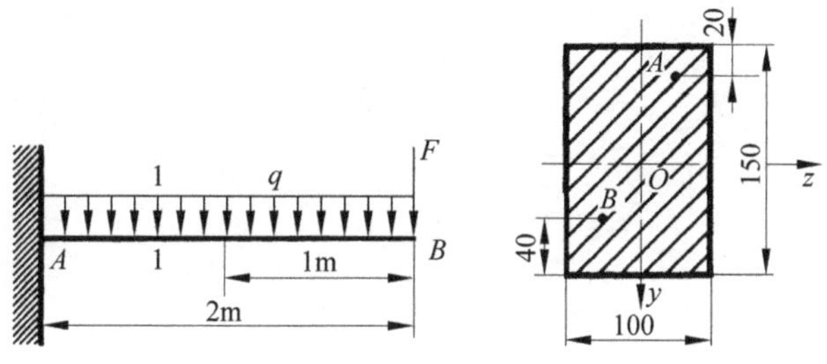

图 2-85　题 2-19 图

第 2 篇

工程材料

第3章

常用工程材料

工程材料是现代工业、农业、国防和科学技术赖以存在和发展的物质基础。工程材料分金属材料和非金属材料两大类。金属是指由金属键结合，具有正的电阻系数和金属晶体特性的物质，例如，Fe、Al、Cu、Sn、Zn、Pb、Mg 等。金属有纯金属和合金之分，合金指以金属为基础，加入其他金属或非金属元素，具有金属特性的物质。人们也常把金属分为黑色金属和有色金属。黑色金属通常是指铁和铁为基的合金（广义地来说，锰(Mn)和铬(Cr)也属于黑色金属）；而黑色金属之外的所有金属，均称为有色金属，如铜及铜合金、铝及铝合金等。目前，我国每年钢产量达亿吨，是世界上最大的钢铁生产国。金属材料仍然是机械工程中应用的主要材料，这是因为它具有加工过程和使用过程中所需要的各种性能。为了合理地选用材料，必须研究材料的结构、组织与性能之间的关系，以充分发挥材料的潜力，改善和提高材料的性能。

3.1 金属材料的性能

学习目标 能表述金属材料的概念与分类；知道金属材料有哪些性能；能说出金属材料的主要力学性能，如强度、塑性、硬度、冲击韧性、疲劳强度等的概念及其衡量指标。

金属材料的性能主要包括使用性能和工艺性能。使用性能是指材料在使用过程中表现出来的性能，它包括力学性能、物理性能和化学性能等；工艺性能是指金属材料对各种加工工艺适应的能力，它包括铸造、锻造、焊接、切削加工和热处理工艺性能等。为了能够正确地选择和使用金属材料，就应当了解和掌握金属材料的各种性能。

1. 金属材料的力学性能

金属材料的力学性能是指金属材料在外力作用下所表现出来的性能。力学性能是金属材料的主要性能，是机械设计、制造过程中选择材料的主要依据。其主要性能指标有强度、塑性、硬度、冲击韧性、疲劳强度等。

(1) 强度　强度是指金属材料在外力作用下抵抗永久变形（塑性变形）和断裂的能力。根据外力的作用形式不同，强度又分为抗拉、抗压、抗弯、抗扭和抗剪 5 种强度。工程上常以屈服点(σ_s)和抗拉强度极限(σ_b)作为强度指标。

① 屈服点 σ_s。材料产生屈服时的应力。其计算公式为

$$\sigma_s = \frac{F_s}{A} \tag{3-1}$$

对塑性差的材料，屈服现象不明显，σ_s 难以测定，规定以试样产生 0.2%塑性变形时的应力作为屈服极限，称为条件屈服极限，用 $\sigma_{0.2}$ 表示。

② 抗拉强度极限 σ_b。材料在拉断前能承受的最大拉应力。其计算公式为

$$\sigma_b = \frac{F_b}{A} \tag{3-2}$$

σ_s 和 σ_b 是强度的重要指标。通常 σ_s 为设计的主要依据。而脆性材料则以 σ_b 为主要依据。但是工程一般都不直接使用 σ_s 和 σ_b，而用$[\sigma_s]$和$[\sigma_b]$。$[\sigma_s]$和$[\sigma_b]$是 σ_s 和 σ_b 的允许值，均含安全系数。

强度指标一般是通过金属的拉伸实验来测定的。其具体操作及计算方法在第 2 章 2.2 节轴向拉伸与压缩中有详细说明，此处不再重复。

(2) 塑性　材料在外力作用下，产生永久残余变形而不断裂的能力，称为塑性。塑性指标也主要是通过拉伸实验测得的。工程上常用延伸率和断面收缩率作为材料的塑性指标。

① 延伸率 δ。试样在拉断后的相对伸长量称为延伸率，用符号 δ 表示，即

$$\delta = \frac{L_1 - L_0}{L_0} \times 100\% \tag{3-3}$$

式中，L_0 为试样原始标距长度；L_1 为试样拉断后的标距长度。

② 断面收缩率 ψ。试样被拉断后横截面积的相对收缩量称为断面收缩率，用符号 ψ 表示，即

$$\psi = \frac{F_0 - F_1}{F_0} \times 100\% \tag{3-4}$$

式中，F_0 为试样原始的横截面积；F_1 为试样拉断处的横截面积。

材料的 δ 和 ψ 值越大，塑性越好。两者相比，用 ψ 表示塑性更接近材料的真实应变。工程上常把 $\delta \geqslant 5\%$ 的材料称为塑性材料，如低碳钢、铝合金、青铜等；把 $\delta < 5\%$ 的材料称为脆性材料，如铸铁、高碳钢等。

(3) 硬度　硬度是材料表面抵抗局部塑性变形、压痕或划裂的能力。硬度测试应用最广的是压入法，即在一定载荷作用下，用比工件更硬的压头缓慢压入被测工件表面，使材料局部塑性变形而形成压痕，然后根据压痕面积大小或压痕深度来确定硬度值。从这个意义来说，硬度反映材料表面抵抗其他物体压入的能力。工程上常用的硬度指标有布氏硬度、洛氏硬度和维氏硬度等。

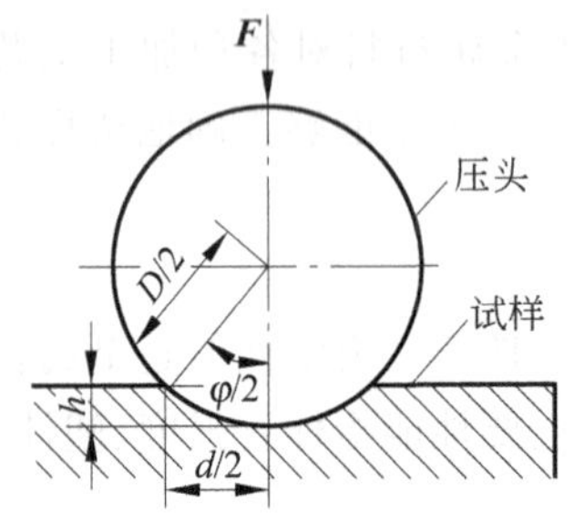

图 3-1　布氏硬度试验

① 布氏硬度 HB。布氏硬度试验是用一定直径的钢球或硬质合金球作压头，以相应的试验载荷压入试样的表面，经规定保持时间后，卸除试验载荷，测量试样表面的压痕直径，如图 3-1 所示。

布氏硬度值是试验载荷 F 除以压痕球形表面积所得的商。

$$\text{HBS(HBW)} = 0.102\,\frac{2F}{\pi D(D - \sqrt{D^2 - d^2})} \tag{3-5}$$

当 F、D 一定时，布氏硬度值仅与压痕直径 d 的大小有关。d 越小，布氏硬度值越大，材料硬度越高；反之，则说明材料较软。在实际应用中，布氏硬度一般不用计算，只需根据测出的压痕平均直径 d 查表即可得到硬度值。

布氏硬度用符号 HB 表示。使用淬火钢球压头时，用 HBS 表示，适合于测定布氏硬度值在 450 以下的材料；使用硬质合金压头时，用 HBW 表示，适合于测定布氏硬度值在 450 以上的材料，最高可测 650HBW。

其表示方法为：在符号 HBS 或 HBW 之前为硬度值(不标注单位)，符号后面按以下顺序

用数值表示试验条件。例如，120HBS10/1000/30 表示用直径 10mm 的淬火钢球压头在 9.8kN(1000kgf)的试验载荷作用下，保持 30s 所测得的布氏硬度值为 120。

500HBW5/750 表示用直径 5mm 的硬质合金球压头在 7.35kN(750kgf)试验载荷作用下保持 10～15s(不标注)测得的布氏硬度值为 500。

在布氏硬度试验时，应根据被测金属材料的种类和试件厚度，按一定的试验规范正确地选择压头直径 D，试验载荷 F 和保持时间 t。

布氏硬度试验压痕面积较大，受测量不均匀度影响较小，故测量结果较准确，适合于测量组织粗大且不均匀的金属材料的硬度。如铸铁、铸钢、非铁金属及其合金，各种退火、正火或调质的钢材等。另外，由于布氏硬度与 σ_b 之间存在一定的经验关系，因此得到了广泛的应用。但布氏硬度试验测试费时，压痕较大，不宜用来测成品，特别是有较高精度要求配合面的零件及小件、薄件，也不能用来测太硬的材料。

② 洛氏硬度 HR。洛氏硬度是在初试验载荷(F_0)及总试验载荷(F_0+F_1)的先后作用下，将压头(120°金刚石圆锥体或直径为 1.588mm 的淬火钢球)压入试样表面，经规定保持时间后，卸除主试验载荷 F_1，用测量的残余压痕深度增量计算硬度值，如图 3-2 所示。

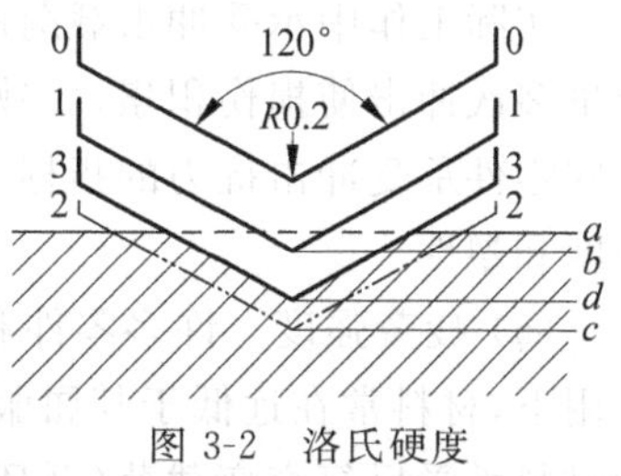

图 3-2　洛氏硬度

压头在主载荷作用下，实际压入试件产生塑性变形的压痕深度为 b_d(b_d 为残余压痕深度增量)。用 b_d 大小来判断材料的硬度。b_d 越大，硬度越低，反之，硬度越高。实测时，硬度值的大小直接由硬度计表盘上读出。

洛氏硬度符号 HR 前面为硬度数值，HR 后面为使用的标尺。如：50HRC 表示用 C 标尺测定的洛氏硬度值为50。

在洛氏硬度试验中，选择不同的试验载荷和压头类型可得到不同的洛氏硬度的标尺，便于用来测定从软到硬较大范围的材料硬度。最常用的是 HRA、HRB、HRC 三种，其中以 HRC 应用最为广泛。洛氏硬度试验操作简便、迅速，测量硬度值范围大，压痕小，可直接测成品和较薄工件。但由于试验载荷较大，不宜用来测定极薄工件及氮化层、金属镀层等的硬度。而且由于压痕小，对内部组织和硬度不均匀的材料，测定结果波动较大，故需在不同位置测试三点的硬度值取其算术平均值。洛氏硬度无单位，各标尺之间没有直接的对应关系。

③ 维氏硬度 HV。维氏硬度的实验原理与布氏硬度相同，不同点是压头为金刚石四方角锥体，所加负荷较小(5～120kgf)。它所测定的硬度值比布氏、洛氏精确，压入深度浅，适于测定经表面处理零件的表面层的硬度，改变负荷可测定从极软到极硬的各种材料的硬度，但测定过程比较麻烦。一般用于测量零件表面硬化层及经过化学热处理的表面层的硬度。

(4) 冲击韧性　冲击韧性是材料在冲击载荷作用下，抵抗冲击力的作用而不被破坏的能力。通常用冲击韧度 α_K 来度量，其值由冲击实验获得。冲击试验有大能量一次冲击试验和小能量多次冲击试验。

下面简要介绍大能量一次冲击试验的实验原理。

大能量一次冲击试验利用的是能量守恒原理。图 3-3 所示为实验所用摆锤式冲击实验机，图 3-4 所示为常用冲击试件结构尺寸。实验时将试件置于实验机的支座处，将摆锤举至一定高度后让其自由落下。此时试件被冲断过程中所吸收的能量(即冲击吸收功 A_K)等于摆锤冲击试样前后的势能差。冲击韧度 α_K 的值即等于试件在一次冲击实验时，试件缺口处单位横截面积(cm^2)上所消耗的冲击功(J)，其单位为 J/cm^2。α_K 值越大，表示材料的冲击韧性越好。

图 3-3 摆锤式冲击实验机

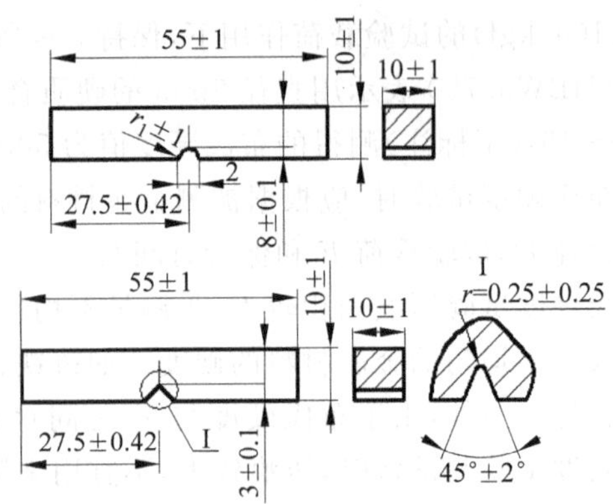

图 3-4 冲击试件

实际工作中承受冲击载荷的机械零件，很少因一次大能量冲击而遭破坏，绝大多数是因小能量多次冲击使损伤积累，导致裂纹产生和扩展的结果。所以需采用小能量多冲击作为衡量这些零件承受冲击抗力的指标。实践证明，在小能量多次冲击下，冲击抗力主要取决于材料的强度和塑性。

(5) 疲劳强度 许多零件和制品，经常受到大小及方向变化的交变载荷，在这种载荷反复作用下，材料常在远低于其屈服强度的应力下即发生断裂，这种现象称为“疲劳”。疲劳强度是指材料承受反复交变载荷(循环应力)而不被破坏的最大应力。材料在规定次数的交变载荷作用下，不至引起断裂的最大应力称为“疲劳极限”。光滑试样的弯曲疲劳极限用 σ_{-1} 表示。一般钢铁的 σ_{-1} 值约为其 σ_b 的一半，非金属材料的疲劳极限一般远低于金属。

通过合理选材，改善材料的结构形状，避免应力集中，减小材料和零件的缺陷，提高零件表面光洁度，对表面进行强化等，可以提高材料的疲劳强度。

2. 金属材料的物理性能和化学性能

(1) 物理性能

① 相对密度。密度 ρ 是指单位体积材料的质量，它是描述材料性能的重要指标。

② 熔点。熔点是指材料的熔化温度。通常，材料的熔点越高，高温性能就越好。

③ 热容量。在没有体积变化时，热容量 C 是温度变化 1℃时材料热量的变化。

④ 热膨胀性。材料的热膨胀性通常用线膨胀系数 α_L 来表示。它表示每变化 1℃时引起的材料相对膨胀量的大小。一般来说，陶瓷的热膨胀系数最低，金属次之，高分子材料最高。

⑤ 导热性。金属材料传递热量的能力。热导率是衡量金属材料导热性的主要，热导率大导热性就越好，其散热性也越好。通常，金属及合金的导热性远高于非金属材料。

⑥ 磁性。材料在磁场中的性能叫做磁性。许多金属材料如铁、镍、钴等均具有较高的磁性，而另一些金属材料如铜、铝、铅等则是无磁性的。非金属材料一般无磁性。

⑦ 导电性。一般用电阻率来表示材料的导电性能，电阻率越低，材料的导电性越好。

⑧ 介电常数。表示绝缘材料电性能的物理量称为介电常数。

(2) 化学性能

① 耐腐蚀性。材料抵抗氧、水蒸气等化学介质腐蚀破坏的能力。材料的耐蚀性常用每年腐蚀深度(渗蚀度)Ka(mm/年)，一般非金属材料的耐腐蚀性比金属材料高得多。提高材料的

耐腐蚀性的方法很多，如均匀化处理、表面处理等都可以提高材料的耐腐蚀性。

② 抗氧化性。材料在高温条件下抵抗氧化的能力。金属材料的氧化性随温度的升高而加速，为避免金属材料被氧化，常在金属材料的表面形成一层连续而致密并与母体结合牢靠的膜，从而阻止进一步氧化。

③ 抗老化性能。塑料在长期储存和使用过程中，由于受到氧、光、热等因素的综合作用，分子链逐渐产生交联与裂解，性能逐渐恶化，直至丧失使用价值的现象，称为老化。通过改变高聚物的结构，添加防老化剂和表面处理等方法可以提高高分子材料的抗老化性能。

④ 化学稳定性。金属材料的耐腐蚀性和抗氧化性的总称。

3. 金属材料的工艺性能

材料工艺性能的好坏，直接影响到制造零件的工艺方法和质量以及制造成本。所以，选材时必须充分考虑工艺性能。

① 铸造性。铸造性是指浇注铸件时，材料能充满比较复杂的铸型并获得优质铸件的能力。对金属材料而言，铸造性主要包括流动性、收缩率、偏析倾向等指标。流动性好、收缩率小、偏析倾向小的材料其铸造性也好。

② 可锻性。可锻性是指材料是否易于进行压力加工的性能。可锻性好坏主要以材料的塑性和变形抗力来衡量。一般来说，钢的可锻性较好，而铸铁不能进行任何压力加工。热塑性塑料可经过挤压和压塑成形。

③ 可焊性。可焊性是指材料是否易于焊接在一起并能保证焊缝质量的性能，一般用焊接处出现各种缺陷的倾向来衡量。低碳钢具有优良的可焊性，而铸铁和铝合金的可焊性就很差。某些工程塑料也有良好的可焊性，但与金属的焊接机制及工艺方法并不相同。

④ 切削加工性。切削加工性是指材料是否易于切削加工的性能。它与材料种类、成分、硬度、韧性、导热性及内部组织状态等许多因素有关。

3.2　铁碳合金基础知识

学习目标　了解铁碳合金的基础组织及其性能特点；了解铁碳合金金相图，明白它的研究意义；知道铁碳合金的分类；能表述含碳量对铁碳合金组织及力学性能的影响。

1. 铁碳合金

由铁和碳为主要元素组成的合金称为铁碳合金。钢铁材料就是铁碳合金，各种合金钢也是在铁与碳的基础上，为了具有某种特殊的性能而添加一些合金元素。钢铁是目前人类社会中最重要，也是工业上应用最广的金属材料。了解铁碳合金的结构及其相图，掌握其性能变化规律，可为我们正确合理地使用钢铁材料、制订各种加工工艺提供重要的理论依据。

(1) 纯铁的同素异晶转变　钢铁材料之所以应用得非常广泛，其中最主要的原因是由于组成钢铁材料的主要元素铁在不同的固态温度下其晶体结构会发生改变。纯铁的冷却曲线如图 3-5 所示。从曲线上可以

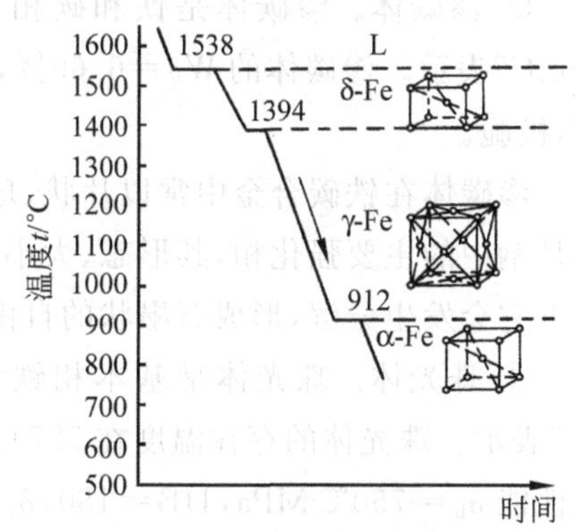

图 3-5　纯铁的冷却曲线

看到：

$$(液态)Fe \xleftrightarrow{1538℃} \delta\text{-}Fe \xleftrightarrow{1394℃} \gamma\text{-}Fe \xleftrightarrow{912℃} \alpha\text{-}Fe$$

我们把这种金属在固体下，随着温度的变化，晶格由一种类型转变成为另一种类型的转变过程，称为同素异构转变(也称同素异晶转变)。

同素异构转变是钢铁一个重要特性，是能够进行热处理来改变性能的基础。同素异晶转变是通过原子的重新排列来完成的，是重结晶过程，有一定的转变温度，转变时需要过冷，有潜热产生，而且转变过程也是由晶核的形成和晶核的长大来完成的。

(2) 铁碳合金的基本组织　在固态铁碳合金中，不同温度下，由于铁和碳的交互作用可形成不同的组织。下面介绍几种基本组织。

① 铁素体。铁素体是 α-Fe 中溶入一种或几种溶质原子构成的间隙固溶体，用符号“F”表示。铁素体仍然保持 α-Fe 的体心立方晶格。

由于体心立方晶格的间隙很小，溶碳能力很低，在 600℃时溶碳量仅为 $W_C=0.006\%$，随着温度升高，溶碳量逐渐增加，在 727℃时，溶碳量 $W_C=0.0218\%$。因此，铁素体室温时的性能与纯铁相似，强度、硬度低，塑性和韧性好。铁素体的显微组织呈明亮的多边形晶粒，晶界曲线如图 3-6 所示。

② 奥氏体。奥氏体是 γ-Fe 中溶入碳和(或)其他元素形成的间隙固溶体，用符号“A”表示。奥氏体仍保持 γ-Fe 的面心立方晶格。

由于面心立方晶格的间隙较大，因此溶碳能力也较大，在 727℃时溶碳量 $W_C=0.77\%$，随着温度的升高溶碳量逐渐增多，到 1148℃时，溶碳量可达 $W_C=2.11\%$。奥氏体塑性韧性好，强度和硬度较低，因此，生产中常将工件加热到 A 状态进行锻造。奥氏体的显微组织与铁素体的显微组织相似，呈多边形，但晶界较铁素体平直，如图 3-7 所示。

图 3-6　铁素体的显微组织示意图

图 3-7　奥氏体的显微组织示意图

③ 渗碳体。渗碳体是铁和碳相互作用形成的具有复杂晶格的间隙化合物，用分子式“Fe_3C”表示。渗碳体的 $W_C=6.69\%$，熔点为 1227℃，硬度高(约 1000HV)，塑性、韧性几乎为零，极脆。

渗碳体在铁碳合金中常以片状、球状、网状等形式与其他组织相共存，如能合理利用，渗碳体是钢中的主要强化相，其形态、大小、数量和分布对钢的性能有很大的影响，另外，在一定条件下它会发生分解，形成石墨状的自由碳。

④ 珠光体。珠光体是基本相铁素体与渗碳体($F+Fe_3C$)组成的机械混合物，用符号“P”表示。珠光体的存在温度在 727℃以下。含碳量固定为 0.77%。珠光体的形状为层片状。其性能 $\sigma_b=750℃\,MPa$，$HB=180$，$\delta_{10}=25\%$，$\alpha_K=30\sim40J/cm^2$，珠光体在钢和生铁中始终存在。

⑤ 莱氏体。莱氏体分为两种：高温莱氏体和低温莱氏体。高温莱氏体是含碳量大于 2.11％的铁碳合金从液态缓慢冷却至 1148℃时，同时生成奥氏体和渗碳体，呈均匀分布的机械混合物，用符号“L_d”表示。低温莱氏体是指在 727℃以下，有高温莱氏体中的奥氏体转变为珠光体，渗碳体与珠光体(Fe_3C+P)呈均匀分布的机械混合物，用符号“L'_d”表示。莱氏体含碳量高，性能与渗碳体相似，硬度很高，塑性、韧性极差。

2. 铁碳合金相图

(1) $Fe\text{-}Fe_3C$ 相图的建立　铁碳合金相图是指在平衡(极其缓慢加热或冷却)条件下，不同成分的铁碳合金，在不同温度所处状态或组织的图形。它是研究铁碳合金的重要工具，也是使用钢铁材料及制订热加工工艺的重要依据。

铁和碳可形成一系列稳定化合物(Fe_3C、Fe_2C、FeC)，由于 $W_C>6.69\%$时的铁碳合金脆性极大，没有使用价值，而且 Fe_3C 又是一个稳定的化合物，可以作为一个独立的组元，因此我们所研究的铁碳合金相图实际上是 $Fe\text{-}Fe_3C$ 相图，如图 3-8 所示。为便于分析和研究，图中左上角部分已简化。

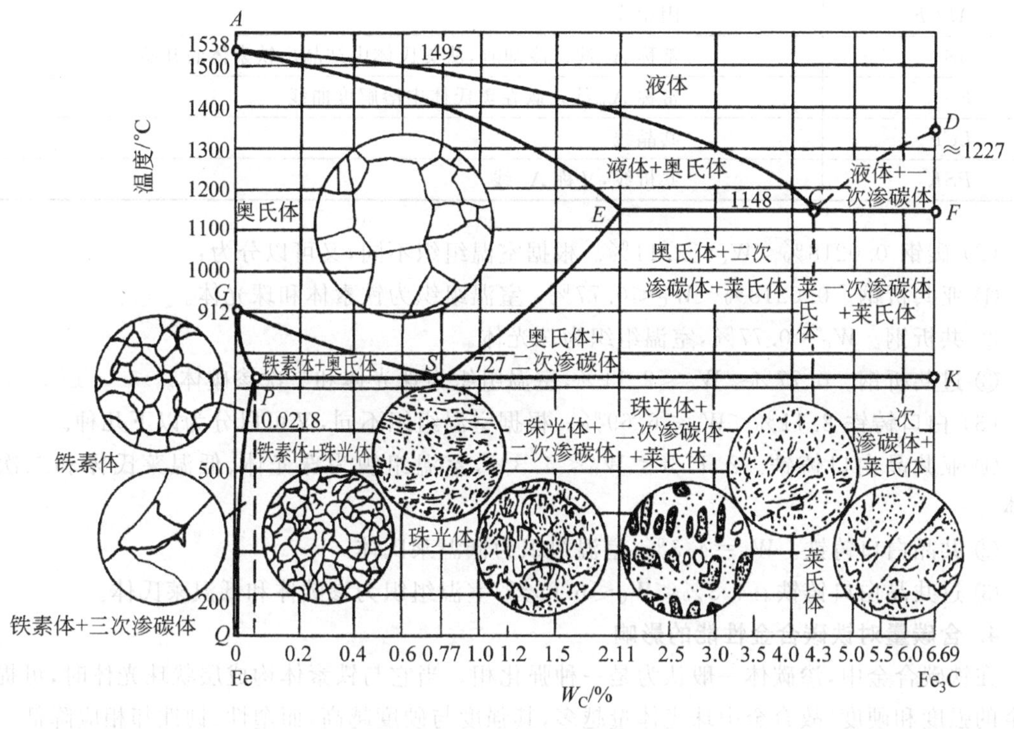

图 3-8　$Fe\text{-}Fe_3C$ 相图

(2) 相图分析

① $Fe\text{-}Fe_3C$ 相图的特性点，见表 3-1。

② $Fe\text{-}Fe_3C$ 相图的特性线及其含义，见表 3-2。

3. 铁碳合金分类及其室温组织

根据铁碳合金中碳的质量分数和组织的不同，将铁碳合金分为以下几种。

(1) 工业纯铁 $W_C\leqslant 0.0218\%$，室温组织：铁素体和三次渗碳体。

表 3-1 简化的 $Fe\text{-}Fe_3C$ 相图的特性点

特性点	t/℃	W_C/%	含 义
A	1538	0	纯铁的熔点
C	1148	4.3	共晶点，$L_c \leftrightarrows (A_E + Fe_3C)$
D	1227	6.69	渗碳体的熔点
E	1148	2.11	碳在 γ-Fe 中的最大溶解度
G	912	0	纯铁的同素异晶转变点 α-Fe$\leftrightarrows\gamma$-Fe
P	727	0.0218	碳在 α-Fe 中的最大溶解度
S	727	0.77	共析点，$As \leftrightarrows (Fe_3C + F)P$
Q	600	0.006	碳在 α-Fe 中的溶解度

表 3-2 $Fe\text{-}Fe_3C$ 相图的特性线及其含义

特性线	含 义
ACD	液相线
$AECF$	固相线
GS	常称 A_3 线。冷却时，从奥氏体中结晶出铁素体的开始线
ES	常称 A_{cm} 线。碳在奥氏体中溶解度曲线
ECF	共晶线
PSK	共析线，又称 A_1 线

(2) 碳钢 $0.0218\% < W_C \leqslant 2.11\%$。根据室温组织不同，又可以分为：

① 亚共析钢。$0.0218\% < W_C < 0.77\%$，室温组织为铁素体和珠光体。

② 共析钢。$W_C = 0.77\%$，室温组织为珠光体。

③ 过共析钢。$0.77\% < W_C \leqslant 2.11\%$，室温组织为珠光体和二次渗碳体。

(3) 白口铸铁 $2.11\% < W_C \leqslant 6.69\%$。根据室温组织不同，又可以分为以下几种。

① 亚共晶白口铸铁。$2.11\% < W_C < 4.3\%$，室温组织为珠光体、低温莱氏体和二次渗碳体。

② 共晶白口铸铁。$W_C = 4.3\%$，室温组织为低温莱氏体。

③ 过共晶白口铸铁。$4.3\% < W_C \leqslant 6.69\%$，室温组织为渗碳体和低温莱氏体。

4. 含碳量对铁碳合金性能的影响

在铁碳合金中，渗碳体一般认为是一种强化相。当它与铁素体构成层状珠光体时，可提高合金的强度和硬度，故合金中珠光体量越多，其强度与硬度越高，而塑性、韧性却相应降低。但在过共析钢中，渗碳体明显呈网状分布在晶界上，特别在白口铸铁中渗碳体作为基体时，将使铁碳合金的塑性和韧性大大下降，这就是高碳钢和白口铸铁脆性高的主要原因。

图 3-9 所示为含碳量对碳钢的力学性能的影响。由图可见，当钢中 $W_C < 0.9\%$ 时，随着钢中含碳量的增加，钢的强度、硬度呈直线上升，而塑性、韧性不断降低；当钢中 $W_C > 0.9\%$ 时，因网状二次渗碳体的存在，不仅使钢的塑性、韧性进一步降低，而且强度也明显下降。为保证工业使用的钢具有足够的强度，并具有一定的塑性和韧性，钢中碳含量一般都不超过 1.3%～1.4%。而 $W_C > 2.11\%$ 的白口铸铁，由于组织中存在大量的渗碳体，使性能特别硬脆，难以切削加工，因此一般机械制造工业中一般以铸态使用。

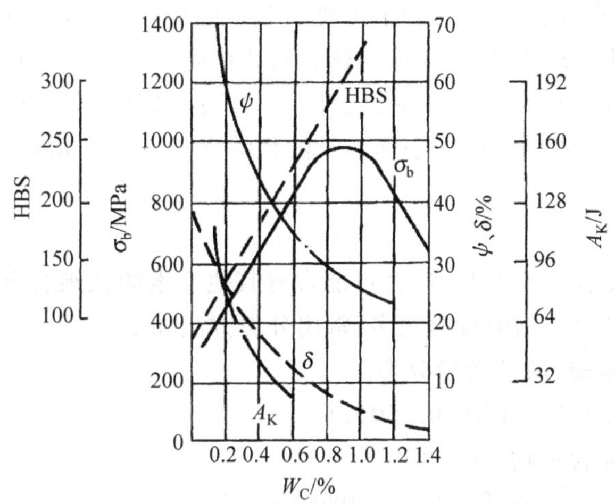

图 3-9 含碳量对碳钢力学性能的影响

3.3 钢的分类和编号

学习目标 明白常存元素对钢性能的影响；清楚钢的分类与编号方法、铸铁的分类与编号方法；能识别常用钢铁材料的牌号；能对钢铁材料的选用有一定的认知。

在工业用钢中除铁、碳之外，还含有其他元素。其他元素分为常存元素、偶存元素、隐存元素和合金元素 4 类。常存元素有锰、硅、硫、磷。偶存元素是由于矿石产地不同(有与铁共存的共生矿混入)及以废钢为原料，在冶炼及工艺操作时带入钢中，如铜、钛、钒、稀土元素等。隐存元素是指原子半径较小的非金属元素，如氧、氢等。合金元素是指为改变成分特别添加的元素，如铬、镍、钨、钼、钒等。

工业钢的种类繁多，通常按化学成分分为碳素钢和合金钢两大类。碳素钢(简称碳钢)是含碳量大于 0.0218%而小于 2.11%的铁碳合金。由于碳钢具有较好的机械性能和工艺性能，并且产量大、价格较低，因此它是机械工程上应用十分广泛的金属材料。合金钢是在碳钢的基础上，添加某些合金元素，用以保证一定的生产和加工工艺以及所要求的组织与性能的铁基合金。合金钢用量虽少，但却非常重要。合金钢有较好的性能，但也有不少缺点。最主要的是由于含有合金元素，其生产和加工工艺比碳钢差，也比较复杂，价格也较昂贵。因此，在应用碳钢能够满足要求时，一般不使用合金钢。

为了在生产上合力选择、正确使用钢铁材料，必须了解我国钢铁材料的分类、牌号和性能，以及一些常存杂质对钢性能的影响。

1. 常存元素对钢性能的影响

钢铁成分中的主要组元是铁和碳，但在冶炼过程中，还会带入一定量的 Si(硅)、Mn(锰)、P(磷)、S(硫)、非金属夹杂物及氧、氮、氢等气体。这些非有意加入或保留的元素，称为杂质。

(1) Si、Mn 的影响 Si 可改善钢质，还可溶入铁素体，显著提高钢的强度和硬度，但含量较高时，会使钢的塑性和韧性下降；Mn 可防止形成 FeO，减轻 S 的有害作用，强化铁素体，增加珠光体的相对含量，使组织细化，提高钢的强度。Si 和 Mn 在一定含量范围内是有益元素，但是，作为少量杂质存在时，对钢的力学性能的影响并不显著。

(2) S、P的影响　在固态下，S在钢中主要以FeS的形态存在，会使得钢在1100℃左右的高温下进行变形加工时沿着晶界开裂(称为热裂)；P在固态下可溶入铁素体中，使钢的强度、硬度提高，并提高铁液的流动性，但在室温下使钢的塑性、韧性显著下降，在低温时更为严重(称为冷脆)。P的存在也使焊接性能变坏。S和P的含量必须严格控制，它是衡量钢的质量等级的指标之一。

2. 钢的分类

钢是碳的质量分数不大于2.11%，并可能含有其他元素的铁碳合金(在个别钢中，如高铬钢，其W_C可超过2.11%)。钢的种类很多，常用分类方法如下。

① 按钢中有害元素硫、磷的含量分类。

- 普通钢($W_P \leqslant 0.045\%$，$W_S \leqslant 0.050\%$)。
- 优质钢(W_P、W_S含量均$\leqslant 0.035\%$)。
- 高级优质钢($W_P \leqslant 0.035\%$，$W_S \leqslant 0.030\%$)。

② 按化学成分分类。

- 碳素钢：低碳钢($W_C \leqslant 0.25\%$)；中碳钢($W_C \leqslant 0.25\% \sim 0.60\%$)；高碳钢($W_C \leqslant 0.60\%$)。
- 合金钢：低合金钢(合金元素总含量$\leqslant 5\%$)；中合金钢(合金元素总含量$> 5\% \sim 10\%$)；高合金钢(合金元素总含量$> 10\%$)。

③ 按用途分类。

- 碳素钢。包括碳素结构钢、碳素工具钢、碳素铸钢。
  碳素结构钢：主要用于各种工程机构和机械零件的制造，其$W_C < 0.70\%$。
  碳素工具钢：主要用于各种刀具、模具和量具的制造，其$W_C > 0.70\%$。
  碳素铸钢：主要用于形状复杂、难以铸造成形的铸钢件。
- 合金钢。包括合金结构钢、合金工具钢、特殊性能钢。
  合金结构钢：用于制造机械零件和工程结构的钢。
  合金工具钢：用于制造各种工具的钢。
  特殊性能钢：主要指具有某种特殊的物理和化学性能的钢。

3. 钢的编号

(1) 碳素钢的编号、性能和应用

① 碳素结构钢。碳素结构钢的牌号以“Q＋数字＋字母＋字母”表示。其中，“Q”字是钢材的屈服强度“屈”字的汉语拼音字首，紧跟后面的是屈服强度值，再其后分别是质量等级符号和脱氧方法。例如：Q235AF即表示屈服强度值为235MPa的A级沸腾钢。牌号中规定了A、B、C、D四种质量等级，A级质量最差，D级质量最好。按脱氧制度，沸腾钢在钢号后加“F”，半镇静钢在钢号后加“B”，镇静钢则不加任何字母。

② 优质碳素结构钢。优质碳素结构钢是以“两位数字＋元素＋数字＋…”的方法表示。钢号的前两位数字表示平均含碳量的万分之几，如45＃钢表示平均含碳量为0.45%的优质碳素结构钢；高级优质钢在数字后加“A”，特级优质钢在数字后加“E”，沸腾钢在数字后加“F”，半镇静钢在数字后加“B”。钢中Mn的质量分数较高($W_{Mn} = 0.7\% \sim 1.20\%$)时，在数字后附以符号Mn，如65Mn表示$W_C \approx 0.65\%$，并含有较多锰($W_{Mn} = 0.9\% \sim 1.20\%$)的优质碳素结构钢。

优质碳素结构钢的S、P含量较低($W_S \leqslant 0.030\%$、$W_P \leqslant 0.035\%$)，非金属夹杂物较少，塑

性及韧性较高，可进行热处理强化，主要用于机械制造中较重要的零件。

③ 碳素工具钢。碳素工具钢的牌号以“T＋数字＋字母”表示。钢号前面的“碳”或“T”表示碳素工具钢，其后的数字表示含碳量的千分之几。如平均含碳量为 0.8％的碳素工具钢，其钢号为“碳 8”或“T8”。含锰量较高者，在钢号后标以“锰”或“Mn”，如“碳 8 锰”或“T8Mn”。如为高级优质碳素工具钢，则在其钢号后加“高”或“A”，如“碳 10 高”或“T10A”。

碳素工具钢碳的平均质量分数比较高（$W_C=0.65\%\sim1.35\%$），S、P 含量较低。经淬火、低温回火后具有较高的硬度和耐磨性，但塑性较低。主要用于制造低速、手动工具及常温下使用的工具、模具、量具等。

④ 碳素铸钢。牌号表示方法 GB/T 5613—1995 规定，碳素铸钢牌号表示方法有两种：一是以强度表示的铸钢牌号，由“ZG＋数字-数字”组成。“ZG”是“铸钢”二字的汉语拼音字首，第一组数字代表最低屈服点数值，第二组数字代表最低抗拉强度值，如 ZG200-400 表示 σ_S（或 $\sigma_{0.2}$）不小于 200MPa，σ_b 不小于 400MPa 的铸造碳钢；二是用化学成分表示的铸钢牌号，由“ZG＋数字＋元素符号＋数字”组成。第一组数字是以平均万分数表示的碳的质量分数（平均 $W_C>1\%$时不标出，平均 $W_C<1\%$时，第一组数字为“0”），元素符号后的数字是以名义百分数表示的该元素的质量分数。如 ZG15Cr1Mo1V 钢，表示 $W_C\approx0.15\%$、$W_{Cr}\approx1\%$、$W_{Mo}\approx1\%$、$W_V<0.9\%$（平均 $W_V<0.9\%$不标数字）的铸钢。

铸造碳钢主要用以制造形状复杂，难以用锻压成形，用铸铁又不能满足性能要求的铸件。

(2) 合金钢的编号、性能和应用

① 低合金结构钢。低合金结构钢牌号的编制方法与碳素结构钢基本相同，其牌号由代表屈服点字母、屈服点数值、质量等级符号三部分按顺序组成：屈服点的字母用符号 Q 表示；屈服点的数值用三位阿拉伯数字表示；质量等级符号 A、B、C、D、E 表示，共 5 个级别。例如，Q345A 表示屈服点位 345MPa、质量等级为 A 级的低合金结构钢。

② 合金结构钢。合金结构钢的牌号由“两位数字＋元素＋数字”表示。前面两位代表钢中平均含碳量的万分之几；元素符号则代表钢中所含的合金元素，元素后面的数字则代表该元素的百分含量。当合金元素的含量小于 1.5％时，一般只表明元素而不表明数值。如 60Si2Mn 钢，表示平均含碳量为 0.60％、平均含硅量为 2％、含锰量小于 1.5％的合金结构钢。

③ 合金工具钢。合金工具钢的牌号以“一位数字（或不标数字）＋元素＋数字”表示。其编号方法与合金结构钢大体相同，区别在于含碳量的表示方法，当碳含量≥1.0％时，则不予标出；若平均含碳量<1.0％时，则在钢号前以千分之几表示它的平均含碳量。如 9CrSi 钢，平均含碳量为 0.90％，主要合金元素为铬、硅，含量都小于 1.5％。又如 Cr12MoV 钢，含碳量为 1.45％～1.70％（大于 1.0％）。而对于含铬量低的钢，其含铬量以千分之几表示，并在数字前加“0”，以示区别。如平均含铬量 0.6％的低铬工具钢的钢号为“Cr06”。

在高速钢的钢号中，一般不标出含碳量，只标出合金元素含量平均值的百分之几。如“钨 18 铬 4 矾”（W18Cr4V），“钨 6 钼 5 铬 4 矾 2”（W6Mo5Cr4V2）等。

④ 滚动轴承钢。在牌号前面加“滚”字汉语拼音的首字母“G”，后面数字表示铬含量的千分之几，其碳含量不标出。如 GCr15 钢，则表示平均含碳量为 1.5％的滚动轴承钢。铬轴承钢中若含有除铬之外的其他元素时，这些元素的表示方法同一般合金结构钢。滚动轴承钢都是高级优质钢，但牌号后不加“A”。

⑤ 不锈钢与耐热钢。这些钢牌号前面的数字表示碳含量的千分之几。如 3Cr13 钢，表示

平均碳含量为0.3%，平均铬含量为13%。当碳含量不大于0.03%及不大于0.08%时，则在牌号前面分别加“00”及“0”表示，如00Cr17Ni14Mo2、0Cr19Ni9钢等。

4. 铸铁

铸铁是历史上使用较早的材料，也是最便宜的金属材料之一，同时它具有很多优点。比如，在汽车发动机中，铸铁占80%。同钢一样，铸铁也是Fe、C元素为主的铁基材料，但是它含碳量很高（碳含量大于2.11%），达到亚共晶、共晶或过共晶成分，而且铸铁成形制成零件毛坯只能用铸造方法，不能用锻造或轧制方法。

铸铁中碳元素按主要存在方式不同可分为两大类：一类是白口铸铁（断口呈现白色），碳的主要存在形式是化合物，如渗碳体，没有石墨；另一类是灰口铸铁（断口呈现黑灰色），碳的主要存在形式是碳的单质，即游离状态石墨。介于白口铸铁与灰口铸铁之间的为麻口铸铁，其中的碳既有游离石墨又有渗碳体。按石墨的形态和组织性能，可分为普通灰口铸铁、蠕墨铸铁、球墨铸铁、可锻铸铁和特殊性能铸铁等。

（1）灰口铸铁　灰口铸铁是价格最便宜、应用最广泛的一种铸铁，在各类铸铁的总产量中，灰口铸铁占80%以上。

① 灰口铸铁的化学成分和组织特征。在生产中，为浇注出合格的灰口铸铁件，一般应根据所生产的铸铁牌号、铸铁壁厚、造型材料等因素来调节铸铁的化学成分，这是控制铸铁组织的基本方法。

灰口铸铁的成分大致范围为：2.5%～4.0% C，1.0%～3.0% Si，0.25%～1.0% Mn，0.02%～0.20% S，0.05%～0.50% P。具有上述成分范围的液体铁水在进行缓慢冷却凝固时，将发生石墨化，析出片状石墨。其断口呈浅烟灰色，所以称为灰口铸铁，其显微组织如图3-10所示。

图3-10　铁素体基灰口铸铁的显微组织

② 灰口铸铁的牌号、性能及用途。灰口铸铁常用牌号、性能及用途如表3-3所示。牌号中“HT”表示“灰铁”二字汉语拼音的大写字头，在“HT”后面的数字表示最低抗拉强度值。从表3-3可以看出，在同一牌号中，随铸件壁厚的增加，其抗拉强度降低。因此，根据零件的性能要求选择铸铁牌号时，必须同时注意到零件的壁厚尺寸。

表3-3　灰口铸铁的牌号、性能及用途

牌号	铸件壁厚/mm		抗拉强度/MPa	显微组织		用途举例
	>	<	≥	基体	石墨	
HT100	2.5	10	130	F	粗片状	下水管、底座、外罩、端盖、手轮、手把、支架等形状简单不甚重要的零件
	10	20	100			
	20	30	90			
	30	50	80			
HT150	2.5	10	175	F+P	较粗片状	机械制造业中一般铸件，如底座、手轮、刀架等； 冶金工业中流渣槽、渣缸、轧钢机托辊等； 机车用一般铸件，如水泵壳、阀体、阀盖等； 动力机械中拉钩、框架、阀门、油泵壳等
	10	20	145			
	20	30	130			
	30	50	120			

续表

牌 号	铸件壁厚/mm		抗拉强度/MPa	显微组织		用 途 举 例
	>	<	≥	基体	石墨	
HT200	2.5	10	220	P	中等片状	一般运输机械中的汽缸体,缸盖,飞轮等;一般机床中的床身、箱体等;通用机械承受中等压力的泵体、阀体等;动力机械中的外壳、轴承座、水套筒等
	10	20	195			
	20	30	170			
	30	50	160			
HT250	4	10	270	细 P	较细片状	运输机械中薄壁缸体,缸盖、进排气歧管等;机床中立柱、横梁、床身、滑板、箱体等;冶金矿山机械中的轨道板、齿轮等;动力机械中的缸体、缸盖、活塞等
	10	20	240			
	20	30	220			
	30	50	200			
HT300	10	20	290	细 P	细小片状	机床导轨、受力较大的机床床身、立柱机座等;通用机械的水泵出口管、吸入盖等;动力机械中的液压阀体、蜗轮、汽轮机隔板、泵壳、大型发动机缸体、缸盖等
	20	30	250			
	30	50	230			
HT350	10	20	340	细 P	细小片状	大型发动机汽缸体、缸盖、被套等;水泵缸体、阀体、凸轮等;机床导轨、工作台等摩擦件;需经表面淬火的铸件
	20	30	290			
	30	50	260			

灰口铸铁的性能与普通碳钢相比,具有如下特点。

- 机械性能低,其抗拉强度和塑性韧性都远远低于钢。这是由于灰口铸铁中片状石墨(相当于微裂纹)的存在,不仅在其尖端处引起应力集中,而且破坏了基体的连续性,这是灰口铸铁抗拉强度很差,塑性和韧性几乎为零的根本原因。但是,灰口铸铁在受压时石墨片破坏基体连续性的影响则大为减轻,其抗压强度是抗拉强度的 2.5～4 倍。所以常用灰口铸铁制造机床床身、底座等耐压零部件。
- 耐磨性与消震性好。由于铸铁中石墨有利于润滑及储油,所以耐磨性好。同样,由于石墨的存在,灰口铸铁的消震性优于钢。
- 工艺性能好。由于灰口铸铁含碳量高,接近于共晶成分,故熔点比较低,流动性良好,收缩率小,因此适宜于铸造结构复杂或薄壁铸件。另外,由于石墨使切削加工时易于形成断屑,所以灰口铸铁的可切削加工性优于钢。

③ 灰口铸铁的孕育处理。孕育处理是在铸造之前向铁液中加入了孕育剂(或称变质剂),结晶时石墨晶核数目增多,石墨片尺寸变小,更为均匀地分布在基体中。所以其显微组织是在细珠光体基体上分布着细小片状石墨。铸铁变质剂或孕育剂一般为硅铁合金或硅钙合金小颗粒或粉,当加入铸铁液内后立即形成 SiO_2 的固体小质点,铸铁中的碳以这些小质点为核心形成细小的片状石墨。

铸铁经孕育处理后不仅强度有较大提高,而且塑性和韧性也有所改善。同时,由于孕育剂的加入,还可使铸铁对冷却速度的敏感性显著减少,使各部位都能得到均匀一致的组织。所以孕育铸铁常用来制造机械性能要求较高、截面尺寸变化较大的铸件。

(2) 球墨铸铁　灰口铸铁经孕育处理后虽然细化了石墨片,但未能改变石墨的形态。改变石墨形态是大幅度提高铸铁机械性能的根本途径,而球状石墨则是最为理想的一种石墨形态。为此,在浇注前向铁水中加入球化剂和孕育剂进行球化处理和孕育处理,则可获得石墨呈球状分布的铸铁，称为球墨铸铁，简称“球铁”。

① 球墨铸铁的化学成分和组织特征。球墨铸铁常用的球化剂有镁、稀土或稀土镁，孕育剂常用的是硅铁和硅钙。球墨铸铁的大致化学成分范围是：3.6%～3.9% C，2.0%～3.2% Si，0.3%～0.8% Mn，<0.1% P，<0.07% S，0.03%～0.08% Mg。由于球化剂的加入将阻碍石墨化，并使共晶点右移造成流动性下降，所以必须严格控制其含量。

球墨铸铁的显微组织由球形石墨和金属基体两部分组成。随着成分和冷却速度的不同，球墨铸铁在铸态下的金属基体可分为铁素体、珠光体、铁素体＋珠光体三种，见图 3-11。

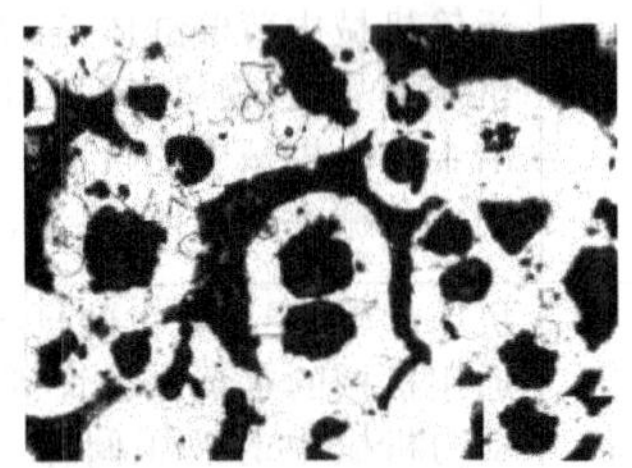

(a) 铁素体+珠光体基球墨铸铁

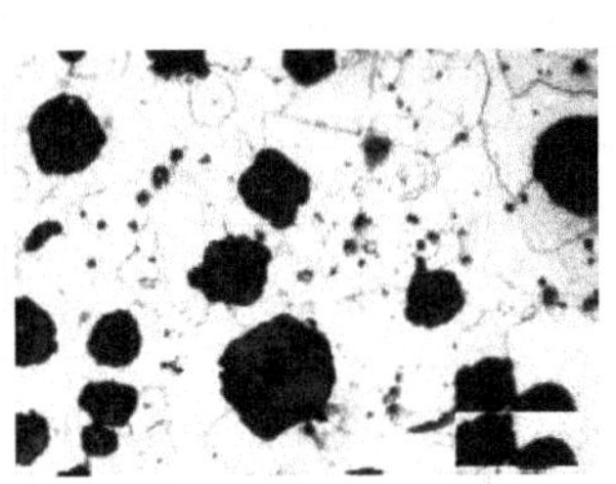

(b) 铁素体基球墨铸铁

图 3-11　球墨铸铁的显微组织

② 球墨铸铁的牌号、性能特点及用途。球墨铸铁的牌号、机械性能及用途如表 3-4 所示。牌号中的“QT”表示“球铁”二字汉语拼音的大写字首，在“QT”后面两组的数字分别表示最低抗拉强度和最低延伸率。

表 3-4　球墨铸铁的牌号、机械性能及用途

牌　号	基体	机械性能(不小于)					用途举例
		σ_b/MPa	$\sigma_{0.2}$/MPa	δ/%	α_K/(J/cm^2)	HB	
QT400-17	F	400	250	17	60	≤179	阀门的阀体和阀盖，汽车、内燃机车、拖拉机底盘零件，机床零件等
QT420-10	F	420	270	10	30	≤207	
QT500-05	F＋P	500	350	5	—	147～241	机油泵齿轮、机车、车辆轴瓦等
QT600-02	P	600	420	2	—	229～302	柴油机、汽油机的曲轴、凸轮轴等；磨床、铣床、车床的主轴等；空压机、冷冻机的缸体、缸套等
QT700-02	P	700	490	2	—	229～304	
QT800-02	S	800	560	2	—	241～321	
QT1200-01	B	1200	840	1	30	≥38HRC	汽车的螺旋伞轴、拖拉机减速齿轮、柴油机凸轮轴等

与灰口铸铁相比，球墨铸铁具有较高的抗拉强度和弯曲疲劳极限，也具有相当良好的塑性及韧性。这是由于球形石墨对金属基体截面削弱作用较小，使得基体比较连续，且在拉伸时引起应力集中的效应明显减弱，从而使基体的作用可以从灰口铸铁的 30%～50%提高到 70%～90%。另外，球墨铸铁的刚性也比灰口铸铁好，但球墨铸铁的消震能力比灰口铸铁低很多。

由于球墨铸铁中金属基体是决定球墨铸铁机械性能的主要因素，所以球墨铸铁可通过合金化和热处理强化的方法进一步提高它的机械性能。因此，球墨铸铁可以在一定条件下代替铸钢、锻钢等，用以制造受力复杂、负荷较大和要求耐磨的铸件。如具有高强度与耐磨性的珠光体球墨铸铁常用来制造内燃机曲轴、凸轮轴、轧钢机轧辊等；具有高韧性和塑性的铁素体球墨铸铁常用来制造阀门、汽车后桥壳、犁铧、收割机导架等。

(3) 蠕墨铸铁　蠕墨铸铁是近年来发展起来的一种新型工程材料。它是由液体铁水经变质处理和孕育处理随之冷却凝固后所获得的一种铸铁。通常采用的变质元素(又称蠕化剂)有稀土硅铁镁合金、稀土硅铁合金、稀土硅铁钙合金或混合稀土等。

① 蠕墨铸铁的化学成分和组织特征。蠕墨铸铁的石墨形态介于片状和球状石墨之间。灰口铸铁中石墨片的特征是片长、较薄、端部较尖。球铁中的石墨大部分呈球状,即使有少量团状石墨,基本上也是互相分离的。而蠕墨铸铁的石墨形态在光学显微镜下看起来像片状,但不同于灰口铸铁的是其片较短而厚、头部较圆(形似蠕虫)。所以可以认为,蠕虫状石墨是一种过渡型石墨。

蠕墨铸铁的化学成分一般为:3.4%～3.6%C,2.4%～3.0%Si,0.4%～0.6%Mn,≤0.06% S,≤0.07% P。对于珠光体蠕墨铸铁,要加入珠光体稳定元素,使铸态珠光体量提高。

② 蠕墨铸铁的牌号、性能特点及用途。蠕墨铸铁的牌号、机械性能及用途如表3-5所示。牌号中"RuT"表示"蠕铁"两字汉语拼音的大写字首,在"RuT"后面的数字表示最低抗拉强度。表中的"蠕化率"为在有代表性的显微视野内,蠕虫状石墨数目与全部石墨数目的百分比。

表3-5　蠕墨铸铁的牌号、机械性能及用途

牌号	机械性能(不小于)			HBS	蠕化率/%	基体组织	用途举例
	σ_b/MPa	$\sigma_{0.2}$/MPa	δ/%				
RuT420	420	335	0.75	200～280	≥50	P	活塞环、制动盘、钢球研磨盘、泵体等
RuT380	380	300	0.75	193～274	≥50	P	
RuT340	340	270	1.0	170～249	≥50	P+F	机床工作台、大型齿轮箱体、飞轮等
RuT300	300	240	1.5	140～217	≥50	F+P	变速器箱体、汽缸盖、排气管等
RuT260	260	195	3.0	121～197	≥50	F	汽车底盘零件、增压器零件等

由于蠕墨铸铁的组织是介于灰口铸铁与球墨铸铁之间的中间状态,所以蠕墨铸铁的性能也介于两者之间,即强度和韧性高于灰口铸铁,但不如球墨铸铁。蠕墨铸铁的耐磨性较好,它适用于制造重型机床床身、机座、活塞环、液压件等。

蠕墨铸铁的导热性比球墨铸铁要高得多,几乎接近于灰口铸铁,它的高温强度、热疲劳性能大大优于灰口铸铁,适用于制造承受交变热负荷的零件,如钢锭模、结晶器、排气管和汽缸盖等。蠕墨铸铁的减震能力优于球墨铸铁,铸造性能接近于灰口铸铁,铸造工艺简便,成品率高。

(4) 可锻铸铁　可锻铸铁是由白口铸铁经长时间石墨化退火而获得的一种高强度铸铁,又叫马铁。白口铸铁中的渗碳体在退火过程中分解出团絮状石墨,所以明显减轻了石墨对基体的割裂。与灰口铸铁相比,可锻铸铁的强度和韧性有明显提高。

① 可锻铸铁的化学成分和组织特征。可锻铸铁的制作过程是:先铸造成白口铸铁,再进行"可锻化"退火将渗碳体分解为团絮状石墨,得到铁素体基体+团絮状石墨或珠光体(或珠光体及少量铁素体)基体+团絮状石墨。铁素体基体+团絮状石墨的可锻铸铁断口呈黑灰色,俗称黑心可锻铸铁,这种铸铁件的强度与延性均较灰口铸铁的高,非常适合铸造薄壁零件,是最为常用的一种可锻铸铁。珠光体基体或珠光体与少量铁素体共存的基体+团絮状石墨的可锻铸铁件断口呈白色,俗称白心可锻铸铁,这种可锻铸铁应用不多。

由于生产可锻铸铁的先决条件是浇注出白口铸铁,若铸铁没有完全白口化而出现了片状石墨,则在随后的退火过程中,会因为从渗碳体中分解出的石墨沿片状石墨析出而得不到团絮状石墨。所以可锻铸铁的碳硅含量不能太高，以促使铸铁完全白口化；但碳、硅含量也不能太低，否则使石墨化退火困难，退火周期增长。可锻铸铁的化学成分大致为：2.5%～3.2% C，0.6%～1.3% Si，0.4%～0.6% Mn，0.1%～0.26% P，0.05%～1.0% S。

② 可锻铸铁的牌号、性能特点及用途。可锻铸铁的牌号、机械性能及用途见表3-6。牌号中的“KT”表示“可铁”两字汉语拼音的大写字首，“H”表示“黑心”，“Z”表示珠光体基体。牌号后面的两组数字分别表示最低抗拉强度和最低延伸率。

表 3-6 可锻铸铁的牌号、机械性能及用途

牌号	基体	机械性能(不小于)			硬度/HB	试样直径/mm	用途举例
		σ_b/MPa	$\sigma_{0.2}$/MPa	δ/%			
KTH300-06	F	300	186	6	120～150	12或15	管道；弯头、接头、三通；中压阀门
KTH330-08	F	330	—	8	120～150	12或15	扳手；犁刀；纺机和印花机盘头
KTH350-10	F	350	200	10	120～150	12或15	汽车前后轮壳，差速器壳、制动器支架，铁道扣板、电机壳、犁刀等
KTH370-12	F	370	226	12	120～150	12或15	
KTZ450-06	P	450	270	6	150～200	12或15	曲轴、凸轮轴、连杆、齿轮、摇臂、活塞环、轴套、犁刀、耙片、万向节头、棘轮、扳手、传动链条、矿车轮等
KTZ550-04	P	550	340	4	180～250	12或15	
KTZ650-02	P	650	430	2	210～260	12或15	
KTZ700-02	P	700	530	2	240～290	12或15	

可锻铸铁不能用锻造方法制成零件，只是因为石墨的形态改造为团絮状，不如灰口铸铁的石墨片分割基体严重，因而强度与韧性比灰口铸铁高。

可锻铸铁的机械性能介于灰口铸铁与球墨铸铁之间，有较好的耐蚀性，但由于退火时间长，生产效率极低，使用受到限制，故一般用于制造形状复杂，承受冲击，并且壁厚<25mm的铸件(如汽车、拖拉机的后桥壳、轮壳等)。可锻铸铁也适用于制造在潮湿空气、炉气和水等介质中工作的零件，如管接头、阀门等。

③ 可锻铸铁的石墨化退火。可锻铸铁的石墨是通过白口铸件退火形成的。通常是先形成的白口铸件加热到900～980℃的温度，一般保温60～80小时，炉冷使其中渗碳体分解让“第一阶段石墨化”充分进行形成团絮状石墨。待炉冷至770～650℃再长时间保温让“第二阶段石墨化”充分进行，这样处理后获得“黑心可锻铸铁”。若取消第二阶段的770～650℃长时间保温，只让“第一阶段石墨化”充分进行炉冷后便获得珠光体基体或珠光体与少量铁素体共存的基体加团絮状石墨的“白心可锻铸铁”。

可锻铸件的问题是：可锻化退火时间太长，生产效率太低，退火后在600～400℃之间缓冷后铸铁件脆性大。解决问题的办法是：避免退火后在600～400℃之间缓冷；向铸铁液中引入少量Bi、B元素并可适当提高硅的含量可有效地缩短退火时间。我国有的厂家已将可锻化退火时间缩短到20h。

(5) 特殊性能铸铁　工业上除了要求铸铁有一定的机械性能外，有时还要求它具有较高的耐磨性以及耐热性、耐蚀性。为此，在普通铸铁的基础上加入一定量的合金元素，制成特殊性能铸铁(合金铸铁)。主要有加入Cu、Mo、Mn、Si、P、V、Cr、B等元素的耐磨铸铁；加入Si、Al、Cr等元素，使铸铁表面形成一层SiO_2、Al_2O_3、Cr_2O_3等氧化膜，防止高温氧化的耐热铸铁；加入Ni、Cr、Al、Si等元素，使铸铁表面形成致密的氧化膜，防止高温下腐蚀介质腐蚀的耐蚀铸铁。特殊性能铸铁与特殊性能钢相比，熔炼简便，成本较低。缺点是脆性较大，综合机械性能不如钢。

3.4　钢的热处理常识

学习目标　明白钢的热处理的目的与原理；能表述钢的四种普通热处理工艺各自的作用、类型、应用场合及操作方法；了解钢的表面热处理的几种常用工艺的作用与特点。

热处理是提高材料使用性能和改善工艺性能的基本途径之一，是挖掘材料潜力，保证产品质量、延长寿命的重要工艺。

热处理是指采用适当方式对材料或工件进行加热、保温和冷却，以获得预期组织结构，从而获得所需性能的工艺方法(见图 3-12)。热处理的实质是通过改变材料的组织结构来改变材料的性能，因此只适用于固态下发生组织转变的材料，不发生固态相变的材料不能用热处理来强化。

大多数零件的热处理都是先加热到临界点以上某一温度区间，使其全部或部分得到均匀的奥氏体组织，然后采用适当的冷却方法，获得所需要的组织结构。

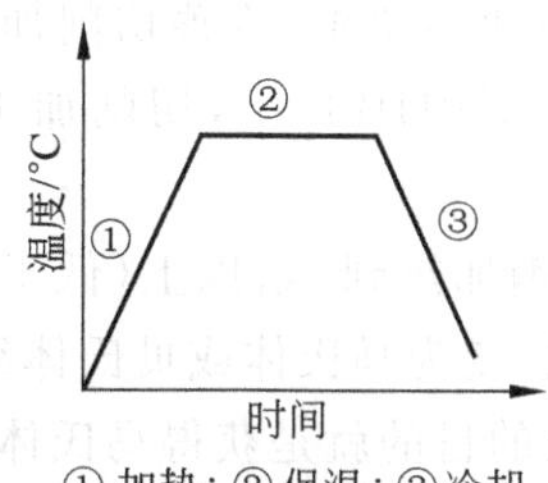

图 3-12　钢的热处理工艺曲线

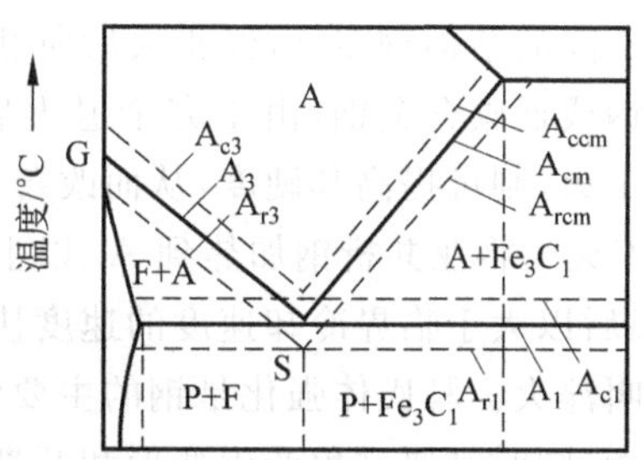

图 3-13　实际加热(冷却)时，$Fe\text{-}Fe_3C$ 相图上各相变点的位置

金属或合金在加热或冷却过程中，发生相变的温度称为相变点或临界点。在铁碳合金相图中(如图 3-8 所示)，A_1、A_3、A_{cm}是平衡条件下的临界点，分别是共析转变温度 727℃、奥氏体与铁素体的转变温度以及奥氏体与渗碳体的转变温度。这些温度是在极其缓慢的加热和冷却条件下得到的，而在实际生产中，加热和冷却并不是极其缓慢的，故实际发生组织转变的温度与铁碳合金相图中的理论临界点 A_1、A_3、A_{cm}之间有一定的偏离(如图 3-13 所示)，并且随着加热和冷却的增加，相变点的偏离将逐渐增大。为了区别钢在实际加热和冷却时的相变点，加热时，在“A”后加注“c”，冷却时加注“r”。即实际加热时的临界点标为 A_{c1}、A_{c3}、A_{ccm}，实际冷却时的临界点标为 A_{r1}、A_{r3}、A_{rcm}。

1. 钢的普通热处理

钢的普通热处理包括退火、正火、淬火和回火。

(1) 退火　退火的种类很多，常用的主要有如下几种类型(见图 3-14)。

① 完全退火。完全退火是将钢件或钢材加热到 A_{c3}以上 20～30℃，经完全奥氏体化后进行随炉缓慢冷却，以获得近于平衡组织的热处理工艺。这种工艺主要用于亚共析钢，其目的是改善钢材内部组织，提高力学性能。

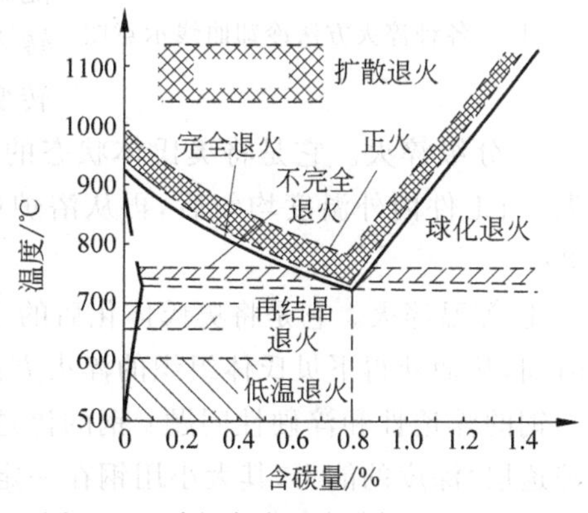

图 3-14　碳钢各类退火的加热温度范围

② 球化退火。球化退火是钢随炉升温加热到 A_{c1}以上 A_{ccm}以下的双相区，较长时间保温，并缓

慢冷却的工艺。这种工艺主要适用于共析或过共析的工模具钢，目的是让其中的碳化物球化（粒化）和消除网状的二次渗碳体，因此叫做球化退火。

③ 去应力退火。去应力退火也称低温退火，是将工件随炉缓慢加热至 500～650℃（$<A_{c1}$），保温一定时间后，随炉缓慢冷却至 300～200℃以下再出炉空冷。其目的是消除由于变形加工以及铸造、焊接过程引起的残余内应力，从而稳定工件尺寸，减少变形。

④ 扩散退火。扩散退火是将工件加热到略低于固相线的温度（亚共析钢通常为 1050～1150℃），长时间（一般 10～20 小时）保温，然后随炉缓慢冷却到室温。扩散退火的主要目的是均匀钢内部的化学成分。主要适用于铸造后的高合金钢。

（2）正火　正火是将钢材或钢件加热到临界温度以上，保温后空冷的热处理工艺。亚共析钢的正火加热温度为 A_{c3} ＋30～50℃；而过共析钢的正火加热温度则为 A_{ccm} ＋30～50℃。

正火与退火的主要区别在于冷却速度不同，正火冷却速度较大，得到的珠光体组织很细，因而强度和硬度也较高。

正火主要应用于消除网状二次渗碳体，以保证球化退火质量；作为最终热处理，对于机械性能要求不高的结构钢零件，经正火后所获得的性能即可满足使用要求；改善切削加工性能，对于低碳钢或低碳合金钢，由于完全退火后硬度太低，一般在 170HB 以下，切削加工性能不好。而用正火，则可提高其硬度，从而改善切削加工性能。

（3）淬火　将亚共析钢加热到 A_{c3} 以上，共析钢与过共析钢加热到 A_{c1} 以上（低于 A_{ccm}）的温度，保温后以大于临界冷却速度的速度快速冷却，使奥氏体转变为马氏体或贝氏体组织的热处理工艺叫淬火。马氏体强化是钢的主要强化手段，因此淬火的目的就是获得马氏体，提高钢的机械性能，同时又要避免产生变形和开裂。淬火是钢的最重要的热处理工艺，也是热处理中应用最广的工艺之一。常用的淬火冷却介质是水、盐或碱的水溶液和各种矿物油、植物油。

选择适当的淬火方法同选用淬火介质一样，可以保证在获得所要求的淬火组织和性能条件下，尽量减小淬火应力，减少工件变形和开裂倾向。常用的淬火方法有以下几种。

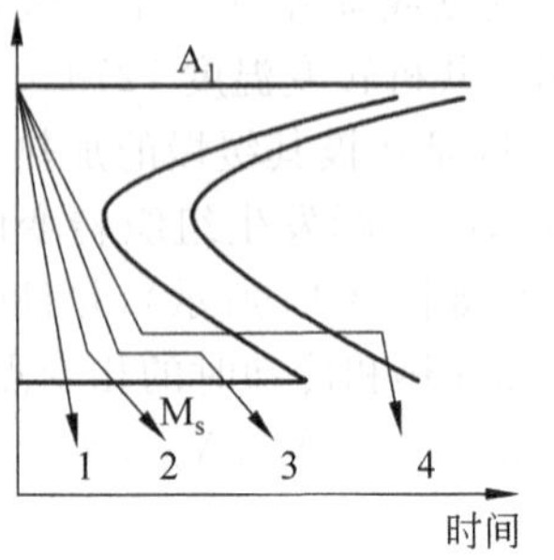

图 3-15　各种淬火方法冷却曲线示意图

① 单液淬火。它是将奥氏体状态的工件放入一种淬火介质中一直冷却到室温的淬火方法（见图 3-15 曲线 1）。这种方法操作简单，容易实现机械化，适用于形状简单的碳钢和合金钢工件。

② 双液淬火。它是先将奥氏体状态的工件在冷却能力强的淬火介质中冷却至接近 M_s 点温度时，再立即转入冷却能力较弱的淬火介质中冷却，直至完成马氏体转变（见图 3-15 曲线 2）。

③ 分级淬火。它是将奥氏体状态的工件首先淬入略高于钢的 M_s 点的盐浴或碱浴炉中保温，当工件内外温度均匀后，再从浴炉中取出空冷至室温，完成马氏体转变（见图 3-15 曲线 3）。

④ 等温淬火。它是将奥氏体化后的工件在稍高于 M_s 温度的盐浴或碱浴中冷却并保温足够时间，从而获得下贝氏体组织的淬火方法（见图 3-15 曲线 4）。

钢的淬透性和淬硬性问题：钢的淬透性是指奥氏体化后的钢在淬火时获得淬硬层（也称为淬透层）深度的能力，其大小用钢在一定条件下淬火获得的淬硬层深度来表示。淬硬性是在正常淬火条件下，马氏体能到达的最大硬度。淬透性是钢的重要热处理工艺性能，也是选材和制定热处理工艺的重要依据之一。淬硬性取决于含碳量，而淬透性取决于合金元素。淬火硬度高的钢不一定淬透性好，淬火硬度低的钢也可能淬透性好。

(4) 回火　回火一般是紧接淬火以后的热处理工艺，回火是淬火后再将工件加热到 A_{c1} 温度以下的某一温度，保温后再冷却到室温的一种热处理工艺。

淬火后的钢铁工件处于高的内应力状态，不能直接使用，必须即时回火，否则会有工件断裂的危险。淬火后回火目的在于降低或消除内应力，以防止工件开裂和变形；减少或消除残余奥氏体，以稳定工件尺寸；调整工件的内部组织和性能，以满足工件的使用要求。

① 钢在回火时的转变。共析钢在淬火后，得到的马氏体和残余奥氏体组织是不稳定的，存在着向稳定组织转变的自发倾向。回火加热可加速这种自发转变过程。根据转变发生的过程和形成的组织，回火可分为以下 4 个阶段(表 3-7 是不同回火组织的性能特点)。

表 3-7　回火组织及其特点

回火组织	形成温度/℃	组 织 特 征	性 能 特 征
回火马氏体	150～350	极细的 ε 碳化物分布在马氏体基体上	强度、硬度高，耐磨性好。硬度一般为 58～64HRC
回火屈氏体	350～500	细粒状渗碳体分布在针状铁素体基体上	弹性极限、屈服极限高，具有一定的韧性。硬度一般为 35～45HRC
回火索氏体	500～650	粒状渗碳体分布在多边形铁素体基体上	综合机械性能好，强度、塑性和韧性好。硬度一般为 25～35HRC

第一阶段(200℃以下)：马氏体分解。

第二阶段(200～300℃)：残余奥氏体分解。

第三阶段(250～400℃)：碳化物的转变。

第四阶段(400℃以上)：渗碳体的聚集长大与 α 相的再结晶。

② 回火的类型。按照回火温度和工件所要求的性能，一般将回火分为以下三类。

- 低温回火(150～250℃)。低温回火后，组织为极细的碳化物和过低饱和度固溶体，形态基本不变，即为回火马氏体+残余奥氏体。低温回火的目的是降低淬火应力，提高工件的韧性，保证淬火后的高硬度和高耐磨性。主要用于处理各种高碳钢工具、模具、滚动轴承以及渗碳和表面淬火的零件。
- 中温回火(350～500℃)。中温回火后得到铁素体基体与大量弥散分布的细粒状的混合组织，叫做回火屈氏体。中温回火的目的是获得回火托氏体 T′。因为回火托氏体具有高的弹性极限和屈服强度，同时也具有一定的韧性，硬度一般为 35～45HRC。中温回火主要用于处理各种弹簧及需要高屈服强度的零件。
- 高温回火(500～650℃)。高温回火后的组织为再结晶等轴 F+粗粒状 Fe_3C，称为回火索氏体 S′。高温回火的目的是获得良好的综合机械性能。高温回火主要用于承受各种复杂载荷的重要的机械零件，如轴类件、齿轮类件等。生产上一般把淬火后高温回火的热处理工艺称为调质处理。

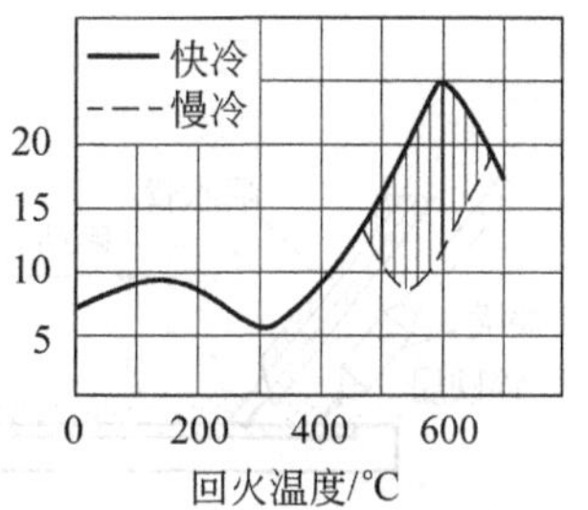

图 3-16　钢的韧性与回火温度的关系

③ 回火脆性。图 3-16 所示是随着回火温度的升高，钢的冲击韧性的变化规律。从图中可以看出，在 250～350℃和 500～650℃钢的冲击韧性明显下降，这种

脆化现象称为回火脆性。

- 低温回火脆性。淬火钢在 250～3500℃范围内回火时出现的脆性叫做低温回火脆性，也叫第一类回火脆性。几乎所有的钢都存在这类脆性。这是一种不可逆回火脆性，目前尚无有效办法完全消除这类回火脆性。所以一般都不在 250～350℃这个温度范围内回火。
- 高温回火脆性。淬火钢在 500～650℃范围内回火时出现的脆性称为高温回火脆性，也称为第二类回火脆性。这种脆性主要发生在含 Cr、Ni、Si、Mn 等合金元素的结构钢中。这种脆性与加热、冷却条件有关。加热至 600℃以上后，以缓慢的冷却速度通过脆化温度区时，出现脆性；快速通过脆化区时，则不出现脆性。此类回火脆性是可逆的，在出现第二类回火脆性后，重新加热至 600℃以上快冷，可消除脆性。

2. 钢的表面热处理

钢的表面热处理有两大类：一类是表面加热淬火热处理，即通过对零件表面快速加热及快速冷却使零件表层获得马氏体组织，从而增强零件的表层硬度，提高其抗磨损性能。另一类是化学热处理，即通过改变零件表层的化学成分，从而改变表层的组织，使其表层的机械性能发生变化。

(1) 钢的表面淬火　仅对钢的表面加热、冷却而不改变成分的热处理淬火工艺称为表面淬火。按加热方式可分为感应加热、火焰加热、电接触加热和电解加热等。最常用的是前两种。

① 感应加热表面淬火。感应加热表面淬火是利用感应电流通过工件所产生的热效应，使工件表面的局部或整体加热并进行快速冷却的淬火工艺，感应加热表面淬火方法如图 3-17 所示。感应加热表面淬火的加热速度快，所获得的表面硬度比普通淬火高 2～3HRC，具有较好耐磨性和较低的脆性，工件变形小，裂纹倾向小等特点，常用于主轴、齿轮等零件。

② 火焰加热表面淬火。火焰加热表面淬火是用乙炔-氧或煤气-氧等火焰直接加热工件表面，然后立即喷水冷却，以获得表面硬化效果的淬火方法(见图 3-18)。火焰加热温度很高(约 3000℃以上)，能将工件迅速加热到淬火温度，通过调节烧嘴的位置和移动速度，可以获得不同厚度的淬硬层。

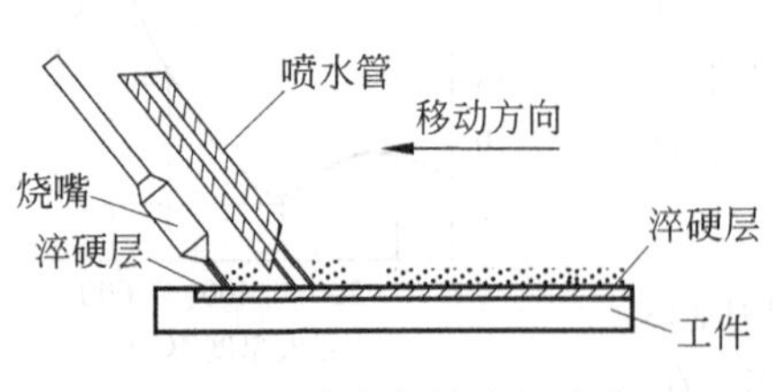

图 3-17　感应加热表面淬火

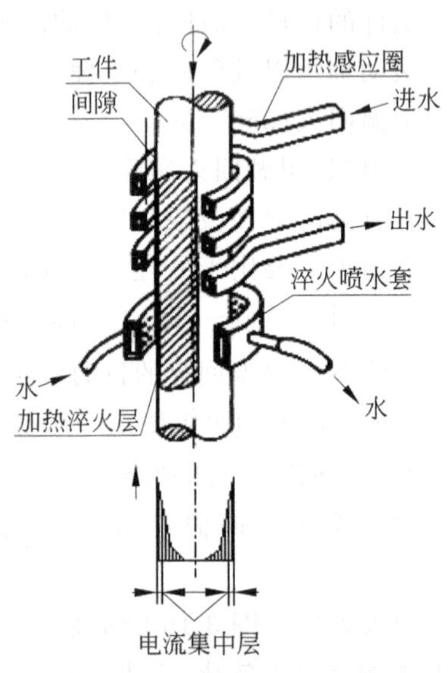

图 3-18　火焰加热表面淬火

（2）化学热处理　化学热处理是将钢件置于一定温度的活性介质中保温，使一种或几种元素渗入它的表面，改变其化学成分和组织，达到改进表面性能，满足技术要求的热处理过程。常用的化学热处理有渗碳、渗氮（俗称氮化）、碳氮共渗（俗称氰化和软氮化）等。还有渗硫、渗硼、渗铝、渗钒、渗铬等。发蓝、磷化可以归为表面处理，不属于化学热处理。化学热处理过程包括分解、吸收、扩散三个基本过程。目前生产中最常用的化学热处理工艺是渗碳、渗氮和碳氮共渗化。

① 渗碳。渗碳就是将低碳钢放入高碳介质中加热、保温，以获得高碳表层的化学热处理工艺。渗碳的主要目的是提高零件表层的含碳量，以便大大提高表层硬度，增强零件的抗磨损能力，同时保持心部的良好韧性。与表面淬火相比，渗碳主要用于那些对表面有较高耐磨性要求，并承受较大冲击载荷的零件。

② 渗氮。渗氮是指钢件在一定温度下使活性氮原子渗入表层的化学热处理工艺。它的主要目的是提高零件表层含氮量以增强表面硬度和耐磨性、提高疲劳强度和抗蚀性。

③ 碳氮共渗。碳氮共渗是同时向零件渗入 C、N 两种元素的化学热处理工艺，也称为氰化处理。氰化主要有液体氰化和气体氰化两种。液体氰化有毒，污染环境，劳动条件差，已很少应用。气体氰化包括高温氰化和低温氰化两种。

3.5　有色金属

学习目标　对常见有色金属——铜、铝、钛及其合金的性能、分类、牌号与应用有一定的认知。

1. 铝及其合金

（1）纯铝　纯铝是一种银白色的轻金属，熔点为 660℃，具有面心立方晶格，没有同素异构转变。它的密度小（只有 $2.72g/cm^3$）；导电性好，仅次于银、铜和金；导热性好，比铁几乎大三倍。纯铝具有一系列优良的工艺性能，易于铸造，易于切削，也易于通过压力加工制成各种规格的半成品。

纯铝按其纯度分为高纯铝、工业高纯铝和工业纯铝。纯铝的牌号用“铝”字汉语拼音字首“L”和其后面的编号表示。高纯铝的牌号有 LG1、LG2、LG3、LG4 和 LG5，“G”是“高”字的汉语拼音字首，后面的数字越大，纯度越高，它们的含铝量在 99.85%～99.99%之间。工业纯铝的牌号有 L1、L2、L3、L4、L4-1、L5、L5-1 和 L6。后面的数字表示纯度，数字越大，纯度越低。

（2）铝合金的分类　根据铝合金的成分、组织和工艺特点，可以将其分为铸造铝合金与变形铝合金两大类。铸造铝合金是将熔融的合金直接浇铸成形状复杂的甚至是薄壁的成型件，所以要求合金具有良好的铸造流动性。变形铝合金是将铝合金铸锭通过压力加工（轧制、挤压、模锻等）制成半成品或模锻件，所以要求有良好的塑性变形能力。

铸造铝合金按加入的主要合金元素的不同，分为 Al—Si 系、Al—Cu 系、Al—Mg 系和 Al—Zn 系四种合金。合金牌号用“铸铝”二字汉语拼音字首“ZL”后跟三位数字表示。第一位数表示合金系列，1 为 Al—Si 系合金；2 为 Al—Cu 系合金；3 为 Al—Mg 系合金；4 为 Al—Zn 系合金。第二、三位数表示合金的顺序号。如 ZL201 表示 1 号铝铜系铸造铝合金，ZL107 表示 7 号铝硅系铸造铝合金。

变形铝合金按照性能特点和用途分为防锈铝、硬铝、超硬铝和锻铝四种。防锈铝属于不能热处理强化的铝合金，硬铝、超硬铝、锻铝属于可热处理强化的铝合金。防锈铝用“LF”和跟在后面的顺序号表示,"LF"是"铝防"二字的汉语拼音字首。硬铝、超硬铝、锻铝分别用"LY"(铝硬)、"LC"(铝超)、"LD"(铝锻)和后面的顺序号来表示。如"LF5"表示5号防锈铝,LY11表示11号硬铝,LC4表示4号超硬铝,LD8表示8号锻铝,以此类推。

2. 铜及铜合金

(1) 纯铜(紫铜) 纯铜是玫瑰红色金属,表面形成氧化铜膜后,外观呈紫红色,故常称为紫铜。纯铜主要用于制作电工导体以及配制各种铜合金。

工业纯铜中含有锡、铋、氧、硫、磷等杂质,它们都使铜的导电能力下降。根据杂质的含量,工业纯铜可分为4种:T1、T2、T3、T4。"T"为铜的汉语拼音字首,编号越大,纯度越低。工业纯铜的牌号、成分及用途见表3-8。

表3-8 工业纯铜的牌号、成分及用途

类别	牌号	含铜量/%	杂质/%		杂质总量/%	用途
			Bi	Pb		
一号铜	T1	99.85	0.002	0.005	0.05	导电材料和配制高纯度合金
二号铜	T2	99.90	0.002	0.005	0.1	导电材料,制作电线、电缆等
三号铜	T3	99.70	0.002	0.01	0.3	一般用铜材,电气开关、垫圈、铆钉、油管等
四号铜	T4	99.50	0.003	0.05	0.5	同上

纯铜除工业纯铜外,还有一类叫无氧铜,其含氧量极低,不大于0.003%。牌号有TU1、TU2,主要用来制作电真空器件及高导电性铜线。这种导线能抵抗氢的作用,不发生氢脆现象。纯铜的强度低,不宜直接用做结构材料。

(2) 黄铜 铜锌合金或以锌为主要合金元素的铜合金称为黄铜。黄铜具有良好的塑性和耐腐蚀性,良好的变形加工性能和铸造性能,在工业中有很强的应用价值。按化学成分的不同,黄铜可分为普通黄铜和特殊黄铜两类。

普通黄铜的含锌量对其机械性能有很大的影响。当含锌量≤30%~32%时,随着含锌量的增加,强度和延伸率都升高,当含锌量>32%后,塑性开始下降,而强度在含锌量=45%附近达到最大值。含锌量更高时,强度与塑性急剧下降。

普通黄铜分为单相黄铜和双相黄铜两种类型,从变形特征来看,单相黄铜适宜于冷加工,而双相黄铜只能热加工。常用的单相黄铜牌号有H80、H70、H68等,"H"为黄铜的汉语拼音字首,数字表示平均含铜量。它们塑性很好,可进行冷、热压力加工,适于制作冷轧板材、冷拉线材、管材及形状复杂的深冲零件。而常用双相黄铜的牌号有H62、H59等,可以进行热加工变形。通常双相黄铜热轧成棒材、板材,再经机加工制造各种零件。

为了获得更高的强度、抗蚀性和良好的铸造性能,在铜锌合金中加入铝、铁、硅、锰、镍等元素,形成各种特殊黄铜。特殊黄铜的编号方法是:"H+主加元素符号+铜含量+主加元素含量"。特殊黄铜可分为压力加工黄铜(以黄铜加工产品供应)和铸造黄铜两类,其中铸造黄铜在编号前加"Z"。例如:HPb60-1表示平均成分为60%Cu,1%Pb,其余为Zn的铅黄铜;ZCuZn31Al2表示平均成分为31%Zn,2%Al,其余为Cu的铝黄铜。

(3) 青铜 青铜原指铜锡合金,但是,工业上习惯把铜基合金中不含锡而含有铝、镍、锰、硅、铍、铅等特殊元素组成的合金也叫青铜。所以青铜实际上包含锡青铜、铝青铜、铍青铜和硅青铜等。青铜也可分为压力加工青铜(以青铜加工产品供应)和铸造青铜两类。青铜的编号规则是:"Q+主加元素符号+主加元素含量(+其他元素含量)","Q"表示青的汉语拼音字首。如QSn4-3表示成分为4%Sn、3%Zn,其余为铜的锡青铜。铸造青铜的编号前加"Z"。

锡青铜是我国历史上使用得最早的有色合金，也是最常用的有色合金之一。它的锻造性好；铝青铜以铝为主要合金元素的铜合金称为铝青铜。铝青铜的强度和抗蚀性比黄铜和锡青铜还高，它是锡青铜的代用品，常用来制造弹簧、船舶零件等；铍青铜以铍为合金化元素的铜合金称为铍青铜。它是极其珍贵的金属材料，具有很高的弹性极限、疲劳强度、耐磨性和抗蚀性，导电、导热性极好，并且耐热、无磁性，受冲击时不发生火花。因此铍青铜常用来制造各种重要弹性元件，耐磨零件(钟表齿轮，高温、高压、高速下的轴承)及防爆工具等。但铍是稀有金属，价格昂贵，在使用上受到限制。

3. 钛及其合金

钛不但资源丰富，而且具有比重小、比强度高、耐热性高及优异的抗腐蚀性能。此外，钛还具有很高的塑性及耐蚀性并便于冷热加工，从而使钛在现代工业中占有极其重要的地位。因此在航空、化工、导弹、航天及舰艇等方面，钛及其合金得到广泛的应用。

(1) 纯钛　钛是银白色金属，熔点为 1680℃，相对密度为 4.54，比铝重但比钢轻。工业纯钛按杂质含量不同可分为三个等级，即 TA1、TA2、TA3。其中“T”为钛的汉语拼音字首，编号越大则杂质越多。工业纯钛可制作在 350℃ 以下工作的强度要求不高的零件。

(2) 钛合金　为了进一步提高强度，可在钛中加入合金元素。合金元素溶入 α-Ti 中形成 α 固溶体，溶入 β-Ti 中形成 β 固溶体。铝、碳、氮、氧、硼等元素使 αβ 同素异晶转变温度升高，称为 α 稳定化元素；而铁、钼、镁、铬、锰、钒等元素使同素异晶转变温度下降，称为 β 稳定化元素；锡、锆等元素对转变温度影响不明显，称为中性元素。

根据使用状态的组织，钛合金可分为三类：α 钛合金、β 钛合金、(α＋β)钛合金。牌号分别以 TA、TB、TC 加上编号表示。

α 钛合金：由于 α 钛合金的组织全部为 α 固溶体，因而具有很好的强度、韧性及塑性。在冷态也能加工成某种半成品，如板材、棒材等。它在高温下组织稳定，抗氧化能力较强，热强性较好。在高温(500～600℃)时的强度性能为三类合金中较高者。但它的室温强度一般低于 β 和(α＋β)钛合金，α 钛合金是单相合金，不能进行热处理强化。代表性的合金有 TA5、TA6、TA7。

β 钛合金：全部是 β 相的钛合金在工业上很少应用。因为这类合金比重较大，耐热性差及抗氧化性能低。当温度高于 700℃时，合金很容易受大气中的杂质气体污染，生产工艺复杂，因而限制了它的使用。但全 β 钛合金由于是体心立方结构，合金具有良好的塑性，为了利用这一特点，发展了一种较稳定的 β 相钛合金。此合金在淬火状态为全 β 组织，便于进行加工成形，随后的时效处理又能获得很高的强度。

(α＋β)钛合金：(α＋β)钛合金兼有 α 和 β 钛合金两者的优点，耐热性和塑性都比较好，并且可进行热处理强化，这类合金的生产工艺也比较简单。因此，(α＋β)合金的应用比较广泛，其中以 TC4(Ti-6Al-4V)合金应用最广、最多。

工业纯钛和部分钛合金的牌号、成分、机械性能及用途见表 3-9。

表 3-9　工业纯钛和部分钛合金的牌号、成分、机械性能及用途

类别	牌号	化学成分	热处理	室温机械性能		高温机械性能			用途
				σ_b/MPa	δ/%	温度/℃	σ_b/MPa	σ_{100}/MPa	
工业纯钛	TA1	Ti(杂质极微)	T	300～500	30～40	—	—	—	在 350℃ 以下工作，强度要求不高的零件
	TA2	Ti(杂质微)	T	450～600	25～30	—	—	—	
	TA3	Ti(杂质微)	T	550～700	20～25	—	—	—	

续表

类别	牌号	化学成分	热处理	室温机械性能		高温机械性能			用途
				σ_b/MPa	δ/%	温度/℃	σ_b/MPa	σ_{100}/MPa	
α钛合金	TA4	Ti-3Al	T	700	12	—	—	—	在500℃以下工作的零件，导弹燃料罐、超音速飞机的蜗轮机匣
	TA5	Ti-4Al-0.005B	T	700	15	—	—	—	
	TA6	Ti-5Al	T	700	12～20	350	430	400	
β钛合金	TB1	Ti-3Al-8Mo-11Cr	C	1100	16	—	—	—	在350℃以下工作的零件，压气机叶片、轴、轮盘等重载荷旋转件，飞机构件
			CS	1300	5				
	TB2	Ti-5Mo-5V-8Cr-3Al	C	100	20	—	—	—	
			CS	1350	8				
(α+β)钛合金	TC1	Ti-2Al-1.5Mn	T	600～800	20～25	350	350	350	在400℃以下工作的零件，有一定高温强度的发动机零件，低温用部件
	TC2	Ti-3Al-1.5Mn	T	700	12～15	350	430	400	
	TC3	Ti-5Al-4V	T	900	8～10	500	450	200	
	TC4	Ti-6Al-4V	T	950	10	400	630	580	
			CS	1200	8				

注：表中符号的意义：T—退火状态；C—淬火状态；CS—淬火+时效状态。

3.6 非金属材料

学习目标 知道非金属材料的主要类型；对常用非金属材料的特点及应用有一定的认知。

非金属材料包括除金属材料以外几乎所有的材料，主要有各类高分子材料（塑料、橡胶、合成纤维、部分胶粘剂等）、陶瓷材料（各种陶器、瓷器、耐火材料、玻璃、水泥及近代无机非金属材料等）和各种复合材料等。

1. 高分子材料

高分子材料又称为高聚物，通常，高聚物根据机械性能和使用状态可分为塑料、橡胶、合成纤维、合成胶粘剂和涂料五类。

(1) 塑料　按照应用范围，塑料分为三种。

① 通用塑料。通用塑料主要包括聚乙烯（PE）、聚氯乙烯（PVC）、聚苯乙烯（PS）、聚丙烯（PP）、酚醛塑料和氨基塑料六大品种。这一类塑料的特点是产量大、用途广、价格低，它们占塑料总产量的3/4以上，大多数用于日常生活用品。其中，以聚乙烯、聚氯乙烯、聚苯乙烯、聚丙烯这四大品种用途最广泛。

② 工程塑料。工程塑料是指能作为结构材料在机械设备和工程结构中使用的塑料。它们的机械性能较好，耐热性和耐腐蚀性也比较好，是当前大力发展的塑料品种。这类塑料主要有聚酰胺（PA）、聚甲醛（POM）、有机玻璃（PMMA）、聚碳酸酯、ABS塑料、聚苯醚（PPO）、聚砜（PSF）、聚四氟乙烯（F-4）塑料等。

③ 特种塑料。具有某些特殊性能，满足某些特殊要求的塑料。这类塑料产量少，价格贵，只用于特殊需要的场合，如医用塑料等。

(2) 橡胶　橡胶是具有高弹性的轻度交联的线型高聚物，它们在很宽的温度范围内处于高弹态。一般橡胶在－40～80℃范围内具有高弹性，某些特种橡胶在－100℃的低温和200℃

高温下都保持高弹性。橡胶的弹性模数很低，只有 1×10^3 kN/m^2，在外力作用下变形量可达100%～1000%，外力去除又很快恢复原状。橡胶有优良的伸缩性，良好的储能能力和耐磨、隔音、绝缘等性能，广泛用于制作密封件、减震件、传动件、轮胎和电线等制品。

纯弹性体的性能随温度变化很大，如高温发黏，低温变脆，必须加入各种配合剂，经加温加压的硫化处理，才能制成各种橡胶制品。硫化剂加入量大时，橡胶硬度增高。硫化前的橡胶称为生胶，硫化后的橡胶有时也称为橡皮。

(3) 合成纤维　凡能保持长度比本身直径大 100 倍的均匀条状或丝状的高分子材料称为纤维，包括天然纤维和化学纤维。其中，化学纤维又分为人造纤维和合成纤维。人造纤维是用自然界的纤维加工制成，如叫"人造丝"、"人造棉"的粘胶纤维和硝化纤维、醋酸纤维等。合成纤维以石油、煤、天然气为原料制成，发展很快。

(4) 合成胶粘剂　胶粘剂统称为胶，它以黏性物质为基础，并加入各种添加剂组成。它可将各种零件、构件牢固地胶结在一起，有时可部分代替铆接或焊接等工艺。由于胶粘工艺操作简便，接头处应力分布均匀，接头的密封性、绝缘性和耐蚀性较好，且可连接各种材料，所以在工程中应用日益广泛。

胶粘剂分为天然胶粘剂和合成胶粘剂两种，糨糊、虫胶和骨胶等属于天然胶粘剂，而环氧树脂、氯丁橡胶等则属于合成胶粘剂。通常，人工合成树脂型胶粘剂由粘剂(如酚醛树脂、聚苯乙烯等)、固化剂、填料及各种附加剂(增韧剂、抗氧剂等)组成。根据使用要求选择不同的配比。

胶粘剂不同，形成胶接接头的方法也不同。有的接头在一定的温度和时间条件下由固化形成；有的加热胶接，冷凝后形成接头；还有的需先溶入易挥发溶液中，胶接后溶剂挥发形成接头。

(5) 涂料　涂料就是通常所说的油漆，这是一种有机高分子胶体的混合溶液，涂在物体表面上能干结成膜。涂料是由黏结剂、颜料、溶剂和其他辅助材料组成。其中，黏结剂是主要的膜物质，一般采用合成树脂作黏结剂，它决定了膜与基体层粘接的牢固程度；颜料也是涂膜的组成部分，它不仅使涂料着色，而且能提高涂膜的强度、耐磨性、耐久性和防锈能力；溶剂是涂料的稀释剂，其作用是稀释涂料，以便于施工，干结后挥发；辅助材料通常有催干剂、增塑剂、固化剂、稳定剂等。

酚醛树脂涂料是应用最早的合成涂料，有清漆、绝缘漆、耐酸漆、地板漆等；氨基树脂涂料的涂膜光亮、坚硬，广泛用于电风扇、缝纫机、化工仪表、医疗器械、玩具等各种金属制品；醇酸树脂涂料涂膜光亮，保光性强，耐久性好，广泛用于金属、木材的表面涂饰；环氧树脂涂料的附着力强，耐久性好，适用于作金属底漆，也是良好的绝缘涂料；聚氨酯涂料的综合性能好，特别是耐磨性和耐蚀性好，适用于列车、地板、舰船甲板、纺织用的纱管以及飞机外壳等；有机硅涂料耐高温性能好，也耐大气、耐老化、适于高温环境下使用。

2. 陶瓷材料

(1) 陶瓷的类型　陶瓷材料可分为传统陶瓷、特种陶瓷和金属陶瓷三类。

传统陶瓷是以黏土、长石和石英等天然原料，经过粉碎、成形和烧结制成，主要用于日用、建筑、卫生以及工业应用(绝缘、耐酸、过滤陶瓷等)。

特种陶瓷是以人工化合物为原料制成，如氧化物、氮化物、碳化物、硅化物、硼化物和氟化物瓷以及石英质、刚玉质、碳化硅质过滤陶瓷等。这类陶瓷具有独特的力学、物理、化学、电、磁、光学等性能，满足工程技术的特殊需要，主要用于化工、冶金、机械、电子、能源和一些新技术中。在特种陶瓷中，按性能可分为高强度陶瓷、高温陶瓷、耐磨陶瓷、耐酸陶瓷、压电陶瓷、电介质陶瓷、光学陶瓷、半导体陶瓷、磁性陶瓷和生物陶瓷。按照化学组成分类，特种陶瓷可分为氧化物陶瓷、氮化物陶瓷、碳化物陶瓷、复合瓷和纤维增强陶瓷。

金属陶瓷是由金属和陶瓷组成的材料，它综合了金属和陶瓷两者的大部分有用的特性。按照这种材料的生产方法，以前常将其归属于陶瓷材料一类，现在则多将其算做复合材料。

(2) 陶瓷的性能特点

① 力学性能。陶瓷是材料种类中刚度最好、硬度最高的材料，其硬度大多在1500HV以上，因此，陶瓷作为超硬耐磨材料特别适宜。其抗拉强度低，抗压强度高，可以用于承受压力的构件。承包单位的塑性和韧性很差，在机械结构中应用不多。

② 热性能。陶瓷材料一般具有2000℃以上的较高熔点，且在高温下具有极好的化学稳定性，所以陶瓷可以制作耐火砖、耐火泥、耐火涂料等。另外，陶瓷还具有良好的隔热性和较好的尺寸稳定性。

③ 电性能。大多数陶瓷具有良好的电绝缘性，因此大量用于制作各种电压(1～110kV)绝缘器件。部分陶瓷具有较高的介电常数，可用于制作电容器，少数陶瓷还具有半导体的特性，可制作整流器。

④ 化学性。陶瓷在高温下不易氧化，并对酸、碱、盐具有良好的耐腐蚀能力。

此外，陶瓷还具有独特的光学性能，可用做固体激光器材料、光导纤维材料、光储存器等，透明陶瓷可用于高压钠灯管等。

(3) 常用工业陶瓷

① 传统陶瓷(普通陶瓷)。传统陶瓷就是黏土类陶瓷，它产量大，应用广，大量用于日用陶器、瓷器、建筑工业、电器绝缘材料、耐蚀要求不很高的化工容器、管道，以及机械性能要求不高的耐磨件，如纺织工业中的导纺零件等。

② 特种陶瓷。现代工业要求高性能的制品，用人工合成的原料，采用普通陶瓷的工艺制得的新材料，称为特种陶瓷。它包括氧化物陶瓷、氮化硅陶瓷、碳化硅陶瓷、氮化硼陶瓷等几种。

氧化铝陶瓷是以 Al_2O_3 为主要成分的陶瓷，Al_2O_3 含量大于46%，也称为高铝陶瓷。Al_2O_3 含量在90%～99.5%时称为刚玉瓷。按 Al_2O_3 的成分可分为75瓷、85瓷、96瓷、99瓷等。氧化铝含量越高性能越好。氧化铝瓷耐高温性能很好，在氧化气氛中可使用到1950℃。氧化铝瓷的硬度高、电绝缘性能好、耐蚀性和耐磨性也很好。可用做高温器皿、刀具、内燃机火花塞、轴承、化工用泵、阀门等。

氮化硅陶瓷是键性很强的共价键化合物，稳定性极强，除氢氟酸外，能耐各种酸和碱的腐蚀，也能抵抗熔融有色金属的侵蚀。氮化硅按生产方法分为反应烧结法和热压烧结法两种。反应烧结氮化硅可用于耐磨、耐腐蚀、耐高温、绝缘的零件，如腐蚀介质下工作的机械密封环、高温轴承、热电偶套管、输送铝液的管道和阀门、燃气轮机叶片、炼钢生产的铁水流量计以及农药喷雾器的零件等。热压烧结氮化硅主要用于刀具，可进行淬火钢、冷硬铸铁等高硬材料的精加工和半精加工，也用于钢结硬质合金、镍基合金等的加工，它的成本比金刚石和立方氮化硼刀具低。热压氮化硅还可作转子发动机的叶片、高温轴承等。

碳化硅陶瓷热传导能力很高，仅次于氧化铍，它的热稳定性、耐蚀性、耐磨性也很好。碳化硅是用于1500℃以上工作部件的良好结构材料，如火箭尾喷管的喷嘴、浇注金属中的喉嘴以及炉管、热电偶套管等。还可用做高温轴承、高温热交换器、核燃料的包封材料以及各种泵的密封圈等。

氮化硼陶瓷，氮化硼晶体属六方晶系，结构与石墨相似，性能也有很多相似之处，所以又叫“白石墨”。它有良好的耐热性、热稳定性、导热性、高温介电强度，是理想的散热材料和高温绝缘材料。氮化硼的化学稳定性好，能抵抗大部分熔融金属的侵蚀。它也有很好的自润滑性。氮化硼制品的硬度低，可进行机械加工，精度为 1/100mm。氮化硼可用于制造熔炼半导体的坩埚及冶金用高温容器、半导体散热绝缘零件、高温轴承、热电偶套管及玻璃成型模具等。

氧化锆陶瓷，氧化锆的熔点为 2715℃，在氧化气氛中 2400℃时是稳定的，使用温度可达到 2300℃。它的热导率小，高温下是良好的隔热材料。室温下是绝缘体，到 1000℃以上成为导电体，可用做 1800℃以上的高温发热体。氧化锆陶瓷一般用做钯、铑等金属的坩埚、离子导电材料等。

氧化铍陶瓷，氧化铍的熔点为 2570℃，在还原性气体中特别稳定。它的导热性极好，和铝相近，其抗热冲击性很好，适于作高频电炉的坩埚，还可以用做激光管、晶体管散热片、集成电路的外壳和基片等。但氧化铍的粉末和蒸汽有毒性，这影响了它的使用。

氧化镁陶瓷，氧化镁的熔点为 2800℃，氧化气体中使用可在 2300℃保持稳定，在还原性气氛中使用时 1700℃就不稳定了。氧化镁陶瓷是典型的碱性耐火材料，用于冶炼高纯度铁、铁合金、铜、铝、镁等以及熔化高纯度铀、钍及其合金。它的缺点是机械强度低、热稳定性差，容易水解。

3. 复合材料

复合材料是两种或两种以上化学本质不同的组成人工合成的材料。其结构为多相，一类组成(或相)为基体，起黏结作用，另一类为增强相。所以复合材料可以认为是一种多相材料，它的某些性能比各组成相的性能都好。

复合材料按照纤维增强相的性质和形态分为三类。

(1) 纤维增强复合材料　主要有玻璃纤维增强复合材料和碳纤维增强复合材料。玻璃纤维增强复合材料(玻璃钢)是以玻璃纤维及制品增强剂，以树脂为黏结剂制成的纤维增强复合材料。可制作轴承、齿轮、仪表盘、壳体、叶片等。碳纤维增强复合材料是以碳纤维或其织物为增强剂，以树脂、金属、陶瓷等为黏结剂而制成的纤维增强复合材料。可制作导弹的鼻锥体、火箭喷嘴、喷气发动机叶片，中性机械的轴承、齿轮、化工设备的耐腐蚀件等。

(2) 层状复合材料　由两层或两层以上的不同材料结合而成。主要有玻璃复合、塑料复合、多层复合等层状复合材料。可制作高应力(140MPa)、高温(270℃)、低温(−195℃)和无油润滑或少油润滑的机械、车辆的轴承等。

(3) 颗粒复合材料　由一种或多种颗粒均匀分布在基体材料内而制作成的复合材料。主要有金属粒与塑料复合、陶瓷粒与金属复合、有机材料复合等。

思考题与习题

3-1　什么是金属材料的强度、塑性、冲击韧性和疲劳强度？各项性能的衡量指标是什么？

3-2　什么叫硬度？常用的硬度有哪几种？

3-3　铁碳合金的基本组织有哪几种？并说明它们的代表符号和性能特点。

3-4　含碳量为 1%和 0.8%的钢，哪个硬度更大？含碳量为 1.2%和 0.8%的钢，哪个强度更高？试说明原因。

3-5 什么是钢的热处理？常用的热处理方法有哪几种？

3-6 什么是退火和正火？它们的主要区别是什么？

3-7 什么是淬火和回火？其目的是什么？

3-8 什么是钢的化学热处理？

3-9 碳素钢中常存在的杂质元素有哪些？它们对力学性能有何影响？

3-10 什么是合金钢？

3-11 写出下列钢牌号的名称并标明其中数值和字母的含义。

Q235A；T10；45；ZG270-500；40Cr；60Si2Mn；GCr15；W18Cr4V

3-12 什么是铸铁？铸铁一般可分为哪几种类型？

3-13 简述铝和铝合金的性能和主要特性。

3-14 铜合金按化学成分不同，可以分为哪几种类型？试说明普通黄铜和普通青铜的牌号意义和用途。

3-15 塑料有哪两种类型？各有什么特点？

3-16 橡胶、陶瓷和复合材料具有哪些特性？

第3篇

机械原理与机械零件

本篇主要介绍机械中常用机构、传动装置和通用零部件的工作原理、运动特性、结构特点、使用维护以及标准和规范，并对其设计原则与设计方法进行简要说明。

第4章

常用机构

4.1 概述

学习目标 能描述机构的组成、运动副的分类、自由度的概念和计算方法及机构具有确定运动的条件。

在绪论中我们学习过机构是由构件组成的，为了传递运动和动力，机构各构件之间应具有确定的相对运动。然而，把构件任意拼凑起来不一定能运动；即使能够运动，也不一定具有确定的相对运动。那么构件应如何组合才能运动？在什么条件下才具有确定的相对运动？这是本节要学习的知识。

1. 机构的组成

机构由构件组成，根据运动传递路线和构件的运动状况，构件可分为三类。

(1) 机架　机构中的固定构件或相对固定的构件。任何一个机构中必定有也只能有一个构件作为机架。研究机构中活动构件的运动时，常以固定件作为参考坐标系。

(2) 原动件　机构中已知运动规律并作独立运动的构件。原动件是机构中输入运动的构件，故也称为主动件。每个机构中都至少有一个原动件。

(3) 从动件　机构中除原动件和机架以外的所有构件。从动件随主动件的运动而运动。

所有构件的运动平面都相互平行的机构称为平面机构，否则称为空间机构。因为在生活和生产中，平面机构应用最多，本章仅讨论平面机构的情况。

2. 运动副及分类

(1) 运动副的概述　机构中两构件之间直接接触并能作相对运动的可动联接称为运动副。这个概念包含三层意思：

① 两个构件。两个构件构成一个运动副，两个以上的构件则构成多个运动副。

② 直接接触。两个构件只有直接接触才能构成运动副。直接接触使构件的某些独立运动受到限制(或约束)，从而体现出运动副的作用。一旦构件脱离接触而失去约束，它们所构成的运动副即不复存在。

③ 可动联接。两个构件之间要能存在一定形式的相对运动。显然，若两个构件间具有无相对运动的静联接，则二者固结为一个构件，它们之间不存在运动副。

例如轴与轴承之间的联接，活塞与汽缸之间的联接，凸轮与推杆之间的联接，两齿轮的齿和齿之间的联接等。

(2) 运动副的分类　两构件只能在同一平面内相对运动的运动副称为平面运动副。

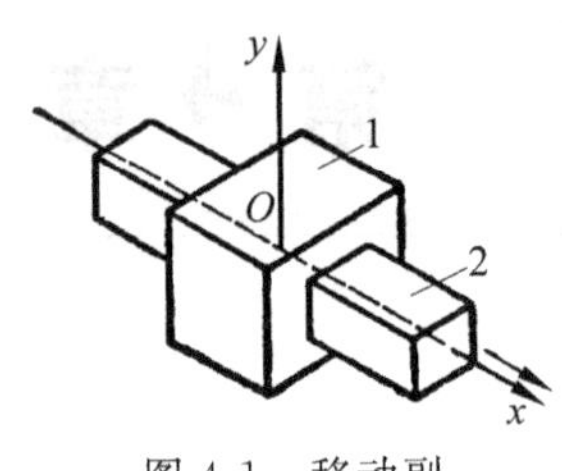

图 4-1 移动副

在平面运动副中，两构件之间的直接接触有三种情况：点接触、线接触和面接触。按照接触特性，通常把运动副分为低副和高副两类。

① 低副。两构件通过面接触构成的运动副称为低副。根据两构件间的相对运动形式，低副又分为移动副和转动副。两构件间的相对运动为直线运动的，称为移动副，如图 4-1 所示；两构件间的相对运动为转动的，称为转动副或称为铰链，如图 4-2 所示。

② 高副。两构件通过点或线接触构成的运动副称为高副。如图 4-3 所示，凸轮 1 与尖顶推杆 2 构成高副，如图 4-4 所示，两齿轮轮齿啮合处也构成高副。

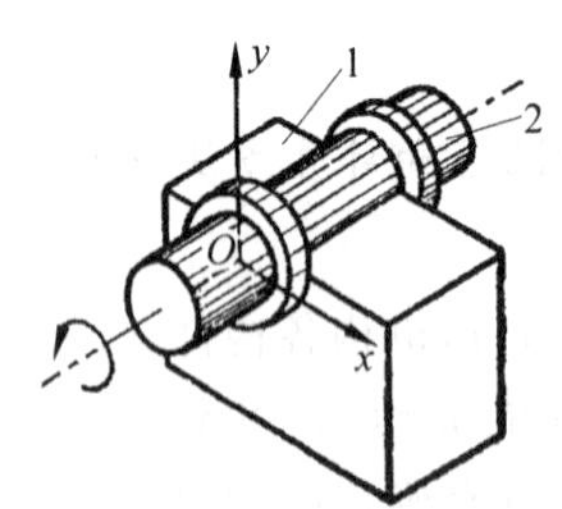

图 4-2 转动副

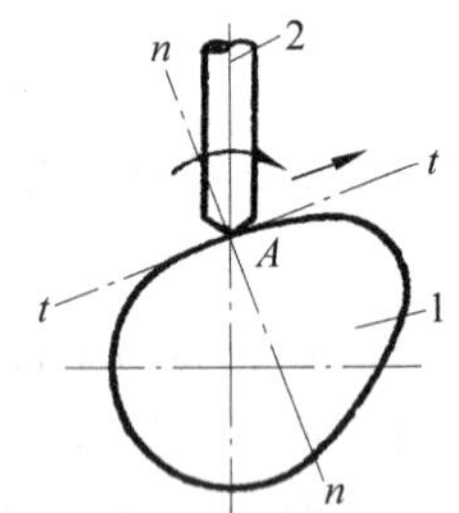

图 4-3 凸轮高副

1—凸轮；2—推杆

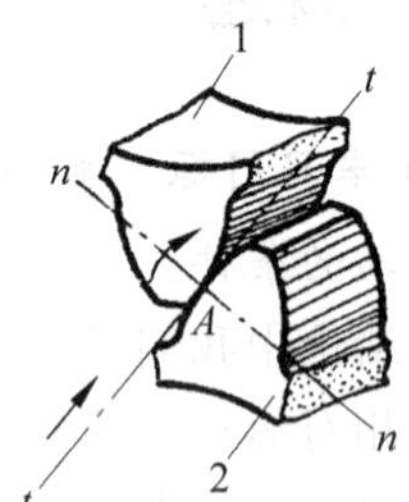

图 4-4 齿轮高副

1—轮齿 1；2—轮齿 2

低副因通过面接触而构成运动副，故其接触处的压强小，承载能力大，耐磨损，寿命长，且因其形状简单，所以容易制造。低副的两构件之间只能作相对滑动；而高副的两构件之间则可作相对滑动或滚动，或两者并存。

3. 平面机构的自由度

(1) 自由度 由上述分析可知，两个构件以不同的方式相互联接，就可以得到不同形式的相对运动。而没有用运动副联接的作平面运动的构件，独自的平面运动有 3 个，即沿 x 轴方向和 y 轴方向的两个移动以及在 xOy 平面上绕任意点的转动(见图 4-5)，构件的这种独立运动称为自由度。作平面运动的自由构件具有 3 个独立的运动，即具有 3 个自由度。

(2) 约束 当两构件之间通过某种方式联接而形成运动副时，如图 4-6 所示，构件 2 与固联在坐标轴上的构件 1 在 A 点铰接，构件 2 沿 x 轴方向和沿 y 轴方向的独立运动受到限制。这种限制构件独立运动的作用称为约束。

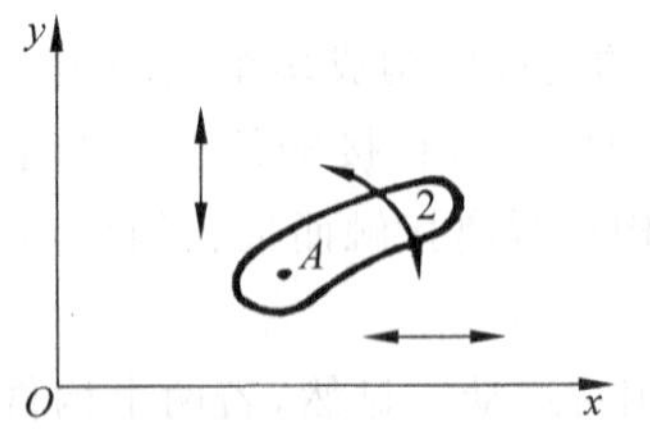

图 4-5 作平面运动构件的自由度

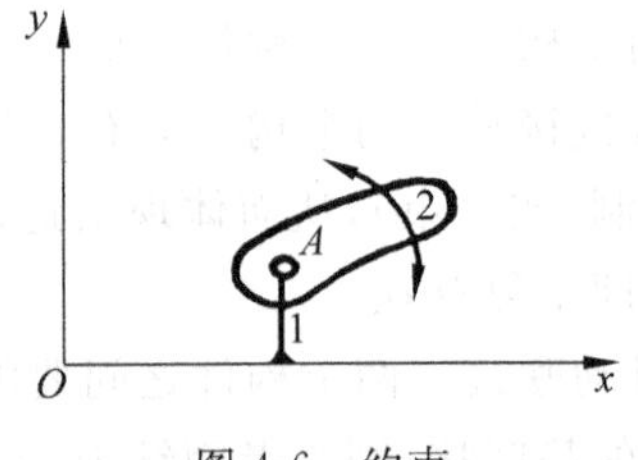

图 4-6 约束

对平面低副，由于两构件之间只有一个相对运动，即相对移动或相对转动，说明平面低副构成受到两个约束，因此有低副联接的构件将失去两个自由度。

对平面高副，如凸轮副或齿轮副(见图 4-3、图 4-4)构件 2 可相对构件 1 绕接触点转动，又可沿接触点的切线方向移动，只是沿公法线方向的运动被限制。可见组成高副时的约束为 1，即失去 1 个自由度。

(3) 机构的自由度　机构相对机架(固定构件)所具有的独立运动数目，称为机构的自由度。机构自由度 F 取决于活动构件的数目以及运动副的性质和数目。

在平面机构中，设机构的活动构件数为 n，在未组成运动副之前，这些活动构件共有 $3n$ 个自由度。用运动副联接后便引入了约束，并失去了自由度，一个低副因有两个约束而将失去两个自由度，一个高副有一个约束而失去一个自由度，若机构中共有 P_L 个低副、P_H 个高副，则平面机构的自由度 F 的计算公式为

$$F = 3n - 2P_L - P_H \tag{4-1}$$

如图 4-7 所示的搅拌机，其活动构件数 $n=3$，低副数 $P_L=4$，高副数 $P_H=0$，则该机构的自由度为

$$F = 3n - 2P_L - P_H = 3\times3-2\times4-0=1$$

在计算机构自由度时，要注意：局部自由度(即与机构输出运动无关的某些构件的局部独立运动)与虚约束(即机构中与其他约束重复而对机构运动不起独立限制作用的约束)应略去不计，K 个构件形成的复合铰链处应具有$(K-1)$个转动副。

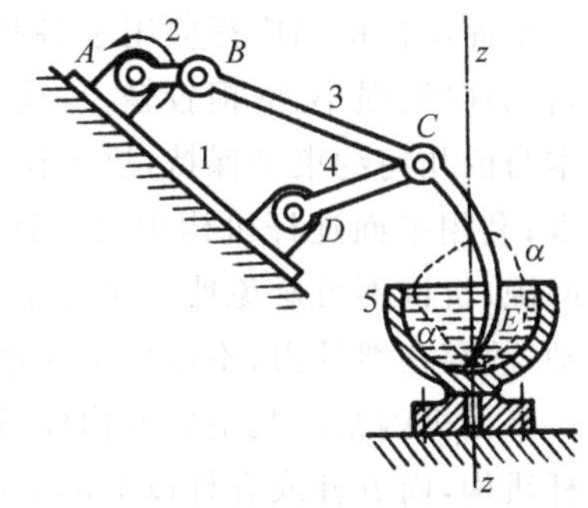

图 4-7　搅拌机

1—机架；2—曲柄；3—连杆；4—摇杆

(4) 机构具有确定运动的条件　由前所述可知，从动件是不能独立运动的，只有原动件才能独立运动。通常每个原动件只具有一个独立运动，因此，机构自由度必定与原动件的数目相等。

如图 4-8(a)所示的五杆机构中，原动件数等于 1，两构件自由度 $F=3\times4-2\times5=2$。由于原动件数小于 F，显然，当只给定原动件 1 的位置角 φ_1 时，从动件 2、3、4 的位置既可为实线位置，也可为虚线所处的位置，因此其运动是不确定的。只有给出两个原动件，使构件 1、4 都处于给定位置，才能使从动件获得确定运动。

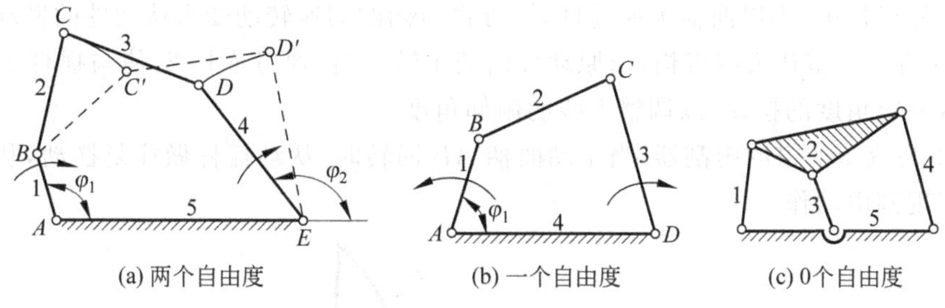

图 4-8　不同自由度机构的运动

如图 4-8(b)所示四杆机构中，由于原动件数(=2)大于机构自由度数$(F=3\times3-2\times4=1)$，因此原动件 1 和原动件 3 不可能同时按图中给定方式运动。

如图 4-8(c)所示的五杆机构中，机构自由度等于 0$(F=3\times4-2\times6=0)$，它的各杆件之间不可能产生相对运动。

综上所述，机构具有确定运动的条件是：机构自由度必须大于零且原动件数与其自由度必须相等。

4.2 平面连杆机构

学习目标 能描述平面四杆机构的基本类型及其演化方法；能说出组成铰链四杆机构的各构件名称，能根据各杆长度与机架位置判定铰链四杆机构的基本形式；能表述平面四杆机构的基本特性，并能确定四杆机构中压力角、传动角、极位夹角及死点的位置；能大致描述平面四杆机构设计的基本方法。

平面连杆机构是由若干构件通过低副联接而成的平面机构，也称平面低副机构。

平面连杆机构广泛应用于各种机械和仪表中，其主要优点是：由于运动副是低副，面接触，传力时压强小，磨损较轻，承载能力较强；构件的形状简单，易于加工，构件之间的接触由构件本身的几何约束来保持，故工作可靠；可实现多种运动形式及其转换，满足多种运动规律的要求；利用平面连杆机构中的连杆可满足多种运动轨迹的要求。主要缺点有：由于低副中存在间隙，机构不可避免地存在着运动误差，精度不高；主动构件匀速运动时，从动件通常为变速运动，故存在惯性力，不适用于高速场合。

平面机构常以其组成的构件(杆)数来命名，如由 4 个构件通过低副联接而成的机构称为四杆机构，而五杆或五杆以上的平面连杆机构称为多杆机构。四杆机构是平面连杆机构中最常见的形式，也是多杆机构的基础。

1. 平面四杆机构的基本形式

构件间的运动副均为转动副联接的四杆机构，是四杆机构的基本形式，称为铰链四杆机构，如图 4-9 所示。由三个活动构件和一个固定构件(即机架)组成。其中，AD 杆是机架，与机架相对的杆(BC 杆)称为连杆，与机架相联的构件(AB 杆和 CD 杆)称为连架杆，能绕机架作 360°回转的连架杆称为曲柄，只能在小于 360°范围内摆动的连架杆称为摇杆。

根据两连架杆的运动形式的不同，铰链四杆机构可分为三种基本形式并以其连架杆的名称组合来命名。

(1) 曲柄摇杆机构 两连架杆中一个为曲柄，另一个为摇杆的四杆机构，称为曲柄摇杆机构。曲柄摇杆机构中，当以曲柄为原动件时，可将曲柄的匀速转动变为从动件的摆动。

图 4-10 所示为雷达天线机构，当原动件曲柄 1 转动时，通过连杆 2，使与摇杆 3 固连的抛物面天线做一定角度的摆动，以调整天线的俯仰角度。

图 4-11 为汽车前窗的雨刮器，当主动曲柄 AB 回转时，从动摇杆做往复摆动，利用摇杆的延长部分实现刮雨动作。

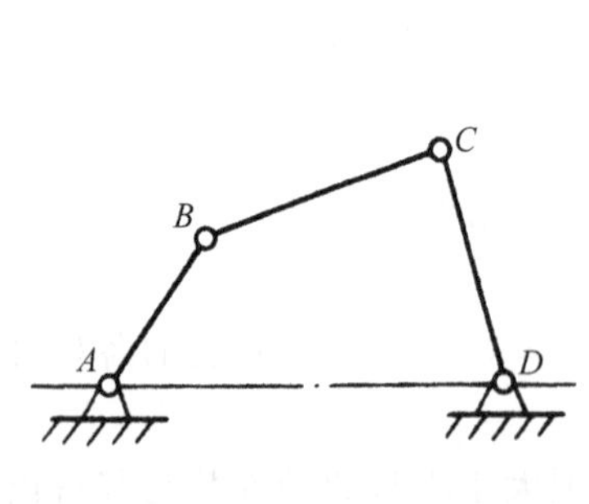

图 4-9 铰链四杆机构

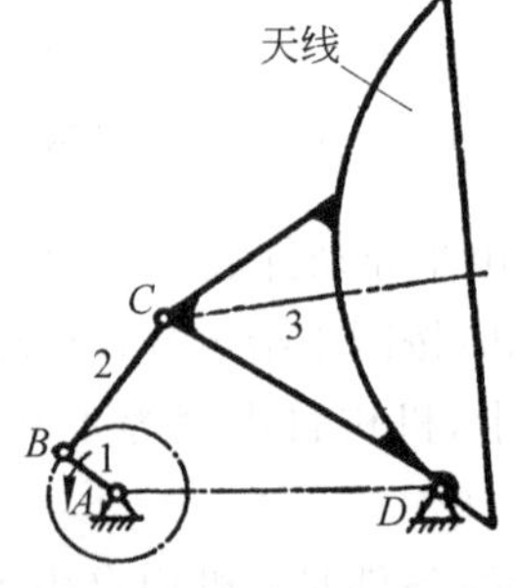

图 4-10 雷达天线

1—曲柄；2—连杆；3—摇杆

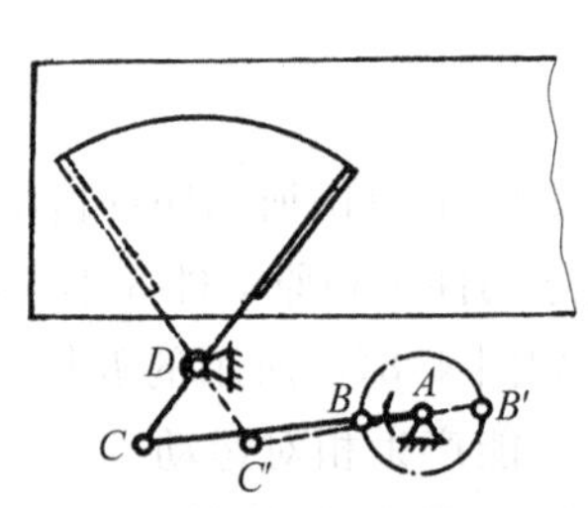

图 4-11 雨刮器

也可以以摇杆为主动件，曲柄为从动件。这时机构可将摇杆的摆动转变为曲柄的匀速转动。图 4-12 所示为缝纫机的踏板机构，踏板为主动件，当脚蹬踏板时，可将踏板的摆动变为曲柄即缝纫机皮带轮的匀速转动。

(2) 双曲柄机构　两连架杆均为曲柄的四杆机构称为双曲柄机构。通常，主动曲柄做匀速转动时，从动曲柄做同向变速转动，图 4-13 所示为惯性筛机构，当曲柄 1 做匀速转动时，曲柄 3 做变速转动，通过联接杆 5 使筛子 6 获得加速度，从而将被筛选的材料分离。

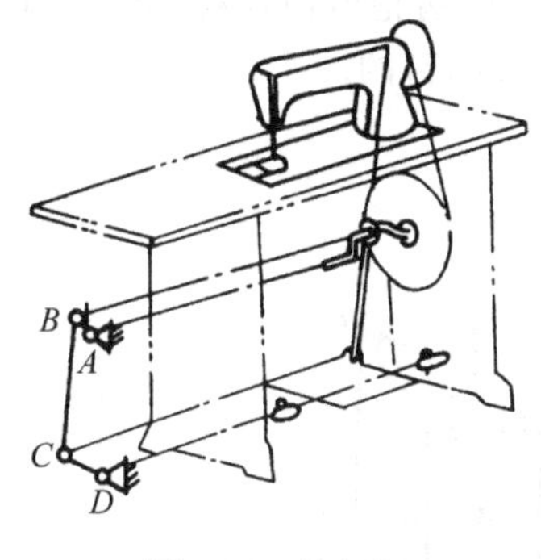

图 4-12　缝纫机

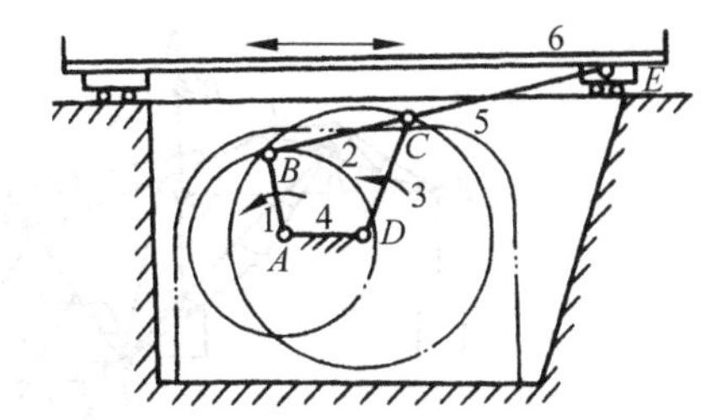

图 4-13　惯性筛

1、3—曲柄；2—连杆；4—机架；5—联接杆；6—筛子

在双曲柄机构中，若相对的两杆长度分别相等，则称为平行双曲柄机构或平行四边形机构，若两曲柄转向相同且角速度相等，则称为正平行四边形机构(见图 4-14(a))。两曲柄转向相反且角速度不同，则为反平行四边形机构(见图 4-14(b))。

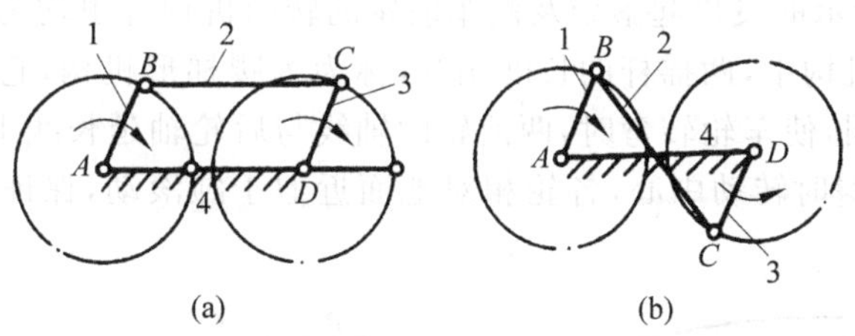

图 4-14　平行四边形机构

1、3—曲柄；2—连杆；4—机架

图 4-15(a)所示的机车车轮联动机构和图 4-15(b)所示的摄影车座斗机构就是正平行四边形机构的实际应用，由于两曲柄作等速同向转动，从而保证了机构的平稳运行。

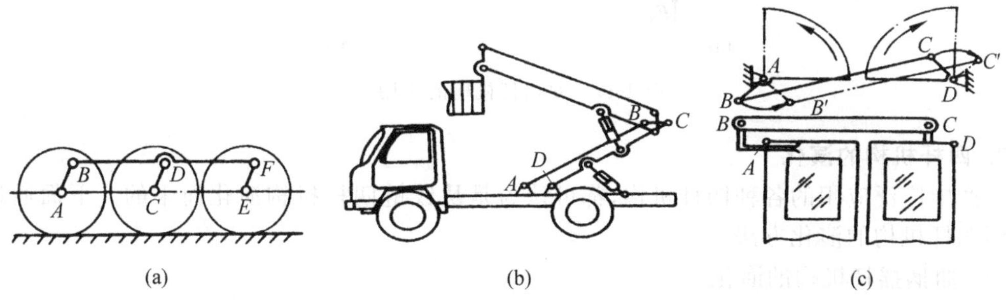

图 4-15　平行四边形机构的应用

图 4-15(c)所示的车门启闭机构，是反平行四边机构的一个应用，但 AD 与 BC 不平行，因

此，两曲柄做不同速反向转动，从而保证两扇门能同时开启或关闭。

另外，对平行双曲柄机构，无论以哪个构件为机架都是双曲柄机构。但若取较短构件作机架，则两曲柄的转动方向始终相同。

(3) 双摇杆机构　两连架杆均为摇杆的铰链四杆机构称为双摇杆机构。图 4-16(a)所示为港口起重机，当 CD 杆摆动时，连杆 CB 上悬挂重物的点 M 在近似水平直线上移动。图 4-16(b)所示的电风扇的摇头机构中，电动机装在摇杆 AB 上，铰链 A 处装有一个与连杆 BC 固连在一起的蜗轮。电动机转动时，电动机轴上的蜗杆带动蜗轮迫使连杆 BC 绕 A 点作整周转动，从而使连架杆 AB 和 CD 做往复摆动，达到风扇摇头的目的。

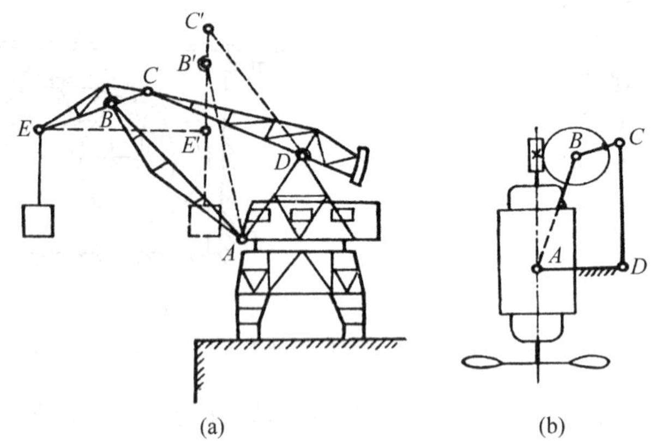

图 4-16　双摇杆机构的应用一

图 4-17(a)、(b)所示的飞机起落架及汽车前轮的转向机构等也均为双摇杆机构的实际应用。汽车前轮的转向机构中，两摇杆的长度相等，称为等腰梯形机构，它能使与摇杆固联的两前轮轴转过的角度不同，使车轮转弯时，两前轮的轴线与后轮轴延长线上的某点交于 P 点，汽车四轮同时以 P 点为瞬时转动中心，各轮相对地面近似于纯滚动，保证了汽车转弯平稳并减少了轮胎磨损。

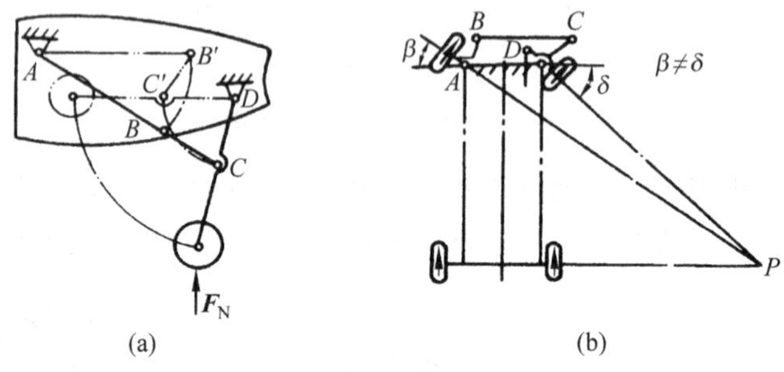

图 4-17　双摇杆机构的应用二

2. 四杆机构的演化

生产中广泛应用的各种四杆机构，都可认为是从铰链四杆机构演化而来的。下面通过实例介绍四杆机构的演化方法。

(1) 曲柄摇杆机构的演化

① 改变机架。曲柄摇杆机构可以说是所有四杆机构的基础。如图 4-18(a)所示的曲柄摇杆机构，通过改变机架，即可得到双曲柄机构和双摇杆机构。

- 以杆 1 作机架得到双曲柄机构，见图 4-18(b)。

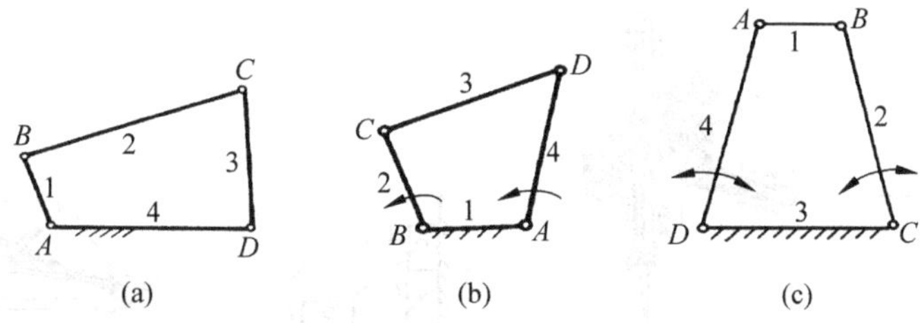

图 4-18　改变曲柄摇杆机构的机架演化机构

- 以杆 3 作机架得到双摇杆机构，见图 4-18(c)。

② 改变运动副尺寸。

- 将运动副 D 尺寸扩大，大于摇杆做成一环形槽，摇杆做成弧形滑块得到曲柄弧形滑块机构，见图 4-19(c)。

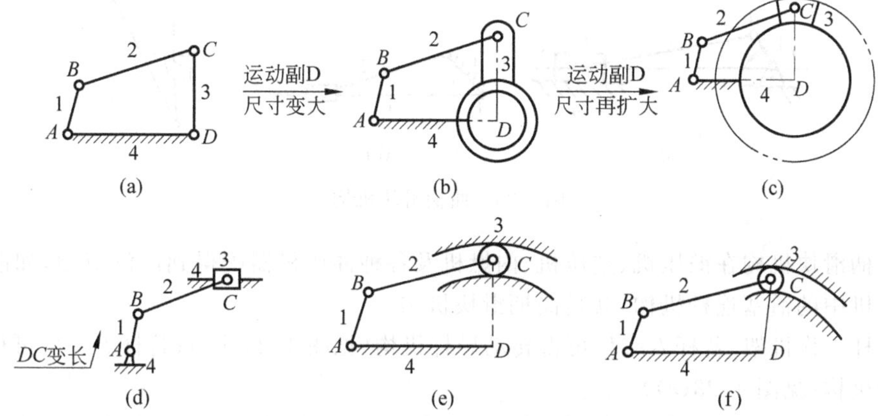

图 4-19　改变曲柄摇杆机构的运动副演化机构

- 扩大到无穷大，环形槽变成直槽，摇杆的运动变成直线运动，摇杆变成滑块，得到偏置曲柄滑块机构，见图 4-19(d)。

③ 改变运动副类型。

- 以高副代替转动副，将杆 3 改成滚子，得到机构，见图 4-19(e)。
- 将环形槽变为曲线槽，得到凸轮机构，见图 4-19(f)。
- 以两个移动副代替两个转动副，可得双转块机构(见图 4-20(a))、曲柄移动导杆机构(见图 4-21(a))、双滑块机构(见图 4-22(a))。

图 4-20(b)所示的十字沟槽联轴节、图 4-21(b)所示的缝纫机刺布机构及图 4-22(b)所示的椭圆仪分别是它们的应用实例。

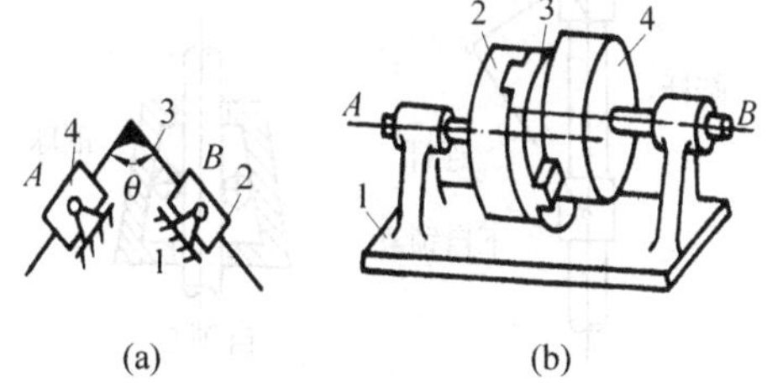

图 4-20　双转块机构

1—机架；2、4—转块；3—连杆

(2) 曲柄滑块机构的演化　由曲柄摇杆机构演化而来的偏置曲柄滑块机构，按照上述的方法，又可得到更多的具有滑块的四杆机构。

① 改变机架。

- 使滑块导路与曲柄转动中心的偏距为零，可得对心曲柄滑块机构，见图 4-23(a)。

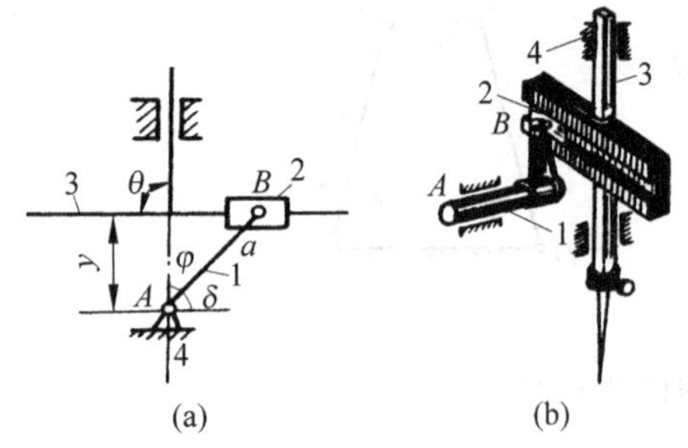

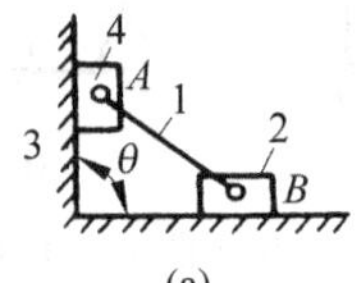

图 4-21 曲柄移动导杆机构

1—曲柄；2—滑块；3—导杆；4—机架

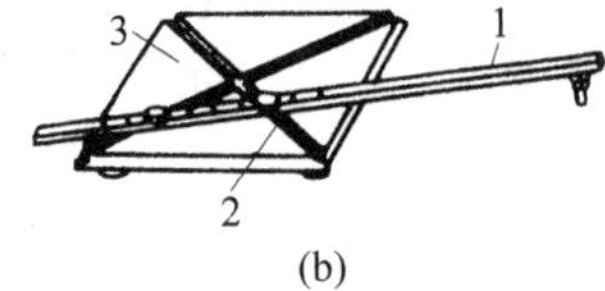

图 4-22 双滑块机构

1—连杆；2、4—滑块；3—机架

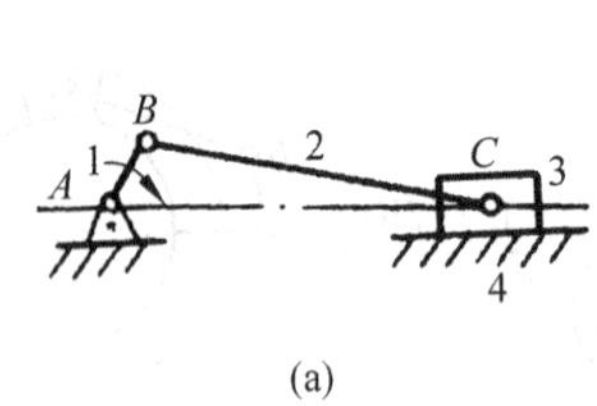

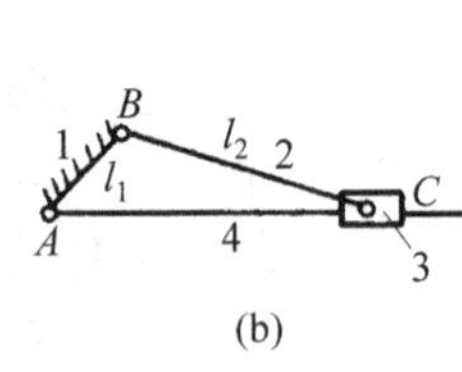

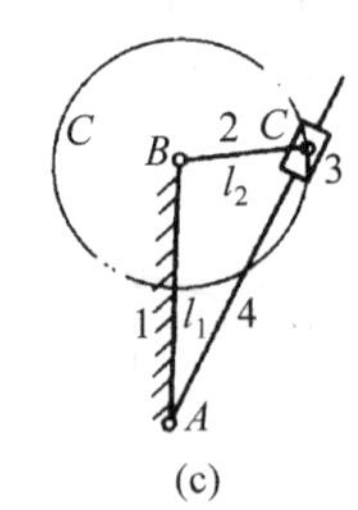

图 4-23 曲柄滑块机构

- 曲柄滑块机构在锻压机、空压机、内燃机及各种冲压机器中得到广泛应用，如前述的内燃机中的活塞连杆机构，就是曲柄滑块机构。
- 以杆 1 作机架，若杆 $l_1 < l_2$ 可得转动导杆机构(见图 4-23(b))；若杆 $l_1 > l_2$ 可得摆动导杆机构(见图 4-23(c))。

导杆机构具有很好的传力性能，常用于插床、牛头刨床和送料装置等机械设备中。图 4-24 所示为爬杆机器人，这种机器人模仿尺蠖的动作向上爬行，其爬行机构就是曲柄滑块机构。图 4-25(a)、(b)所示分别为插床主机构和刨床主机构。

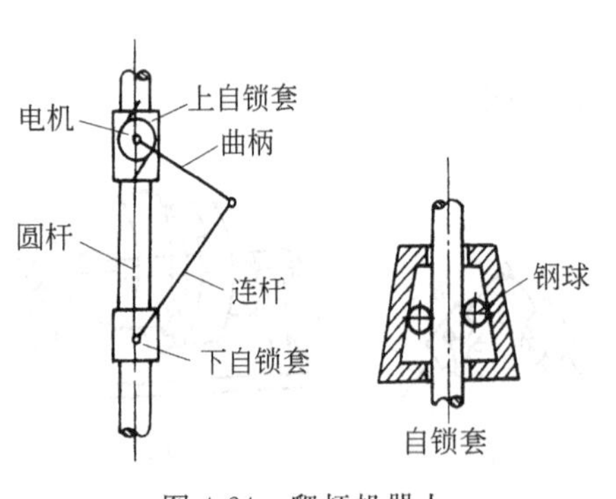

图 4-24 爬杆机器人

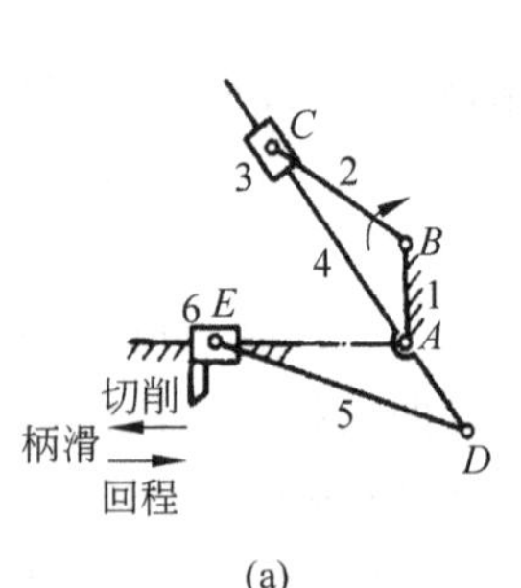

图 4-25 插床和刨床主机构

- 以杆 2 作机架，得到摇块机构(见图 4-26(a))。
- 以滑块作机架，得到定块机构(见图 4-26(b))。

摇块机构常用于摆缸式原动机和气、液压驱动装置中，如图 4-27 所示的货车翻斗机构及图 4-28 所示的液压泵。

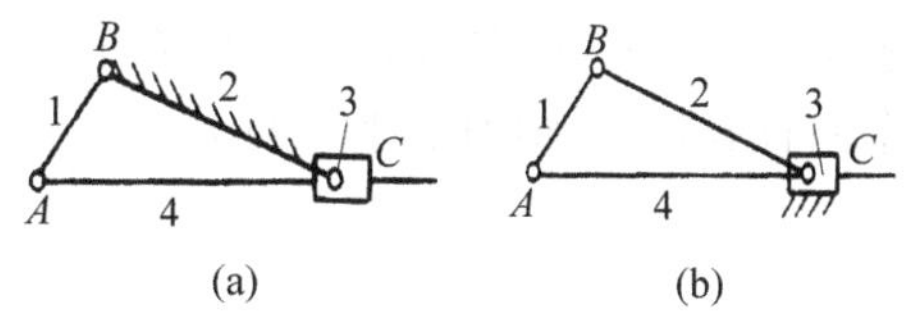

图 4-26　摇块机构与定块机构

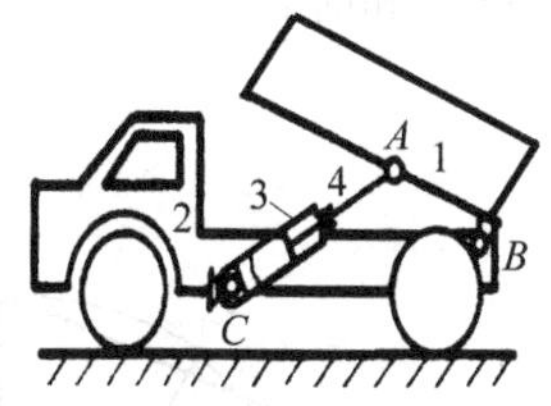

图 4-27　翻斗车

1—翻斗；2—底盘；3—液压缸；4—活塞杆

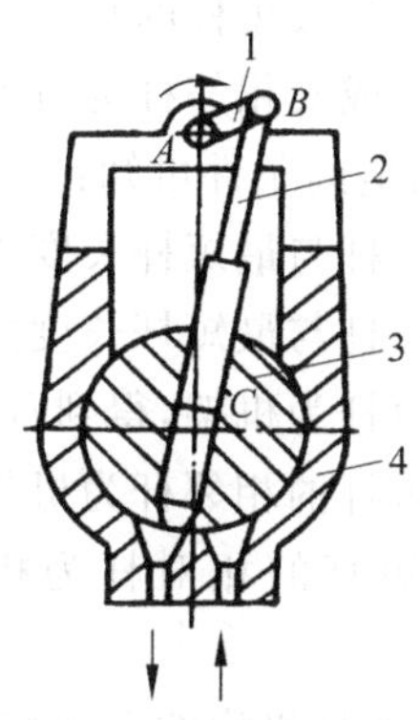

图 4-28　液压泵

1—曲柄；2—活塞杆；3—偏心轮；4—缸体

② 改变运动副尺寸。

- 扩大转动副 C 的半径，使其超过杆 2 的长度，将杆 2 改成滑块 2 在环形槽 3 内绕 C 点转动可得到移动环形导杆机构(见图 4-29(b))。

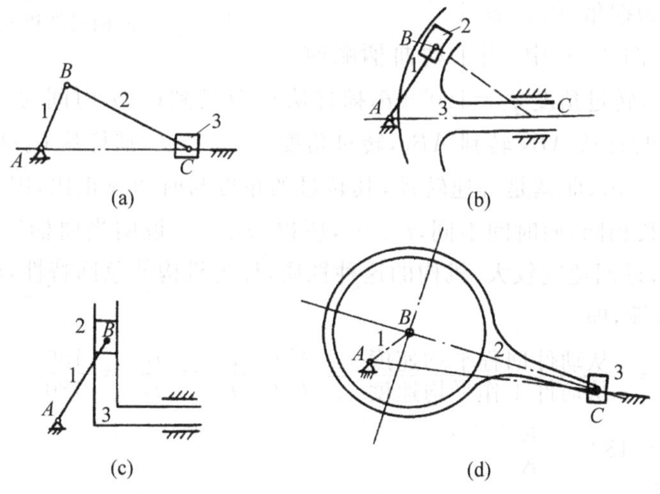

图 4-29　改变曲柄滑块机构的运动副演化机构

- 转动副 C 扩大到无穷大，环形槽变成直槽，可得到移动导杆机构(见图 4-29(c))。
- 将转动副 B 扩大并超过杆 1 的长度，杆 1 变成了圆盘 1，可得到偏心轮机构(见图 4-29(d))。

偏心轮机构，实际上就是曲柄滑块机构，偏心圆盘的偏心距 AB 即为曲柄的长度。这种结构解决了由于曲柄过短，不能承受较大载荷的问题，多用于承受较大载荷的机械中，如破碎机、剪床及冲床等。

实际上，还可以将上述各机构进行不同的组合，从而得到更多及功能各异的机构。

3. 平面四杆机构的基本特性

(1) 铰链四杆机构有曲柄的条件

铰链四杆机构三种基本形式的区别在于连架杆是否为曲柄。由于用低副联接的两构件无论固定其中哪一个，其相对运动不变，根据四杆机构的演化原理，存在曲柄的充要条件如下：

① 最长杆与最短杆的长度之和小于或等于其余两杆长度之和(杆长和条件)。

② 最短杆或其相邻杆为机架。

根据有曲柄的条件可知：

① 当最长杆与最短杆长度之和大于其余两杆之和时，只能得到双摇杆机构。

② 当最长杆与最短杆长度之和小于或等于其余两杆长度之和时：

- 若最短杆为机架，得到双曲柄机构。
- 若最短杆的相邻杆为机架，得到曲柄摇杆机构。
- 若最短杆的相对杆为机架，得到双摇杆机构。

(2) 平面四杆机构的运动特性

① 平面四杆机构的极位、极位夹角、摆角。以图 4-30 所示的曲柄摇杆机构为例，当曲柄为原动件时，摇杆做往复摆动的左、右两个极限位置，称为极位；曲柄在摇杆处于两极位时的对应位置所夹的锐角称为极位夹角，用 θ 表示；摇杆的两个极位所夹的角度称为摆角，用 ψ 表示。

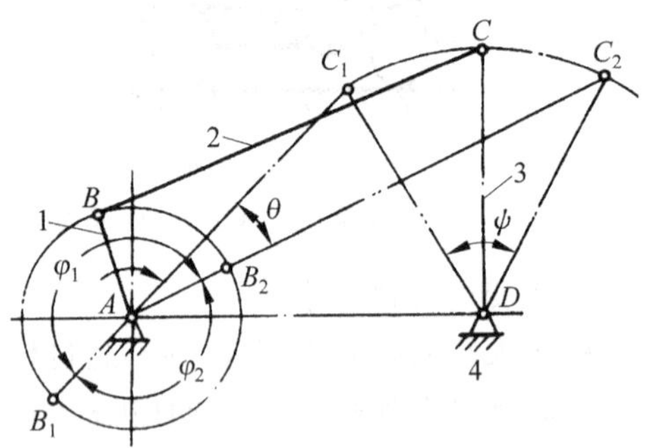

图 4-30 曲柄摇杆机构急回特性分析

② 急回特性。图 4-30 中，当主动曲柄顺时针从 AB_1 转到 AB_2，转过角度 $\varphi_1=180°+\theta$，摇杆从 C_1D 转到 C_2D，时间为 t_1，C 点的平均速度为 v_1。曲柄继续顺时针从 AB_2 转到 AB_1，转过角度$=180°-\theta$，摇杆从 C_2D 回到 C_1D，时间为 t_2，C 点的平均速度为 v_2，曲柄是等速转动，其转过的角度与时间成正比，因 $\varphi_1>\varphi_2$，故 $t_1>t_2$，由于摇杆往返的弧长相同，而时间不同，$t_1>t_2$，所以 $v_2>v_1$，说明当曲柄等速转动时，摇杆来回摆动的速度不同，返回速度较大，机构的这种性质，称为机构的急回特性，通常用行程速比系数 K 来表示这种特性，即

$$K=\frac{\text{从动件回程平均速度}}{\text{从动件工作平均速度}}=\frac{C_1C_2/t_2}{C_2C_1/t_1}=\frac{t_1}{t_2}=\frac{180°+\theta}{180°-\theta} \tag{4-2}$$

$$\theta=180°\times\frac{K-1}{K+1} \tag{4-3}$$

式(4-2)表明，机构的急回程度取决于极位夹角的大小，只要 θ 不等于零，即 $K>1$，则机构具有急回特性；θ 越大，K 值越大，机构的急回作用就越显著。

对于对心曲柄滑块机构，因 $\theta=0°$，则 $K=1$，机构无急回特性；而对偏置式曲柄滑块机构和摆动导杆机构，因 $\theta\neq0°$，则 $K>1$，机构有急回特性。

四杆机构的急回特性可以节省非工作循环时间，提高生产效率，如牛头刨床中退刀速度明显高于工作速度，就是利用了摆动导杆机构的急回特性。

(3) 平面四杆机构的传力特性

平面四杆机构在生产中需要同时满足机器传递运动和动力的要求，具有良好的传力性能，可以使机构运转轻快，提高生产效率。要保证所设计的机构具有良好的传力性能，应从以下几个方面加以注意。

① 压力角和传动角。衡量机构传力性能的特性参数是压力角。在不计摩擦力、惯性力和杆件的重力时，从动件上受力点的速度方向与该点所受作用力方向之间所夹的锐角，称为机构

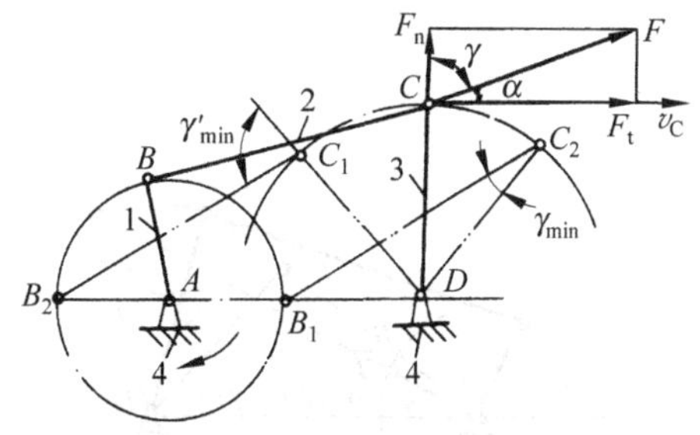

图 4-31 压力角与传动角

的压力角,用 α 表示;它的余角 γ 称为传动角。

在图 4-31 所示的曲柄摇杆机构中,如不考虑构件的重量和摩擦力,则连杆是二力杆,主动曲柄通过连杆传给从动杆的力 F 沿 BC 方向。受力点 C 的速度方向与 F 所夹的锐角即为机构在此位置的压力角 α,F 可分解为沿 C 点速度方向的有效分力 $F_t=F\cos\alpha=F\sin\gamma$ 和沿杆方向的有害分力 $F_n=F\sin\alpha=F\cos\gamma$。显然,$\alpha$ 越小或者 γ 越大,有效分力越大,对机构传动越有利。α 和 γ 是反映机构传动性能的重要指标。由于 γ 角更便于观察和测量,工程上常以传动角来衡量连杆机构的传动性能。

在机构运动过程中,压力角和传动角的大小是随机构位置而变化的,为保证机构的传力性能良好,设计时须限定最小传动角或最大压力角 α_{max}。通常取 $\gamma_{min}\geqslant 40°\sim 50°$。为此,必须确定 $\gamma=\gamma_{min}$ 时机构的位置并检验 γ_{min} 的值是否小于上述的最小允许值。

常用机构出现归小传动角 γ_{min} 的位置:

- 铰链四杆机构,当主动件为曲柄时,最小传动角 γ_{min} 出现在曲柄与机架两次共线的位置之一。
- 曲柄滑块机构,当主动件为曲柄时,最小传动角 γ_{min} 出现在曲柄与机架垂直的位置,见图 4-32。
- 摆动导杆机构,由于在任何位置时主动曲柄通过滑块传给从动杆的力的方向,与从动杆受力的速度方向始终一致,所以传动角始终等于 90°,说明该机构的传力性能最好,见图 4-33。

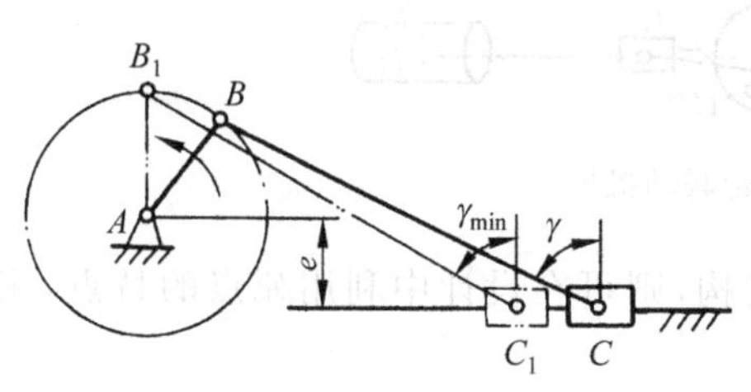

图 4-32 曲柄滑块机构的最小传动角

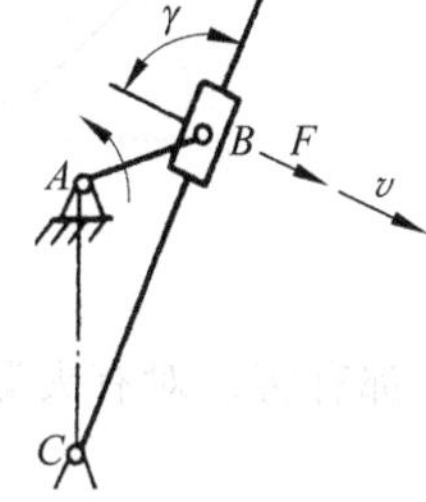

图 4-33 摆动导杆机构的最小传动角

② 死点。在图 4-34 所示的曲柄摇杆机构中,当摇杆为主动件时,在曲柄与连杆共线的位置出现传动角等于零的情况,这时不论连杆 BC 对曲柄 AB 的作用力有多大,都不能使杆 AB 转动,机构的这种位置(图中虚线所示位置)称为死点。机构在死点位置(传动角 $\gamma=0$ 或压力角 $\alpha=90°$)出现从动件转向不定或者卡死不动的现象,如缝纫机踏板机构采用曲柄摇杆机构,它在死点位置,出现从动件曲柄倒、顺转向不定(见图 4-35(a))或者从动件卡死不动(见图 4-35(b))的现象。

常用机构的死点位置有以下几种。

- 曲柄摇杆机构中,以摇杆为主动件,曲柄为从动件时,死点位置是曲柄与连杆共线的位置。
- 曲柄滑块机构中,以滑块为主动件、曲柄为从动件时,死点位置是曲柄与连杆共线的位置。

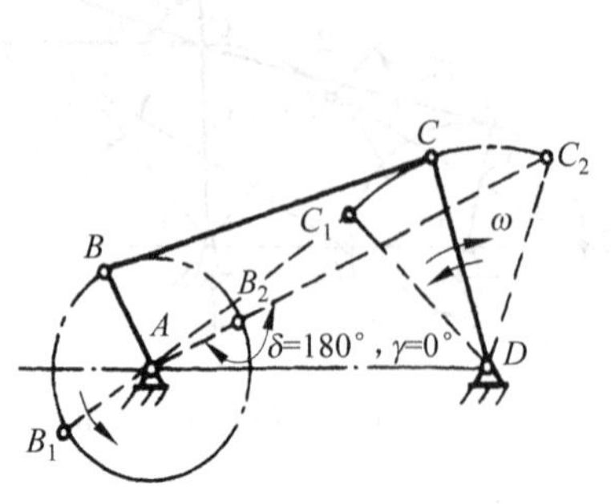

图 4-34 曲柄摇杆机构的死点位置

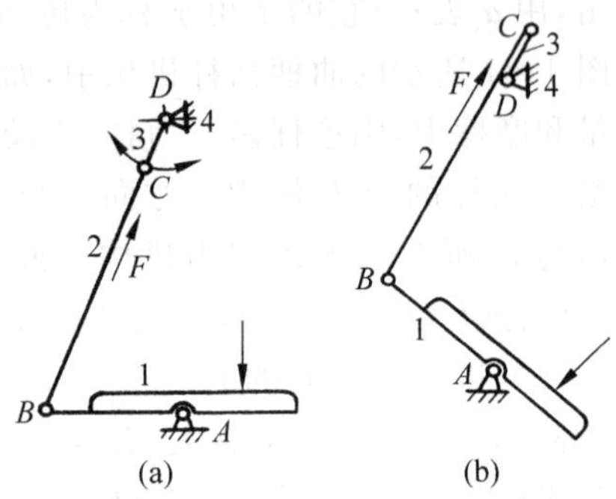

图 4-35 缝纫机踏板机构

- 摆动导杆机构中，以导杆为主动件、曲柄为从动件时，死点位置是导杆与曲柄垂直的位置。

以上机构中，若取曲柄为主动件，因不会出现传动角为零的情况，故无死点位置，无须考虑。

对传动而言，机构设计中应设法避免或使机构顺利通过死点位置。

工程上常利用惯性轮使机构通过死点位置，或是利用机构错位排列的方法通过死点。

如图 4-12 所示的缝纫机，曲柄与大皮带轮为同一构件，可利用皮带轮的惯性使机构通过死点。

如图 4-36 所示的机车车轮联动机构，当一个机构处于死点位置时，可借助另一个机构来通过死点。

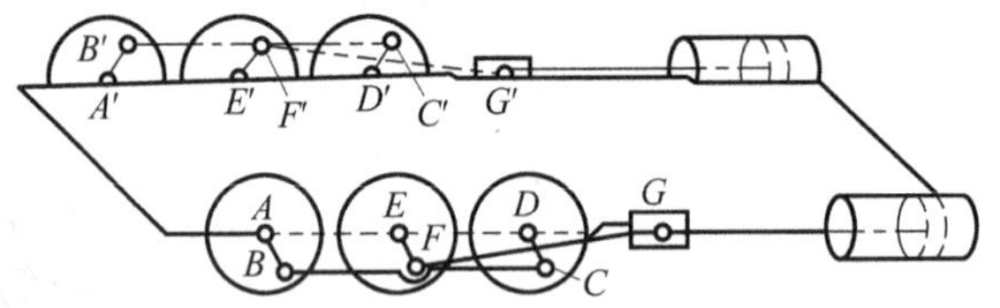

图 4-36 机车车轮联动机构

死点并不都有害。对有夹紧或固定要求的机构，则可在设计中利用死点的特点，来达到目的。

如图 4-37 所示的飞机轮放下时，BC 杆与 CD 杆共线，机构处在死点位置，地面对机轮的力不会使 CD 杆转动，使飞机起落架收回，飞机降落可靠。

如图 4-38 所示的夹具，工件夹紧后 BCD 成一条线，工作时工件的反力再大，也不能使机构反转，使夹紧牢固可靠。

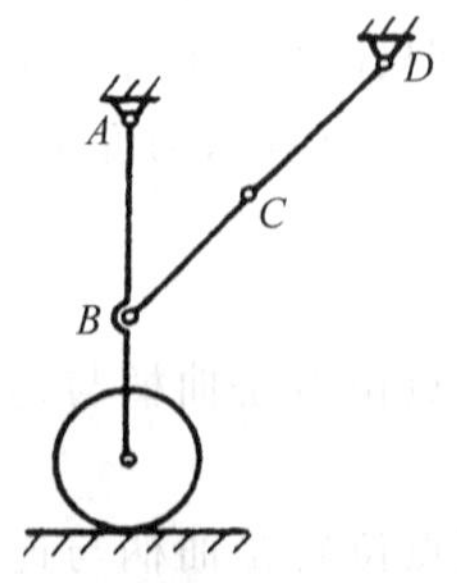

图 4-37 飞机起落架

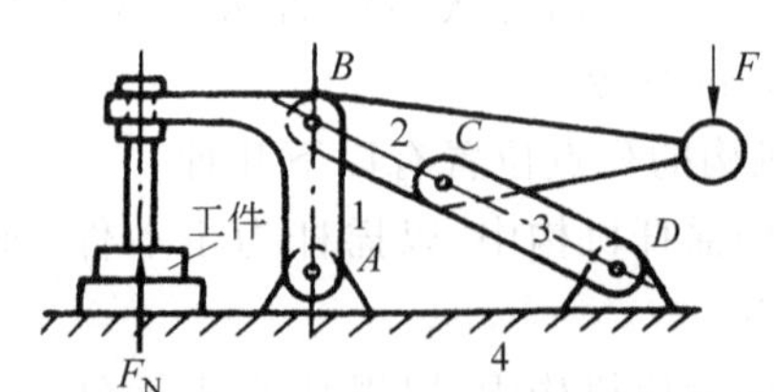

图 4-38 夹具机构

具有死点位置的机构，多数在改变原动件后，机构的死点位置随之消失，所以机构是否具有死点位置一般取决于原动件的选择。

4. 平面四杆机构的设计

平面四杆机构设计的主要任务是：根据机构的工作要求和设计条件选定机构形式及确定各构件的尺寸参数。一般可归纳为两类问题。

① 实现给定的运动规律。如要求满足给定的行程速比系数以实现预期的急回特性或实现连杆的几个预期的位置要求。

② 实现给定的运动轨迹。如要求连杆上的某点具有特定的运动轨迹，如起重机中吊钩的轨迹为一水平直线、搅面机上 E 点的曲线轨迹等。

为了使机构设计得合理、可靠，还应考虑几何条件和传力性能要求等。

设计方法有图解法、解析法和实验法。三种方法各有特点，图解法和实验法直观、简单，但精度较低，可满足一般设计要求；解析法精确度高，适于用计算机计算，随着计算机的普及，计算机辅助设计四杆机构已成必然趋势。

用图解法进行平面四杆机构的设计时主要有以下两种方法：按给定的行程速比系数设计；按给定连杆位置设计。下面对第一种方法进行简要介绍。

例 4-1　已知行程速比系数 K、摇杆长度 l_{CD}、最大摆角 ψ，试用图解法设计此曲柄摇杆机构。

解：由曲柄摇杆机构处于极位时的几何特点（见图 4-39），在已知 l_{CD}、ψ 的情况下，只要能确定固定铰链中心 A 的位置，则可确定出曲柄和连杆的长度，即设计的实质是确定固定铰链中心 A 的位置。这样就把设计问题转化为确定 A 点位置的几何问题了。

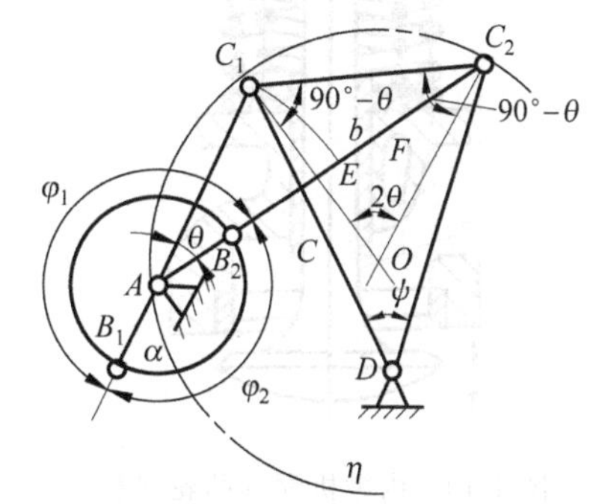

图 4-39　按行程速比系数设计曲柄摇杆机构

设计步骤：

(1) 由式(4-3)计算出极位夹角 θ。

(2) 任取适当的长度比例尺 μ_L，求出摇杆的尺寸 CD，根据摆角作出摇杆的两个极限位置 C_1D 和 C_2D，如图 4-39 所示。

(3) 连接 C_1C_2 为底边，作 $\angle C_1C_2O=\angle C_2C_1O=90°-\theta$ 的等腰三角形，以顶点 O 为圆心，C_1O 为半径作辅助圆，由图 4-39 可知，此辅助圆上 C_1C_2 所对的圆心角等于 2θ，故其圆周角为 θ；

(4) 在辅助圆上任取一点 A，连接 AC_1、AC_2，即能求得满足 K 要求的四杆机构。

$$l_{AB}=\mu_L(AC_2-AC_1)/2$$

$$l_{BC}=\mu_L(AC_2+AC_1)/2$$

注意：由于 A 点是任意取的，所以有无穷解，只有加上辅助条件，如机架 AD 长度或位置，或最小传动角等，才能得到唯一确定解。

由上述分析可见，按给定行程速比系数设计四杆机构的关键问题是：已知弦长求作一圆，使该弦所对的圆周角为一给定值。

4.3　凸轮机构

学习目标　能描述凸轮机构的组成、类型、功能与应用；能简单描述凸轮机构的工作过程、运动参数及从动件常用运动规律的形式、特点及应用；能明确表述凸轮机构的运动规律取决于什么因素。

1. 凸轮机构概述

凸轮是一种具有曲线轮廓或凹槽的构件，它通过与从动件的高副接触，在运动时可以使从动件获得连续或不连续的任意预期运动。凸轮机构在各种机械中有大量的应用，即使在现代化程度很高的自动机械中，凸轮机构的作用也是不可替代的。

(1) 凸轮机构应用实例

图 4-40 所示为内燃机配气凸轮机构。凸轮 1 以等角速度回转时，它的轮廓驱动从动件 2（阀杆）按预期的运动规律启闭阀门。

图 4-41 所示为自动机床中的横向进给机构，当凸轮等速回转一周时，凸轮的曲线外廓推动从动件带动刀架完成以下动作：车刀快速接近工件，等速进刀切削，切削结束刀具快速退回，停留一段时间再进行下一个运动循环。

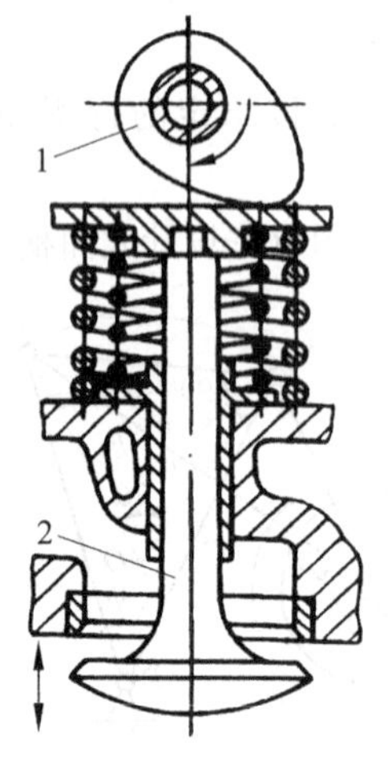

图 4-40 内燃机配气凸轮机构
1—凸轮；2—阀杆

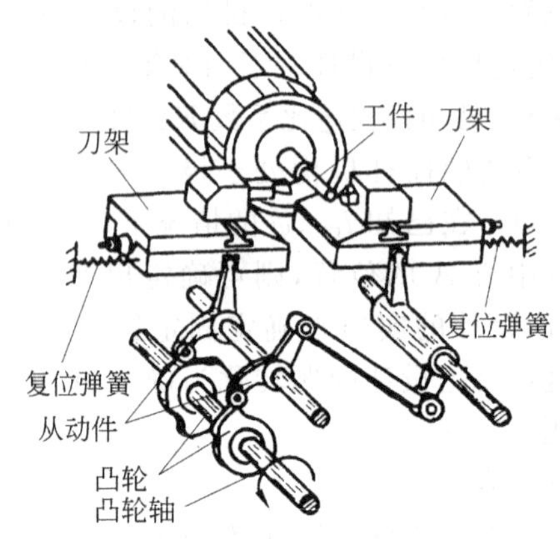

图 4-41 自动机床横向进给机构

图 4-42 所示为绕线机中用于排线的凸轮机构。当绕线轴 3 快速转动时，绕轴线上的齿轮带动盘形凸轮 1 缓慢地转动，通过凸轮轮廓与尖顶 A 之间的作用，驱使推杆 2 往复摇动，因而使线均匀地绕在绕线轴上。

图 4-43 所示为应用于冲床上的凸轮机构示意图。板状凸轮 1 固定在冲头上，当冲头上下往复运动时，凸轮驱使推杆 2 以一定的规律做水平往复运动，从而带动机械手装卸工件。

图 4-44 所示为驱动动力头在机架上移动的凸轮机构。圆柱凸轮 1 与动力头连接在一起，它们可以在机架 3 上做往复移动。滚子 2 的轴固定在机架 3 上，滚子 2 放在圆柱凸轮的凹槽中。凸轮转动时，由于滚子 2 的轴是固定在机架上的，故凸轮转动时带动动力头在机架 3 上作往复移动，以实现对工件的钻削。动力头的快速引进—等速进给—快速退回—静止等动作均取决于凸轮上凹槽的曲线形状。

从以上几例可见，凸轮机构由凸轮、从动件和机架三部分组成，结构简单、紧凑。只要设计出适当的凸轮轮廓曲线，就可以使从动件实现任意的运动规律。在自动机械中，凸轮机构常与其他机构组合使用，充分发挥各自的优势，扬长避短。由于凸轮机构是高副机构，易于磨损；磨损后会影响运动规律的准确性，因此只适用于传递动力不大的场合。凸轮机构在传递动力不大的自动机械、仪表、控制机构及调节机构使用最为广泛。

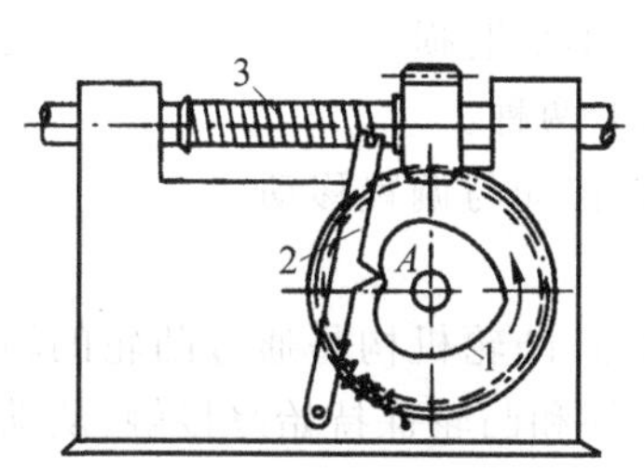

图 4-42　绕线机中排线凸轮机构
1—盘形凸轮；2—推杆；3—绕线轴

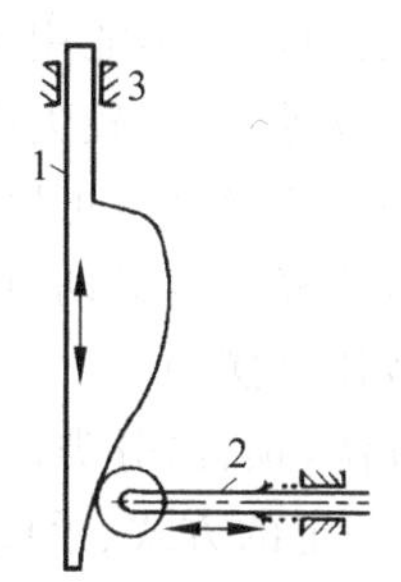

图 4-43　冲床上的凸轮机构
1—板状凸轮；2—推杆；3—机架

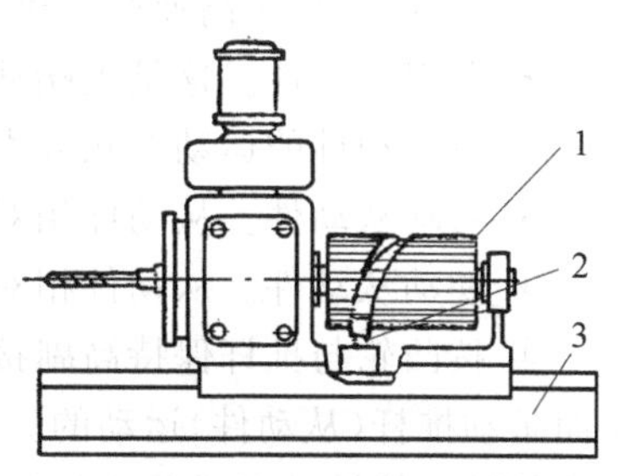

图 4-44　动力头用凸轮机构
1—圆柱凸轮；2—滚子；3—机架

(2) 凸轮机构的分类

① 按凸轮的形状分类。按凸轮的形状可以分为以下两种。

- 盘形凸轮。它是凸轮的最基本形式。这种凸轮是一个绕固定轴转动并且具有变化半径的盘形零件，如图 4-40～图 4-42 所示。
- 移动凸轮。当盘形凸轮的回转中心趋于无穷远时，凸轮相对机架作直线运动，这种凸轮称为移动凸轮，也称板状凸轮，如图 4-43 所示。
- 圆柱凸轮。将移动凸轮卷成圆柱体即成为圆柱凸轮，如图 4-44 所示。

② 按从动件的形状分类(见图 4-45 纵排)，可以分为以下几种。

从动杆类型	尖端	滚子	平底	曲面
对心移动从动杆	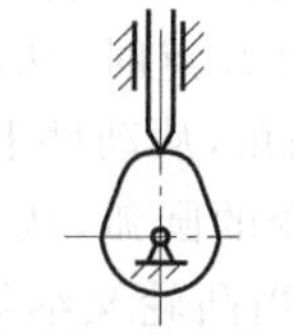	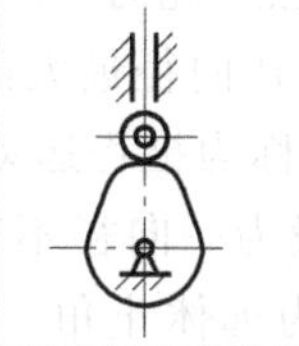	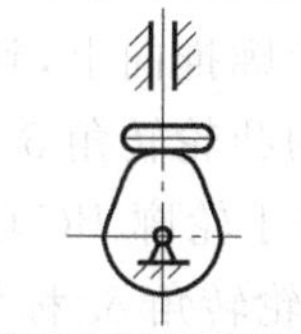	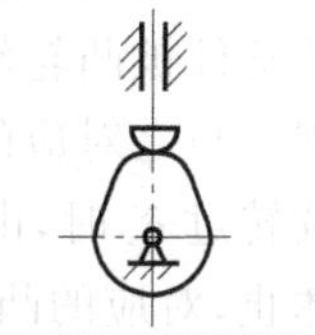
偏置移动从动杆	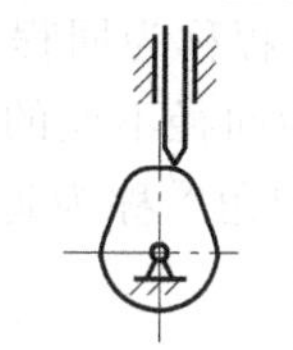	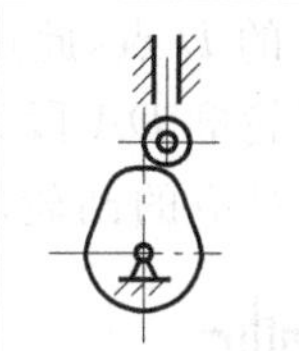	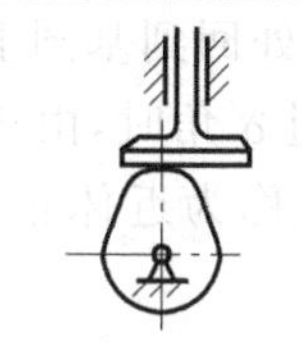	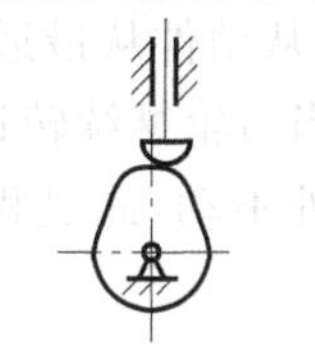
摆动从动杆	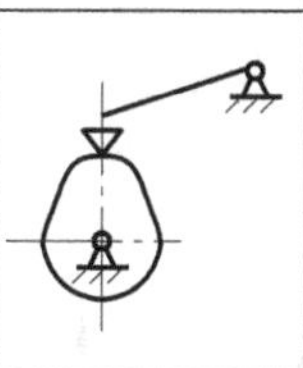	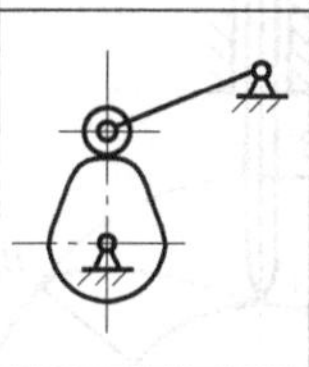	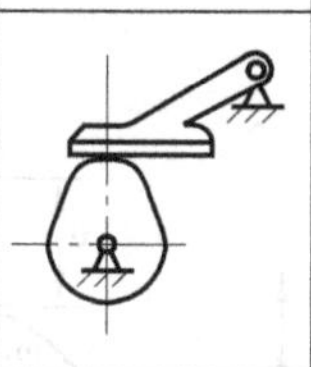	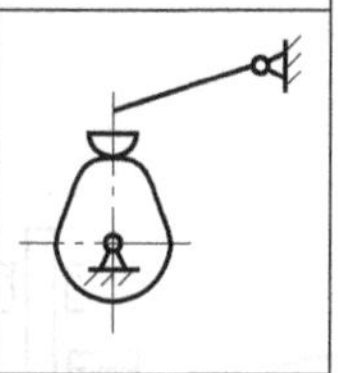

图 4-45　按从动件分类的凸轮机构

- 尖端从动件。这种从动件结构最简单，尖顶能与任意复杂的凸轮轮廓保持接触，以实现从动件的任意运动规律。但因尖顶易磨损，仅适用于作用力很小的低速凸轮机构。
- 滚子从动件。从动件的一端装有可自由转动的滚子，滚子与凸轮之间为滚动摩擦，磨损小，可以承受较大的载荷，因此，应用最普遍。
- 平底从动件。从动件的一端为一平面，直接与凸轮轮廓相接触。若不考虑摩擦，凸轮对从动件的作用力始终垂直于端平面，传动效率高，且接触面间容易形成油膜，利于润滑，故常用于高速凸轮机构。它的缺点是不能用于凸轮轮廓有凹曲线的凸轮机构中。

- 曲面从动件。这是尖端从动件的改进形式，较尖端从动件不易磨损。

③ 按从动件的运动形式分类(见图 4-45 横排)，可以分为以下两种。

- 移动从动件。从动件相对机架做往复直线运动，包括对心移动与偏置移动。
- 摆动从动件。从动件相对机架做往复摆动。

④ 按凸轮与推杆保持高副接触的方法(锁合)分类。我们知道，凸轮机构是通过凸轮的转动而带动推杆(从动件)运动的。要采用一定的方式、手段使从动件和凸轮保持始终接触，从动件才能随凸轮转动完成预定的运动规律。常用的方法有两类。

- 力锁合。在这类凸轮机构中，主要利用重力、弹簧力或其他外力使推杆与凸轮始终保持接触，如前述气门凸轮机构。
- 几何锁合(也叫形锁合)。在这类凸轮机构中，是依靠凸轮和从动件推杆的特殊几何形状来保持两者的接触，如图 4-46 所示。

将不同类型的凸轮和推杆组合起来，可以得到各种不同的凸轮机构。

2. 凸轮机构中从动件常用的运动规律

凸轮机构设计的主要任务是保证从动件按照设计要求实现预期的运动规律，因此确定从动件的运动规律是凸轮设计的前提。

(1) 平面凸轮机构的工作过程和运动参数　图 4-47(a)为一对心直动尖顶从动件盘形凸轮机构，从动件移动导路至凸轮旋转中心的偏距为 e。以凸轮轮廓的最小向径 r_b 为半径所作的圆称为基圆，r_b 为基圆半径，凸轮以等角速度 ω 逆时针转动。在图示位置，尖顶与 A 点接触，A 点是基圆与开始上升的轮廓曲线的交点，此时，从动件的尖顶离凸轮轴最近。凸轮转动时，向径增大，从动件被凸轮轮廓推向上，到达向径最大的 B 点时，从动件距凸轮轴心最远，这一过程称为推程。与之对应的凸轮转角 δ_0 称为推程运动角，从动件上升的最大位移 h 称为行程。当凸轮继续转过 δ_s 时，由于轮廓 BC 段为一向径不变的圆弧，从动件停留在最远处不动，此过程称为远休止，对应的凸轮转角 δ_s 称为远休止角。当凸轮又继续转过 δ_0' 角时，凸轮向径由最大减至 r_b，从动件从最远处回到基圆上的 D 点，此过程称为回程，对应的凸轮转角 δ_0' 称为回程运动角。当凸轮继续转过 δ_s' 角时，由于轮廓 DA 段为向径不变的基圆圆弧，从动件继续停在距轴心最近处不动，此过程称为近休止，对应的凸轮转角 δ_s' 称为近休止角。此时，$\delta_0+\delta_s+$

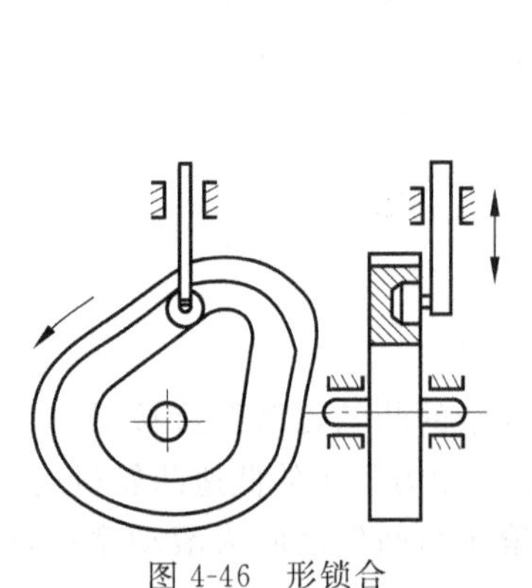

图 4-46　形锁合

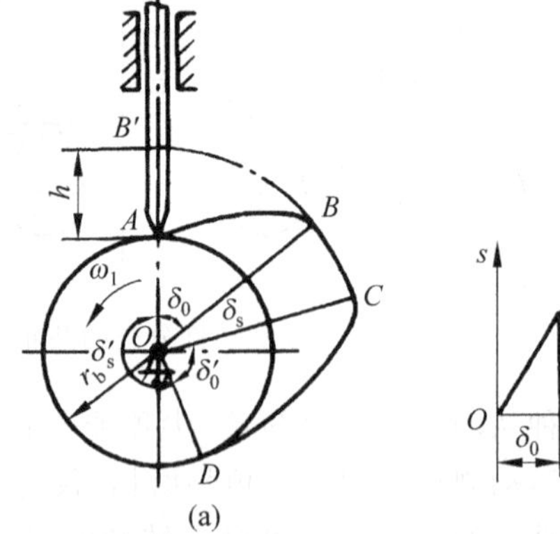

图 4-47　凸轮机构的运动过程和从动件位移线图

$\delta_0'+\delta_s'=2\pi$，凸轮刚好转过一圈，机构完成一个工作循环，从动件则完成一个“升—停—降—停”的运动循环。

上述过程可以用从动件的位移曲线来描述。以从动件的位移 s 为纵坐标，对应的凸轮转角为横坐标，将凸轮转角或时间与对应的从动件位移之间的函数关系用曲线表达出来的图形称为从动件的位移线图，如图 4-47(b)所示。

从动件在运动过程中，其位移 s、速度 v、加速度 a 随时间 t（或凸轮转角）的变化规律，称为从动件的运动规律。由此可见，从动件的运动规律完全取决于凸轮的轮廓形状。工程中，从动件的运动规律通常是由凸轮的使用要求确定的。因此，根据实际要求的从动件运动规律所设计凸轮的轮廓曲线，完全能实现预期的生产要求。

(2) 从动件常用的运动规律　常用的从动件运动规律有等速运动规律、等加速-等减速运动规律、余弦加速度运动规律以及正弦运动规律等。

① 等速运动规律。从动件推程或回程的运动速度为常数的运动规律，称为等速运动规律。其运动线图见图 4-48。

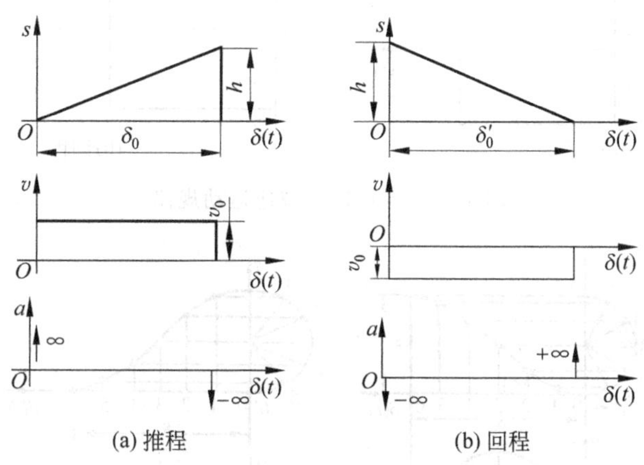

图 4-48　等速运动规律

由图可知，从动件在推程（或回程）开始和终止的瞬间，速度有突变，其加速度和惯性力在理论上为无穷大，致使凸轮机构产生强烈的冲击、噪声和磨损，这种冲击为刚性冲击。因此，等速运动规律只适用于低速、轻载的场合。

② 等加速等减速运动规律。从动件在一个行程 h 中，前半行程作等加速运动，后半行程作等减速运动，这种运动规律称为等加速-等减速运动规律。通常加速度和减速度的绝对值相等，其运动线图如图 4-49 所示。

由运动线图可知，这种运动规律的加速度在 A、B、C 三处存在有限的突变，因而会在机构中产生有限的冲击，这种冲击称为柔性冲击。与等速运动规律相比，其冲击程度大为减小。因此，等加速等减速运动规律适用于中速、中载的场合。

③ 简谐运动规律（余弦加速度运动规律）。当一质点在圆周上做匀速运动时，它在该圆直径上投影的运动规律称为简谐运动。因其加速度运动曲线为余弦曲线，故也称余弦运动规律，其运动规律运动线图如图 4-50 所示。

由加速度线图可知，此运动规律在行程的始末两点加速度存在有限突变，故也存在柔性冲击，只适用于中速场合。但当从动件作无停歇的升—降—升连续往复运动时，则得到连续的余弦曲线，柔性冲击被消除，这种情况下可用于高速场合。

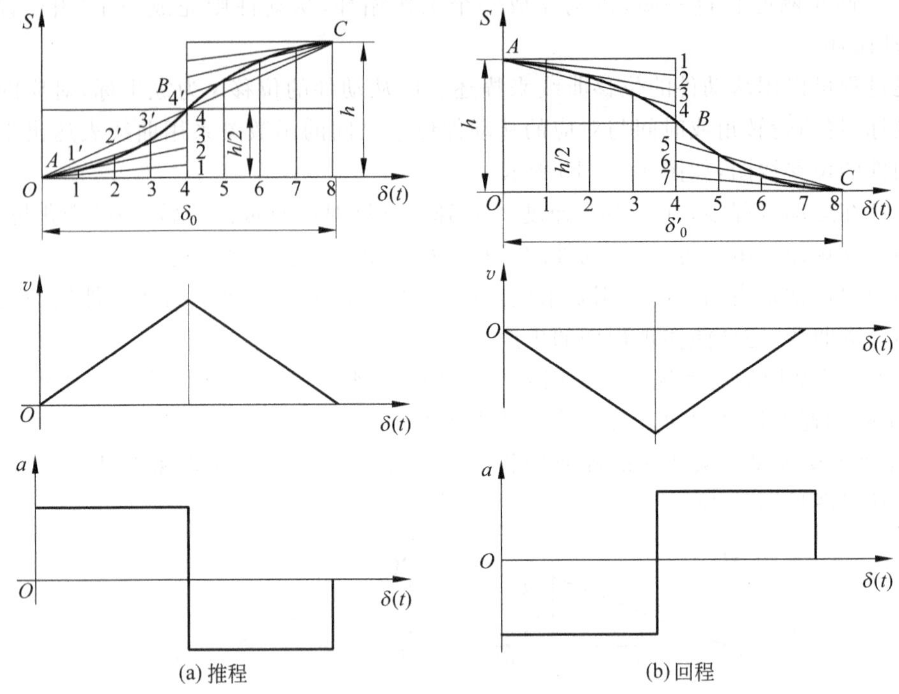

(a) 推程 (b) 回程

图 4-49 等加速等减速运动规律

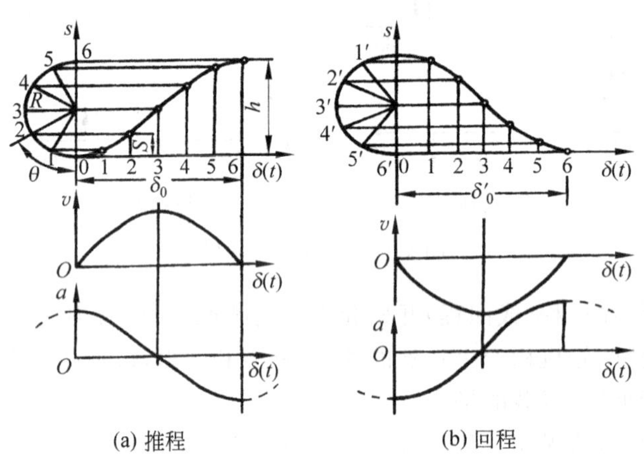

(a) 推程 (b) 回程

图 4-50 简谐运动规律

以上介绍了从动件常用的三种简单的运动规律，实际生产中还有更多的运动规律，如摆线运动规律（正弦加速度运动规律）、复杂多项式运动规律、改进型运动规律等，不同的运动规律可适用于不同的场合，在进行凸轮机构设计时，可根据机器的工作要求进行合理选择。

3. 凸轮轮廓设计原理简介

根据工作条件要求，选定了凸轮机构的形式、凸轮转向、凸轮的基圆半径和从动件的运动规律后，就可以进行凸轮轮廓的设计。根据选定的推杆运动规律来设计凸轮具有的廓线时，可以利用作图法直接绘制出凸轮轮廓线，也可以用解析法列出凸轮轮廓线的方程式，定出凸轮轮廓线上各点的坐标，或计算出凸轮的一系列向径的值，以便据此加工出凸轮轮廓线。用图解法设计凸轮轮廓线，简单易行，而且直观，但误差较大，对精度要求较高的凸轮，如高速凸轮、靠模凸轮等，则往往不能满足要求。所以，现代凸轮廓线设计都以解析法为主，其加工也容易采用先进的加工方法，如线切割机、数控铣床及数控磨床加工。

但是，不论图解法还是解析法，其基本原理都是相同的。下面仅就凸轮轮廓线设计方法的基本原理做简要说明，具体设计方法请参看相关参考书籍。

为了说明凸轮廓线设计方法的基本原理，我们首先对已有的凸轮机构进行分析。

图 4-51 所示为一对心直动尖顶推杆盘形凸轮机构，当凸轮以角速度 ω 绕轴心 O 等速回转时，将推动推杆运动。图 4-51(b)所示为凸轮回转 φ 角时，推杆上升至位移 s 的瞬时位置。

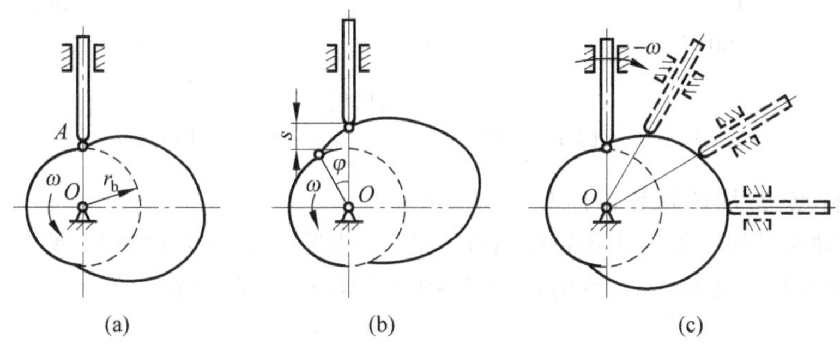

图 4-51　反转法原理

现在为了讨论凸轮廓线设计的基本原理，设想给整个凸轮机构加上一个公共角速度($-\omega$)，使其绕凸轮轴心 O 转动。根据相对运动原理，凸轮与推杆间的相对运动关系并不发生改变，但此时凸轮将静止不动，而推杆则一方面和机架一起以角速度 $-\omega$ 绕凸轮轴心 O 转动，同时又在其导轨内按预期的运动规律运动。由图 4-51(c)可见，推杆在复合运动中，其尖顶的轨迹就是凸轮廓线。

利用这种方法进行凸轮设计的称为反转法，其所依据的原理就是理论力学中所讲过的相对运动原理。

4.4　间歇运动机构

学习目标　能表述间歇运动机构的功能，能简单描述棘轮机构、槽轮机构、不完全齿轮机构的组成、工作原理、特点及应用场合。

间歇运动机构应用在各类机械中。它的功能是将主动件的连续运动转换为从动件时停时动的间歇运动。其中能将主动件的连续运动转换为从动件周期性间歇运动的机构，称为步进机构。步进机构在许多自动化生产线上得到应用，如牛奶灌装机械上。

间歇运动机构的种类很多，本节仅介绍最常见的几种。

1. 棘轮机构

(1) 棘轮机构的工作原理和类型　如图 4-52(a)所示，棘轮机构由棘轮、棘爪及机架所组成。摇杆 1 空套在与棘轮 3 固连的从动轴上。驱动棘爪 4 与摇杆 1 用转动副 A 相连。当摇杆 1 逆时针方向转动时，驱动棘爪 4 插入棘轮 3 的齿槽，使棘轮跟着转过某一角度。这时止回棘爪 5 在棘轮的齿背上滑过。当摇杆 1 顺时针方向转动时，止回棘爪 5 阻止棘轮发生顺时针方向转动，同时驱动棘爪 4 在棘轮的齿背上滑过，所以此时棘轮静止不动。这样，当摇杆 1 作连续的往复摆动时，棘轮 3 和从动轴便作单向的间歇转动。摇杆 1 的摆动可由凸轮机构、连杆机构或电磁装置等得到。

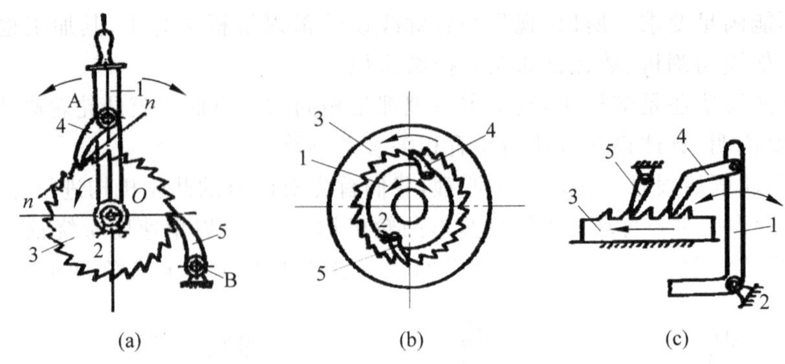

图 4-52 棘轮机构

1—摇杆；2—机架；3—棘轮(棘条)；4—驱动棘爪；5—止回棘爪

按照结构特点,常用的棘轮机构有下列两大类。

① 轮齿式棘轮机构。轮齿式棘轮机构有外啮合(见图 4-52(a))、内啮合(见图 4-52(b))两种形式。当棘轮的直径为无穷大时,变为棘条(见图 4-52(c)),此时棘轮的单向转动变为棘条的单向移动。

根据棘轮的运动棘轮机构又可分为两种。

- 单向式棘轮机构。分为单动式和双动式两种。

图 4-52 所示为单动式棘轮机构,它的特点是摇杆向一个方向摆动时,棘轮沿同方向转过某一角度;而摇杆反向摆动时,棘轮静止不动。

图 4-53 所示为双动式棘轮机构,当摇杆往复摆动时,都能使棘轮沿单一方向转动。

单向式棘轮采用的是不对称齿形,常用的有锯齿形齿(见图 4-54(a))、直线形三角齿(见图 4-54(b))及圆弧形三角齿(见图 4-54(c))。

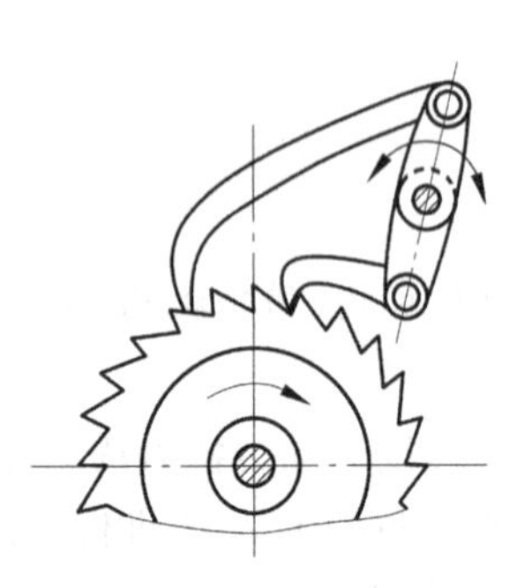

图 4-53 双动式棘轮机构

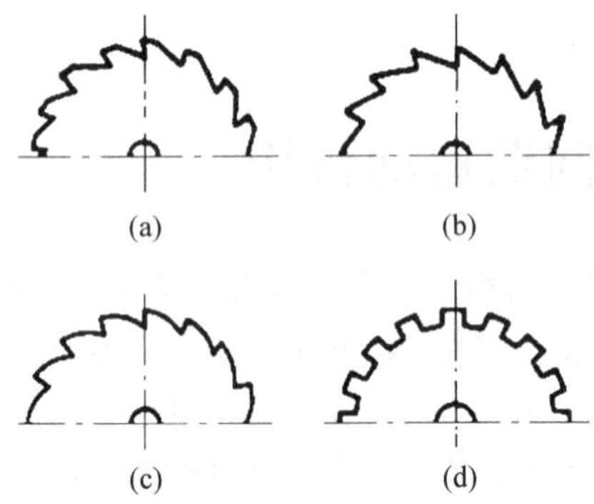

图 4-54 棘轮的齿形

- 双向式棘轮机构(见图 4-55)。它的特点是当棘爪 1 在图示位置时,棘轮 2 沿逆时针方向间歇运动;若将棘爪提起(销子拔出),并绕本身轴线转 180°后放下(销子插入),则可实现棘轮沿顺时针方向间歇运动。双向式的棘轮一般采用矩形齿(见图 4-54(d))。

轮齿式棘轮机构在回程时,棘爪在齿面上滑过,故有噪声,平稳性较差,且棘轮的步进转角又较小。如要调节棘轮的转角,可以改变棘爪的摆角或改变拨过棘轮齿数的多少。如图 4-56 所示,在棘轮上加一遮板,变更遮板的位置,即可使棘爪行程的一部分在遮板上滑过,不与棘轮的齿接触,从而改变棘轮转角的大小。

② 摩擦式棘轮机构。图 4-57 所示为摩擦式棘轮机构,它的工作原理与轮齿式棘轮机构

相同，只不过用偏心扇形块代替棘爪，用摩擦轮代替棘轮。当摇杆 1 逆时针方向摆动时，驱动摩擦块 2 楔紧摩擦轮 3 成为一体，使摩擦轮 3 也一同逆时针方向转动，这时止回摩擦块 4 打滑；当摇杆 1 顺时针方向转动时，驱动摩擦块 2 在摩擦轮 3 上打滑，这时止回摩擦块 4 楔紧，以防止摩擦轮 3 倒转。这样当摇杆 1 作连续反复摆动时，摩擦轮 3 便得到单向的间歇运动。

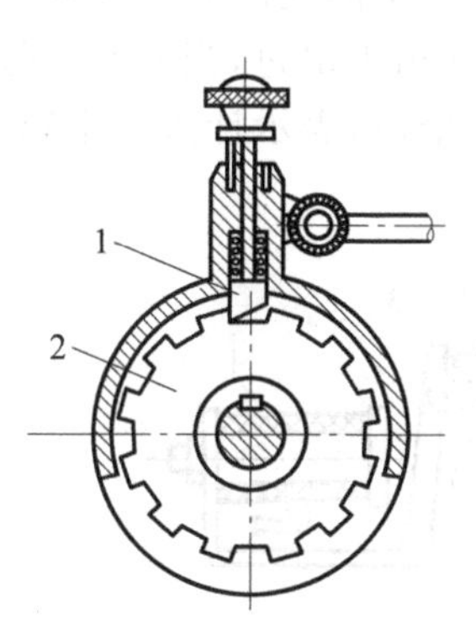

图 4-55 双向式棘轮机构
1—棘爪；2—棘轮

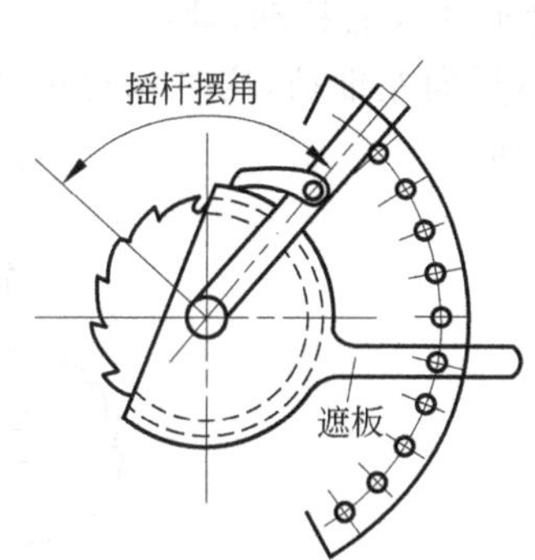

图 4-56 调节棘轮转角

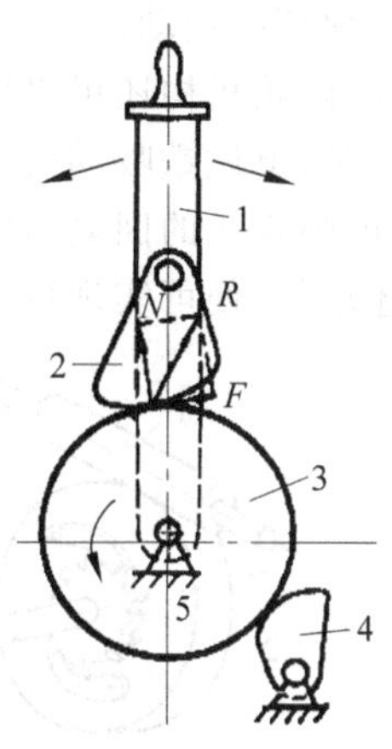

图 4-57 摩擦式棘轮机构
1—摇杆；2—驱动摩擦块；3—摩擦轮；
4—止回摩擦块；5—机架

(2) 棘轮机构的优、缺点和应用　轮齿式棘轮机构运动可靠，从动棘轮的转角容易实现有级的调节，但在工作过程中有噪声和冲击，棘齿易磨损，在高速时尤其严重，所以常用在低速、轻载下实现间歇运动。

例如在图 4-58 所示的牛头刨床工作台的横向进给机构中，运动由一对齿轮传到曲柄 1，再经连杆 2 带动摇杆 3 做往复摆动；摇杆 3 上装有棘爪，棘轮 4 作单向间歇转动；由于棘轮与螺杆固连，从而又使螺母 5(工作台)作进给运动。若改变曲柄的长度，就可以改变棘爪的摆角，以调节进给量。

图 4-59 为 Z7105 钻孔攻丝机的棘轮转位机构。蜗杆 1 经蜗轮 2 带动分配轴上的定位凸轮 3，使摆杆 4 上的定位块离开定位盘以上的 V 形槽，这时分度凸轮 6 推动杠杆 7 带动连杆 8，装在连杆 8 上的棘爪便推动棘轮 9 顺时针方向转动，从而使工作盘 10 实现转位运动。转位完毕，定位凸轮 3 和拉簧 11 使定位块再次插入定位盘 5 的 V 形槽中进行定位。

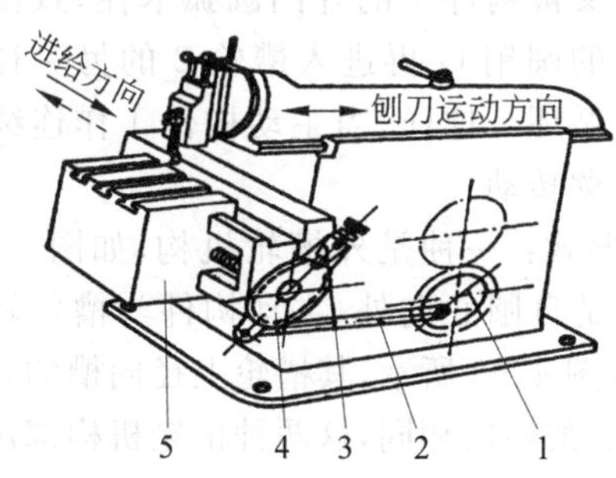

图 4-58 牛头刨床进给机构
1—曲柄；2—连杆；3—摇杆；
4—棘轮；5—螺母(工作台)

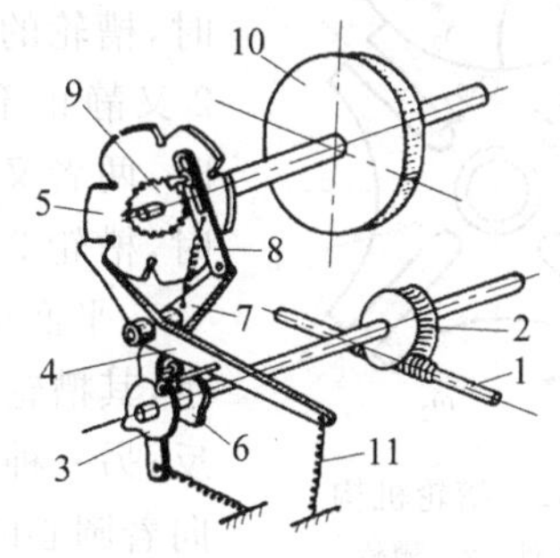

图 4-59 攻丝机棘轮转位机构
1—蜗杆；2—蜗轮；3—定位凸轮；4—摆杆；
5—定位盘；6—分度凸轮；7—杠杆；8—连杆；
9—棘轮；10—工作盘；11—拉簧

棘轮棘爪机构还可用来实现快速的超越运动。如图 4-60 所示，运动由蜗杆 1 传到蜗轮 2，通过装在蜗轮 2 上的棘爪 3 使棘轮 4 逆时针方向转动，棘轮与输出轴 5 固连，由此得到输出轴 5 的慢速转动。当需要输出轴 5 快速转动时，可逆时针转动手轮，这时由于手动速度大于由蜗轮蜗杆传动的速度，所以棘爪在棘轮上打滑，从而在蜗杆蜗轮继续转动的情况下，可用快速手动来实现超越运动。

此外，棘轮机构还可以用来做计数器。如图 4-61 所示，当电磁铁 1 的线圈通入脉冲直流信号电流时，电磁铁吸动衔铁 2，把棘爪 3 向右拉动，棘爪在棘轮 5 的齿上滑过；当断开信号电流时，借助弹簧 4 的回复力作用，使棘爪向左推动，这时棘轮转过一个齿，表示计入一个数字，重复上述动作，便可实现数字计入运动。

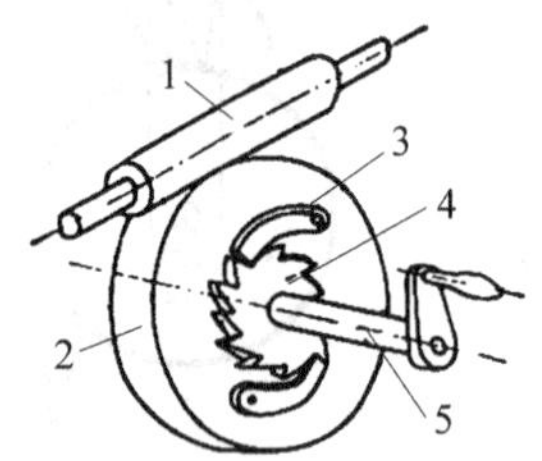

图 4-60　做超越运动的棘轮机构
1—蜗杆；2—蜗轮；3—棘爪；
4—棘轮；5—输出轴

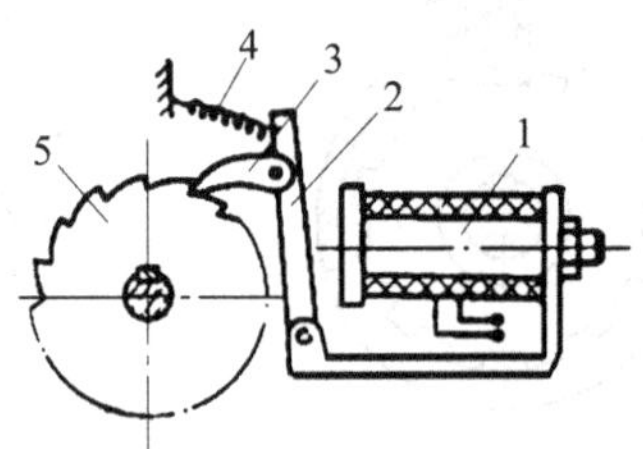

图 4-61　做计数器用的棘轮机构
1—电磁铁；2—衔铁；3—棘爪；
4—弹簧；5—棘轮

在起重机、绞盘等机械装置中，还常利用棘轮机构使提升的重物能停止在任何位置上，以防止由于停电等原因造成事故。

摩擦式棘轮机构传递运动较平稳，无噪声，从动构件的转角可作无级调节，常用来做超越离合器，在各种机械中实现进给或传递运动。但运动准确性差，不宜用于运动精度要求高的场合。

2. 槽轮机构

(1) 槽轮机构的工作原理和类型　如图 4-62 所示，槽轮机构由具有径向槽的槽轮 2 和具有圆销的构件 1 以及机架所组成。当构件 1 的圆销 G 未进入槽轮 2 的径向槽时，由于槽轮 2 的内凹锁止弧 S_2 被构件 1 的外凸圆弧 S_1 卡住，故槽轮 2 静止不动。图 4-62 所示为圆销 G 开始进入槽轮径向槽的位置，这时锁止弧 S_2 被松开，因而圆销 G 能驱使槽轮沿与构件 1 相反的方向转动。当圆销 G 开始脱出槽轮的径向槽时，槽轮的另一内凹锁止弧又被构件 1 的外凸圆弧卡住，致使槽轮 2 又静止不动，直至构件 1 的圆销 G 再进入槽轮 2 的另一径向槽时，两者又重复上述的运动循环。这样，当主动构件 1 作连续转动时，槽轮 2 便得到单向的间歇转动。

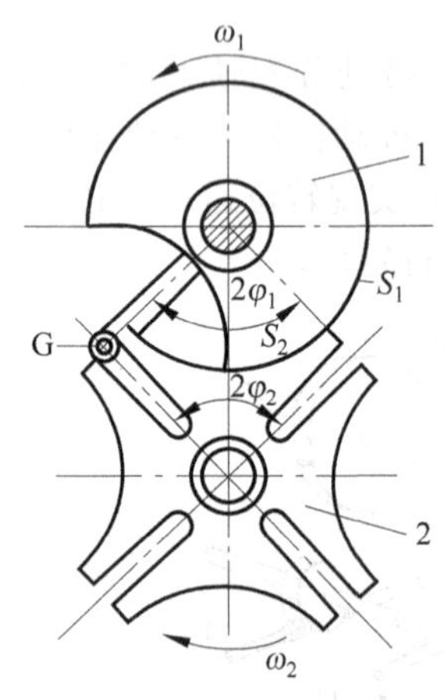

图 4-62　槽轮机构
1—构件；2—槽轮

平面槽轮机构有两种形式：一种是外槽轮机构，如图 4-62 所示，其槽轮上径向槽的开口是自圆心向外，主动构件与槽轮转向相反；另一种是内槽轮机构，如图 4-63 所示，其槽轮上径向槽的开口是向着圆心的，主动构件与槽轮的转向相同，这两种槽轮机构都用于传递平行轴的运动。

图 4-64 所示为球面槽轮机构，它是用于传递两垂直相交轴的间歇运动机构，从动槽轮 2 呈半球形，主动构件 1 的轴线与销 3 的轴线都通过球心 O，当主动构件 1 连续转动时，从动槽轮 2 得到间歇转动。

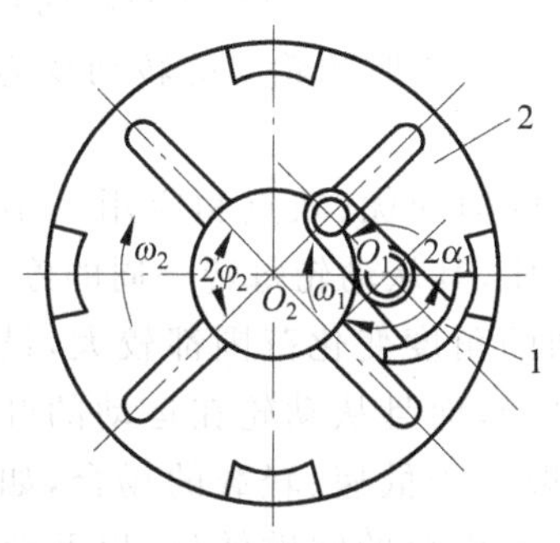

图 4-63　内槽轮机构

1—主动拨盘；2—从动槽轮

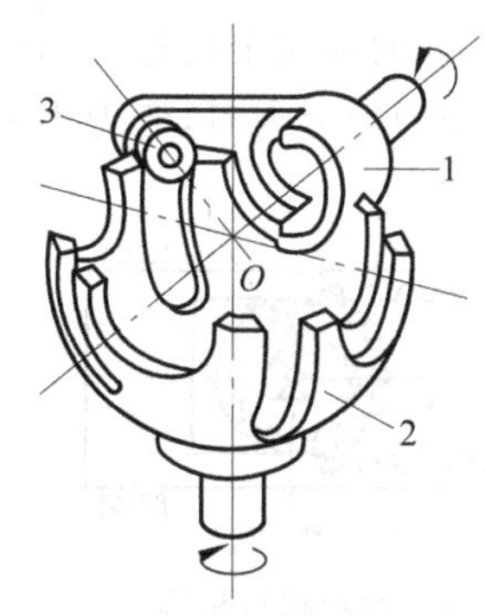

图 4-64　球面槽轮机构

1—主动构件；2—从动槽轮；3—销

(2) 槽轮机构的优、缺点和应用　槽轮机构结构简单，工作可靠，在进入和脱离啮合时运动较平稳，能准确控制转动的角度。但槽轮的转角大小不能调节，而且在槽轮转动的始、末位置加速度变化较大，所以有冲击。

槽轮机构一般应用在转速不高的间歇转动装置中。

例如在电影放映机中，用槽轮间歇地移动影片；在自动机中，用以间歇地转动工作台或刀架。

图 4-65 所示的自动传送链装置中，运动由主动构件 1 传给槽轮 2，再经一对齿轮 3、4 使与齿轮 4 固连的链轮 5 作间歇转动，从而得到传送链 6 的间歇移动，传送链上装有装配夹具的安装支架 7，故可满足自动线上的流水装配作业要求。

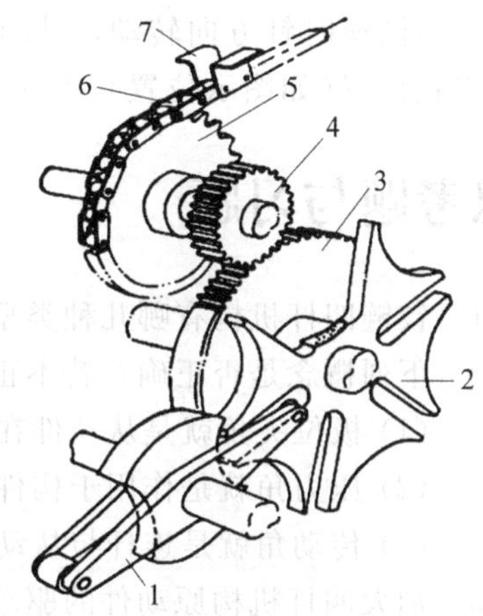

图 4-65　自动传送链装置

1—主动构件；2—槽轮；3、4—齿轮；5—链轮；6—传送链；7—支架

3. 不完全齿轮机构

(1) 不完全齿轮机构的工作原理和类型　不完全齿轮机构是由普通渐开线齿轮机构演化而成的一种间歇运动机构。它与普通渐开线齿轮机构不同之处是轮齿不布满整个圆周，如图 4-66 所示。图示当主动轮 1 转一周时，从动轮 2 转六分之一周，从动轮每转停歇 6 次。当从动轮停歇时，主动轮 1 上的锁止弧 S_1 与从动轮 2 上的锁止弧 S_2 互相配合锁住，以保证从动轮停歇在预定的位置。

不完全齿轮机构的类型有：内啮合(见图 4-66)、外啮合(见图 4-67)。与普通渐开线齿

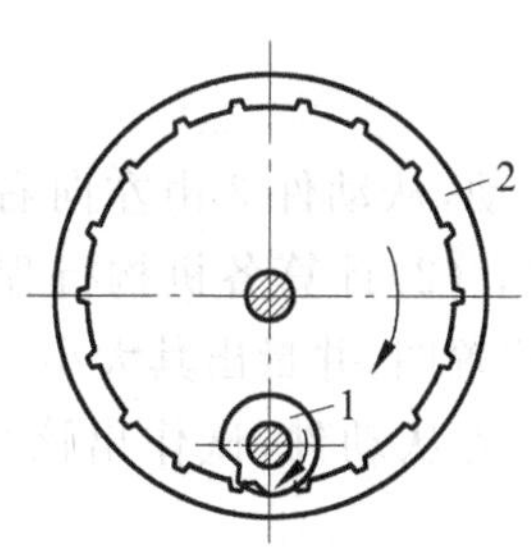

图 4-66　内啮合不完全齿轮机构

1—主动轮；2—从动轮

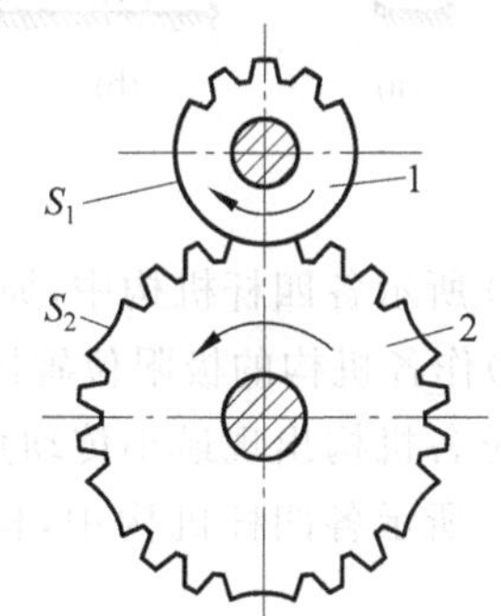

图 4-67　外啮合不完全齿轮机构

轮一样，外啮合的不完全齿轮机构两轮转向相反；内啮合的不完全齿轮机构两轮转向相同。当棘轮 2 的直径为无穷大时，变为不完全齿轮齿条(见图 4-68)，这时棘轮 2 的转动变为齿条的移动。

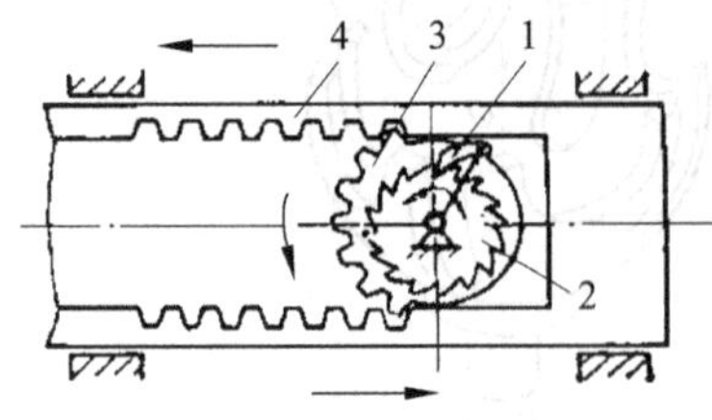

图 4-68 秧箱移行机构

1—棘爪；2—棘轮；
3—不完全齿轮；4—秧箱

(2) 不完全齿轮机构的优、缺点和应用 不完全齿轮机构与槽轮机构相比，其从动轮每转一周的停歇时间、运动时间及每次转动的角度变化范围都较大，设计较灵活。但加工工艺较复杂，而且从动轮在运动的开始与终止时冲击较大，故一般用于低速、轻载的场合，如在自动机和半自动机中用于工作台的间歇转位，以及要求具有间歇运动的进给机构、计数机构等。图 4-68 所示为插秧机的秧箱移行机构。该机构由与摆杆固连的棘爪 1、棘轮 2、与棘轮固连的不完全齿轮 3、上下齿条 4(秧箱)组成。当构件 1 顺时针方向摆动时，2、3 不动，秧箱 4 停歇，这时秧爪(图中未示出)取秧；当取秧完毕，构件 1 逆时针方向摆动，2 与 3 一同逆时针方向转动，3 与上齿条 4 啮合，使 4 向左移动，即秧箱向左移动。当秧箱移到终止位置(如图示位置)，不完全齿轮 3 与下齿条 4 啮合，使秧箱自动换向向右移动。

思考题与习题

4-1 铰链四杆机构有哪几种类型？如何判别？它们各有什么运动特点？

4-2 下列概念是否正确？若不正确，请订正。

(1) 极位夹角就是从动件在两个极限位置的夹角。

(2) 压力角就是作用于构件上的力和速度的夹角。

(3) 传动角就是连杆与从动件的夹角。

4-3 加大四杆机构原动件的驱动力能否使机构越过死点位置？采用什么方法越过死点位置？

4-4 根据图 4-69 中注明的尺寸，判别各四杆机构的类型。

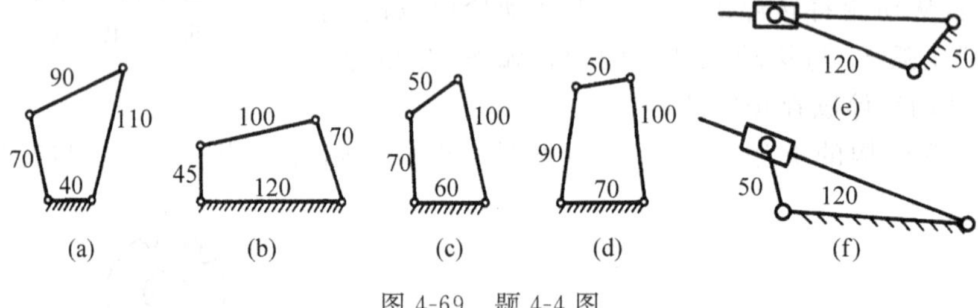

图 4-69 题 4-4 图

4-5 图 4-70 所示各四杆机构中，原动件 1 作匀速顺时针转动，从动件 3 由左向右运动时，要求：(1)作各机构的极限位置图，并量出从动件的行程；(2)计算各机构行程速比系数；(3)作出各机构出现最小传动角(或最大压力角)时的位置图，并量出其大小。

4-6 图 4-70 所示各四杆机构中，构件 3 为原动件、构件 1 为从动件，试作出该机构的死点位置。

4-7 图 4-71 所示铰链四杆机构 $ABCD$ 中，AB 长为 a，欲使该机构成为曲柄摇杆机构、双摇杆机构，a 的取值范围分别为多少？

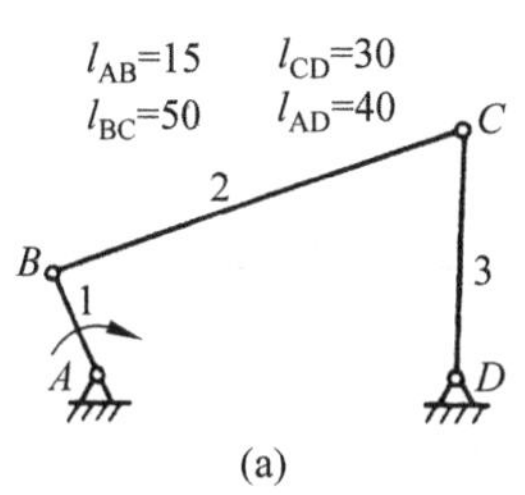

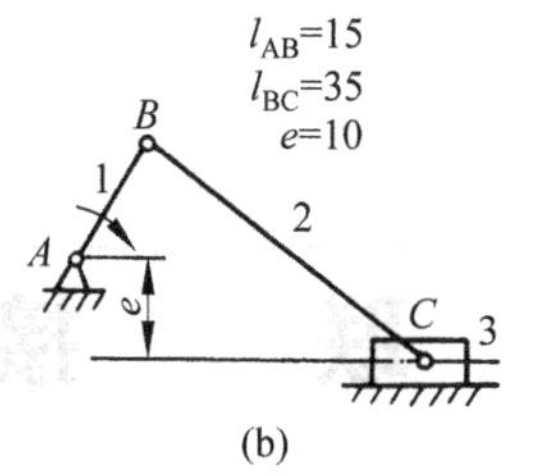

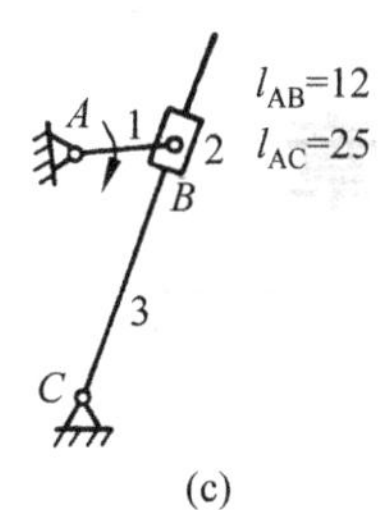

图 4-70　题 4-5 图

4-8　图 4-72 所示的偏置曲柄滑块机构中，已知行程速比系数 $K=1.5$mm，滑块行程 $H=50$mm，偏距 $e=20$mm，试用图解法求：

(1) 曲柄长度和连杆长度；

(2) 曲柄为主动件时机构的最大压力角和最大传动角；

(3) 滑块为主动件时机构的死点位置。

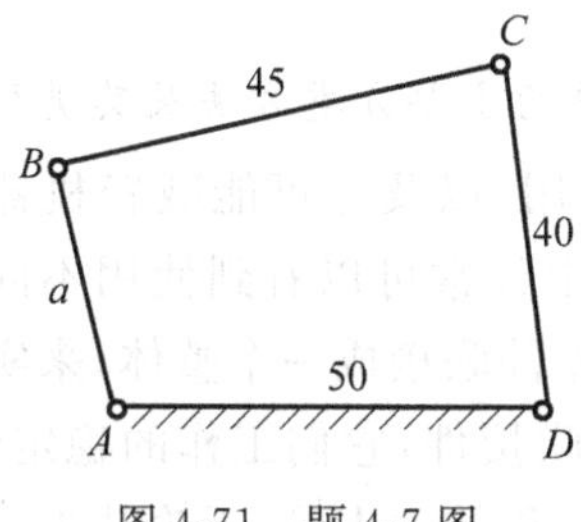

图 4-71　题 4-7 图

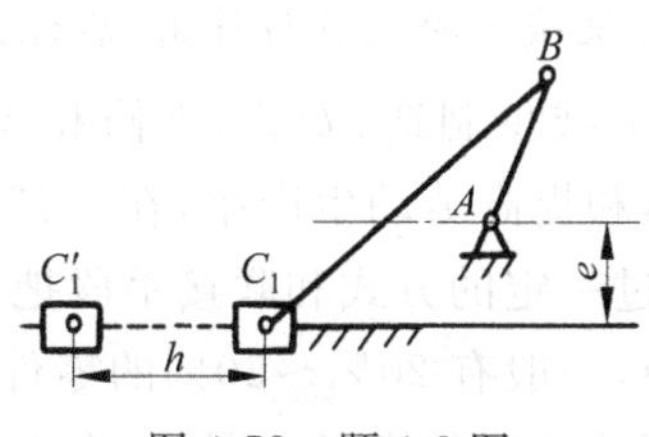

图 4-72　题 4-8 图

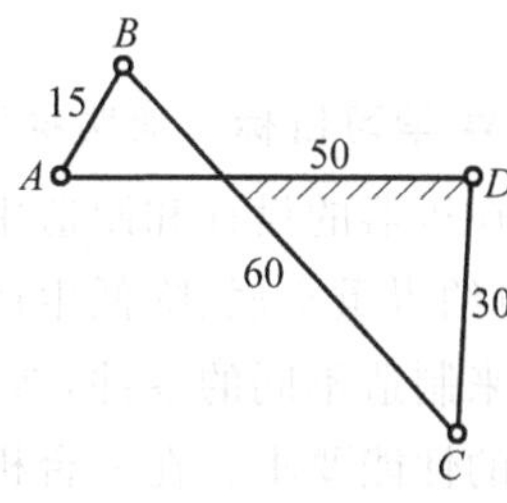

图 4-73　题 4-9 图

4-9　已知铰链四杆机构(见图 4-73)各构件的长度，试问：

(1) 这是铰链四杆机构基本形式中的何种机构？

(2) 若以 AB 为主动件，此机构有无急回特性？为什么？

(3) 当以 AB 为主动件时，此机构的最小传动角出现在何位置(在图上标出)？

4-10　试标出图 4-74 所示位移线图中的行程 h、推程运动角 δ_0、远休止角 δ_s、回程角 δ_0'、近休止角 δ_s'。

4-11　参照图 4-75 设计一牛头刨床刨刀驱动机构。已知 $l_{AC}=300$mm，行程 $H=450$mm，行程速比系数 $K=2$。

4-12　为什么凸轮机构广泛应用于自动、半自动机械的控制装置中？

4-13　比较本章所述几种间歇运动机构的异同点，并说明各自适用的场合。

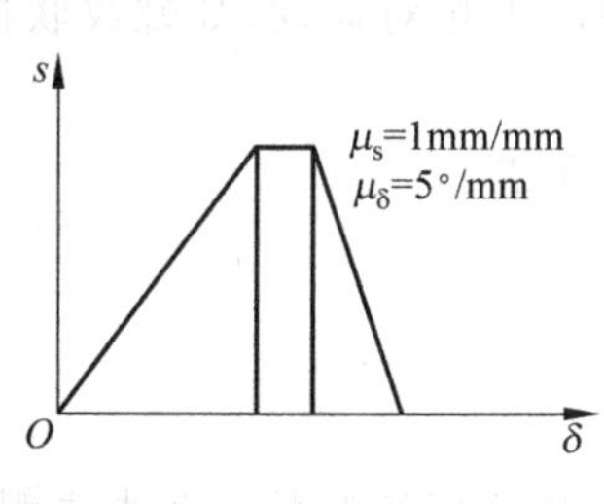

图 4-74　题 4-10 图

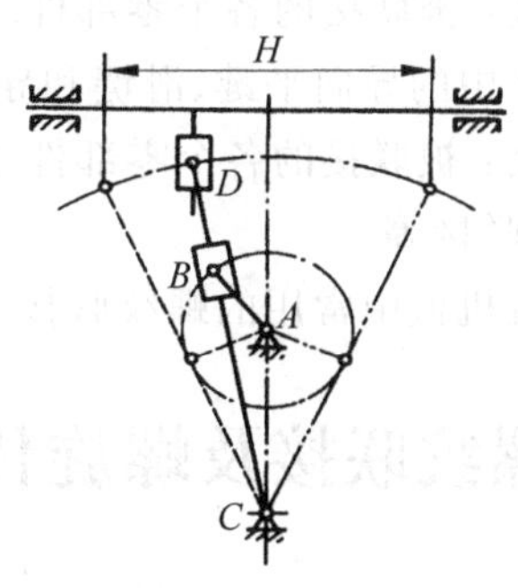

图 4-75　题 4-11 图

第 5 章

联　　接

本章将介绍常用联接的类型、作用、结构、特点及各自的适用场合。

5.1　概述

学习目标　能明确联接在机械中的地位与作用；能说出联接的主要分类方法及其类型。

在机器的设计和制造中，为了减少制造、安装、维修和运输费用，以及尽可能减轻机器重量、节约贵重金属、降低生产成本和提高劳动生产率，在一部机器中经常可以看到使用不同的材料来制造不同的零件，然后通过一定的方式和联接手段把这些零件联接成一个整体，来实现预期的性能要求。在一台机器中，一般有20%～50%的零件属于联接件，它们工作的稳定性、可靠性对机器的正常运转起着至关重要的意义。因此，作为一个工程技术人员，无论从事哪一个行业的工作，都必须了解机械中常用的各种联接方法、特点和应用情况，熟悉各种常用联接零件的类型、结构与使用条件。

用于零件之间的联接方式很多，常见的联接方式有螺纹联接、键联接、销联接、铆接、焊接、胶接和过盈联接等。

联接按是否可拆卸分为不可拆联接和可拆联接两大类。

不可拆联接：拆开联接时，至少要破坏或损伤联接中的一个零件，如焊接、铆接、胶接、过盈联接等。

可拆联接：拆开联接时，无须破坏或损伤联接中的任何零件，如螺纹联接、键联接、销联接等。

按被联接件之间在工作时是否具有相对运动，联接还可分为动联接和静联接两大类。

动联接：被联接的各个零部件之间可以有相对位置变化，如在前面所介绍的各类运动副以及键联接中的导向平键、滑键和导向花键联接都属于动联接。

静联接：被联接的各个零部件之间位置固定，不允许产生相对运动，如螺纹联接、普通平键联接、销联接等。

下面就机械中常用的螺纹联接、键联接及销联接进行介绍。

5.2　螺纹联接及螺旋传动

学习目标　能描述螺纹的形成、类型及主要参数；熟悉螺纹联接的基本类型并能根据不同工作场合进行合理选用，能认知各类标准螺纹联接件并清楚其使用场合，对螺纹联接的预紧与防松的常用方法有一定认知；能说出螺旋传动的类型与应用场合。

螺纹联接是利用具有螺纹的零件所构成的联接，是应用最为广泛的一种可拆机械联接。

1. 螺纹的形成原理、类型及其主要参数

如图 5-1 所示，将一与水平面倾斜角为 λ 的直线绕在圆柱体上，即可形成一条螺旋线。如果用一个平面图形(梯形、三角形或矩形)沿着螺旋线运动，并保持此平面图形始终在通过圆柱轴线的平面内，则此平面图形的轮廓在空间的轨迹便形成螺纹。

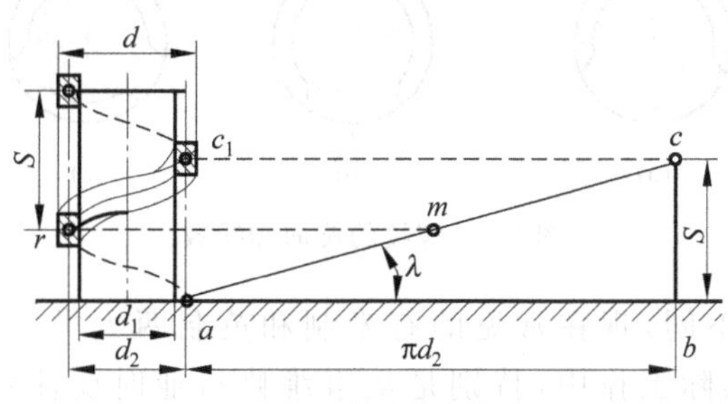

图 5-1 螺纹的形成

根据螺纹牙形，螺纹分为三角形(见图 5-2(a))、矩形(见图 5-2(b))、梯形(见图 5-2(c))和锯齿形螺纹(见图 5-2(d))等。其中三角形螺纹又称为普通螺纹，常用于联接。其他三种牙型的螺纹一般用于传动。

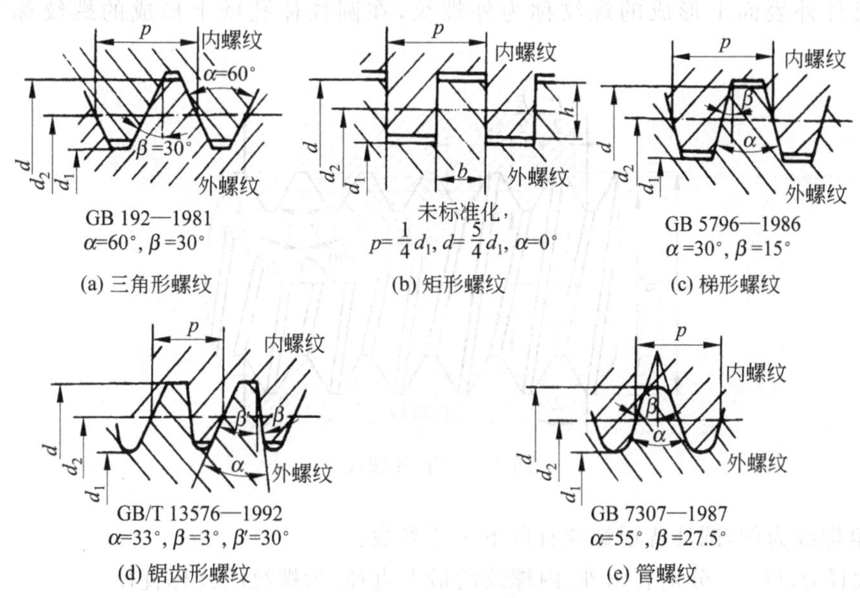

图 5-2 螺纹按牙形分类

根据螺旋线的绕行方向，螺纹分为右旋螺纹(见图 5-3(a))和左旋螺纹(见图 5-3(b))，沿螺纹轴线方向看，螺旋线自下而上向右倾斜为右旋，向左倾斜为左旋。一般常用右旋螺纹，左旋螺纹的标准紧固件通常制有左旋标记。

根据螺旋线的数目，螺纹又可以分为单线螺纹(见图 5-3(a))、双线螺纹(见图 5-3(b))和多线螺纹(见图 5-3(c))。单线螺纹自锁性较好，常用于联接，多线螺纹传动效率较高，常用于传动。

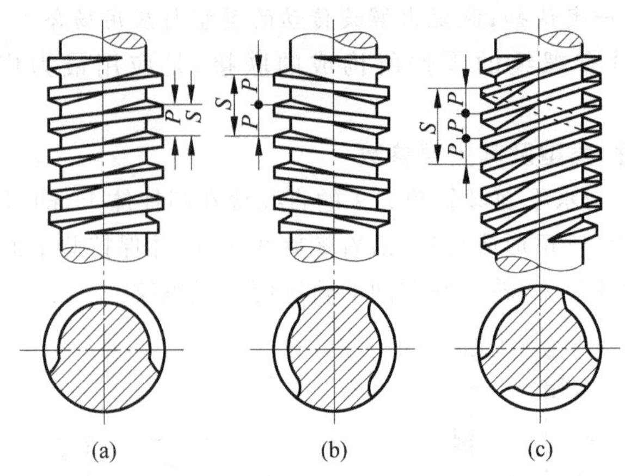

图 5-3 螺纹的旋向和线数

按制订的螺纹标准不同，现在常见的有米制和英制两大类。我国除管螺纹外，一般采用米制。要注意，在实际工作中，特别是从事维修行业时要注意一些进口机器中螺纹的单位制。

凡是牙型、大径和螺距符合国家标准的螺纹都称为标准螺纹。除机械制造中常用的标准螺纹外，还有适用于某些特殊行业的专用螺纹标准，在需要的时候可以查阅有关的设计手册。

在圆柱体外表面上形成的螺纹称为外螺纹，在圆柱体孔壁上形成的螺纹称为内螺纹(见图 5-4)。

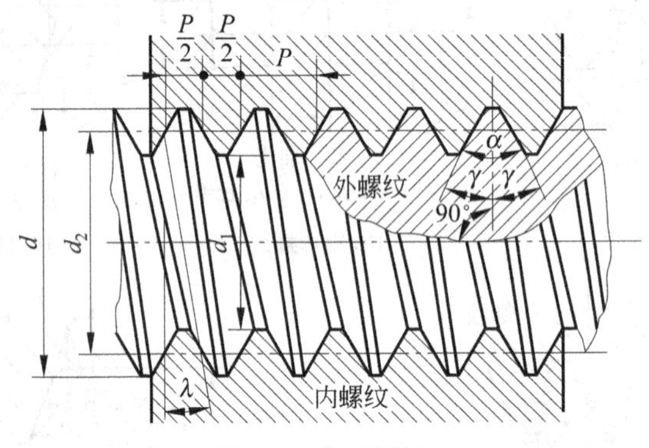

图 5-4 内、外螺纹

以三角螺纹为例，圆柱普通螺纹有以下主要参数：

(1) 大径 d、D——分别表示外、内螺纹的最大直径，为螺纹的公称直径。

(2) 小径 d_1、D_1——分别表示外、内螺纹的最小直径。在强度计算中常作为危险剖面计算直径。

(3) 中径 d_2、D_2——分别表示螺纹牙宽度和牙槽宽度相等处的圆柱直径。

(4) 螺距 P——表示相邻两螺纹牙同侧齿廓之间的轴向距离。

(5) 线数 n——表示螺纹的螺旋线数目。

(6) 导程 S——表示在同一条螺旋线上相邻两螺纹牙之间的轴向距离，$S=nP$。

(7) 螺纹升角 λ——在中径 d_2 圆柱上螺旋线的切线与螺纹轴线的垂直平面间的夹角，如

图 5-1 所示，$S=d_2\tan\lambda$。

(8) 牙形角 α——在螺纹轴向剖面内螺纹牙形两侧边的夹角。

对于这些几何参数值的规定，国际上和国内都已经标准化。规定的值不同，就会形成不同的螺纹，需要时可以查阅相关的手册和国家标准。

2. 常用螺纹的类型和特点

表 5-1 列出了常用螺纹的类型和特点。

表 5-1 常用螺纹的类型和特点

螺纹类型	牙形	特点
普通螺纹	内螺纹 60° 外螺纹 P d d2 d1	牙形为等边三角形，牙形角为 60°，外螺纹牙根允许有较大的圆角，以减少应力集中。同一公称直径的螺纹，可按螺距大小分为粗牙螺纹和细牙螺纹。一般的静联接常采用粗牙螺纹。细牙螺纹自锁性能好，但不耐磨，常用于薄壁件或者受冲击、振动和变载荷的联接中，也可用于微调机构的调整螺纹
非螺纹密封的管螺纹	接头 55° 管子 P d d2 d1	牙形为等腰三角形，牙形角为 55°，牙顶有较大的圆角。管螺纹为英制细牙螺纹，尺寸代号为管子内螺纹大径。 适用于管接头、旋塞、阀门用附件
用螺纹密封的管螺纹	基面 接头 55° φ 管子 P d d2 d1	牙形角为等腰三角形，牙形角为 55°，牙顶有较大的圆角。螺纹分布在锥度为 1∶16 的圆锥管壁上。包括圆锥内螺纹与圆锥外螺纹和圆锥外螺纹与圆柱内螺纹两种联接形式。螺纹旋合后，利用本身的变形来保证联接的紧密性。 适用于管接头、旋塞、阀门及附件
矩形螺纹	内螺纹 外螺纹 P d d2 d1	牙形为正方形。传动效率高，但牙根强度低，螺旋副磨损后，间隙难以修复和补偿。矩形螺纹无国家标准。 应用较少，目前逐渐被梯形螺纹所代替
梯形螺纹	内螺纹 30° 外螺纹 P d d2 d1	牙形为等腰梯形，牙形角为 30°，传动效率低于矩形螺纹，但工艺性好，牙根强度高，对中性好。采用剖分螺母时，可以补偿磨损间隙。梯形螺纹是最常用的传动螺纹
锯齿形螺纹	内螺纹 3° 30° 外螺纹 P d d2 d1	牙形为不等腰梯形，工作面的牙侧角为 3°，非工作面的牙侧角为 30°。外螺纹的牙根有较大的圆角，以减少应力集中。内、外螺纹旋合后大径处无间隙，便于对中，传动效率高，而且牙根强度高。 适用于承受单向载荷的螺旋传动

注：公称直径相同的普通螺纹有不同大小的距离，其中螺距最大的称粗牙螺纹，其他的则称细牙螺纹。普通粗牙螺纹常用尺寸(包括 d、P、d_1、d)查有关手册。

3. 螺纹联接的基本类型与标准螺纹联接件

(1) 螺纹联接的基本类型　螺纹联接的基本类型有螺栓联接、双头螺栓联接、螺钉联接和紧定螺钉联接，如表 5-2 所示。

表 5-2 螺纹联接的基本类型、特点与应用

类型	结构图	尺寸关系	特点与应用	
普通螺栓联接		普通螺栓的螺纹余量长度 l_1 为 静载荷 $l_1 \geqslant (0.3 \sim 0.5)d$ 变载荷 $l_1 \geqslant 0.5d$ 铰制孔用螺栓的静载荷 l_1 应尽可能小 螺纹伸出长度 $l_2=(0.2 \sim 0.3)d$ 螺纹轴线到被联接件边缘的距离 $e=d+(3 \sim 6)\text{mm}$ 螺栓孔直径 d_0 普通螺栓：$d_0=1.1d$； 铰制孔用螺栓：d_0 按 d 查有关标准	结构简单，装拆方便，对通孔加工精度要求低，应用最广泛	用于通孔并方便从联接件两边进行装配的场合
铰制孔用螺栓联接			孔与螺杆之间无间隙，采用基孔制过渡配合。用螺栓杆承受横向载荷或者固定被联接件的相对位置	
双头螺柱联接		螺纹拧入深度 l_3，当螺纹孔零件为钢或青铜：$l_3 \approx d$ 铸铁：$l_3=(1.25 \sim 1.5)d$ 铝合金：$l_3=(1.5 \sim 2.5)d$ 螺纹孔深度 l_4：$l_4=l_3+(2 \sim 2.5)P$ 钻孔深度：$l_5=l_4+(0.2 \sim 0.3)d$ l_1、l_2、e 值与普通螺栓联接相同	螺栓的一端旋紧在一被联接件的螺纹孔中。另一端则穿过另一被联接件的通孔，用螺母锁紧，方便经常装拆	用于被联接件之一太厚，不方便加工通孔或不方便从被联接件两边进行装配的场合
螺钉联接		l_1、l_3、l_4、l_5、e 同上	不用螺母，直接将螺钉的螺纹部分拧入被联接件之一的螺纹孔中构成联接。其联接结构简单。但如果经常装拆时，易使螺纹孔产生过度磨损而导致联接失效	
紧定螺钉联接		$d=(0.2 \sim 0.3)d_h$，当力和转矩较大时取较大值	螺钉的末端顶住零件的表面或者顶入该零件的凹坑中，将零件固定；它可以传递不大的载荷	一般用于传递不大转矩时，轴与轴上零件之间的联接

（2）标准螺纹联接件　螺纹联接件的结构形式和尺寸已经标准化，设计时查有关标准选用即可。常用螺纹联接件的类型、结构特点及应用如表 5-3 所示。

表 5-3　常用螺纹联接件的类型、结构特点及应用

类　型	图　　例	结构特点及应用
六角头螺栓	d　l	应用最广。螺杆可制成全螺纹或者部分螺纹，螺距有粗牙和细牙。螺栓头部有六角头和小六角头两种。其中小六角头螺栓材料利用率高、机械性能好，但由于头部尺寸较小，不宜用于装拆频繁、被联接件强度低的场合
螺钉	d	螺钉头部形状有圆头、扁圆头、六角头、圆柱头和沉头等。头部的起子槽有一字槽、十字槽和内六角孔等形式。十字槽螺钉头部强度高、对中性好，便于自动装配。内六角孔螺钉可承受较大的扳手扭矩，联接强度高，可替代六角头螺栓，用于要求结构紧凑的场合
紧定螺钉	90°　d	紧定螺钉常用的末端形式有锥端、平端和圆柱端。锥端适用于被紧定零件的表面硬度较低或者不经常拆卸的场合；平端接触面积大，不会损伤零件表面，常用于顶紧硬度较大的平面或者经常装拆的场合；圆柱端压入轴上的凹槽中，适用于紧定空心轴上的零件位置
自攻螺钉		螺钉头部形状有圆头、六角头、圆柱头、沉头等。头部的起子槽有一字槽、十字槽等形式。末端形状有锥端和平端两种。多用于联接金属薄板、轻合金或者塑料零件，螺钉在联接时可以直接攻出螺纹
六角螺母	d　m	根据螺母厚度不同，可分为标准型和薄型两种。薄螺母常用于受剪力的螺栓上或者空间尺寸受限制的场合
圆螺母	30°　$C\times45°$　D　120°　C_1　d　D_1　b　t　H　30°　30°　D_1　d_0　15°　b　30°　30°	圆螺母常与止退垫圈配用，装配时将垫圈内舌插入轴上的槽内，将垫圈的外舌嵌入圆螺母的槽内，即可锁紧螺母，起到防松作用。常用于滚动轴承的轴向固定
垫圈	平垫圈　斜垫圈　h　d_1　d_2	保护被联接件的表面不被擦伤，增大螺母与被联接件间的接触面积。斜垫圈用于倾斜的支承面

4. 螺纹联接的预紧和防松

(1) 螺纹联接的预紧　螺纹联接装配时，一般都要拧紧螺纹，使联接螺纹在承受工作载荷之前，受到预先作用的力，这就是螺纹联接的预紧，预先作用的力称为预紧力。螺纹联接预紧的目的在于增加联接的可靠性、紧密性和防松能力。

如图 5-5 所示，在拧紧螺母时，需要克服螺纹副相对扭转的阻力矩 T_1 和螺母与支承面之间的摩擦阻力矩 T_2，即拧紧力矩 $T=T_1+T_2$。

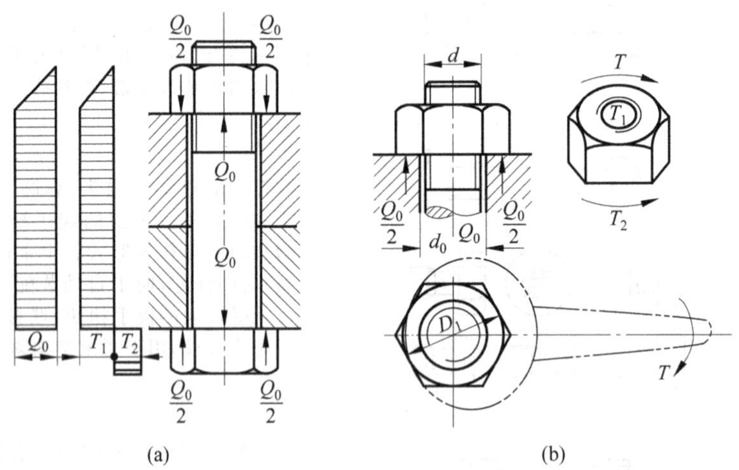

图 5-5　螺纹拧紧时的受力分析

对于 M10～M64 的粗牙普通螺栓，若螺纹联接的预紧力为 Q_0，螺栓直径为 d，则拧紧力矩 T 可以按近似公式(5-1)计算：

$$T = 0.2\, Q_0 d \ (\text{N} \cdot \text{mm}) \tag{5-1}$$

预紧力的大小根据螺栓所受载荷的性质、联接的刚度等具体工作条件而确定。对于一般联接用的钢制普通螺栓联接，其预紧力 Q_0 大小按式(5-2)计算：

$$Q_0 = (0.5 \sim 0.7)\sigma_s A \ (\text{N}) \tag{5-2}$$

式(5-2)中，σ_s 为螺栓材料的屈服极限，MPa；A 为螺栓危险截面的面积，mm^2。

预紧力的控制方法有多种。对于一般的普通螺栓联接，预紧力凭装配经验控制；对于较重要的普通螺栓联接，可用测力矩扳手(见图 5-6)或定力矩扳手(见图 5-7)来控制预紧力大小。

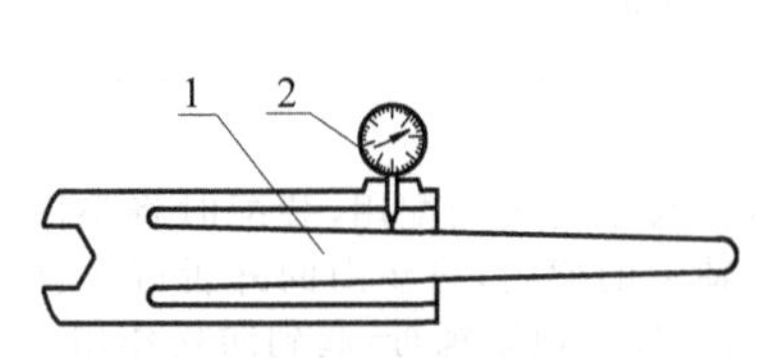

图 5-6　测力矩扳手

1—弹性元件；2—力矩读数

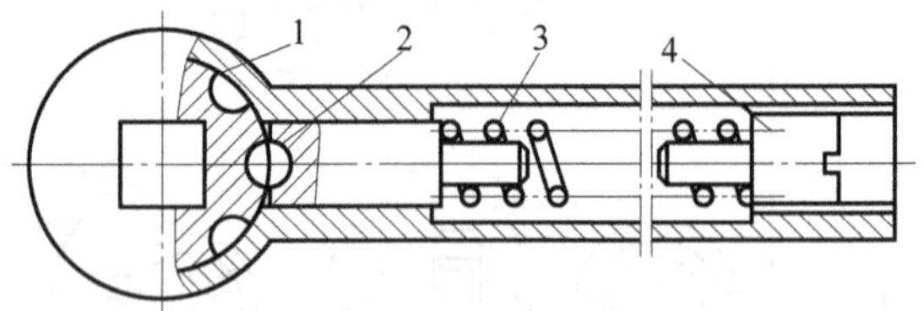

图 5-7　定力矩扳手

1—扳手卡盘；2—圆柱销；3—弹簧；4—螺钉

为了使被联接件均匀受压，互相贴合紧密、连接牢固，在装配时要根据螺栓实际分布情况，按顺序(由中心向两端，呈交叉放射状)逐次(常为 2～3 次)拧紧。

(2) 螺纹联接的防松　松动是螺纹联接最常见的失效形式之一。在静载荷条件下，普通螺栓由于螺纹的自锁性一般可以保证螺栓联接的正常工作，但是，在冲击、振动或者变载荷作用下，或者当温度变化很大时,螺纹副间的摩擦力可能减小或者瞬时消失,致使螺纹联接产生自动松脱现象,特别是在交通、化工和高压密闭容器等设备、装置中,螺纹联接的松动可能会造成重大事故的发生。为了保证螺纹联接的安全可靠,许多情况下螺栓联接都采取一些必要的防松措施。

螺纹联接防松的本质就是防止螺纹副的相对运动。按照工作原理来分,螺纹防松有摩擦防松、机械防松、破坏性防松以及粘合法防松等多种方法。常用螺纹防松方法见表 5-4。

表 5-4 常用螺纹防松方法

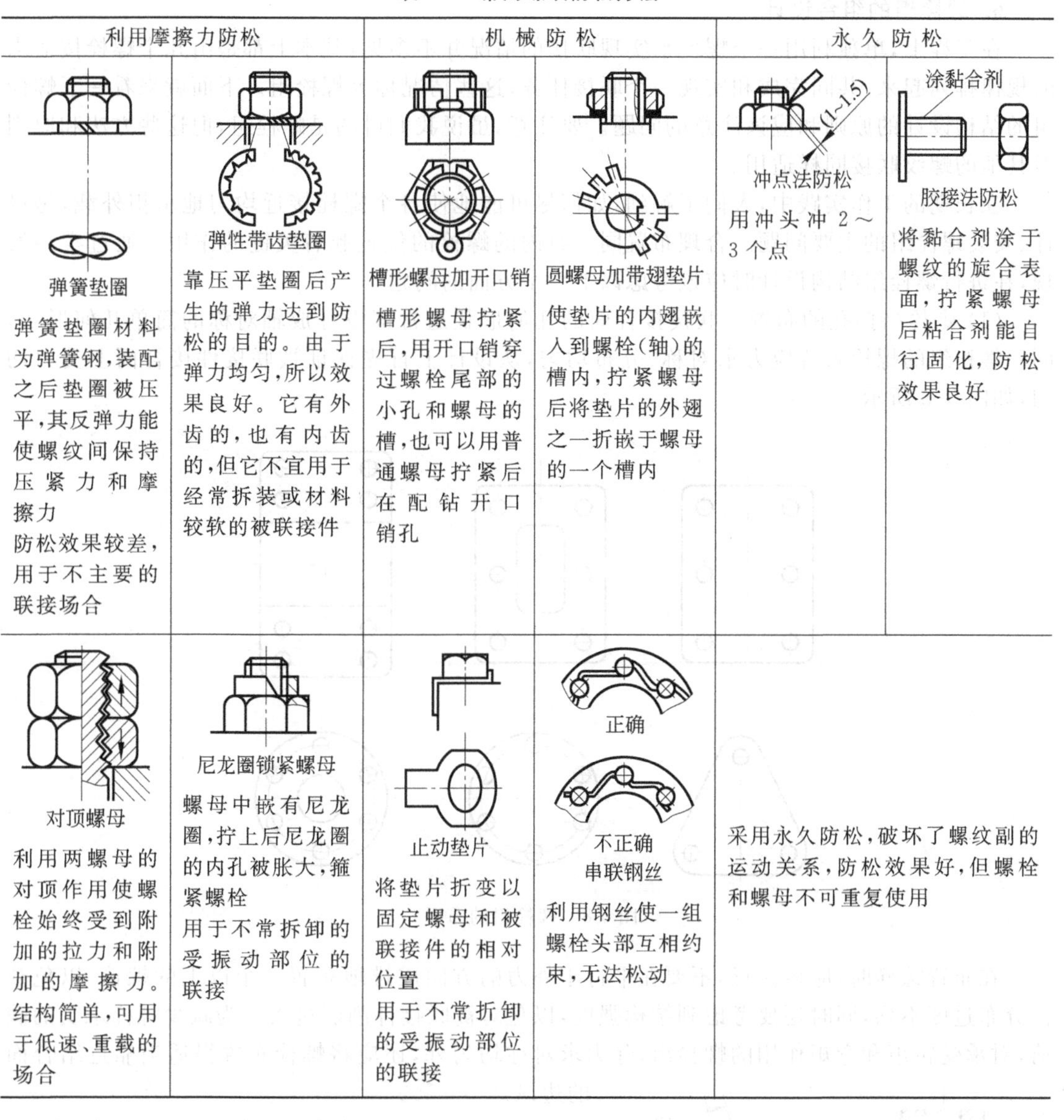

利用摩擦力防松		机械防松		永久防松	
弹簧垫圈 弹簧垫圈材料为弹簧钢,装配之后垫圈被压平,其反弹力能使螺纹间保持压紧力和摩擦力 防松效果较差,用于不主要的联接场合	弹性带齿垫圈 靠压平垫圈后产生的弹力达到防松的目的。由于弹力均匀,所以效果良好。它有外齿的,也有内齿的,但它不宜用于经常拆装或材料较软的被联接件	槽形螺母加开口销 槽形螺母拧紧后,用开口销穿过螺栓尾部的小孔和螺母的槽,也可以用普通螺母拧紧后在配钻开口销孔	圆螺母加带翅垫片 使垫片的内翅嵌入到螺栓(轴)的槽内,拧紧螺母后将垫片的外翅之一折嵌于螺母的一个槽内	(1~1.5) 冲点法防松 用冲头冲 2~3 个点	涂黏合剂 胶接法防松 将黏合剂涂于螺纹的旋合表面,拧紧螺母后粘合剂能自行固化,防松效果良好
对顶螺母 利用两螺母的对顶作用使螺栓始终受到附加的拉力和附加的摩擦力。结构简单,可用于低速、重载的场合	尼龙圈锁紧螺母 螺母中嵌有尼龙圈,拧上后尼龙圈的内孔被胀大,箍紧螺栓 用于不常拆卸的受振动部位的联接	止动垫片 将垫片折变以固定螺母和被联接件的相对位置 用于不常折卸的受振动部位的联接	正确 不正确 串联钢丝 利用钢丝使一组螺栓头部互相约束,无法松动	采用永久防松,破坏了螺纹副的运动关系,防松效果好,但螺栓和螺母不可重复使用	

5. 螺纹联接的主要失效形式和螺纹零件尺寸的选择

(1) 螺纹联接的主要失效形式 螺纹联接的失效形式与受载情况和联接结构有关。以螺栓联接为例,当螺栓受拉伸作用时(如普通螺栓联接),联接常因螺杆有螺纹部分被拉断而失效;当螺栓受横向外载荷时(如铰制孔螺栓联接),联接常因螺杆被剪断或表面与孔壁被压溃而失效;对于环境差脏又经常拆卸的场合,联接一般因螺纹面磨损(滑扣)而失效。

(2) 螺纹零件尺寸的选择 设计螺纹零件尺寸常用的方法的有类比法和理论计算法。

① 类比法。即比照同类机械所使用的螺纹联接，根据实际受载情况和工作条件，适当增大或减小零件尺寸。在确定尺寸时，先选定螺纹大径 D，再查螺纹标准即可得相应尺寸。

② 理论计算法。对于重要的螺纹联接，必须对联接进行受力分析，求出螺纹联接件受力大小，再根据联接的失效形式进行强度计算，确定螺纹联接件的尺寸。

大多数情况下，螺纹联接件的尺寸是按经验、规范来确定的。对于重要的螺纹联接，如发动机中的连杆螺栓、高温高压容器盖的联接螺栓等，必须经过强度计算来确定其尺寸。

6. 螺栓组的组合设计

在工程上，单独利用一个螺栓来实现联接的情况并不多见，基本上都是由几个螺栓按适当的规律排列起来，共同完成和实现一个联接任务，这些情况称为螺栓组。下面就来看一下螺栓组的结构设计的原则和应该注意的问题。要注意，虽说我们讲的是螺栓组，但这些方法和原则对其他的螺纹联接同样适用。

在长期的工作实践中，人们了解到，如何尽可能地使各个螺栓接近均匀地承担外载，是设计、安装螺栓组的主要问题。合理布置同一组内的螺栓的位置起着关键的作用。通过实践发现，在进行螺栓组结构设计时应该考虑以下 7 个方面的问题。

(1) 螺栓(钉)孔的布置　联接接合面的几何形状通常都设计成轴对称的简单几何形状，同一螺栓组的螺栓布置应力求对称、分布均匀，从设计上首先保证被联接件接合面上受力均匀，如图 5-8 所示。

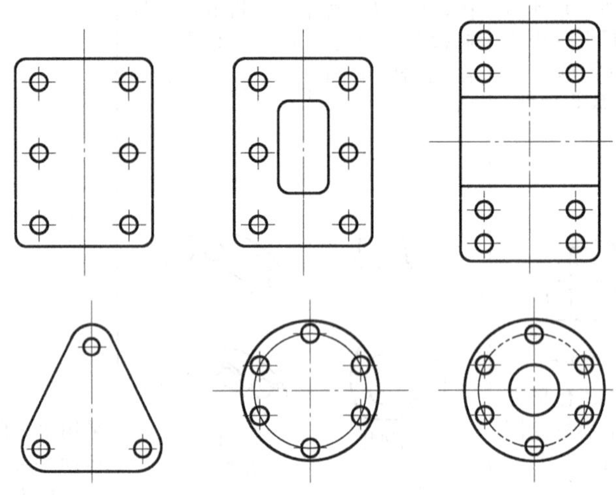

图 5-8　螺栓组的布置

在布置螺栓时，应该注意，不要在平行于外力的方向成排地布置 8 个以上的螺栓，以免载荷分布过度不均，同时还要考虑到结构强度，以免对被联接件削弱过大。为减少螺栓承受的载荷，对承受转矩和弯矩作用的螺栓组，除力求对称均匀外，还应将螺栓布置得适当靠近结合面的边缘。

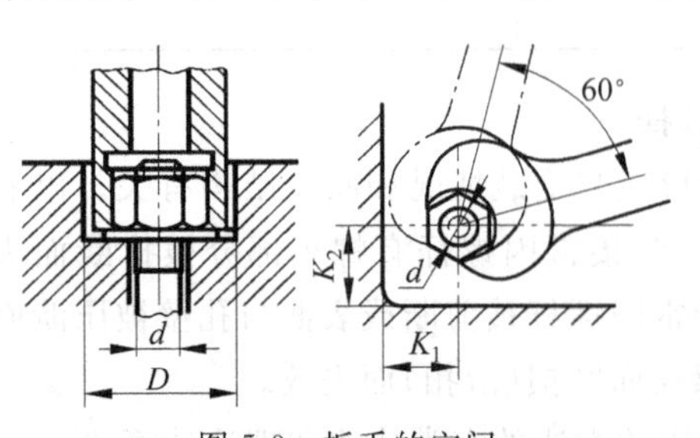

图 5-9　扳手的空间

(2) 螺栓排列应有合理的钉距、边距　如图 5-9 所示，在布置螺栓时，螺栓中心线与机体壁、螺栓之间的距离，要依据扳手所需的活动空间大小和联接的密封性要求来决定。最小扳手空间尺寸可查阅有关手册，也可以根据经验确定。

螺栓之间的距离(t)一般应按照经验公式选择：

$t \leqslant (5 \sim 8)d$　用于一般联接及压力 $P \leqslant 1.6$MPa 的压力容器；

$t \approx (2.5 \sim 4.5)d$　用于密封性要求高及压力 $P \approx 1.0 \sim 10$MPa 的场合；

$t \leqslant 10d$　用于无密封要求的场合。

(3) 螺栓数量的选择　分布在同一圆周上的螺栓数应取为 3、4、6、8、12 等易于分度的数目，以利于划线钻孔和加工。当然，如果自动化程度较高，也可以采用其他的分度方法。

(4) 螺栓直径的选择　一般是先根据经验，或类比的方法，或依据相关的规范进行选取，然后进行强度的计算。

对于一般联接，初选螺栓直径 d 时，约可取为被联接件的厚度。

(5) 螺栓规格的选择　在通用机械中，为简化设计、制造，对同一螺栓组内的螺栓及配套件而言，不管受力的大小差异，应该选择同样材料、规格的同一标准的螺栓，便于采购、管理和装配。

(6) 对联接支承面的要求　被联接件上与螺母或螺栓头接触的支承面应该平整，并且要求与螺栓轴线垂直，以免引起偏心载荷而削弱螺栓强度。如图 5-10 所示经常将支承面做成凸台或沉头(鱼眼坑)，或采用斜垫圈、球面垫圈(见图 5-11)等。

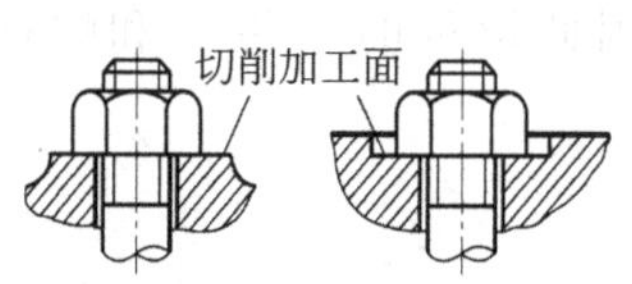

图 5-10　凸台和鱼眼坑

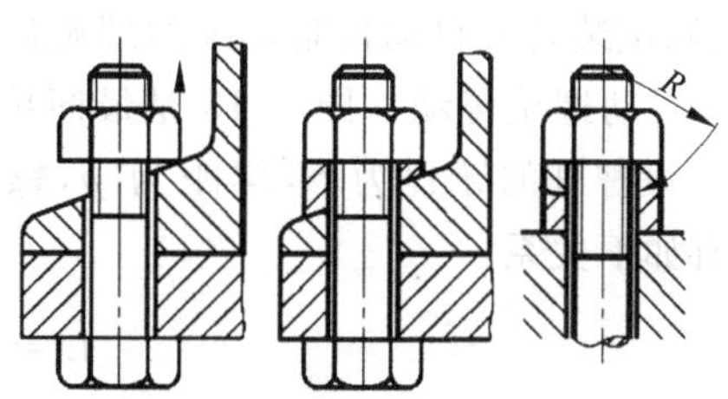

图 5-11　斜垫圈和球面垫圈

(7) 其他应注意的问题

① 一般情况下，螺栓与钉孔之间应留有间隙，由于螺栓是标准件，在螺栓选定之后螺栓的直径就已经确定。所以，必须依照螺栓直径选择其钉孔直径(可以查阅国家标准 GB 5277—1985)。

② 拧入螺纹深度、螺纹伸出长度、螺孔加工深度、光孔深度等尺寸同样也可以查阅相关的标准或手册，不能凭空想象。

③ 螺栓联接的预紧及防松问题的考虑(前面已有详细的讲述)。

7. 螺旋传动

在机械中，有时需要将转动变为直线移动。螺旋传动是实现这种转变经常采用的一种传动。例如机床进给机构中采用螺旋传动实现刀具或工作台的直线进给，又如螺旋千斤顶和螺旋压力机(见图 5-12)的工作部分的直线运动都是利用螺旋传动来实现的。

(1) 螺旋传动的类型　螺旋传动由螺杆、螺母和机架组成。按其用途可分为：

① 传力螺旋。以传递动力为主，一般要求用较小的转矩转动螺杆(或螺母)而使螺母(或螺杆)产生轴向运动和较大的轴向推力。例如螺旋千斤顶等。这种传力螺旋主要是承受很大的轴向力，通常为间歇性工作，每次工作时间较短，工作速度不高，而且需要自锁。

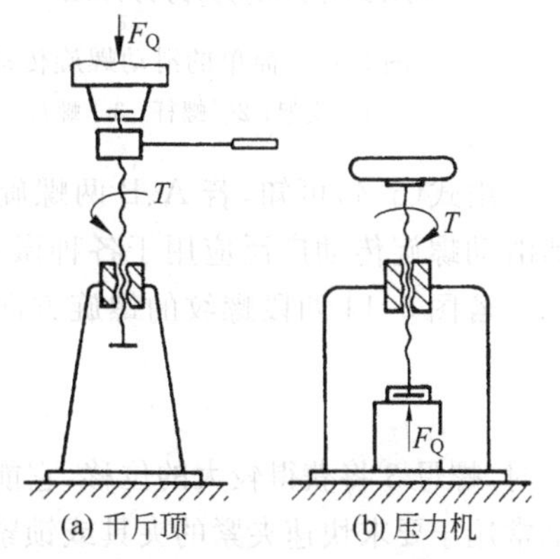

(a) 千斤顶　(b) 压力机

图 5-12　螺旋传动机械

② 传导螺旋。以传递运动为主，要求能在较长的时

间内连续工作，工作速度较高，因此，要求较高的传动精度。如精密车床的走刀螺杆。

③ 调整螺旋。用于调整并固定零部件之间的相对位置，它不经常转动，一般在空载下调整，要求有可靠的自锁性能和精度，用于测量仪器及各种机械的调整装置。如千分尺中的螺旋。

按其摩擦性质又可分为：

① 滑动螺旋。螺旋副作相对运动时产生滑动摩擦的螺旋。滑动螺旋结构比较简单，螺母和螺杆的啮合是连续的，工作平稳，易于自锁，这对起重设备，调节装置等很有意义。但螺纹之间摩擦大、磨损大、效率低(一般在25%～70%之间，自锁时效率小于50%)；滑动螺旋不适宜用于高速和大功率传动。

② 滚动螺旋。螺旋副作相对运动时产生滚动摩擦的螺旋。滚动螺旋的摩擦阻力小，传动效率高(90%以上)，磨损小，精度易保持，但结构复杂，成本高，不能自锁。滚动螺旋主要用于对传动精度要求较高的场合。

③ 静压螺旋。将静压原理应用于螺旋传动中。静压螺旋摩擦阻力小，传动效率高(可达90%以上)，但结构复杂，需要供油系统。适用于要求高精度、高效率的重要传动中，如数控、精密机床、测试装置或自动控制系统的螺旋传动中。

(2) 滑动螺旋传动　图5-13是最简单的滑动螺旋传动。其中螺母3相对支架1可做轴向移动。设螺杆的导程为 S，螺距为 p，螺纹线数为 n，因此螺母的位移 L 和螺杆的转角 φ(rad)有如下关系：

$$L=\frac{S}{2\pi}\varphi=\frac{np}{2\pi}\varphi \tag{5-3}$$

图5-14是一种差动滑动螺旋传动，螺杆2分别与支架1、螺母3组成螺旋副A和B，导程分别为 S_A 和 S_B，螺母3只能移动不能转动。若左、右两段螺纹的螺旋方向相同，则螺母3的位移 L 与螺杆2的转角 φ(rad)有如下关系：

$$L=(S_A-S_B)\frac{\varphi}{2\pi} \tag{5-4}$$

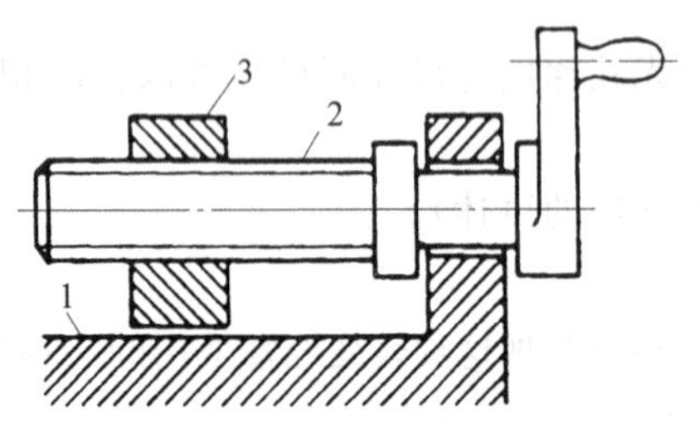

图5-13　简单的滑动螺旋传动

1—支架；2—螺杆；3—螺母

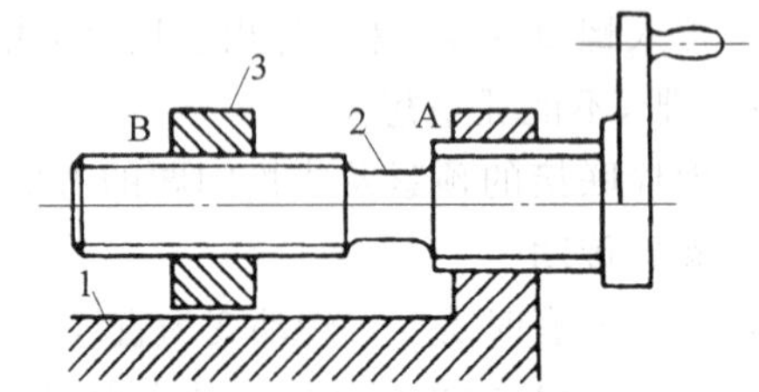

图5-14　差动滑动螺旋传动

1—支架；2—螺杆；3—螺母

由式(5-4)可知，若A、B两螺旋副的导程 S_A 和 S_B 相差极小时，则位移 L 也很小，这种差动滑动螺旋传动广泛应用于各种微动装置中。

若图5-14两段螺纹的螺旋方向相反，则螺杆2的转角 φ 与螺母3的位移 L 之间的关系为

$$L=(S_A+S_B)\cdot\frac{\varphi}{2\pi} \tag{5-5}$$

这时，螺母3将获得较大的位移，它能使被联接的两构件快速接近或分开。这种差动滑动螺旋传动常用于要求快速夹紧的夹具或锁紧装置中，例如钢索的拉紧装置，某些螺旋式夹具等。

为了减轻滑动螺旋的摩擦和磨损，螺杆和螺母的材料除应具有足够的强度外，还应具有较

好的减摩、耐磨性；由于螺母的加工成本比螺杆低，且更换较容易，因此应使螺母的材料比螺杆的材料软，使工作时所发生的磨损主要在螺母上。对于硬度不高的螺杆，通常采用45＃钢、50＃钢；对于硬度较高的重要传动，可选用T12、65Mn、40Cr、40WMn、18CrMnTi等，并经热处理以获得较高硬度；对于精密螺杆，要求热处理后有较好的尺寸稳定性，可选用9Mn2V、CrWMn、38CrMoAlA等。螺母常用材料为青铜和铸铁。要求较高的情况下，可采用ZCuSn10Pb1和ZCuSn5Pb5Zn5；重载低速的情况下，可用无锡青铜ZCuAl9Mn2；轻载低速的情况下，可用耐磨铸铁或铸铁。

滑动螺旋传动的结构，主要是指螺杆和螺母的固定与支承的结构形式。图5-15为螺旋起重器（千斤顶）的结构，螺母5与机架一起静止不动，而螺杆7则既转动又移动，单向传力（外载荷Q向下作用）。图5-16所示的结构，螺母转动，螺杆移动，单向传力（外载荷Q向上作用）。

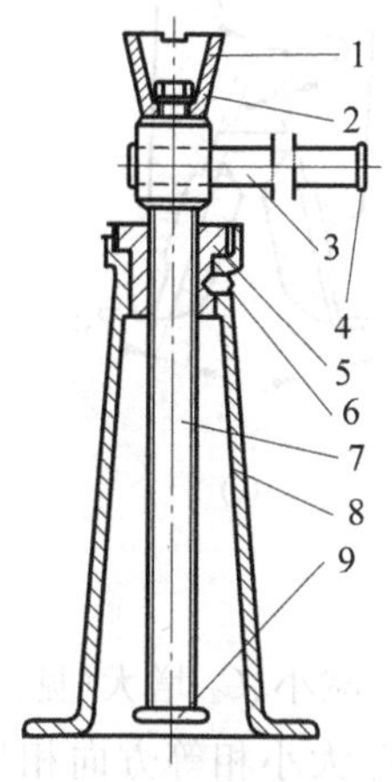

图5-15 螺旋起重器

1—托杯；2—联接螺母；3—手柄；4—手柄头；5—螺母；6—紧定螺钉；7—螺杆；8—底座；9—螺杆底板

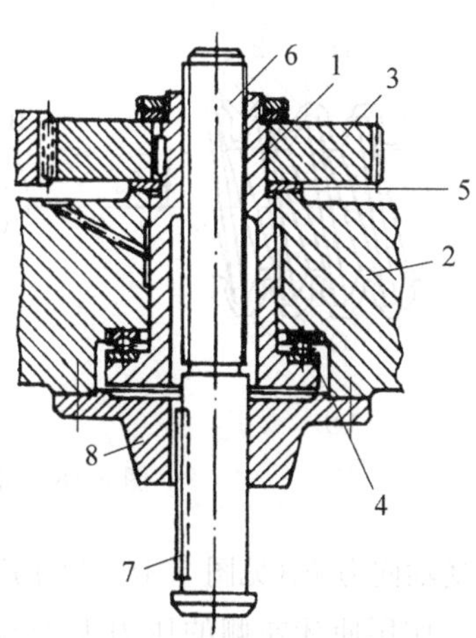

图5-16 螺母转动螺杆移动

1—螺母；2—机体；3—齿轮；4—轴承；5—挡圈；6—螺杆；7—键；8—端盖

(3) 滚动螺旋传动 滑动螺旋传动虽有很多优点，但传动精度还不够高，低速或微调时可能出现运动不稳定现象，不能满足某些机械的工作要求。为此可采用滚动螺旋传动。如图5-17所示，滚动螺旋传动是在螺杆和螺母的螺纹滚道内连续填装滚珠作为滚动体，使螺杆和螺母间的滑动摩擦变成滚动摩擦。螺母上有导管或反向器，使滚珠能循环滚动。滚珠的循环方式分为外循环和内循环两种，滚珠在回路过程中离开螺旋表面的称为外循环，如图5-17(a)所示，外循环加工方便，但径向尺寸较大。滚珠在整个循环过程中始终不脱离螺旋表面的称为内循环，如图5-17(b)所示。

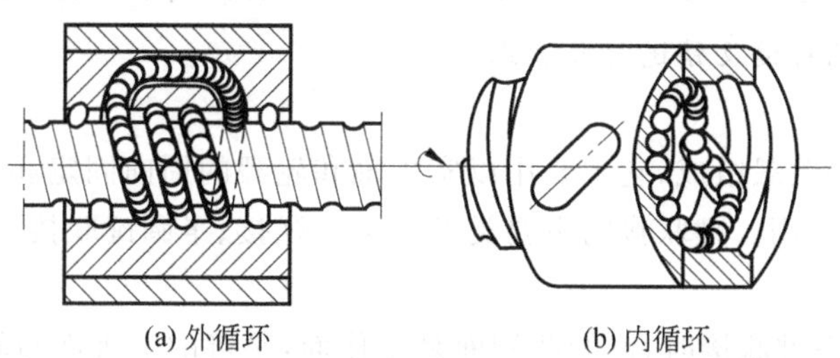

(a) 外循环　(b) 内循环

图5-17 滚动螺旋传动

滚动螺旋传动的特点：效率高，一般在90%以上；利用预紧可消除螺杆与螺母之间的轴向间隙，可得到较高的传动精度和轴向刚度；静、动摩擦力相差极小，启动时无颤动，低速时运动仍很稳定；工作寿命长；具有运动可逆性，即在轴向力作用下可由直线移动变为转动；为了防止机构逆转，需有防逆装置；滚珠与滚道理论上为点接触，不宜传递大载荷，抗冲击性能较差；结构较复杂；材料要求较高；制造较困难。滚动螺旋传动主要用于对传动精度要求高的场合，如精密机床中的进给机构等。

(4) 静压螺旋传动　静压螺旋传动的工作原理如图5-18所示，压力油通过节流阀由内螺纹牙侧面的油腔进入螺纹副的间隙，然后经回油孔(虚线所示)返回油箱。当螺杆不受力时，螺杆的螺纹牙位于螺母螺纹牙的中间位置，处于平衡状态。此时，螺杆螺纹牙的两侧间隙相等，经螺纹牙两侧流出的油的流量相等。因此油腔压力也相等。

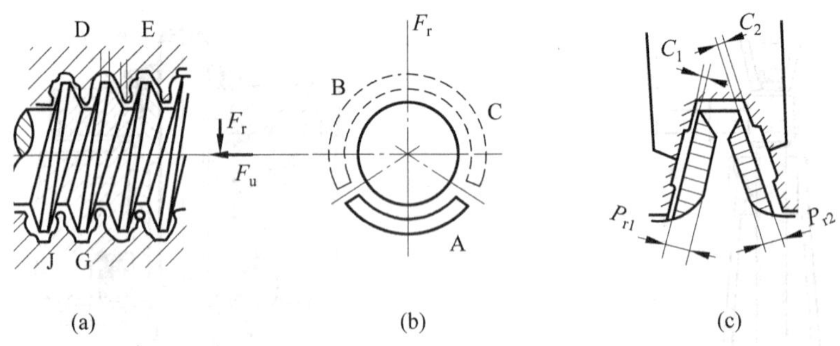

图5-18　静压螺旋传动的工作原理

当螺杆受轴向力F_a(见图5-18(a))作用而向左移动时，间隙C_1减小、C_2增大(见图5-18(c))，由于节流阀的作用使牙左侧的压力大于右侧，从而产生一个与F_a大小相等方向相反的平衡反力，从而使螺杆重新处于平衡状态。

当螺杆受径向力F_r作用而下移时，油腔A侧隙减小，B、C侧隙增大(见图5-18(b))，由于节流阀作用使A侧油压增高，B、C侧油压降低，从而产生一个与F_r大小相等方向相反的平衡反力，从而使螺杆重新处于平衡状态。

当螺杆一端受一径向力F_r(见图5-18(a))的作用形成一倾覆力矩时，螺纹副的E和J侧隙减小，D和C侧隙增大，同理由于两处油压的变化产生一个平衡力矩，使螺杆处于平衡状态。因此螺旋副能承受轴向力、径向力和径向力产生的力矩。

5.3　键联接与销联接

学习目标　清楚键联接与销联接的作用与类型，能描述不同类型键及销的特点与应用场合，能根据具体情况对键及销进行合理选型。

1. 键联接

键联接由键、轴和轮毂组成，它主要用以实现轴和轮毂的周向固定和传递转矩。有些键联接还可起到轴向导向作用。键联接的主要类型有平键联接、半圆键联接、楔键联接和切向键联接，它们均已标准化。

(1) 平键联接　平键联接时，键的两侧面是工作面，平键的上表面与轮毂槽底之间留有间隙，靠键与键槽的侧面挤压来传递扭矩。平键联接具有结构简单、装拆方便、对中良好等优点。

但平键联接不能承受轴向力，因而对轴上的零件不能起到轴向固定作用。常用的平键有普通平键、导向平键和滑键。

普通平键主要用于静联接。普通平键按端部形状不同分为 A 型(圆头)、B 型(平头)、C 型(半圆头)三种形式。如图 5-19 所示。采用 A、C 型平键时，轴上的键槽用端铣刀铣出，键在槽中固定良好，但当轴工作时，轴上键槽端部的应力集中较大。采用 B 型平键时，轴上的键槽用盘铣刀铣出，键槽两端的应力集中较小，当键尺寸较大时，宜用紧定螺钉将键固定在键槽中，以防松动。C 型平键常用于轴端的联接。轮毂上的键槽一般用插刀或拉刀加工。

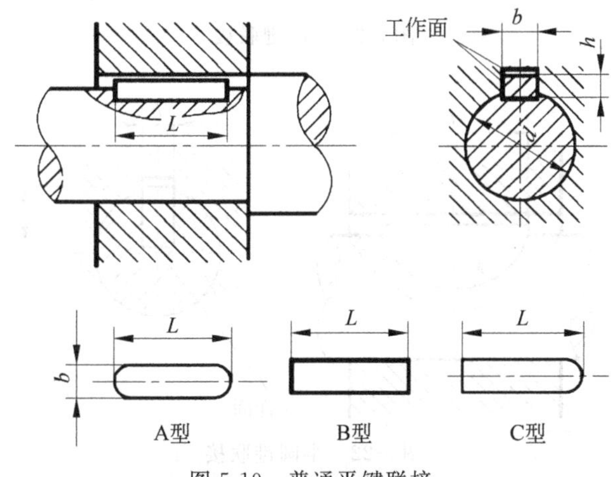

图 5-19　普通平键联接

图 5-20 为导向平键，导向平键用于动联接，该键较长，键用螺钉固定在键槽中，键与轮毂之间采用间隙配合，轴上零件可沿键作轴向滑移(例如变速箱中滑移齿轮与轴的动联接)。导向平键按端部形状分 A 型(双圆头)和 B 型(平头)两种形式。为了防止键松动，需要用螺钉将键固定在轴上的键槽中。为了便于拆卸，键上制有起键螺孔。

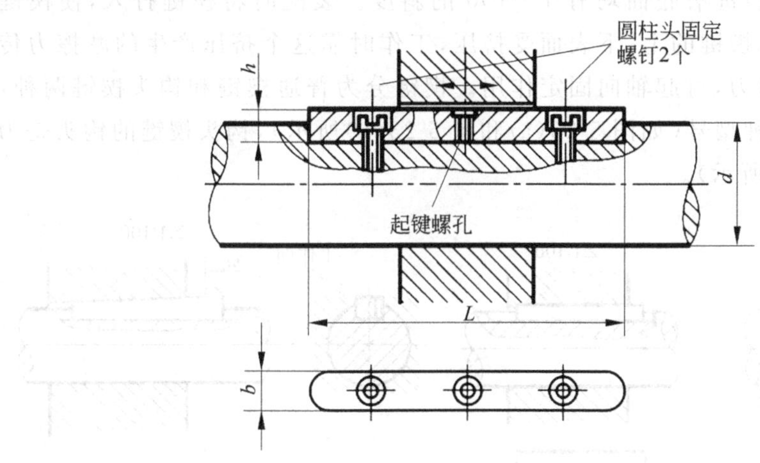

图 5-20　导向平键联接

当零件需要滑移的距离较大时，因所需的导向平键长度过大，制造困难，一般采用滑键，如图 5-21 所示。滑键固定在轮毂上，轮毂带动滑键在轴上的键槽中作轴向滑移。这样，只需要在轴上铣出较长的键槽，而键可以做得很短。

(2) 半圆键联接　图 5-22 所示为半圆键，半圆键的工作面也是键的两个侧面。轴上键槽

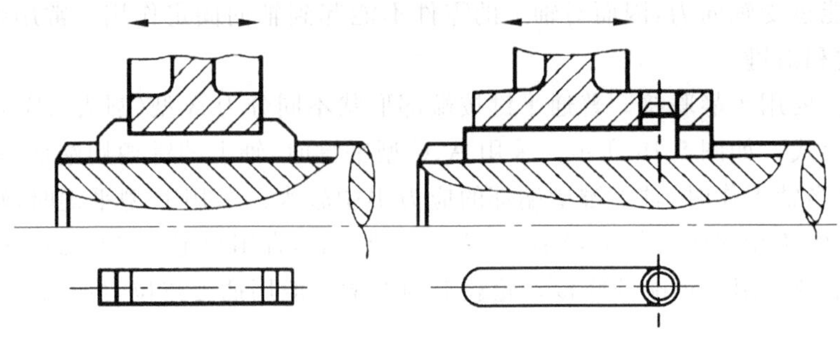

图 5-21 滑键联接

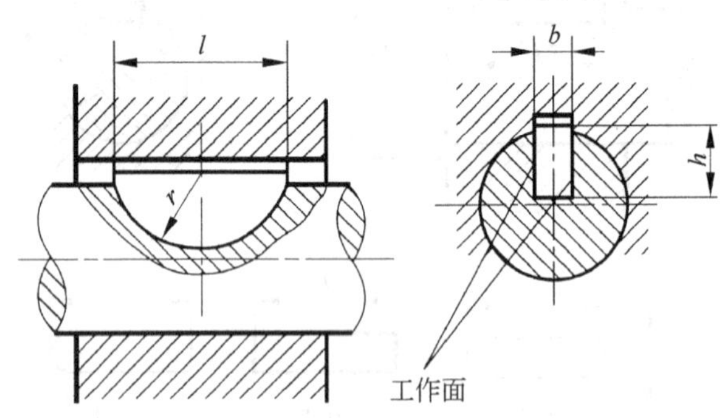

图 5-22 半圆键联接

用与半圆键尺寸相同的键槽铣刀铣出，半圆键可在槽中绕其几何中心摆动以适应毂槽底面的倾斜。这种键联接的特点是工艺性好，装配方便，尤其适用于锥形轴端与轮毂的联接；但键槽较深，对轴的强度削弱较大，一般用于轻载静联接。

(3) 楔键联接 图 5-23 所示为楔键联接，楔键的上、下两面为工作面。楔键的上表面和与它相配合的轮毂键槽底面均有 1∶100 的斜度。装配时将楔键打入，使楔键楔紧在轴和轮毂的键槽中，楔键的上、下表面受挤压，工作时靠这个挤压产生的摩擦力传递转矩，并可承受单向轴向力，可起轴向固定作用。楔键分为普通楔键和钩头楔键两种，普通楔键有圆头和平头两种型号(如图 5-23(a)和图 5-23(b)所示)，钩头楔键的钩头是为了便于拆卸(如图 5-23(c)所示)。

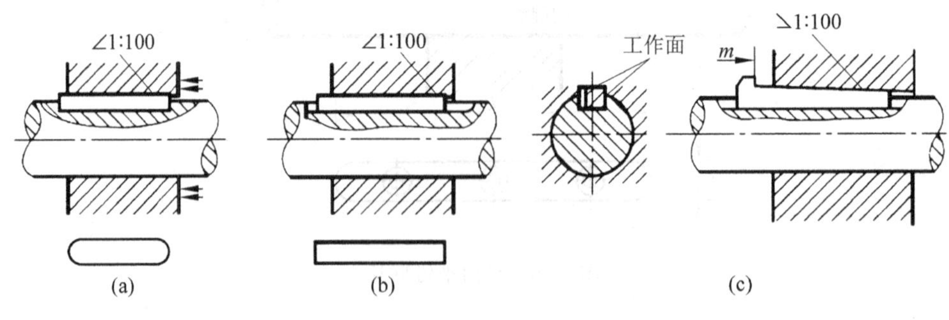

图 5-23 楔键联接

楔键联接的主要缺点是键楔紧后，轴和轮毂的配合产生偏心和偏斜，因此楔键联接一般用于定心精度要求不高和低转速的场合。

(4) 切向键联接　图 5-24 所示为切向键联接。切向键由一对普通楔键组成，装配时将切向键沿轴的切线方向楔紧在轴与轮毂之间。切向键的上、下面为工作面，工作面上的压力沿轴的切线方向作用，能传递很大转矩。用一对切向键时，只能单向传递转矩，若要双向传递转矩，须采用两对互成 120°分布的切向键。由于切向键对轴的强度削弱较大，因此常用于直径大于 100mm 的轴上。

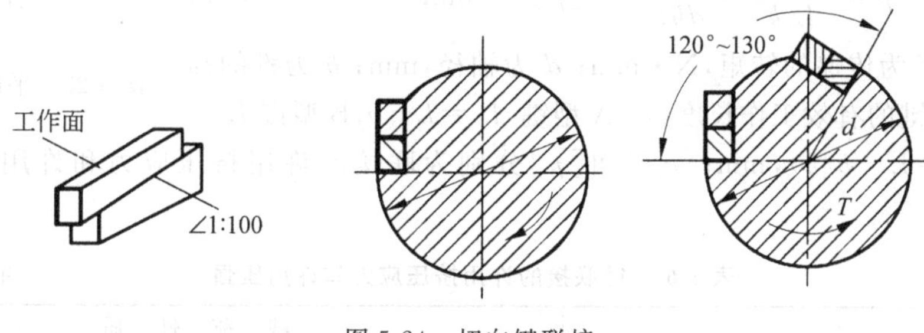

图 5-24　切向键联接

(5) 平键的选择与强度计算　平键类型的选择应考虑传递转矩的大小、对中性要求、是否要求轴向固定或沿轴向移动及移动的距离、键在轴上的位置等。下面介绍普通平键的选择与强度计算。

设计普通平键时，在已知轴径 d 和相配毂孔宽度 B 的情况下，可通过查表来确定键的公称尺寸和相应的公差值(公称尺寸的选择见表 5-5)。键的长度 L 应略小于轮毂长度 B，一般 $L=B-(5\sim10)$mm，并与长度系列一致。

按国标 GB/T 1096—2003，平键的标记方法如下："国标号"加"键"加"类型号(A/B/C)"加"$b\times h\times L$"。

例如，平头 B 型平键 $b=16$mm，$h=10$mm，$L=100$mm，标记为：GB/T 1096—2003 键 B 16×10×100。

表 5-5　普通平键和键槽的尺寸　　单位：mm

轴的直径 d	键的尺寸			键　槽		轴的直径 d	键的尺寸			键　槽	
	b	h	L	t	t_1		b	h	L	t	t_1
>8～10	3	3	6～36	1.8	1.4	>38～44	12	8	28～140	5.0	3.3
>10～12	4	4	8～45	2.5	1.8	>44～50	14	9	36～160	5.5	3.8
>12～17	5	5	10～56	3.0	2.3	>50～58	16	10	45～180	6.0	4.3
>17～22	6	6	14～70	3.5	2.3	>58～65	18	11	50～200	7.0	4.4
>22～30	8	7	18～90	4.0	3.3	>65～75	20	12	56～220	7.5	4.9
>30～38	10	8	22～110	5.0	3.3	>75～85	22	14	63～250	9.0	5.4
L 系列	6、8、10、12、14、16、18、20、22、25、28、32、36、40、45、50、56、63、70、80、90、100、110、125、140、160、180、200、250、…										

键的材料一般采用抗拉强度不低于 600MPa 的碳素钢，常用 45＃钢。平键联接的主要失效形式是工作面的压溃，除非有严重的过载，一般不会出现键的剪断。因此，通常只按工作面上挤压应力进行强度校核计算。导向平键联接的主要失效形式是过度磨损，因此，一般按工作面上的压强进行条件性强度校核计算。

如图 5-25 所示，假定载荷在键的工作面上均匀分布，并假设 $k \approx h/2$。则普通平键联接的挤压强度条件为

$$\sigma_{bs} = \frac{2T/d}{L_c k} = \frac{4T}{dhL_c} \leqslant [\sigma_{bs}](\mathrm{N/mm}) \tag{5-6}$$

对导向平键联接应限制压强 p 以避免过度磨损，即

$$p = \frac{2T/d}{L_c k} = \frac{4T}{dhL_c} \leqslant [p](\mathrm{N/mm}) \tag{5-7}$$

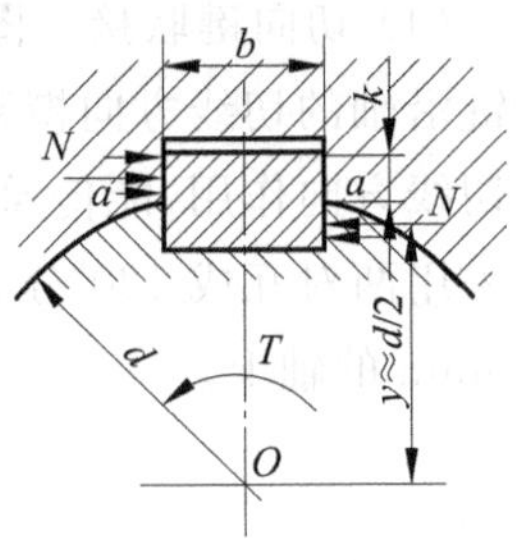

图 5-25 平键上的受力

以上两式中，T 为传递的转矩，N·mm；d 为轴径，mm；h 为键的高度，mm；L_c 为键的有效工作长度（对 A 型键，$L_c=L-b$；B 型键 $L_c=L$；C 型键 $L_c=L-b/2$），mm；$[\sigma_{bs}]$ 和 $[p]$ 分别为联接的许用挤压应力和许用压强，MPa，见表 5-6。

表 5-6 键联接的许用挤压应力和许用压强 单位：MPa

许用值	轮毂材料	载荷性质		
		静载荷	轻微冲击	冲 击
$[\sigma_{bs}]$	钢	125～150	100～120	60～90
	铸铁	70～80	50～60	30～45
$[p]$	钢	50	40	30

在设计使用中若单个键的强度不够，可适当增加轮毂和键的长度，但不宜超过 2.5d，也可采用双键按 180°对称布置。考虑载荷分布的不均匀性，在强度校核中应按 1.5 个键进行计算。

2. 花键联接

如图 5-26 所示，花键联接是由周向均布多个键齿的花键轴与带有相应键齿槽的轮毂孔相配而成。花键齿的侧面为工作面，工作时有多个键齿同时传递转矩，所以花键联接的承载能力比平键联接高得多。花键可用于静联接，也可用于动联接，其导向性好，齿根处的应力集中较小，适用于传递载荷大、定心精度要求高或者经常需要滑移的联接。花键的加工需要专用设备，加工成本较高。

花键按齿形可分为矩形花键（见图 5-26(a)）、渐开线花键（见图 5-26(b)）和三角形花键（见图 5-26(c)）。其中，矩形花键最为常见，按齿数与齿形尺寸，矩形花键可分为轻、中、重和补充系列，分别适用于轻、中、重 3 种不同的载荷情况，补充系列主要用于汽车、拖拉机、机床等制造业。花键已经标准化，例如矩形花键的齿数 z、小径 d、大径 D、键宽 B 等可以根据轴径查标准选定，其强度计算方法与平键相似。

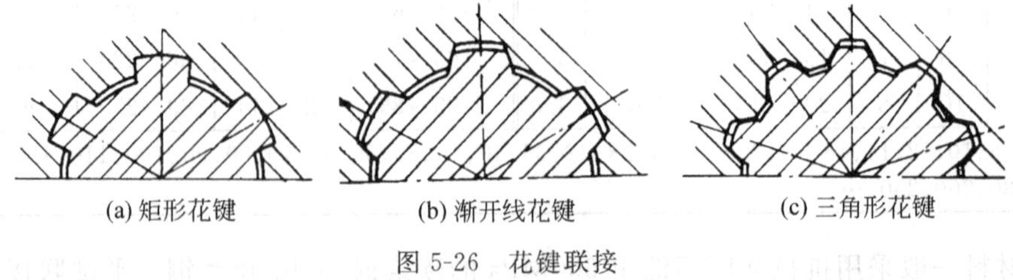
(a) 矩形花键　(b) 渐开线花键　(c) 三角形花键

图 5-26 花键联接

3. 销联接

销联接主要用于固定零件之间的相对位置，它是组合加工和装配时重要的辅助零件，

如图 5-27(a)、(b) 所示。销还可用于轴与轴上零件之间的联接，以传递不大的载荷，如图 5-27(c)所示，或者作为安全装置，如图 5-27(d)所示，并能传递较小的载荷，它还可以用于过载保护。

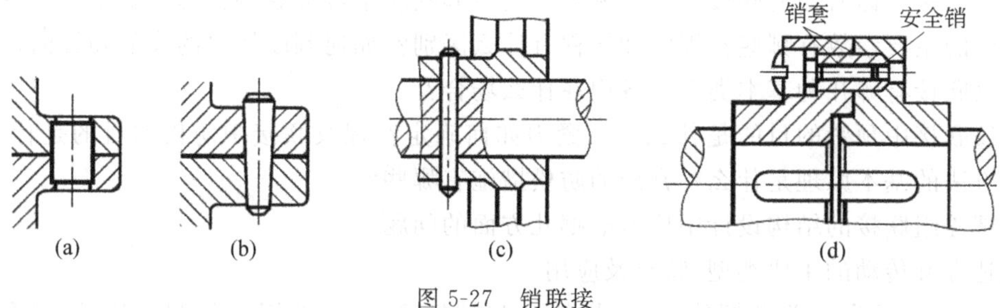

图 5-27　销联接

按形状的不同，销可分为圆柱销和圆锥销。圆柱销如图 5-27(a)所示，靠过盈配合固定在销孔中，如果多次装拆，其定位精度会降低。圆锥销和销孔均有 1∶50 的锥度(见图 5-27(b))。因此安装方便，定位精度高，多次装拆不影响定位精度。

此外还有如图 5-28(a)所示的端部带螺纹的圆锥销，可用于盲孔或装拆困难的场合。图 5-28(b)所示的开尾圆锥销，适用于有冲击、振动的场合。图 5-28(c)所示为槽销，槽销上有三条纵向沟槽，槽销压入销孔后，它的凹槽即产生收缩变形，借助材料的弹性而固定在销孔中。多用于传递载荷，对于振动载荷的联接也适用。销孔无须铰制，加工方便，可多次装拆。图 5-28(d)所示为圆管型弹簧圆柱销，在销打入销孔后，销由于弹性变形而挤紧在销孔中，可以承受冲击和变载荷。

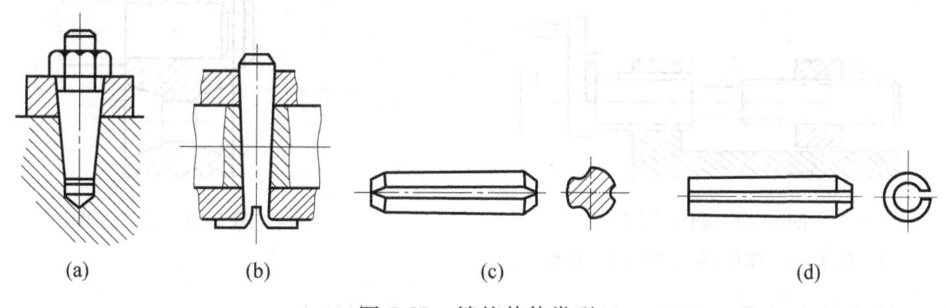

图 5-28　销的其他类型

4. 成形联接

如图 5-29 所示，成形联接是由非圆剖面的轴与相应的轮毂孔构成的可拆联接。成形联接应力集中小，联接可靠，能传递大扭矩，装拆方便，但是加工工艺复杂，需要专用设备。

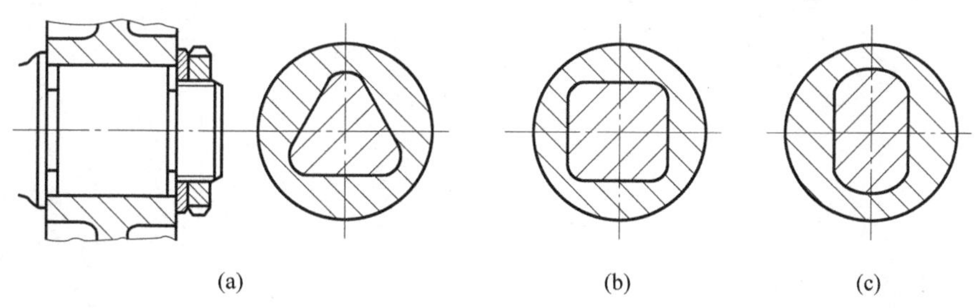

图 5-29　成形联接

思考题与习题

5-1 何谓联接？你所知的联接类型有哪些？其中哪些属于可拆联接？哪些属于不可拆联接？

5-2 螺纹的主要参数有哪些？螺距和导程有什么区别？如何判断螺纹的线数和旋向？

5-3 螺纹联接有哪几种基本类型？各用在什么场合？

5-4 螺纹联接中预紧的目的是什么？预紧力如何确定？螺纹联接中防松的目的是什么？防松方法的基本原理是什么？常用的防松措施有哪些？

5-5 在螺栓组联接的结构设计中应考虑哪几方面的问题？

5-6 试述螺旋传动的主要类型、特点及应用。

5-7 图 5-30 所示为一差动螺旋传动，机架 1 与螺杆 2 在 A 处用右旋螺纹连接，导程 S_A = 4mm，螺母 3 相对机架 1 只能移动，不能转动；摇柄 4 沿箭头方向转动 5 圈时，螺母 3 向左移动 5mm，试计算螺旋副 B 的导程 S_B 和判断螺纹的旋向。

5-8 键联接有哪些类型？其各自的工作表面在哪里？各有何特点？适用于什么场合？

5-9 图 5-31 所示的 d=80mm、长度 L=1.5d 的轴端，欲安装一轴向固定的带轮，已知传动转矩 T=1500N·m，工作时有轻微冲击。问：(1)周向定位应选用什么联接？(2)按已知条件选用联接件的尺寸并写出其标记；(3)请校核该联接的强度。

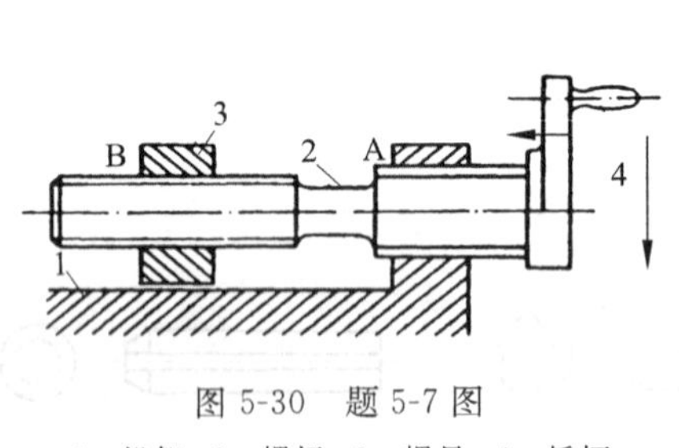

图 5-30 题 5-7 图

1—机架；2—螺杆；3—螺母；4—摇柄

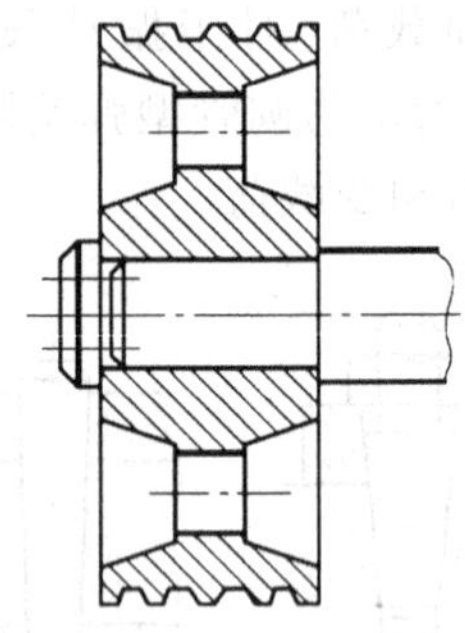
图 5-31 题 5-9 图

5-10 销联接有什么功用？常见的销有哪些类型？各有何特点？

第 6 章

挠性传动

挠性传动主要包括带传动和链传动。它们都是通过挠性曳引元件，在两个或多个传动轮之间传递运动和动力。带传动中所使用的挠性曳引元件为各种形式的传动带，按其工作原理分为摩擦型带传动和啮合型带传动。链传动中所用的挠性曳引元件为各种形式的传动链。链传动通过链条的各个链节与链轮轮齿相互啮合实现传动。

6.1 带传动

学习目标 能说出带传动的工作原理、类型与特点；能大致描述带传动的受力情况及所受应力情况；能明确指出弹性滑动与打滑产生的原因及其区别；能认知普通 V 带与 V 带轮的构造与标准；能明确说明带传动的张紧、安装与维护方法。

1. 带传动类型

按传动原理的不同，带传动分为摩擦型和啮合型两大类。

摩擦型带传动由主动轮、从动轮和张紧在两轮上的环形传动带组成（如图 6-1 所示），由于带已被张紧，传动带在静止时已受到预拉力的作用，带与带轮之间的接触面间产生了正压力。当主动轮转动时，依靠带与带轮接触面之间的摩擦力，拖动传动带进而驱动从动轮转动，实现传动。

啮合型带传动由同步带传动，它是由主动同步带轮、从动同步带轮和套在两轮上的环形同步带组成（如图 6-2 所示）。带的工作面制成齿形，与有齿的带轮相啮合实现传动。啮合型带传动传动比恒定，结构紧凑，带速可达 40m/s，传动比 i 可达 10，传递功率可达 200kW，效率高，η=0.98～0.99。但结构复杂，价格高，对制造和安装要求高。

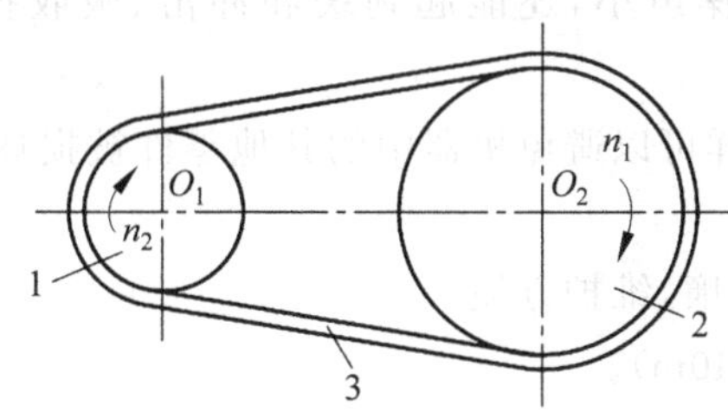

图 6-1 摩擦型带传动

1—主动轮；2—从动轮；3—传动带

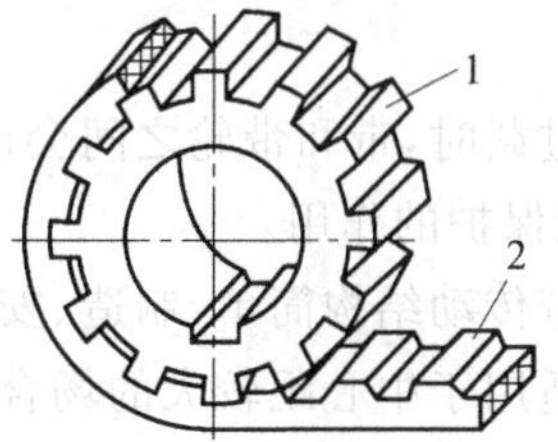

图 6-2 啮合型带传动

1—主动同步带轮；2—同步带

本节主要介绍摩擦型带传动。摩擦型带传动，按带横剖面的形状是矩形、梯形或圆形，可分为平带传动（见图 6-3(a)）、V 带传动（见图 6-3(b)）、多楔带传动（见图 6-3(c)）和圆带传动（见图 6-3(d)）。

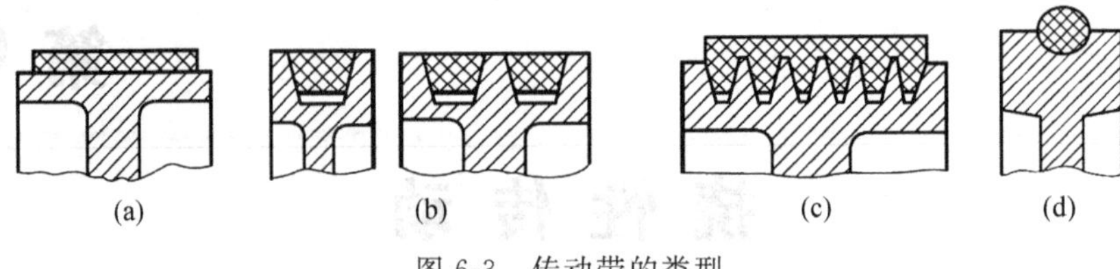

图 6-3 传动带的类型

平带的横截面为扁平矩形，其工作面是与轮面相接触的内表面。平带传动结构最简单，传动效率较高，在传动中心距较大的场合应用较多。除了正常的传递方法外，平带还可以实现半交叉和交叉传动，如图 6-4、图 6-5 所示。

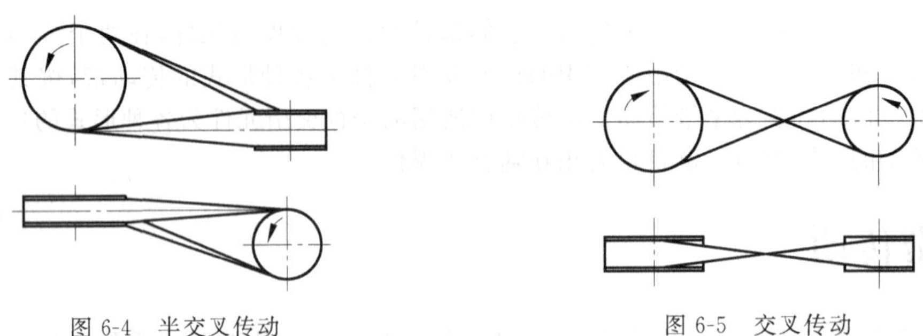
图 6-4 半交叉传动

图 6-5 交叉传动

V 带的截面形状为等腰梯形，带的工作面是与带轮槽相接触的两个侧面。在传动时，由于轮槽的楔形增压效应，在同样张紧力的作用下，V 带的摩擦牵引力较大，传动能力也较大，且传动较平稳，是带传动的主要类型。

多楔带相当于在平带基体上由多根 V 带组合而成的传动带，兼有平带和 V 带传动的特点，有较好的挠性和较大的摩擦牵引力，传动能力强，适用于传动功率较大且结构要求较紧凑的场合。

圆带的截面为圆形，圆带传动的摩擦牵引力较小，适用于小功率的轻型和小型机械，如仪器和家用机械等。

2. 带传动的特点与应用

带传动的优点主要体现在以下几个方面。

① 带传动具有良好的挠性，因此传动平稳、噪声小，还能起到缓和冲击、吸收振动的作用。

② 过载时，带和带轮之间会出现打滑现象，这样可以避免机器中的其他零件被损坏，从而起到过载保护的作用。

③ 带传动结构简单，制造、安装精度低、成本低廉，维护方便。

④ 适用于中心距较大的场合(可达 15m，甚至 40m)。

带传动的主要缺点如下：

① 带与带轮之间需较大的压力，因此对轴和轴承的压力较大，使得带传动的外廓尺寸较大。

② 由于带与带轮之间存在不可避免的弹性滑动现象，因此不能保证恒定不变的传动比，不能用于传动要求较精确的场合。

③ 因靠摩擦传动，带传动的传动效率较低，带的寿命较短，且不宜在易燃、易爆、高温的环

境下工作。

④ 因带是橡胶制品，所以不宜在有油、水、酸、碱、盐等腐蚀介质的环境下工作。

⑤ 带传动一般需要设置专门的张紧装置以保证一定的传动能力。

带传动多用于两轴平行且同向转动的场合(俗称开口传动)，在中、小功率的电动机与工作机之间进行动力传递。其中，V 带传动应用最广。一般情况下，V 带传动的功率 $P\leqslant 50\text{kW}$；带速 $v=5\sim 25\text{m/s}$；传动效率 $\eta=0.94\sim 0.97$；平均传动比 $i\leqslant 7$。因带传动具有缓冲、吸振的作用，所以在多级传动系统中，带传动通常安排在高速级。

3. 普通 V 带与 V 带轮

(1) 普通 V 带的结构

V 带有多种类型和型号，如普通 V 带、宽 V 带、窄 V 带、大楔角V 带、汽车 V 带等，都是标准件，在手册中都可以查到。这一部分我们主要对标准普通 V 带进行介绍。

普通 V 带都制成无接头的环形，其横截面结构如图 6-6 所示，它主要由顶胶层、底胶层、抗拉体(也称强力层)和包布层四部分组成。包布的材料是橡胶帆布，是 V 带的保护层。顶胶和底胶的材料主要是橡胶。当 V 带在带轮上弯曲时，顶胶作拉伸变形，底胶作压缩变形。抗拉体是承受拉力的主体。其结构主要分为绳芯结构和帘布芯结构两种。绳芯结构的 V 带柔软，抗弯强度高，但抗拉强度低，通常适用于载荷小、带轮直径小和转速较高的场合。帘布芯结构的 V 带抗拉强度高，制造方便、价格低廉，应用较广。

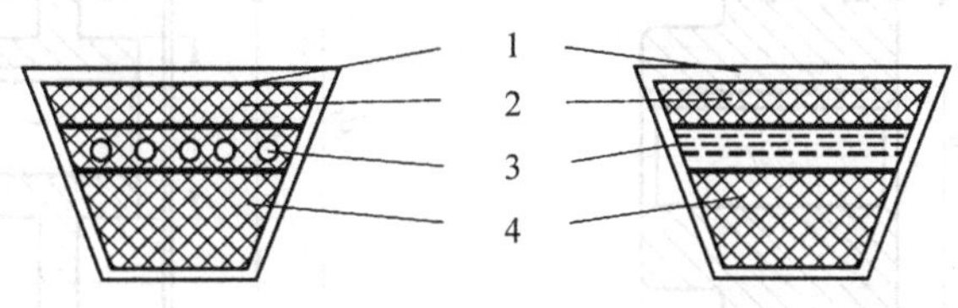

图 6-6　普通 V 带的结构

1—包布；2—顶胶；3—抗拉体；4—底胶

(2) V 带的标准

普通 V 带是标准件，按截面尺寸的大小分为 Y、Z、A、B、C、D、E 七种型号，见表 6-1。在同等条件下，截面尺寸越大，可传递的功率也越大。安装 V 带时，V 带在规定的张紧力下套在两带轮上，此时，顶胶伸长、底胶缩短，两层之间有一层既不伸长也不缩短的纤维层，此纤维层叫中性层。中性层的宽度称为节宽，用 b_p 表示，见表 6-1 中的插图。中性层所对应的带的周长称为带的基准长度，用 L_d 表示，L_d 已标准化，其值可参见相关标准 。

表 6-1　普通 V 带的截面尺寸(GB/T 13575.1—2008)　　单位：mm

型号	Y	Z	A	B	C	D	E
顶宽 b	6	10	13	17	22	32	38
节宽 b_p	5.3	8.5	11	14	19	27	32
高度 h	4.0	6.0	8.0	11	14	19	23
楔角 α	40°						
每米质量 $q/(\text{kg/m})$	0.04	0.06	0.10	0.17	0.30	0.60	0.87

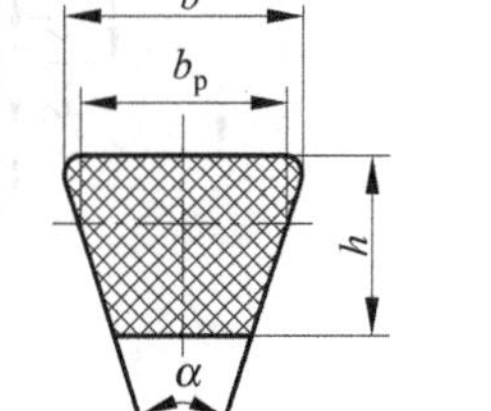

普通 V 带的标记由带型、基准长度和标准编号三部分组成。

如基准长度为 2000mm 的 C 型普通 V 带标记为：C-2000 GB/T 13575.1—2008。

V 带的标记通常压印在 V 带的外表面上，供识别和选用。

(3) V 带轮的常用材料和结构尺寸

① V 带轮的常用材料。带轮常采用铸件、钢、铝合金或工程塑料等材料制造，其中灰铸铁应用最为广泛。通常情况下，当带速 $v \leqslant 25\mathrm{m/s}$ 时，采用 HT150；当 $v=25\sim30\mathrm{m/s}$ 时，采用 HT200；当 $v \geqslant 25\sim45\mathrm{m/s}$ 时，宜采用球墨铸件、铸钢或钢板冲压后焊接带轮；传递小功率时可采用铸铝或工程塑料等。塑料带轮不仅重量轻，而且摩擦系数大，在机床设备中较为常用。

② 普通 V 带轮的结构。带轮一般由轮缘、轮毂和轮辐三大部分构成。轮缘是指带轮外圈的环形部分；轮毂是指带轮内圈与轴连接的部分；轮辐是指轮缘与轮毂间的连接部分。

带轮直径较小，$d \leqslant (2.5\sim3)d_0$ 时，可选用实心式带轮，如图 6-7(a)所示；中等直径的带轮($d \leqslant 250\mathrm{mm}$ 时)可选用腹板式带轮，如图 6-7(b)所示；直径大于 250mm 时，为便于安装起吊和减轻重量，可选用孔板式带轮，如图 6-7(c)所示，当直径大于 400mm 时，一般选用轮辐式带轮，如图 6-7(d)所示。V 带轮的结构形式及腹板(轮辐)厚度的确定可参阅有关机械设计手册。

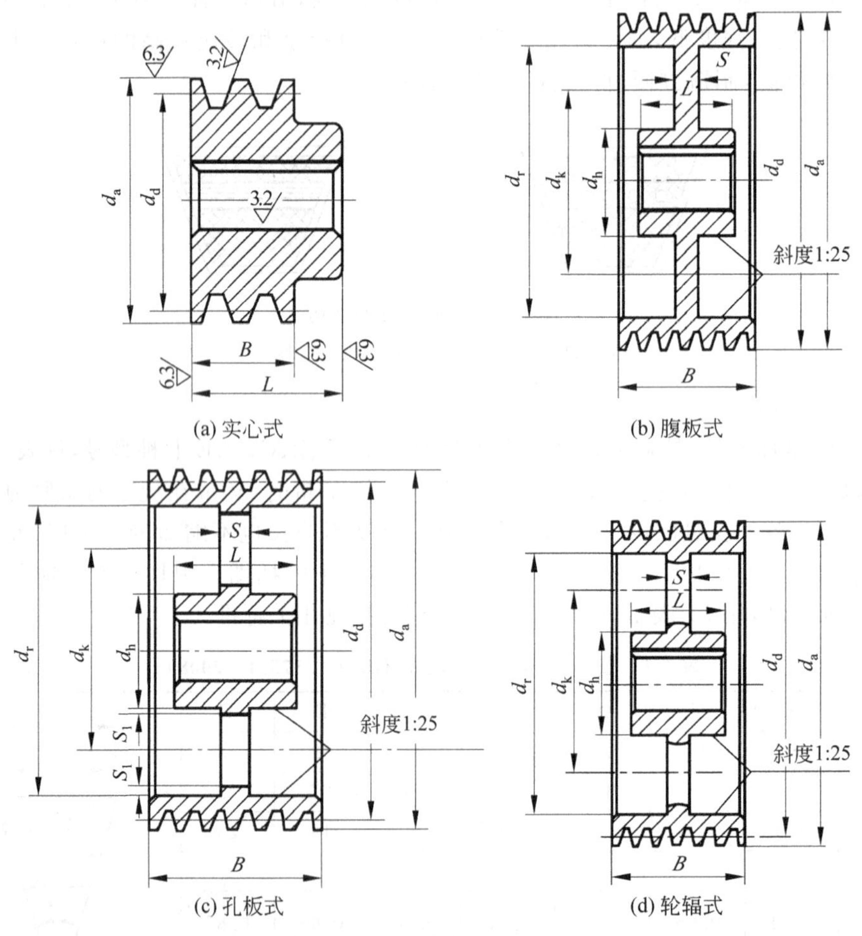

图 6-7 V 带轮的结构

③ 普通 V 带轮的轮槽尺寸。普通 V 带轮轮缘的横截面及其各部分尺寸见表 6-2。

表 6-2　V 带轮轮槽的横截面尺寸(GB/T 13575.1—2008)　单位：mm

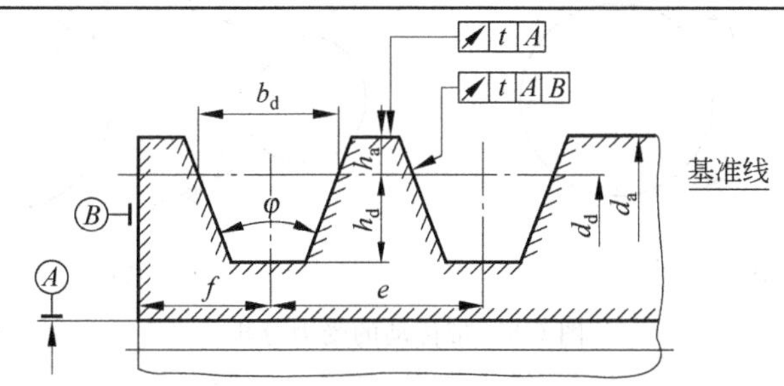

槽型		基准宽度 b_d	基准线上槽深 h_{amin}	基准线下槽深 h_{fmin}	槽间距 e	e 值累计极限偏差	槽边距 f_{min}	d_d			
								与 φ 相对应 d_d			
普通 V 带	窄 V 带							$\varphi=32°$	$\varphi=34°$	$\varphi=36°$	$\varphi=38°$
								φ 的极限偏差：±0.5°			
Y		5.3	1.6	4.7	8±0.3	±0.6	6	≤60	—	>60	—
Z	SPZ	8.5	2	7 9	12±0.3	±0.6	7	—	≤80	—	>80
A	SPA	11	2.75	8.7 11	15±0.3	±0.6	9	—	≤118	—	>118
B	SPB	14	3.5	10.8 14	19±0.4	±0.8	11.5	—	≤190	—	>190
C	SPC	19	4.8	14.3 19	25.5±0.5	±1.0	16	—	≤315	—	>315
D		27	8.1	19.9	37±0.6	±1.2	23	—	—	≤475	>475
E		32	9.6	23.4	44.5±0.7	±1.4	28	—	—	≤600	>600

带轮的基准直径 d_d 是指在 V 带轮上，与所配用的 V 带节宽相对应的带轮直径。普通 V 带轮的最小基准直径见表 6-3，基准直径系列见 GB/T 13575.1—2008。

表 6-3　普通 V 带轮的最小基准直径及基准直径系列(GB/T 13575.1—2008)　单位：mm

带型	Y	Z	A	B	C	D	E
d_{dmin}	20	50	75	125	200	355	500

国家标准规定普通 V 带轮的标记由带轮名称、带轮槽型、轮槽数×基准直径、带轮的结构形式代号和标准编号五部分组成。

例如：C 型槽、3 个轮槽、基准直径为 280mm、腹板式带轮的标记为：

带轮 C-3×280 P GB 10412—2002

4. 带传动的受力分析

带传动是利用摩擦力来传递运动和动力的，因此我们在安装时就要将带张紧，使带保持有初拉力 F_0，从而在带和带轮的接触面上产生必要的正压力。此时，当皮带没有工作时，皮带两边的拉力相等，都等于初拉力 F_0，如图 6-8(a)所示。

带传动工作时，由于带与带轮之间产生摩擦力，带两边的拉力将发生变化，如图 6-8(b)所示。带绕入主动轮的一边(称为紧边)，拉力由 F_0 增加到 F_1，带绕出主动轮的一边(称为松边)，拉力由 F_0 减小到 F_2。若设带工作时的总长度不变，则紧边拉力的增加量等于松边拉力的减少量，即

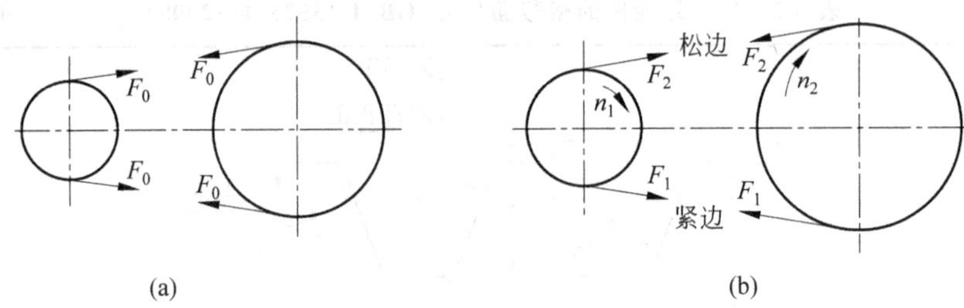

图 6-8 带传动的受力分析

$$F_1 - F_0 = F_0 - F_2 \tag{6-1}$$

或

$$F_1 + F_2 = 2F_0 \tag{6-2}$$

紧边拉力与松边拉力之差起着传递功率的作用，称为带传动的有效拉力，即带所能传递的圆周力，用 F 表示。它等于带与带轮之间接触面上摩擦力的总和，即

$$F = F_1 - F_2 = \sum F_f \tag{6-3}$$

带所传递的功率为

$$P = \frac{Fv}{1000} \tag{6-4}$$

式中，P 为带传动的功率，kW；F 为带传动的有效拉力，N；v 为带速，m/s。

由上述公式可以看出，当功率 P 一定时，带速 v 小，则圆周力 F 大，因此通常把带传动布置在机械设备的高速级传动上，以减小带传递的圆周力；当带速一定时，传递的功率 P 越大，则圆周力 F 越大，需要带与带轮之间的摩擦力也越大。实际上，在一定的条件下，摩擦力的大小有一个极限值，即最大摩擦力 $\sum F_{max}$，若带所需传递的圆周力超过这个极限值时，带与带轮将发生显著的相对滑动，这种现象称为打滑。出现打滑时，虽然主动轮还在转动，但带和从动轮都不能正常运动，甚至完全不动，这就使传动失效。经常出现打滑将使带的磨损加剧，传动效率降低，故在带传动中应防止出现打滑。

带传动的紧边拉力 F_1 与松边拉力 F_2 的关系可以用欧拉公式来表示，即

$$F_1/F_2 = e^{f_v \alpha} \tag{6-5}$$

式中，F_1 为紧边拉力，N；F_2 为松边拉力，N；e 为自然对数的底，2.718…；f_v 为带与带轮接触面间的当量摩擦系数，$f_v = \dfrac{f}{\sin\dfrac{\varphi}{2}}$；$\alpha$ 为带轮的包角(带与接触部分所对应的中心角，rad)。

由式(6-2)、式(6-3)、式(6-5)，可得出带传动的最大有效拉力为

$$F_{max} = 2F_0 \frac{e^{f_v \alpha} - 1}{e^{f_v \alpha} + 1} \tag{6-6}$$

由式(6-6)可知，带的最大有效拉力与下面三个因素密切有关：

(1) 预紧力 F_0　预紧力 F_0 的大小与最大有效拉力 F_{max} 成正比，即 F_0 越大，带的传动能力越强。但需要注意的是，若 F_0 过大，会加剧带的磨损，降低其使用寿命，同时也会造成支撑轴及轴承的压力过大；若 F_0 过小，带所能传递的功率将减小，工作时易出现跳动或打滑现象。

(2) 当量摩擦系数 f_v　带传动的最大有效拉力随当量摩擦系数的增大而增大。在其他条件相同的情况下，当量摩擦系数越大，带与带轮间的摩擦力也越大，带的传动能力也就越强。

摩擦系数与带及带轮材料、摩擦表面的状况有关。

(3) 包角 α　包角的大小直接影响带的传动能力，包角越大，带的传动能力越强。因大带轮 α_2 的包角大于小带轮的包角 α_1，所以最大摩擦力的值取决于小带轮的包角 α_1。在 V 带传动时应保证小带轮的包角 $\alpha_1 \geqslant 120°$。

5. 带的应力分析

皮带传动在工作时，皮带中的应力有三部分组成。

(1) 由拉力产生的拉应力　拉应力由紧边拉应力和松边拉应力组成，其中：

紧边拉应力

$$\sigma_1 = \frac{F_1}{A}\ (\text{MPa}) \tag{6-7}$$

松边拉应力

$$\sigma_2 = \frac{F_2}{A}\ (\text{MPa}) \tag{6-8}$$

式中，A 为带的横截面积，mm^2。

(2) 弯曲应力 σ_b　带绕过带轮时，因弯曲而产生弯曲应力 σ_b：

$$\sigma_b = \frac{2Eh_a}{d}\ (\text{MPa}) \tag{6-9}$$

式中，E 为带的弹性模量，MPa；d 为 V 带轮的基准直径，mm；h_a 为从 V 带的节线到最外层的垂直距离，mm。

从式(6-9)可知，带在两轮上产生的弯曲应力的大小与带轮基准直径成反比，故小轮上的弯曲应力较大。为避免过大的弯曲应力，一般要求小带轮的基准直径 $d_{d1} \geqslant d_{min}$，d_{min}为相应型号带所规定的带轮最小基准直径，见表 6-3。

(3) 由离心力产生的应力 σ_c　当带沿带轮轮缘做圆周运动时，带上每一质点都受离心力作用。离心拉力为 $F_c = qv^2$，它在带的所有横剖面上所产生的离心拉应力 σ_c 是相等的。

$$\sigma_c = \frac{F_c}{A} = \frac{qv^2}{A}\ (\text{MPa}) \tag{6-10}$$

式中，q 为每米带长的质量，kg/m；v 为带速，m/s。

从式中可以看出，带速越高，离心拉应力越大，带的使用寿命降低；相反，若带的传递功率不变，带速越低，所需要的带的有效拉力就越大，使得 V 带根数增多，带轮宽度也会相应增大。因此，一般将带速控制在 5～25m/s 范围内。

图 6-9 所示为带的应力分布情况。由分布图可得出以下结论：

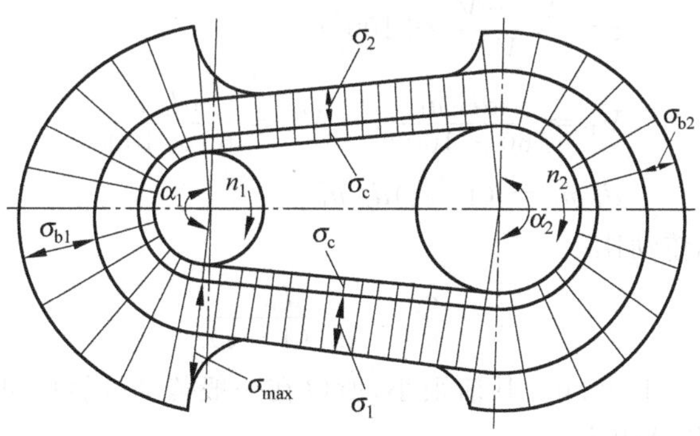

图 6-9　带的应力分布

① 带的最大应力发生在带的紧边绕入小带轮处的位置。最大应力的值为

$$\sigma_{max} = \sigma_1 + \sigma_c + \sigma_{b1} \tag{6-11}$$

② 带工作时，其横截面上的应力在不断的变化中，带绕行一周，拉应力变化 4 次，当应力循环次数达到一定值时，带将产生疲劳破坏。

③ 为保证带具有足够的疲劳寿命，应使带上的最大应力值不超过带的许用应力。

6. 带传动的失效形式与设计准则

由带的受力分析及应力分析可知，带的主要失效形式有以下几种。

① 打滑。前面已经提到过，在一定的初拉力 F_0 作用下，带与带轮面间的摩擦力之和有一极限值，当外载荷过大，使所传递的有效拉力 F 超过摩擦力的总和时，带将沿着带轮表面全面滑动，这种现象称为打滑。打滑会加剧带的磨损，并使从动轮转速急剧降低，甚至停止运转而无法正常工作，在带传动中应避免打滑现象的发生。不过在过载时，打滑也可对机器起到安全保护作用。

② 疲劳破坏。带是在变应力下工作的，当这种变应力的循环次数超过一定数值后，会发生脱层、撕裂或拉断等疲劳破坏，导致传动失效。

③ 过度磨损。因带传动存在弹性滑动及打滑现象，所以不可避免地会使带产生磨损，当磨损程度过大时，就会使带传动失效。

带传动的设计准则为：在传递规定功率时不打滑，同时保证带有足够的疲劳强度和使用寿命。

7. 带传动的弹性滑动及其传动比

传动带是弹性体，受到拉力后会产生弹性伸长，伸长量随拉力大小的变化而改变。带由紧边绕过主动轮进入松边时，带的拉力由 F_1 减小为 F_2，其弹性伸长量也由 δ_1 减小为 δ_2。这说明带在绕过带轮的过程中，相对于轮面向后收缩了$(\delta_1-\delta_2)$，带与带轮轮面间出现局部相对滑动，导致带的速度逐步小于主动轮的圆周速度。

同样，当带由松边绕过从动轮进入紧边时，拉力增加，带逐渐被拉长，沿轮面产生向前的弹性滑动，使带的速度逐渐大于从动轮的圆周速度。这种由于带的弹性变形而产生的带与带轮间的滑动称为弹性滑动。弹性滑动和打滑是两个截然不同的概念。打滑是指过载引起的全面滑动，是可以避免的。而弹性滑动是由于拉力差引起的，只要传递圆周力，就必然会发生弹性滑动，所以弹性滑动是不可以避免的。

从动轮相对主动轮圆周速度的降低率用滑动率 ε 表示，即

$$\varepsilon = \frac{V_1 - V_2}{V_1} \times 100\% \tag{6-12}$$

$$V_1 = \frac{\pi d_{d1} n_1}{60 \times 1000}, \quad V_2 = \frac{\pi d_{d2} n_2}{60 \times 1000} \tag{6-13}$$

$$d_{d2} n_2 = (1-\varepsilon) d_{d1} n_1 \tag{6-14}$$

从而带传动的实际传动比

$$i = \frac{n_1}{n_2} = \frac{d_{d2}}{d_{d1}(1-\varepsilon)} \tag{6-15}$$

因带传动的滑动率 $\varepsilon=0.01\sim0.03$，其值很小，所以在一般传动计算中可不予考虑。

不考虑滑动率时，传动比为

$$i = \frac{n_1}{n_2} \approx \frac{d_{d2}}{d_{d1}} \tag{6-16}$$

8. 带传动的张紧、安装和维护

(1) 带传动的张紧　由于各种皮带都不是完全的弹性体，经过一段时间后，会产生塑性变形而松弛；同时，由于磨损的存在，也会使初拉力 F_0 下降，从而使传动能力下降，甚至失效，所以必须定期检查初拉力，发现不足必须重新张紧。张紧时，若两轮中心距可调，一般采用调节中心距的方法进行张紧；若中心距不可调，则采用加张紧轮的方法进行张紧。常用的张紧装置如下：

① 定期张紧装置。图 6-10(a)所示为滑道式张紧装置，用调节螺钉使装有带轮的电动机沿滑轨移动，以增大中心距而达到张紧的目的，该方法适用于水平或倾斜程度不大的带传动布置。图 6-10(b)所示为摆架式张紧装置，用螺杆及调节螺母 1 改变摆动架 2 的位置来达到张紧的目的，该方法用于垂直或接近垂直布置的带传动。

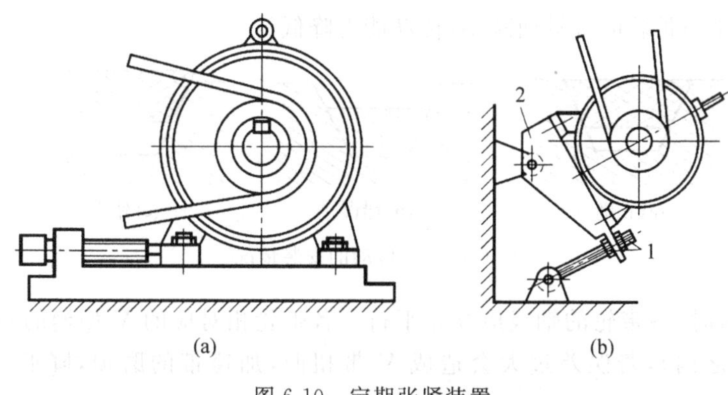

图 6-10　定期张紧装置

1—调节螺母；2—摆动架

② 自动张紧装置。如图 6-11 所示，将装有带轮的电动机 1 安装在浮动的摆动架 2 上，靠电动机和机座自身的重量，使带轮绕固定轴摆动，通过载荷的大小自动调整中心距达到张紧的目的。此方法适用于小功率近似垂直布置的带传动。

③ 张紧轮装置。若带传动的中心距不可调整时，可采用图 6-12 所示的张紧轮装置。图 6-12(a)所示为摆锤式张紧，它靠悬锤 2 将张紧轮 1 压在带上，以保持带的张紧。图 6-12(b)所示为调位式张紧，通过移动调整架 2 来调整张紧轮 1 的位置。

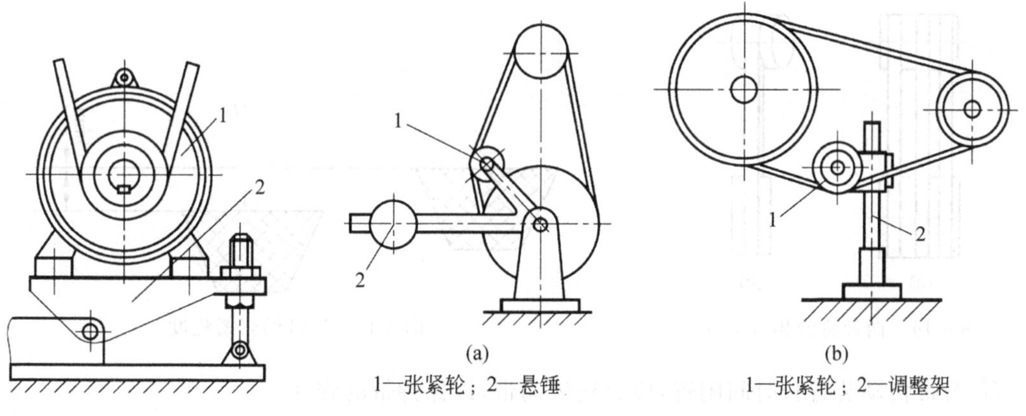

1—张紧轮；2—悬锤

1—张紧轮；2—调整架

图 6-11　自动张紧装置

1—电动机；2—摆动架

图 6-12　张紧轮装置

对于 V 带传动，张紧轮一般安装在松边内侧靠近大带轮处，以避免小带轮的包角减小过多，同时还可以使带免受双向弯曲，以提高带的疲劳强度。

对于平带传动，张紧轮一般安装在松边外侧靠小带轮处，这样在张紧的同时还可以增加小带轮的包角，提高带的传动能力。

(2) 带传动的安装和维护　为延长V带的使用寿命并保证其正常工作，必须正确地安装、使用和维护V带。在安装V带时应注意以下几个问题。

① 应正确选用V带的截型和基准长度，以保证V带在轮槽中的正确位置，如图6-13所示。如V带的外表面应与带轮的外缘平齐(安装新带时可稍高于轮缘)，使V带两侧面与轮槽的工作面充分接触，如图6-13(a)所示；若V带嵌入过深，如图6-13(b)所示，带的底面将与轮槽底部接触，V带楔面增压效应的优势将减弱，从而降低其传动能力。若V带位置过高，如图6-13(c)所示，带与带轮的接触面减小，传动能力降低。

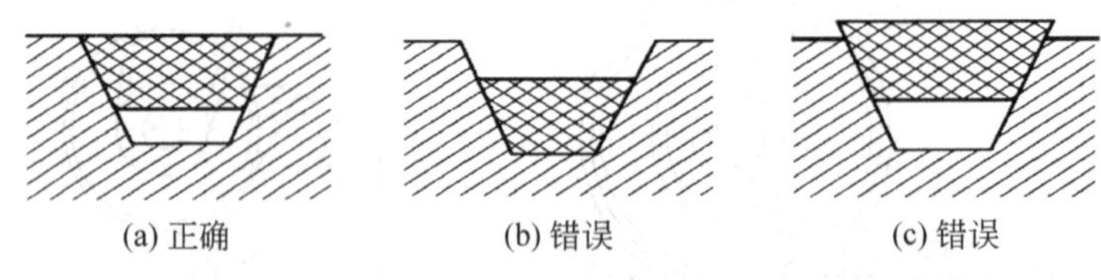

(a) 正确　(b) 错误　(c) 错误

图6-13　带传动的安装情况

② 安装V带时，各带轮的轴线应互相平行。各带轮相对应的V型槽的对称平面应重合(误差控制在20′之内)，若误差过大会造成V带扭曲，加速带的磨损，降低带的使用寿命，如图6-14所示。

③ 安装V带时，应先缩小中心距，将带套入带轮后再增大中心距，最后张紧。禁止硬撬，以保护带的工作面和保持带的弹性。

④ 定期检查V带，以便及时张紧或更换V带。当有一根V带松弛或损坏需更换时，应全部更换，不能新旧带混用；对于同组V带应型号相同、长度相同、生产厂家相同，以保证每根V带受力均匀。

⑤ 安装V带时，应保证适当的张紧力。对于中等中心距的带传动，一般可凭经验控制张紧力，方法是在两带轮的中间位置以大拇指能按下15mm左右为宜，如图6-15所示。

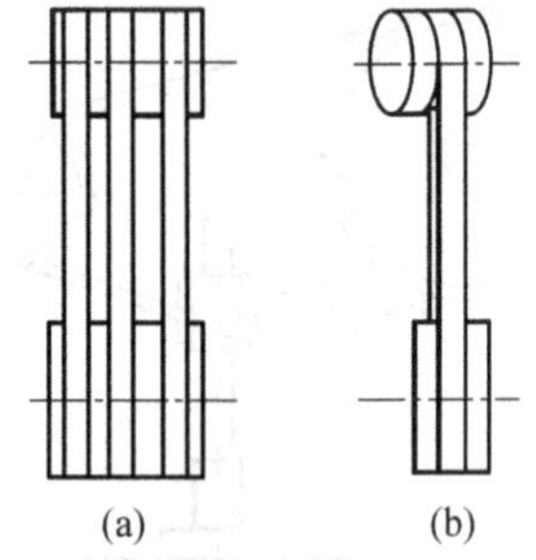

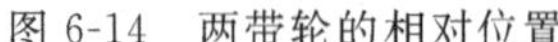

(a)　(b)

图6-14　两带轮的相对位置

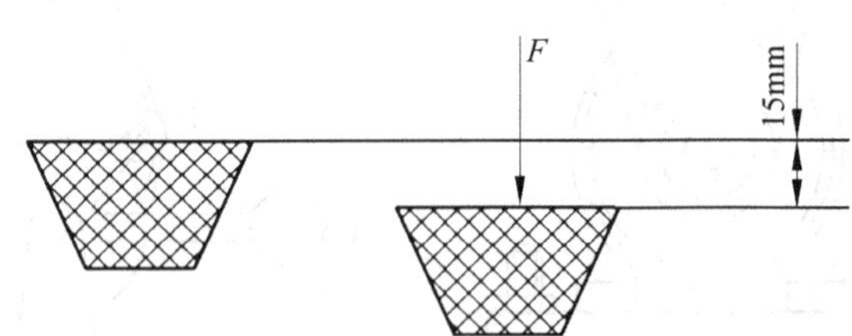

图6-15　V带的张紧程度

⑥ 若带传动装置长时间闲置，应放松传动带，以保持带的弹性。

⑦ 应保持传动带及带轮的清洁，及时去除油污，防止打滑。

⑧ 带不宜与酸、碱、油等化学物质接触，避免腐蚀。

⑨ 带的工作温度一般不超过60℃，以防止带过早老化。

⑩ 带传动装置外面需加防护罩，这样既可以防止发生意外事故，又可防止润滑油、切削液

等其他杂物飞溅到 V 带上而影响传动。

6.2　链传动

学习目标　能描述链传动的特点及应用；能认识滚子链的结构及规格型号；能对链传动的失效形式及安装与维护方法有一定的认知。

链传动是一种应用十分广泛的机械传动形式，兼有带传动和齿轮传动的一些特点。本节主要以滚子链传动为对象，分析讨论链传动的运动特点及使用维护的基本知识。

1. 链传动的组成、工作原理和特点

链传动由装在平行轴上的主动链轮 1、从动链轮 3 和跨绕在两链轮上的环形链条 2 所组成(如图 6-16 所示)。链传动以链条作中间挠性元件，靠链条与链轮轮齿的啮合来传递运动和动力。

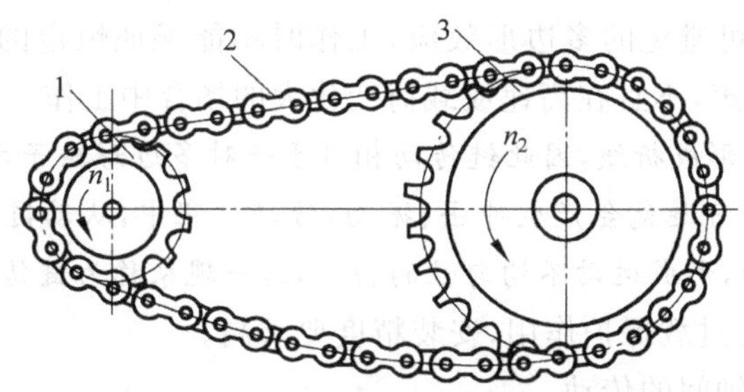

图 6-16　链传动的组成

1—主动链轮；2—环形链条；3—从动链轮

按用途不同，链条主要分为传动链、起重链和牵引链三大类。传动链主要用于一般机械中；起重链和牵引链常用于起重机械和运输机械中，如链斗式提升机(如图 6-17 所示)及链式运输机(如图 6-18 所示)等。

传递动力的传动链主要有滚子链和齿形链两种。齿形链如图 6-19 所示。

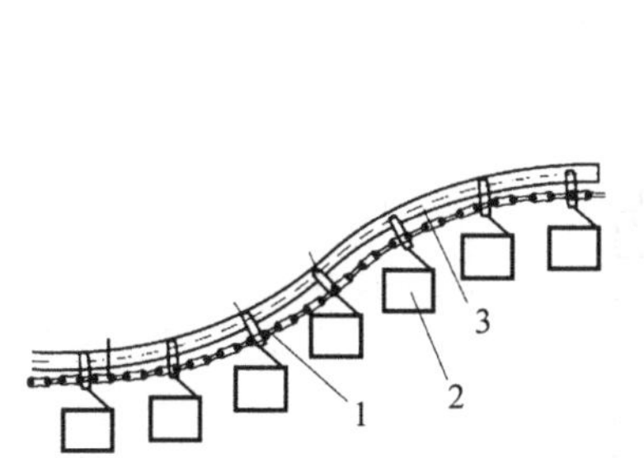

图 6-17　链斗式提升机

1—链条；2—承载小车；3—轨道

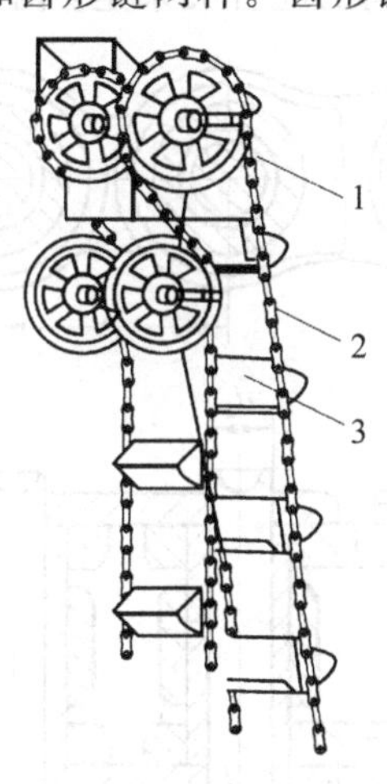

图 6-18　链式运输机

1—链轮；2—链条；3—料斗

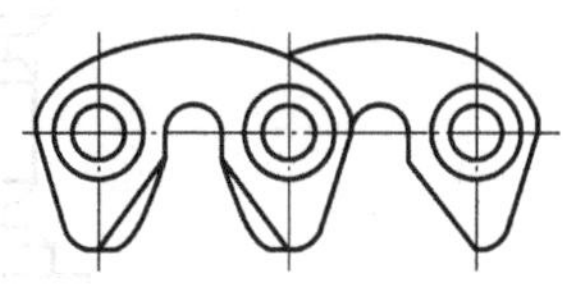

图 6-19　齿形链

齿形链运转平稳，噪声小，所以又称为无声链，承受冲击载荷的能力强，适用于高速(链速可达 40m/s)或运动精度要求较高的传动。但缺点是重量大、结构复杂、成本高。本节主要讨论滚子链传动。

2. 链传动的特点及应用

与带传动相比，链传动的主要优点如下：

① 链传动无打滑及弹性滑动现象，故能获得准确的平均传动比。

② 链传动所需的张紧力小，作用在轴和轴承上的压力小，减小了轴承的磨损。

③ 功率损失小，传动效率较高，可达98%。

④ 对环境的适应性较强，能在高温、油污或粉尘多、湿度大等恶劣场合下工作，耐用，易维护。

⑤ 与齿轮传动相比，链传动的制造、安装精度要求较低，成本低。对于远距离传动，其结构比齿轮传动简便。

链传动的主要缺点如下：

① 链传动中存在不可避免的多边形效应，工作时不能保证恒定的瞬时传动比，传动平稳性差，有一定的冲击和噪声，不宜在高速或载荷变化大的场合中工作。

注：链条绕上链轮后形成折线，因此链传动相当于一对多边形轮子之间的传动，在传动中刚性链节啮入链轮齿间时不可避免会产生冲击、振动，传动过程中，从动链轮的瞬时角速度和瞬时传动比也是周期性变化的，形成运动不均匀性的特征，这一现象称为链传动的多边形效应。

② 与带传动相比，无过载保护作用，安装精度要求高。

③ 只能用于两平行轴间的传动。

通常链传动的传递功率 $P \leqslant 100$kW；圆周速度 $v \leqslant 15$m/s；传动效率 $\eta = 0.95 \sim 0.98$；传动比 $i \leqslant 8$；中心距 $a \leqslant 5 \sim 6$m。链传动广泛用于矿山机械、农业机械、石油机械、机床、交通运输、冶金、建筑等种类机械中。

3. 滚子链和链轮

(1) 套筒滚子链的结构　套筒滚子链的结构如图6-20所示，它是由内链板1、外链板2、套筒3、销轴4、滚子5组成。零件之间的配合关系是：内链板与套筒之间、外链板与销轴之间采

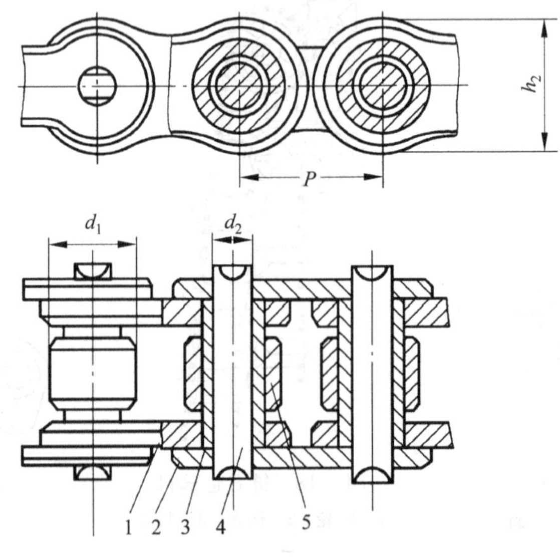

图6-20　套筒滚子链的结构

1—内链板；2—外链板；3—套筒；4—销轴；5—滚子

用过盈配合；滚子与套筒之间、套筒与销轴之间采用间隙配合，这样构成了一个铰链，使内、外链板可相对转动。滚子活套在套筒上可以减少链条与链轮间的摩擦和磨损，提高使用寿命。为了减少轮齿的磨损，内、外链板之间应留有少量的间隙，以便润滑油渗入套筒与销轴的摩擦面间。为了减轻链条重量并使链条各截面的抗拉强度近似相等，内、外链板通常制成"8"字形。

链条上相邻两销轴中心的距离称为链节距，用 P 表示。链节距 P 是传动链的重要参数之一，节距越大，链条各零件的结构尺寸越大，承载能力越高，但多边形效应会越明显，传动冲击振动越大。在满足承载能力条件下，应选择小节距，尤其是高速重载时，宜优选小节距多排链。

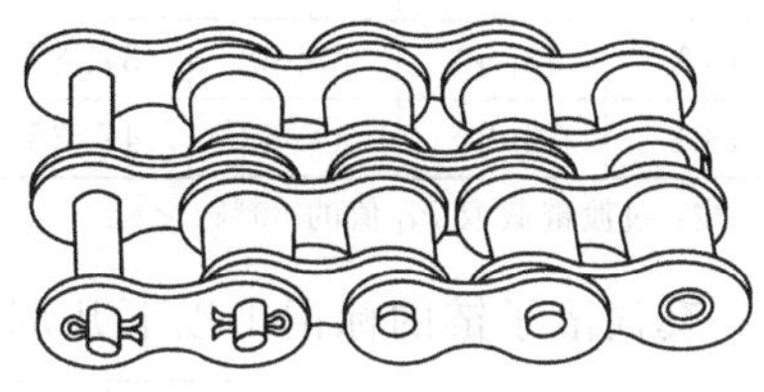

图 6-21　多排链（双排）

多排链结构如图 6-21 所示，排数越多，承载能力越强，但如果排数过多，对制造精度和装配精度的要求越高，同时各排链受载不易均匀。因此，在实际应用时，一般最多为 4 排，较为常用的是双排链或三排链。

链条长度用链节数来表示，链节数一般取偶数。这样，链条连成环形时，内链板与外链板正好首尾相接，接头可以用开口销（如图 6-22(a)所示）或弹簧卡片（如图 6-22(b)所示）将销锁定。当链节数为奇数时，则需采用过渡链板使其首尾相接（如图 6-22(c)）所示，而过渡链节在工作时受拉将受到附加弯矩的作用，使强度降低（降低值可达 20%），因此，在一般情况下，链节数最好取为偶数。

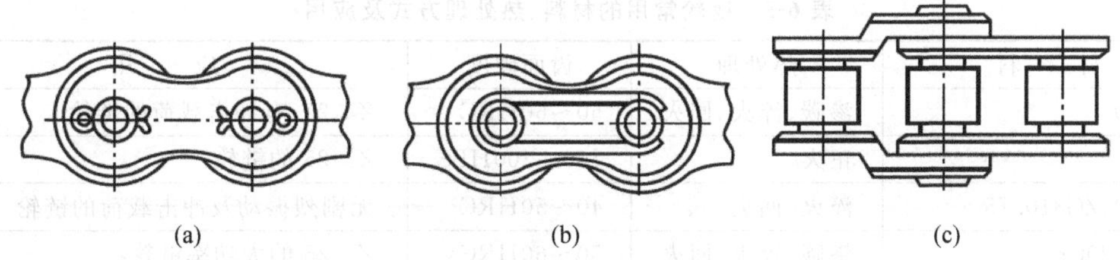

图 6-22　滚子链的接头形式

(2) 滚子链的标准　滚子链已标准化，根据国家标准 GB/T 1243—2006 的规定，套筒滚子链分为 A、B 两个系列，常用的是 A 系列。其尺寸和主要参数见表 6-4。表中的链号数乘以 25.4/16mm，即为链条的节距值。设计时，要根据载荷大小及工作条件等选用适当的链条型号、确定链传动的几何尺寸及链轮的结构尺寸。

表 6-4　滚子链的基本参数和主要尺寸（GB 1243—2006）

链号	节距 p	滚子直径 $d_{1\max}$	内节内宽 $b_{1\min}$	销轴直径 $d_{2\max}$	套筒孔径 $d_{3\min}$	内链板高度 h_2	外或中链板高度 $h_{3\max}$	排距 p_t	单排抗拉强度 F_Q
	mm								kN
08A	12.70	7.92	7.85	3.98	4.00	12.07	10.42	14.38	13.9
10A	15.875	10.16	9.40	5.09	5.12	15.09	13.02	18.11	21.8
12A	19.05	11.92	12.57	5.96	5.98	18.10	15.62	22.78	31.3
16A	25.40	15.88	15.75	7.94	7.96	24.13	20.83	29.29	55.6
20A	31.75	19.05	18.90	9.54	9.56	30.17	26.04	35.76	87.0
24A	38.10	22.23	25.22	11.11	11.14	36.20	31.24	45.44	125.0
28A	44.45	25.40	25.22	12.71	12.74	42.23	36.45	48.87	170.0

续表

链号	节距 p	滚子直径 d_{1max}	内节内宽 b_{1min}	销轴直径 d_{2max}	套筒孔径 d_{3min}	内链板高度 h_2	外或中链板高度 h_{3max}	排距 p_t	单排抗拉强度 F_Q
	mm								kN
32A	50.80	28.58	31.55	14.29	14.31	48.26	41.68	58.55	223.0
36A	57.15	35.71	35.48	17.46	17.49	54.30	46.86	65.84	281.0
40A	63.50	39.68	37.85	19.85	19.81	60.33	52.07	71.55	347.0
48A	76.20	47.63	47.35	23.81	23.84	72.39	62.49	87.83	500.0

注：过渡链截取 F_Q 值的 80%。

套筒滚子链的标记由以下几部分组成：

链号 排数整条链的链节数 标准编号

例如标记 16A—1×68GB/T 1243—2006 表示节距为 25.4mm、A 系列、单排、68 节的滚子链。

(3) 链轮的材料　对链轮材料的基本要求是：具有足够的接触疲劳强度和耐磨性。常用的材料有优质碳素钢和合金钢，对于尺寸较大的链轮可采用碳素钢焊接结构；对于啮合次数较多的小链轮，材料应优于大链轮的材料，并进行热处理；若从动链轮的齿轮较多($Z>25$)而且载荷平稳、速度较低时，可选用强度较高的铸铁制造。链轮常用的材料、热处理方式及应用范围见表 6-5。

表 6-5　链轮常用的材料、热处理方式及应用

材　料	热处理	齿面硬度	应　用
15、20	渗碳、淬火、回火	50～60HRC	$Z\leqslant25$，有冲击载荷的链轮
35	正火	160～200HBS	$Z>25$ 的链轮
45、50、ZG310.75	淬火、回火	40～50HRC	无剧烈振动及冲击载荷的链轮
15Cr、20Cr	渗碳、淬火、回火	50～60HRC	$Z<25$ 的大功率链轮
40Cr、35SiMn、35CrMo	淬火、回火	40～50HRC	重要的使用 A 系列链条的链轮
Q235、Q255	焊接后退火	约为 140HBS	中低速、中等功率、直径较大的链轮
HT150	淬火、回火	260～280HBS	$Z>25$ 的从动链轮

(4) 链轮的结构　对链轮齿形的基本要求是：齿形应保证链节能平稳顺利地进入和退出啮合，且形状简单、便于加工、受力均匀、不易发生脱链现象。目前应用较广的是三圆弧(aa、ab、cd)一直线(bc)齿形，如图 6-23 所示。该齿形可用标准刀具切制，其接触应力较小，承载能力较强。设计时，凡符合标准的链轮只需注明“齿形 GB/T 1243—1997 制造和检验”，画出轴面齿形即可(见图 6-24)，不需将端面齿形画出。

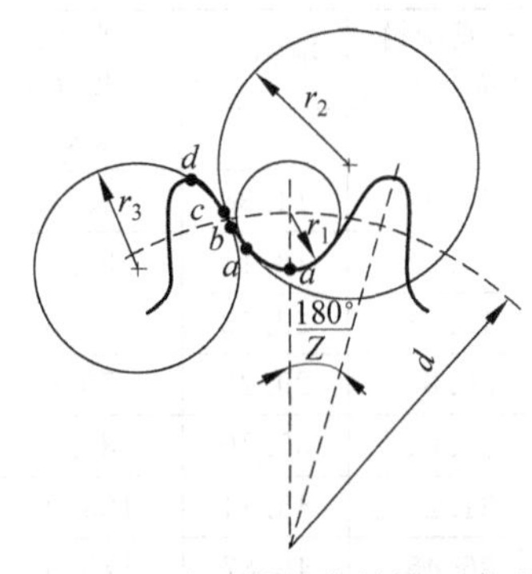

图 6-23　滚子链链轮的端面齿形

图 6-25 所示为链轮的几种常见结构。链轮的结构一般根据其齿顶圆的直径来确定。小直径链轮可制成整体实心式，如图 6-25(a)所示；中等直径链轮多采用孔板式结构，如图 6-25(b)所示；对于大直径的链轮可采用组合式结构，如图 6-25(c)所示，齿圈和轮芯通常选用不同材料制成，用螺栓联接(齿圈磨损后便于更换)，或焊接成一体(结构较紧凑)，如图 6-25(d)

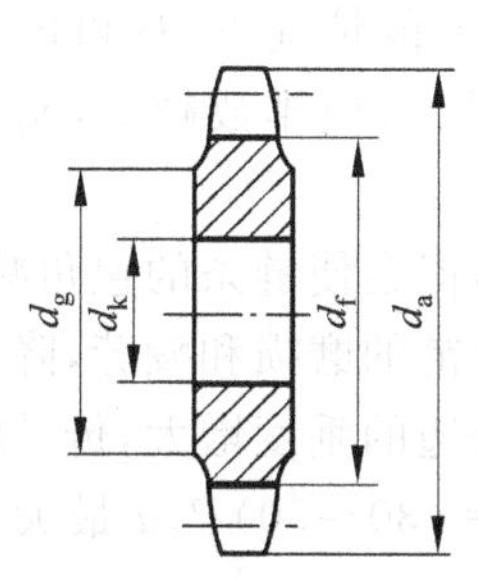

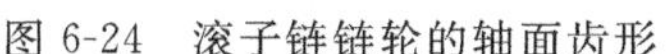

图 6-24　滚子链链轮的轴面齿形

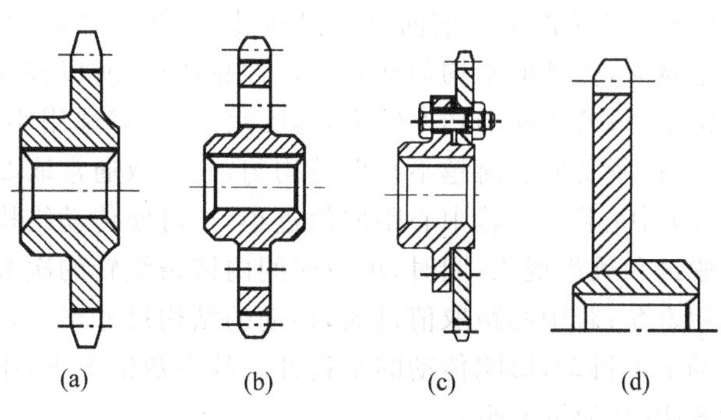

图 6-25　链轮的结构

所示。

4. 链传动的主要失效形式

实践表明，在正常安装和润滑条件下，链传动的失效主要发生在链条上，常见的失效形式有以下几种。

(1) 链板疲劳破坏　链传动在工作时，由于紧边拉力和松边拉力不同，使得链条在交变应力下工作，当这种交变应力循环到一定次数时，链板就会发生疲劳破坏。在正常润滑条件下，疲劳强度是限定链传动承载能力的主要因素。

(2) 链条铰链磨损　销轴与套筒之间是间隙配合，工作时除承受较大的压力外，还会由于相对转动而发生磨损，特别是润滑不良或环境恶劣时，磨损会加剧。铰链的磨损会导致链节变长，使链条在工作时易发生跳齿或脱链现象，无法正常工作。磨损是开式传动链的主要失效形式。

(3) 滚子套筒的冲击疲劳破坏　链条与链轮啮合的瞬间会冲击滚子和套筒。在反复多次的冲击下，套筒、滚子会发生冲击疲劳破坏。这种失效多发生在中、高速的闭式链传动中。

(4) 销轴与套筒的胶合　当链速较高或润滑不良时，链条与链轮啮合瞬间会产生很大的冲击能，造成销轴与套筒间的油膜被破坏，两者会在高温和高压下直接接触，导致胶合失效。胶合限定了链传动的极限转速。

(5) 链条的过载拉断　在低速($v<0.6$m/s)、重载或严重过载的传动中，链条所受的拉力超过链条的静强度时，链条就会被拉断。

5. 链传动主要参数及其选择

(1) 链轮的齿数 Z_1、Z_2 和传动比 i_{12}　链轮齿数的多少决定了链传动的平稳程度及承受载荷的大小。小链轮齿数 Z_1 过小，多边形效应越明显，越会加剧链条与链轮的磨损，降低使用寿命。因此，一般取 $Z_1 \geqslant 17$(也可根据表 6-6，先计算链速，再取合适的 Z_1)；大链轮齿获得 $Z_2 = Z_1 \times i_{12}$，通常取$Z_2 \leqslant 120$，否则大链轮齿数过多，不仅会增大传动尺寸，也会减小链条在链轮上的包角，链条稍有磨损，就容易产生脱链和跳齿现象。为了使两链轮与链条磨损均匀，两链轮的齿数尽可能取奇数(最好与链节数互为质数)，一般链轮齿数优先选用 17、19、21、23、25、38、57、76、95、114 等数列值。链传动的传动比 i 通常≤6，一般推荐 $i=2\sim3.5$，低速时 i 可取大些。

表 6-6　小齿轮齿数 Z_1 的选择

链速 v/(m/s)	0.6～3	3～8	>8	>25
齿数 Z_1	≥17	≥21	≥25	≥35

(2) 链的节距 P　前面已经提到过，链节距 P 越大，承载能力越高，但链条与链轮的结构尺寸也越大，传动的不均匀性和冲击性越严重，所以在满足传动功率的情况下，尽可能选用较小的链节距；若传递的功率较大，速度较高时，宜选用小节距的多排链，但排数越多，制造成本越高，各排所受的载荷越不易保持均匀，故排数通常取 2～3 排。

(3) 中心距 a　若中心距取值过小，虽可使传动结构变得紧凑，但会使链条的包角减小，易产生脱链和跳齿现象，同时，单位时间内链条绕转的次数增多，加速链的磨损和疲劳，降低链条的使用寿命；若中心距取值过大，传动的结构尺寸增大，并且链条松边的垂度增大，传动时加剧松边的上下抖动，影响传动的平稳性。故多数情况下，中心距取 $a=(30\sim50)P$，a 最大一般不超过 $80P$（P 为链节距）。

为便于安装和调节张紧程度，中心距一般应设计成可调节的。若中心距不能调整，而又没有张紧装置时，应将计算中心距减小 2～5mm，这样可使链条有小的初垂度，保持链传动的张紧。

6. 链传动的布置、张紧及润滑

(1) 链传动的布置　链传动的布置对传动的工作状况和使用寿命都有较大影响。链传动的合理布置的原则如下：

① 链传动的两轴应平行，两链轮应位于同一平面内。

② 链传动一般宜水平或接近水平布置，并使松边在下方。链传动布置的方式见表 6-7。

表 6-7　链传动的布置方式

传动参数	正确布置	不正确布置	说　明
$i>2$ $a=(30\sim50)P$	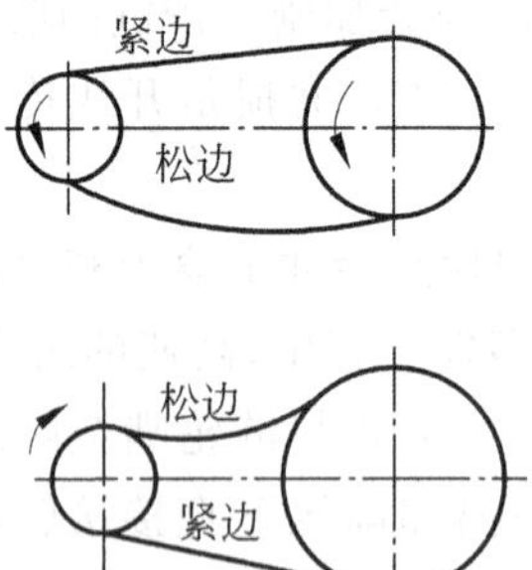 紧边 松边 松边 紧边		两轮轴在同一水平面上，紧边在上或在下均能正常工作
$i>2$ $a<30P$	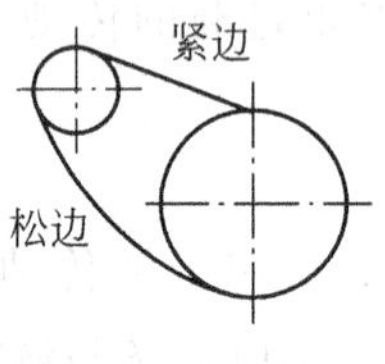 紧边 松边	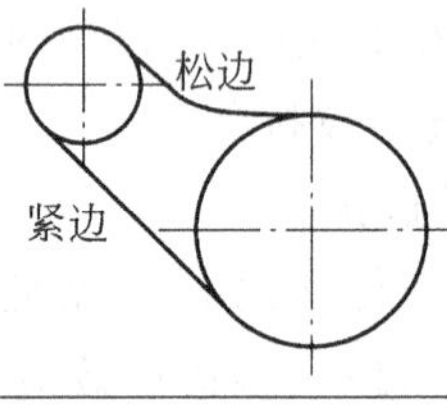 松边 紧边	两轮轴不在同一水平面上，松边应在下面，否则松边下垂量过大后链条与链轮易发生干涉或卡死
$i<1.5$ $a>60P$ i、a 为任意值	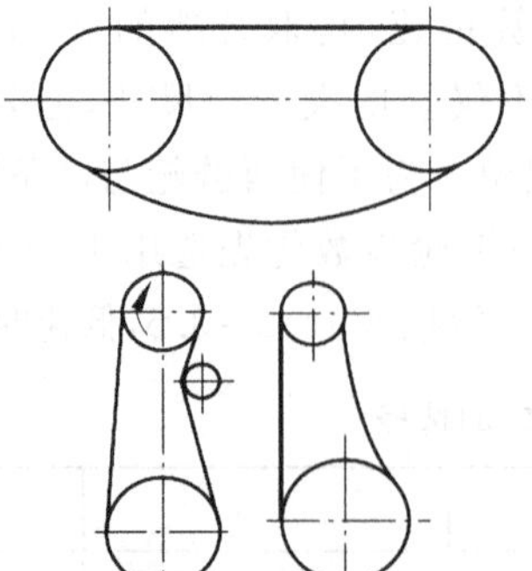	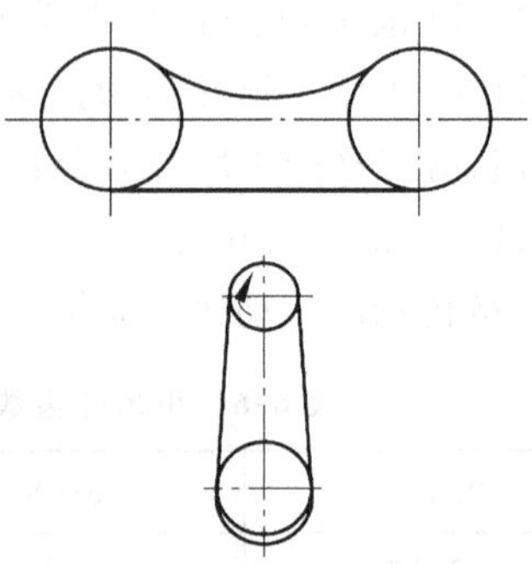	两轮轴在同一水平面上，松边应在下面，否则松边下垂量过大后链条与链轮易发生干涉，须经常调整中心距 两轴在同一铅垂面内，下垂增大会减少链轮的有效啮合齿数，降低传动能力。为此可采取中心距可调、设置张紧装置、上下两轮错开等措施

(2) 链传动的张紧　链传动工作一段时间后，会因链条磨损使得链节距变长，导致松边垂度增大，引起链条较大的振动及啮合不良，严重时会出现跳齿和脱链现象。为避免上述现象的发生，通常需要对链条进行张紧。特别是当两轴轴心连线与水平面的倾斜角大于 60°时，必须设置张紧装置。目前常采用的张紧方法如下：

① 通过调整两链轮的中心距控制张紧程度。

② 中心距不可调时，可采用张紧轮装置，张紧轮可装在链条松边外侧（如图 6-26(a)所示）或内侧（如图 6-26(b)所示），一般装在松边外侧靠小轮处，这样可增大小链轮包角，增加同时参与啮合的齿数，提高传动平稳性。张紧轮可利用螺旋、偏心等装置定期张紧（如图 6-26(c)所示），也可利用弹簧（如图 6-26(d)所示）、吊重（如图 6-26(e)所示）等装置自动张紧。

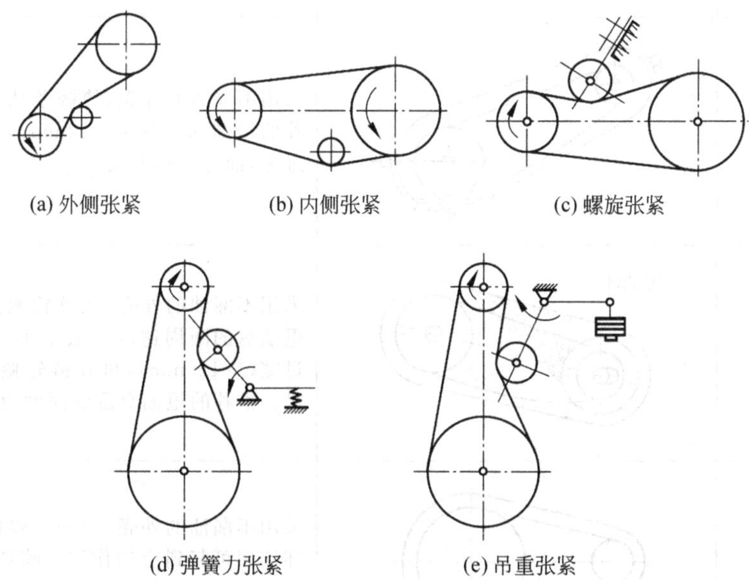

(a) 外侧张紧　(b) 内侧张紧　(c) 螺旋张紧

(d) 弹簧力张紧　(e) 吊重张紧

图 6-26　链传动的张紧

③ 从链条中拆除几个链节，缩短链长使链条张紧。

(3) 链传动的润滑　链传动的工作能力和寿命与润滑状况密切相关。润滑良好可减少铰链磨损，缓和冲击，延长使用寿命。推荐的常用润滑油有 L. AN32、L. AN68、L. AN100 等机械油，一般应根据环境温度及承受载荷的大小来选用。环境温度高或载荷大时宜选用黏度较大的润滑油，反之选用黏度较小的；对于工作条件恶劣的开式或低速链传动，当不便使用润滑油时可采用脂润滑，但需定期清洗与涂抹。常用的润滑方式见表 6-8。

表 6-8　套筒滚子链的润滑方式

润滑方式	润滑方式示意图	说　明
人工定期给油		用刷子定期在链条松边内、外链板间隙中注油，建议每班注油一次

续表

润滑方式	润滑方式示意图	说　明
油杯滴油		装有简单外壳，对于单排链，供油量为每分钟5～20滴，当链速较高时，应取大值
油浴润滑		采用不漏油的外壳，使链条从油池中通过，推荐的浸油深度为6～12mm，若链条浸入油面过深，油易发热变质
飞溅给油	甩油环	采用不漏油的外壳，在链轮侧面安装甩油盘。甩油盘的圆周速度一般不小于3m/s，若链条过宽（>125mm），可在链轮侧面装两个甩油盘。推荐的甩油盘浸油深度为12～35mm
压力供油		采用不漏油的外壳，用油泵强制供油，油的循环使用可起到冷却作用。喷油管口要设在链条的啮合位置，每个喷油口的供油量要根据链条节距及链速大小确定

注：开式传动和不易润滑的链传动，可定期拆下用煤油清洗、干燥后浸入70～80℃的润滑油中，待链间隙充满油后安装使用。

为保证工作安全，防止灰尘侵入，减少噪声及满足润滑需要等原因，链传动常采用护罩或链条箱等。

思考题与习题

6-1　带传动有何特点？其应用场合如何？

6-2　带传动有哪些类型？各有何应用？

6-3　带轮有哪几种结构形式？制造V带轮的常用材料有哪些？

6-4　带传动中弹性滑动与打滑有何区别？它们对于带传动各有什么影响？

6-5　带传动的有效拉力与哪些因素有关？这些因素对带传动有何影响？

6-6　试述带传动的主要失效形式。

6-7　带传动为何要进行张紧？常用的张紧措施有哪些？采用张紧轮张紧时，对于平带传动和V带传动，张紧轮的放置方式一样吗？应如何放置？

6-8　链传动与带传动相比主要特点是什么？

6-9　链传动的小链轮齿数 Z_1 不允许过少，大链轮齿数 Z_2 不允许过多，这是为什么？

6-10　链条的链节数取值有何要求？为什么？

6-11　链传动常见的失效形式有哪几种？

6-12　链传动的合理布置有哪些要求？

6-13　链传动张紧的目的是什么？张紧轮如何布置？

6-14　链传动的润滑方式有哪些？

第 7 章

齿轮传动

齿轮传动是机械中应用最广泛的一种机械传动形式。本章主要学习齿轮传动机构的特点、类型、应用范围，渐开线的形成和性质、渐开线齿廓啮合特性、圆柱齿轮和直齿圆锥齿轮的几何尺寸计算、啮合传动，齿轮失效的形式和加工等问题。

7.1 齿轮机构的特点、类型及应用实例

学习目标 能说出齿轮传动的特点；能识别各种齿轮传动的类型与应用场合。

1. 齿轮传动的特点

齿轮机构用于传递两轴之间的运动和动力，是应用最广的传动机构。它是通过轮齿的啮合来实现传动要求的，与其他机械传动相比，具有传递动力大、传动效率高、能实现恒定的传动比、工作可靠、使用寿命长、结构紧凑、体积小等显著优点。但它对制造和安装的要求较高，成本也较高，且不适用于远距离传动、没有过载保护作用。

2. 齿轮传动的基本类型

(1) 按齿轮机构所传递运动两轴线的相对位置、运动形式及齿轮的几何形状分，有如图 7-1 所示的几种，总结如下：

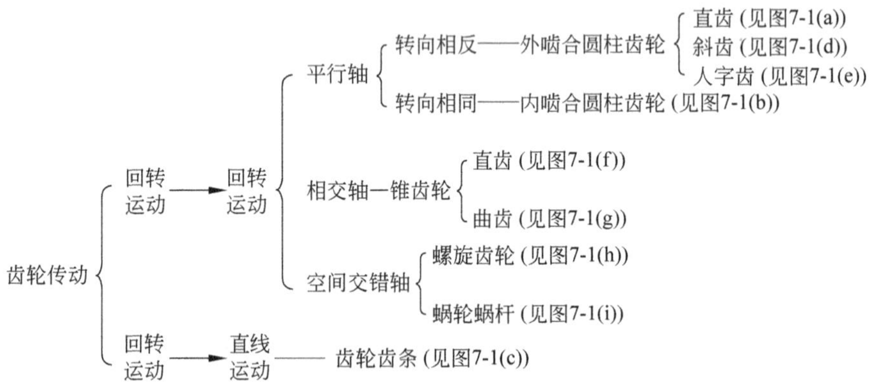

其中最基本的形式是传递平行轴间运动的圆柱直齿轮机构和圆柱斜齿轮机构。

(2) 按齿轮齿廓曲线分　按齿廓曲线，齿轮可分为渐开线齿轮、摆线齿轮和圆弧齿轮等，其中渐开线齿轮应用最广。

(3) 按传动比是否恒定分　按传动比是否恒定，齿轮传动可分为定传动比和变传动比两种。常用的齿轮机构均是具有恒定传动比的机构，齿轮的基本几何形状为圆形。而在变传动比的传动机构中，齿轮一般是非圆形的，例如椭圆齿轮机构传动(见图 7-2)，该类机构又称为

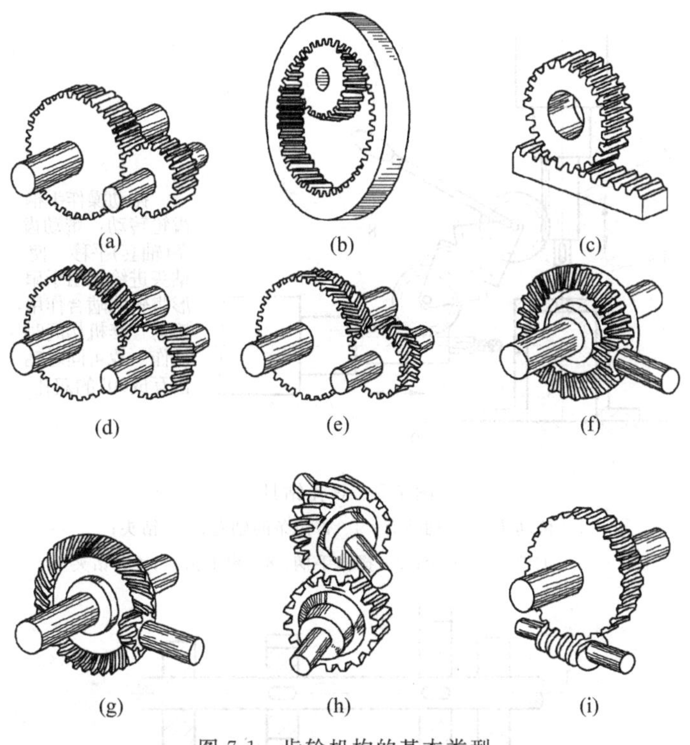

图 7-1 齿轮机构的基本类型

非圆齿轮机构,仅在少数特殊机械中使用。

(4) 按工作条件分 按工作条件,齿轮传动可分为开式传动和闭式传动两种。在开式齿轮传动中,齿轮暴露在箱体之外,工作时易落入灰尘杂质,不能保证良好的润滑,轮齿易磨损,多用于低速或不太重要的场合。闭式齿轮传动中,齿轮安装在封闭的箱体内,其润滑和维护条件良好,安装精确,应用较为广泛。

3. 齿轮传动的应用

齿轮机构应用范围广泛,以下是几个应用实例:百分表(见图 7-3)、机械手手部机构(见图 7-4)、双孔钻具(见图 7-5)、齿轮变速机构(见图 7-6)。

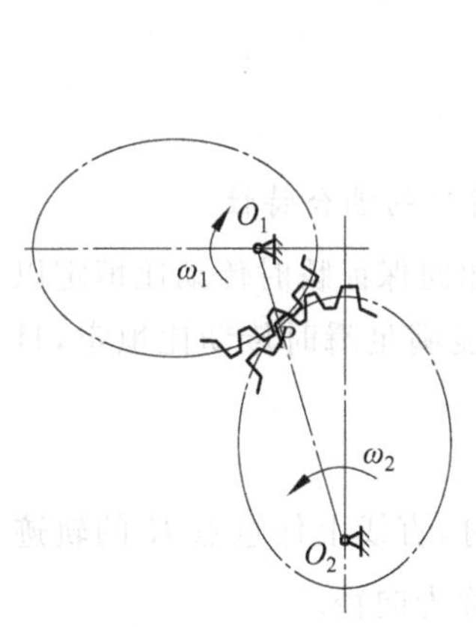

图 7-2 椭圆齿轮传动

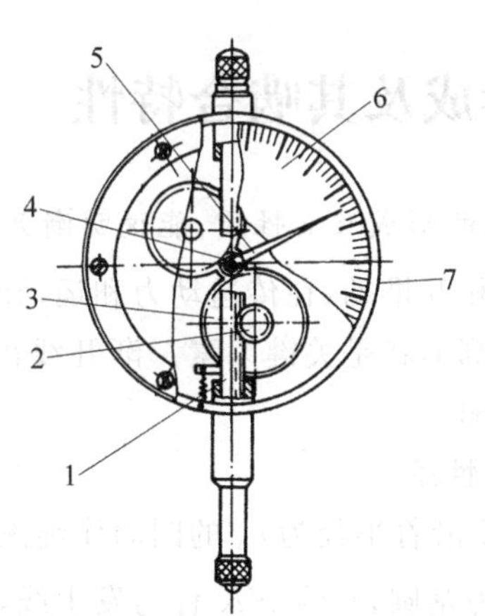

图 7-3 百分表

1—带齿的测量轴;2—小齿轮;3—大齿轮;4—中心轮;5—指针;6—表盘;7—支座

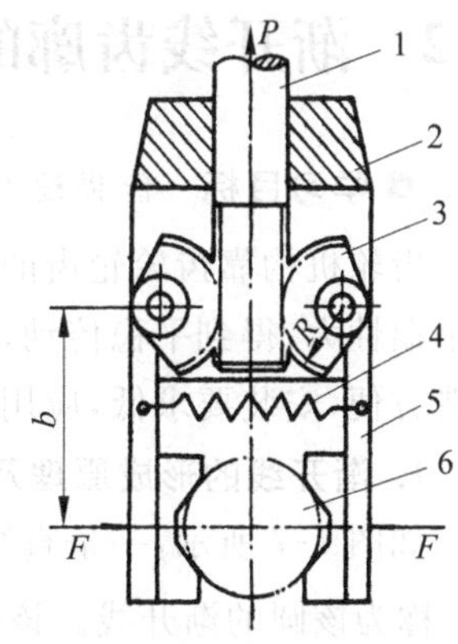

图 7-4 机械手手部机构

1—滑块;2—手腕;3—扇形齿轮;4—弹簧;5—手指;6—工件

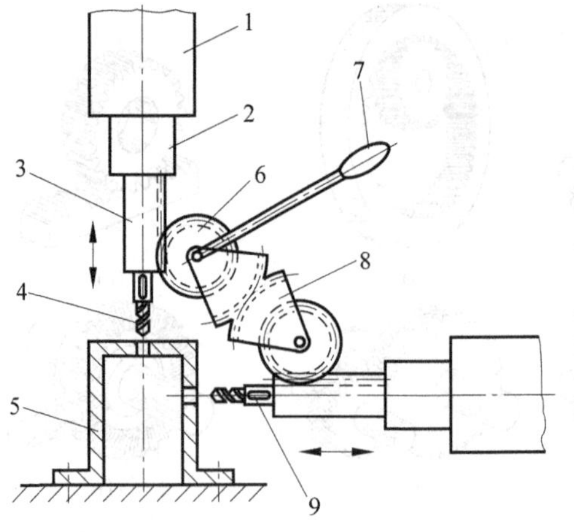

图 7-5 双孔钻具

1—传动头；2—轴外套；3—带齿条的轴套；4—钻头；5—工件；6—齿轮；7—操作手柄；8—扇形齿轮；9—钻夹

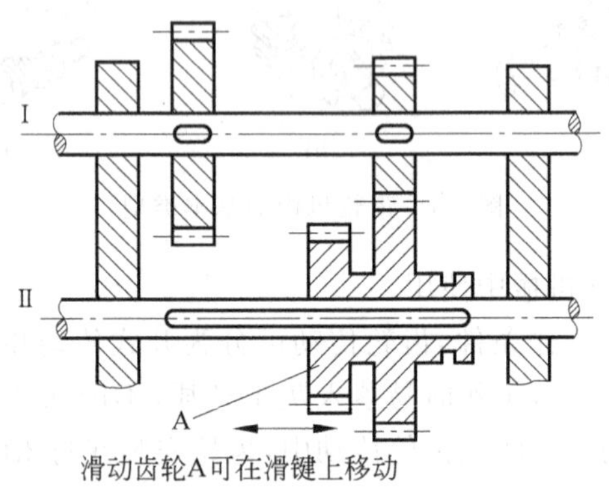

图 7-6 齿轮变速机构

本章将以渐开线直齿圆柱齿轮为主要分析对象，在此基础上对斜齿圆柱齿轮及圆锥齿轮传动作简要介绍。

7.2 渐开线齿廓的形成及其啮合特性

学习目标 能描述渐开线的形成及其性质；能说明渐开线齿廓的啮合特性。

齿轮机构靠齿轮轮齿的齿廓相互推动，在传递动力和运动时，如何保证瞬时传动比恒定以减小惯性力，得到平稳传动，其齿廓形状是关键因素。渐开线齿廓能满足瞬时传动比恒定，且制造方便，安装要求低，应用最普遍。

1. 渐开线的形成原理及基本性质

如图 7-7 所示，一条直线 NK 沿着半径为 r_b 的圆周作纯滚动时，直线上任意点 K 的轨迹 AK 称为该圆的渐开线。该圆称为基圆，直线 NK 称为发生线，r_k 称为向径。

由渐开线的形成过程可知它具有以下特性：

① 发生线沿基圆滚过的长度，等于基圆上被滚过的弧长，即$\overset{\frown}{NA}=\overline{NK}$。

② 渐开线上任意一点的法线必切于基圆。

③ 渐开线上各点压力角不等，离圆心越远处的压力角越大，基圆上压力角为零。渐开线上任意点 K 处的压力角是力的作用方向(法线方向)与运动速度方向(垂直向径方向)所夹的锐角 α_K(见图 7-7)，由几何关系可推出

$$\alpha_K = \arccos \frac{r_b}{r_K} \tag{7-1}$$

式中，r_b 为基圆半径，r_K 为 K 点向径。

④ 渐开线的形状取决于基圆半径的大小。如图 7-8 所示，基圆越小，渐开线越弯曲；基圆越大，渐开线越趋平直；当基圆半径无穷大时，渐开线为直线。故渐开线齿条具有直线齿廓。

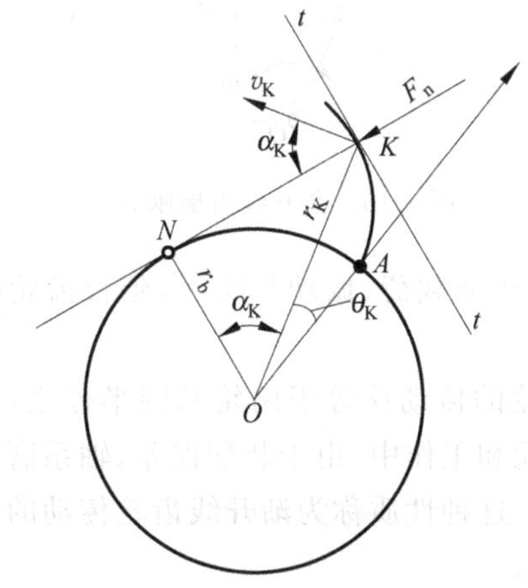

图 7-7　渐开线的形成及压力角

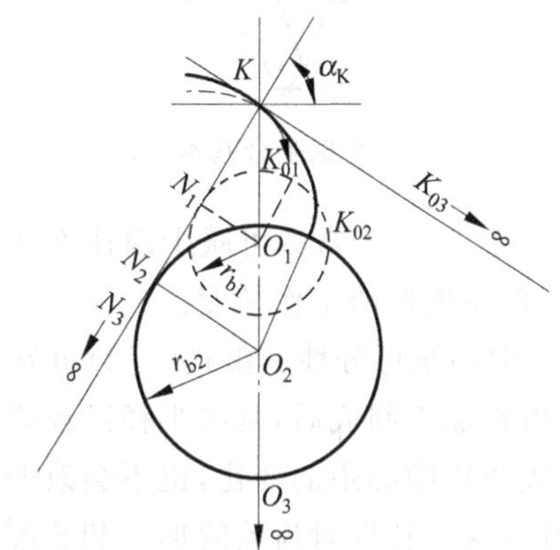

图 7-8　渐开线形状与基圆大小的关系

⑤ 基圆内无渐开线。

2. 渐开线齿廓的啮合特性

(1) 能满足瞬时传动比恒定　两相互啮合的齿廓 E_1 和 E_2 在 K 点接触(见图 7-9)，过 K 点作两齿廓的公法线 nn，它与连心线 O_1O_2 的交点 C 称为节点。以 O_1、O_2 为圆心，以 $O_1C(r_1')$、$O_2C(r_2')$ 为半径所作的圆称为节圆，两齿轮的节圆在节点 C 处作相对纯滚动(否则两齿廓将出现彼此分离或相互嵌入的情况)，由此可推得：

$$i = \frac{\omega_1}{\omega_2} = \frac{O_2C}{O_1C} = \frac{r_2'}{r_1'} \tag{7-2}$$

一对传动齿轮的瞬时角速度与其连心线被齿廓接触点的公法线所分割的两线段长度成反比，这个定律称为齿廓啮合基本定律。由此推论，欲使两齿轮瞬时传动比恒定不变，过接触点所作的公法线都必须与连心线交于一定点。下面来证明渐开线齿廓能满足这一点。

如图 7-10 所示，由渐开线的性质可知，齿廓上各点法线切于基圆，齿廓公法线必为两基圆的内公切线 N_1N_2，由于两基圆的大小和位置都已确定，同一方向的内公切线只有一条，故一对渐开线齿轮啮合传动过程中，所有啮合点均会落在线 N_1N_2 上，所以 N_1N_2 具有三线合一的性质，即 N_1N_2 既是两齿轮基圆的内公切线，也是两齿轮啮合点的公法线，还是所有啮合点的轨迹线。两齿轮安装好后，N_1N_2 和连心线 O_1O_2 均是唯一确定的两条线，必交于定点 C。故渐开线齿廓可满足瞬时传动比恒定。

在图 7-10 中，由$\triangle N_1O_1C \backsim \triangle N_2O_2C$，根据式(7-2)，可推得：

$$i=\frac{\omega_1}{\omega_2}=\frac{O_2C}{O_1C}=\frac{r_{b2}}{r_{b1}} \tag{7-3}$$

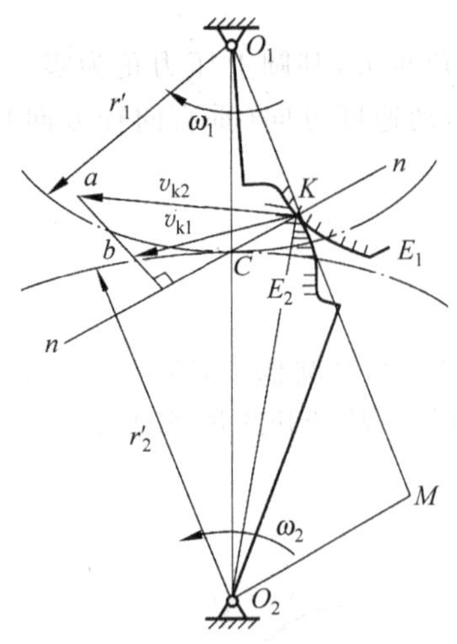

图 7-9　齿廓啮合基本定律

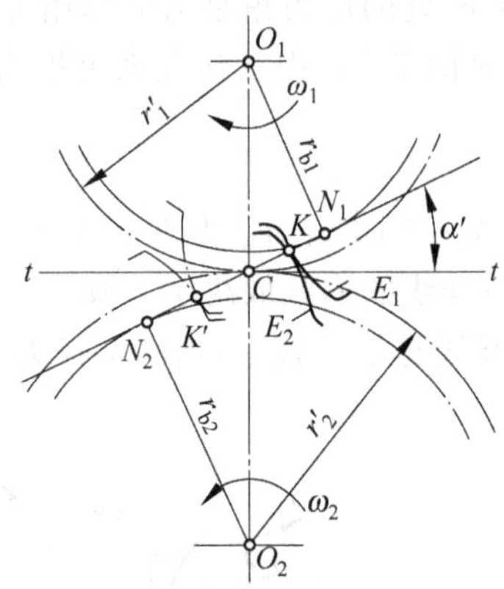

图 7-10　渐开线齿廓啮合

工程意义：i 为常数可减少因速度变化所产生的附加动载荷、振动和噪声，延长齿轮的使用寿命，提高机器的工作精度。

(2) 中心距可分性　由式(7-3)可知，两渐开线齿轮的传动比等于两轮基圆半径之反比。渐开线齿轮加工制成后，基圆半径已经确定，即使在装配和工作中，由于装配误差、轴系磨损等原因造成两轮中心距的变化，也不会改变其瞬时传动比，这种性质称为渐开线齿轮传动的中心距可分性，这一特性对齿轮的加工和装配是十分重要的。

(3) 啮合角和传力方向恒定　前面已提到，N_1N_2 是一对渐开线齿轮啮合时所有啮合点的轨迹线，即啮合线。如图 7-10 所示，过节点 C 作两节圆的公切线 t-t 与啮合线 N_1N_2 间所夹的锐角 α' 称为齿轮传动的啮合角。由于 N_1N_2 位置固定，所以啮合角 α' 恒定，在数值上等于渐开线在节圆处的压力角。

由于两齿轮啮合时，其正压力沿齿廓的公法线方向，也就是沿啮合线方向传递，齿轮传动时啮合角 α' 不变，故两齿廓间法向作用力方向不变，则轮齿之间、轴与轴承之间压力的大小、方向也均不变，从而传动平稳，这也是渐开线齿廓传动的一大优点。

渐开线齿廓的上述特性是在机械工程中广泛应用渐开线齿轮的重要原因。

7.3　渐开线标准直齿圆柱齿轮传动

学习目标　能说出齿轮各部分的名称，认知各几何尺寸及参数的符号；知道何谓标准齿轮，能对标准渐开线直齿圆柱齿轮的几何尺寸进行计算；能说明一对标准渐开线直齿圆柱齿轮正确啮合以及能连续传动的条件；知道标准安装及标准中心距的概念。

1. 渐开线标准直齿圆柱齿轮各部分的名称和符号

如图 7-11 所示为渐开线标准直齿圆柱齿轮的一部分，图中注明了齿轮各部分的名称。

(1) 齿顶圆　齿轮所有各齿的顶端都在同一个圆上，这个过齿轮各齿顶端的圆称齿顶圆，用 d_a 或 r_a 表示其直径或半径。

(2) 齿根圆　齿轮所有齿之间的齿槽底部也在同一圆上，这个圆称作齿根圆，用 d_f 或 r_f 表示其直径或半径。

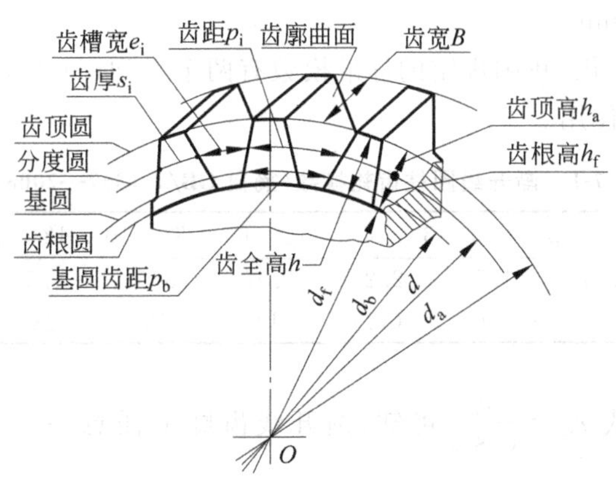

图 7-11　齿轮各部分的名称和代号

(3) 基圆　前面我们已经提到过这个圆,也就是形成渐开线的基础圆,其直径和半径分别用 d_b 和 r_b 表示。

(4) 分度圆　为便于齿轮几何尺寸的计算、测量,所规定的一个基准圆,其直径和半径分别用符号 d 和 r 表示。

(5) 齿厚　轮齿在任意圆周上的弧长,用 s_i 表示。

(6) 齿槽宽　又称齿间宽,齿槽在任意圆周上的弧长,用 e_i 表示。

(7) 齿距　任意圆周上相邻两齿间同侧齿廓之间的弧长,用 p_i 表示。显然 $p_i=s_i+e_i$。

(8) 法向齿距　相邻两齿间同侧齿廓之间的法向距离,用 p_n 表示。根据渐开线的性质,法向齿距等于基圆齿距 p_b,即 $p_n=p_b$。

(9) 齿顶高　分度圆与齿顶圆之间的径向高度,用 h_a 表示。

(10) 齿根高　分度圆与齿根圆之间的径向高度,用 h_f 表示。

(11) 齿全高　齿顶圆与齿根圆之间的径向高度,用 h 表示。

(12) 齿宽　轮齿沿轴线方向的宽度,用 B 表示。

注:分度圆上齿厚、齿槽宽和齿距分别用 s、e、p 表示。

2. 渐开线标准直齿圆柱齿轮的主要参数

(1) 齿数　在齿轮整个圆周上轮齿的总数,用 z 表示。它将影响传动比和齿轮尺寸。

(2) 模数　模数是分度圆作为齿轮几何尺寸计算依据的基准而引入的参数。

因为分度圆周长$=\pi d=zp$,故 $d=z\dfrac{p}{\pi}$。

由于 π 是无理数,为了便于计算、制造和检测,人为地规定比值 $\dfrac{p}{\pi}$ 为一简单的数值,并把这个比值称为模数,用 m 表示,即

$$m=\frac{p}{\pi} \tag{7-4}$$

则分度圆直径:

$$d=mz \tag{7-5}$$

图 7-12 所示为齿数 z 相同,模数 m 不同的三个齿轮。由图可以看出:模数 m 是决定齿轮几何尺寸的重

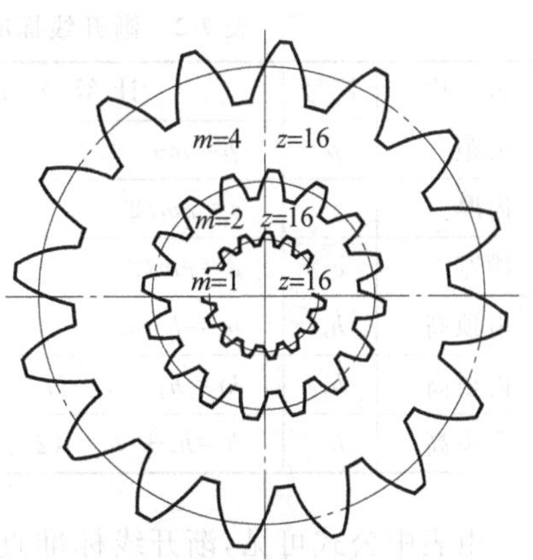

图 7-12　不同模数的齿轮

要参数。模数的单位为 mm。

齿轮的模数已经标准化，我国规定的标准模数有两个系列(见表 7-1)，要求优先选用第一系列，括号内的最好避免使用。

表 7-1 渐开线圆柱齿轮模数(摘自 GB/T 1357—2008) 单位：mm

第一系列	1 1.25 1.5 2 2.5 3 4 5 6 8 10 12 16 20 25 32 40 50
第二系列	1.125 1.375 1.75 2.25 2.75 3.5 4.5 5.5 (6.5) 7 9 (11) 14 18 22 28 36 45

(3) 压力角 α 由式 $r_K=\dfrac{r_b}{\cos\alpha_K}$ 可知，渐开线齿廓上任意一点 K 处的压力角为 $\alpha_K=\arccos\left(\dfrac{r_b}{r_K}\right)$。对于同一渐开线齿廓，$r_K$ 不同，α_K 也不同。显然，基圆上渐开线的压力角等于零。我们通常所说的齿轮压力角是指在分度圆上的压力角，用 α 表示，所以有：

$$d_b = d \cdot \cos\alpha = mz\cos\alpha \tag{7-6}$$

上式说明渐开线齿廓形状决定于模数、齿数和压力角三个基本参数。

国家标准(GB/T 1356—2001)中规定分度圆压力角标准值为 $\alpha=20°$。一般情况下齿轮的压力角均采用标准值。但有时，少数企业也采用 $\alpha=14.5°$、$15°$、$22.5°$、$25°$等的非标齿轮。

(4) 齿顶高系数 h_a^* 和顶隙系数 c^* 为了以模数 m 表示齿轮的几何尺寸，规定齿顶高和齿根高分别为

$$h_a = h_a^* \cdot m \tag{7-7}$$

$$h_f = (h_a^* + c^*)m \tag{7-8}$$

则全齿高

$$h = h_a + h_f = (2h_a^* + c^*)m \tag{7-9}$$

式中，h_a^*、c^* 分别称为齿顶高系数和顶隙系数，标准规定：正常齿制 $h_a^*=1$、$c^*=0.25$，短齿制 $h_a^*=0.8$、$c^*=0.3$。

3. 标准齿轮的几何尺寸计算

我们通常所说的标准齿轮是指具有标准模数、标准压力角、标准齿顶高系数和顶隙系数，且分度圆上齿厚与齿槽宽相等的齿轮。

表 7-2 所列为渐开线标准直齿圆柱齿轮几何尺寸计算的常用公式。

表 7-2 渐开线标准直齿圆柱齿轮(外啮合)几何尺寸计算公式

名 称	符号	计 算 公 式	名 称	符号	计 算 公 式
齿距	p	$p=m\pi$	分度圆直径	d	$d=mz$
齿厚	s	$s=\pi m/2$	齿顶圆直径	d_a	$d_a=d+2h_a=m(z+2h_a^*)$
槽宽	e	$e=\pi m/2$	齿根圆直径	d_f	$d_f=d-2h_f=m(z-2h_a^*-2c^*)$
齿顶高	h_a	$h_a=h_a^* m$	基圆直径	d_b	$d_b=d\cos\alpha=mz\cos\alpha$
齿根高	h_f	$h_f=h_a+c=(h_a^*+c^*)m$	标准中心距	a	$a=m(z_1+z_2)/2$
全齿高	h	$h=h_a+h_f=(2h_a^*+c^*)m$			

由表中公式可见，渐开线标准直齿齿轮的几何尺寸和齿廓形状完全由 z、m、α、h_a^*、c^* 这 5 个基本参数确定。

当齿轮的直径为无穷大时即得到齿条(见图7-13),各圆演变为相互平行的直线,渐开线齿廓演变为直线,同侧齿廓相互平行。因此齿条的特点是:所有平行直线上的齿距 p、压力角 α 相同,都是标准值。齿条的齿形角等于压力角。齿条各平行线上的齿厚、槽宽一般都不相等,只有分度线上齿厚和槽宽相等,该分度线又称为中线。其他尺寸可参照直齿标准齿轮计算。

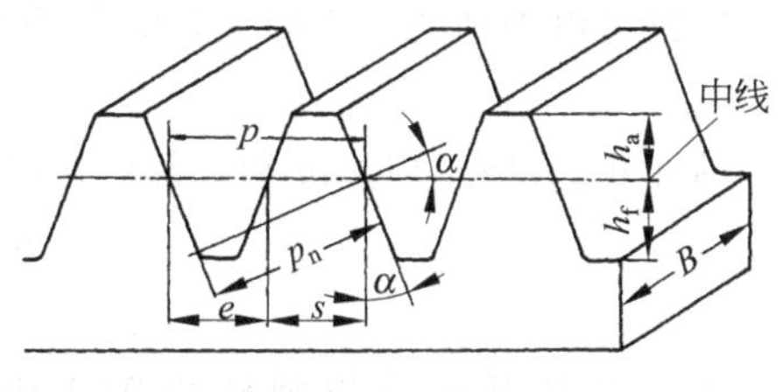

图7-13　齿条

对于如图7-14所示的内齿轮,其轮齿和齿槽相当于外齿轮的齿槽和轮齿,故内齿轮的齿廓为内凹的,并且齿根圆大于分度圆,分度圆大于齿顶圆,而齿顶圆必须大于基圆才能保证其啮合齿廓全部为渐开线。内齿轮传动的有关参数计算公式请大家自行推导。

4. 渐开线直齿圆柱齿轮的啮合传动

前面我们主要对单个渐开线齿轮进行了研究,但单个齿轮无法组成传动机构,所以还必须研究两个或两个以上的渐开线齿轮的啮合传动情况。

(1) 一对渐开线齿轮正确啮合的条件　为保证齿轮传动时各齿对之间能平稳传递运动,在齿对交替过程中不发生冲击,必须符合正确啮合条件。

图7-15表示了一对渐开线齿轮的啮合情况。各对轮齿的啮合点都落在两基圆的内公切线上,设相邻两对齿分别在 K 和 K' 点接触。若要保持正确啮合关系,使两对齿传动时既不发生分离又不出现干涉,在啮合线上必须保证同侧齿廓法向距离相等。

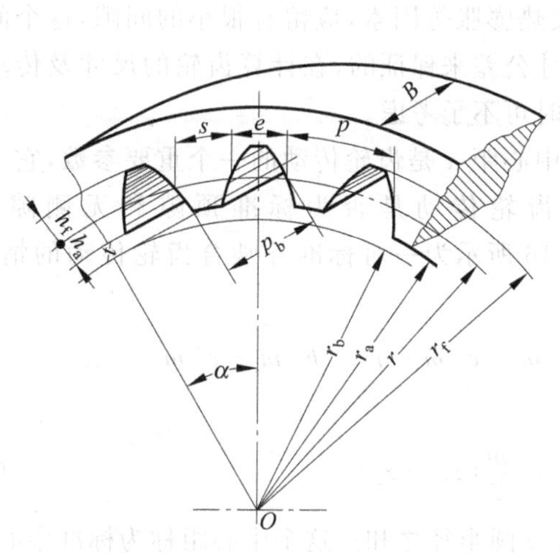

图7-14　内齿轮

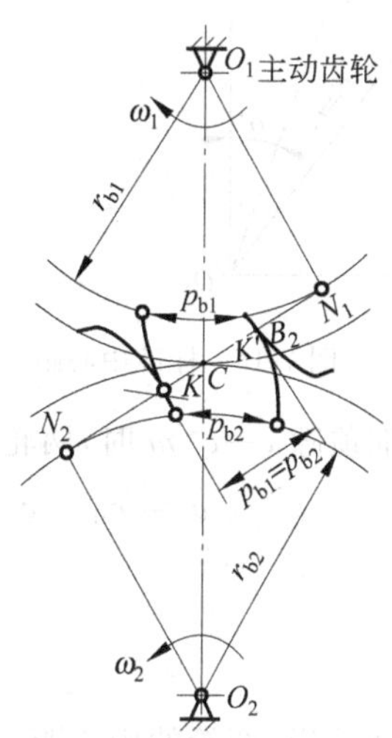

图7-15　渐开线齿轮正确啮合

根据渐开线的性质,齿轮的法向齿距 p_n 与其基圆上的基圆齿距 p_b 相等,故法向齿距一般也以基圆齿距 p_b 表示,即要满足 $p_{b1}=p_{b2}$。

又因为

$$p_b=\frac{\pi d_b}{z}=\frac{\pi d}{2}\cos\alpha=\pi m\cos\alpha$$

$$d_b=d\cos\alpha,\quad p_{b1}=\pi m_1\cos\alpha_1$$

$$p_{b2}=\pi m_2\cos\alpha_2$$

所以可以得到两轮正确啮合的条件为

$$m_1\cos\alpha_1 = m_2\cos\alpha_2$$

前面我们已经讲过，m 和 α 都已标准化了，所以要满足上式必须有

$$\left.\begin{aligned} m_1 = m_2 = m \\ \alpha_1 = \alpha_2 = \alpha \end{aligned}\right\} \tag{7-10}$$

即一对渐开线直齿圆柱齿轮正确啮合的条件为：两轮的模数和压力角必须分别相等。

根据正确啮合条件，有

$$i = \frac{\omega_1}{\omega_2} = \frac{r_{b2}}{r_{b1}} = \frac{r_2 \times \cos\alpha}{r_1 \times \cos\alpha} = \frac{r_2}{r_1} = \frac{mz_2/2}{mz_1/2} = \frac{z_2}{z_1} \tag{7-11}$$

即传动比还等于两齿轮齿数的反比。因为齿轮齿数是易知的，故在计算齿轮传动的传动比时一般根据其齿数进行计算。

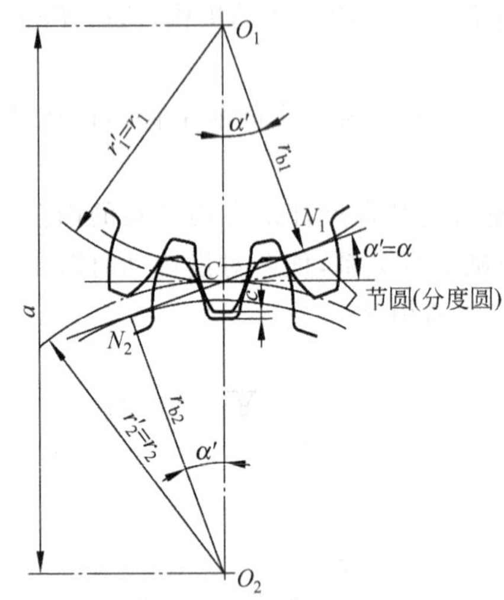

图 7-16　标准中心距

(2) 正确安装条件　在齿轮传动中，为避免一轮的齿顶与另一轮齿根的过渡曲线相抵触，在一轮齿顶与另一轮齿根圆之间应留有一定的间隙 c，称为顶隙。$c=c^* m$ 称为标准顶隙。顶隙在传动中还可以起到储存润滑油的作用。传动中，为避免齿轮反转时出现空程，以致产生冲击，理论上还要求没有齿侧间隙，即此时一轮节圆上的齿厚等于另一轮节圆上的齿槽宽。但考虑实际中制造和装配误差，以及工作中的受力变形、发热膨胀等因素，应留有很小的间隙，这个间隙是靠尺寸公差来保证的，在计算齿轮的尺寸及传动的中心距时可不予考虑。

中心距 a 是齿轮传动的一个重要参数，它直接影响两齿轮传动是否为标准顶隙和无侧隙啮合。图 7-16 所示为一对标准外啮合齿轮传动的情况，当保证标准顶隙 $c=c^* m$ 时，两轮的中心距应为

$$a = r_{a1} + c + r_{f2} = r_1 + h_a^* m + c^* m + r_2 - h_a^* m - c^* m$$

即

$$a = r_1 + r_2 = \frac{m}{2}(z_1 + z_2) \tag{7-12}$$

也就是说，两轮的中心距 a 应等于两轮分度圆半径之和。这个中心距称为标准中心距，按照标准中心距进行安装称标准安装。

一对齿轮啮合时两轮的节圆总是相切的，即两轮的中心距总是等于两轮节圆半径之和。当两轮按标准中心距安装时，由式(7-12)可知两轮的分度圆也是相切的，故两轮的节圆与分度圆相重合。由此可知，节圆与分度圆上的齿厚和齿槽宽分别相等，满足无侧隙啮合条件。可以得到结论：一对渐开线标准齿轮按照标准中心距安装能同时满足标准顶隙和无侧隙啮合条件。

在这里需要注意，不论齿轮是否参加啮合传动，分度圆是单个齿轮所固有的、大小确定的圆，与传动的中心距变化无关；而节圆是两齿轮啮合传动时才有的，其大小与中心距的变化有

关，单个齿轮没有节圆。

一对标准渐开线齿轮正确安装时，齿轮的分度圆与节圆重合，啮合角 $\alpha' = \alpha = 20°$。

由于渐开线齿廓具有可分离性，两轮中心距略大于正确安装中心距时仍能保持瞬时传动比恒定，但齿侧出现间隙，反转时会有冲击。

(3) 连续传动条件　一对满足正确啮合条件的齿轮，只能保证在传动时其各对齿轮能依次正确的啮合，但并不能说明齿轮传动是否连续。一对渐开线齿轮若要连续不间断地传动，则要求前一对齿终止啮合前，后续的一对齿必须进入啮合。

一对齿轮传动如图 7-17 所示。进入啮合时，主动轮 1 的齿根推动从动轮 2 的齿顶，起始点是从动轮 2 的齿顶圆与理论啮合线 N_1N_2 的交点 B_2，而这对轮齿退出啮合时的终止点是主动轮 1 的齿顶圆与 N_1N_2 的交点 B_1，B_1B_2 为啮合点的实际轨迹，称为实际啮合线。

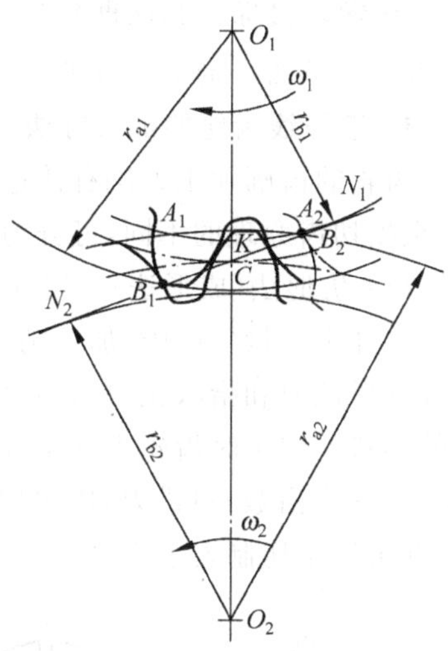

图 7-17　齿轮连续传动条件

要保证连续传动，必须在前一对齿转到 B_1 前的 K 点(至少是 B_1 点)啮合时，后一对齿已达 B_2 点进入啮合，即 $B_1B_2 \geqslant B_2K$。由渐开线特性可知，线段 B_2K 等于渐开线基圆齿距 p_b，由此可得连续传动条件：$B_1B_2 \geqslant p_b$。定义重合度 $\varepsilon = B_1B_2/p_b$，则齿轮传动的连续传动条件为

$$\varepsilon = B_1B_2/p_b \geqslant 1 \tag{7-13}$$

理论上，重合度 ε 只要等于 1 即可保证齿轮连续传动，但由于制造安装的误差，为保证齿轮连续传动，重合度 ε 必须大于 1。ε 增大，表明同时参加啮合的齿对数多，传动平稳；且每对齿所受平均载荷小，从而能提高齿轮的承载能力。实际工作中 ε 应满足 ε≥[ε]，[ε]为许用值。根据机械行业的不同，[ε]一般可在 1.1～1.4 范围内选取，也可以查阅相关的手册、标准等资料。

例 7-1　一对外啮合标准直齿圆柱齿轮，如果丢失了大齿轮，只知道传动的标准中心距 $a=200\text{mm}$，传动比 $i=3$，小齿轮齿数 $z_1=25$，试确定大齿轮的主要尺寸。

解：由 $i=z_2/z_1$ 可得大齿轮齿数 $z_2=iz_1=3\times25=75$

由 $a=\dfrac{m}{2}(z_1+z_2)$ 可得两轮模数 $m=\dfrac{2a}{z_1+z_2}=\dfrac{2\times200}{25+75}=4\text{mm}$

大齿轮分度圆直径　$d_2=mz_2=4\times75=300\text{mm}$

大齿轮齿顶高　$h_{a2}=h_a^*m=1\times4=4\text{mm}$

大齿轮齿根高　$h_{f2}=(h_a^*+c^*)m=(1+0.25)\times4=5\text{mm}$

大齿轮全齿高　$h_2=h_{a2}+h_{f2}=4+5=9\text{mm}$

大齿轮齿顶圆直径　$d_{a2}=d_2+2h_{a2}=300+2\times4=308\text{mm}$

大齿轮齿根圆直径　$d_{f2}=d_2-2h_{f2}=300-2\times5=290\text{mm}$

大齿轮齿距　$p_2=m\pi=4\times3.14=12.56\text{mm}$

大齿轮齿槽宽　$e_2=p_2/2=12.56/2=6.28\text{mm}$

大齿轮齿厚　$s_2=p_2/2=12.56/2=6.28\text{mm}$

7.4 齿轮传动的根切现象及变位传动

学习目标 能说出渐开线齿轮的常用加工方法；能说明根切问题的产生原因及避免方法；知道变位齿轮的概念及其应用场合。

1. 渐开线齿轮的加工方法

齿轮的齿廓加工方法有铸造、热轧、冲压、粉末冶金和切削加工等。最常用的是切削加工法，根据切齿原理的不同，可分为仿形法和范成法两种。

(1) 仿形法(成形法) 用渐开线齿槽形状的成形刀具直接切出齿形的方法称为仿形法。

单件小批量生产中，加工精度要求不高的齿轮，常在万能铣床上用成形铣刀加工。成形铣刀分盘形铣刀和指状铣刀两种，如图 7-18 所示。这两种刀具的轴向剖面均做成渐开线齿轮齿槽的形状。加工时齿轮毛坯固定在铣床上，每切完一个齿槽，工件退出，分度头使齿坯转过 $360°/z$(z 为齿数)再进刀，依次切出各齿槽。指状铣刀常用于加工模数较大($m>20$mm)的齿轮，并可用于切制人字齿轮。

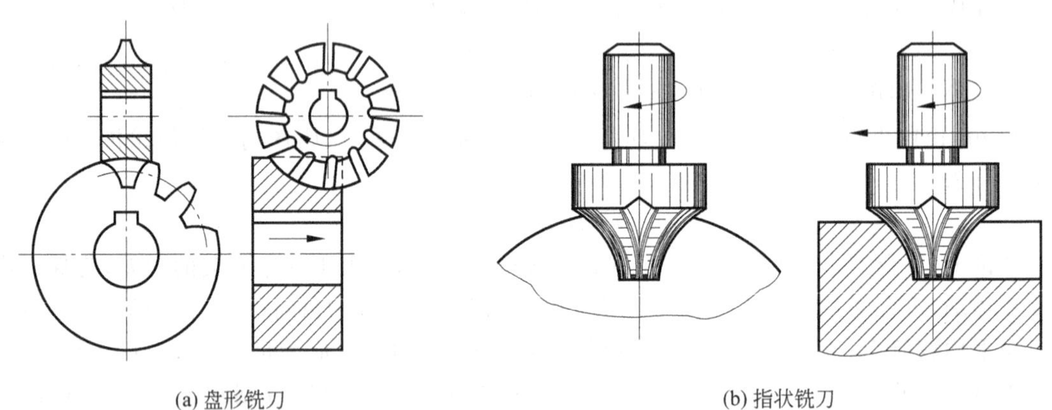

(a) 盘形铣刀　　(b) 指状铣刀

图 7-18 仿形法铣齿

由于轮齿渐开线的形状是随基圆的大小不同而不同的，而基圆的半径 $r_b = r\cos\alpha = \frac{mz}{2}\cos\alpha$，所以当 m 及 α 一定时，渐开线齿廓的形状将随齿轮齿数而变化。

那么，如果想要切出完全准确的齿廓，则在加工 m 与 α 相同而 z 不同的齿轮时，每一种齿数的齿轮就需要一把铣刀。显然，这在实际上是做不到的。所以，在工程上加工同样 m 与 α 的齿轮时，根据齿数不同，一般备有 8 把或 15 把一套的铣刀，来满足加工不同齿数齿轮的需要。盘铣刀加工齿数的范围如表 7-3 所示。

表 7-3 盘铣刀加工齿数的范围

刀号	1	2	3	4	5	6	7	8
轮齿数	12～13	14～16	17～20	21～25	26～34	35～54	55～134	≥135

每一号铣刀的齿形与其对应齿数范围中最少齿数的轮齿齿形相同。因此，用该号铣刀切削同组其他齿数的齿轮时，其齿形均有误差。但这种误差都是偏向轮齿齿体的，因此不会引起轮齿传动干涉。

这种方法的加工精度低、加工不连续、生产率低、加工成本高，但可以用普通铣床加工，故该方法主要用于修配和小批量生产，一般只加工 9 级以下精度的齿轮。

(2) 范成法(展成法)　利用一对齿轮(或齿轮齿条)啮合时其共轭齿廓互为包络线原理切齿的方法称为范成法。目前生产中大量应用的插齿、滚齿、剃齿、磨齿等都采用范成法原理。

① 插齿。插齿是利用一对齿轮啮合的原理进行范成加工的方法(见图 7-19)。

插齿刀实质上是一个淬硬的齿轮，但齿部开出前、后角，具有刀刃，其模数和压力角与被加工齿轮相同。插齿时，插齿刀沿齿坯轴线作上下往复切削运动，同时强制性地使插齿刀的转速 $n_{刀具}$ 与齿坯的转速 $n_{工件}$ 保持一对渐开线齿轮啮合的运动关系，即：

$$\frac{n_{刀具}}{n_{工件}}=\frac{z_{工件}}{z_{刀具}} \tag{7-14}$$

式中，$z_{刀具}$ 为插齿刀齿数；$z_{工件}$ 为被切齿轮齿数。

在对滚的过程中，即能加工出与插齿刀相同模数、压力角且具有给定齿数的渐开线齿轮。

② 滚齿。滚齿是利用齿轮齿条啮合的原理进行范成加工的方法。

齿条的齿廓是直线，可认为是基圆无限大的渐开线齿廓的一部分。如图 7-20 所示齿条与齿轮啮合传动，其运动关系是齿条的移动速度与齿轮分度圆的线速度相等。

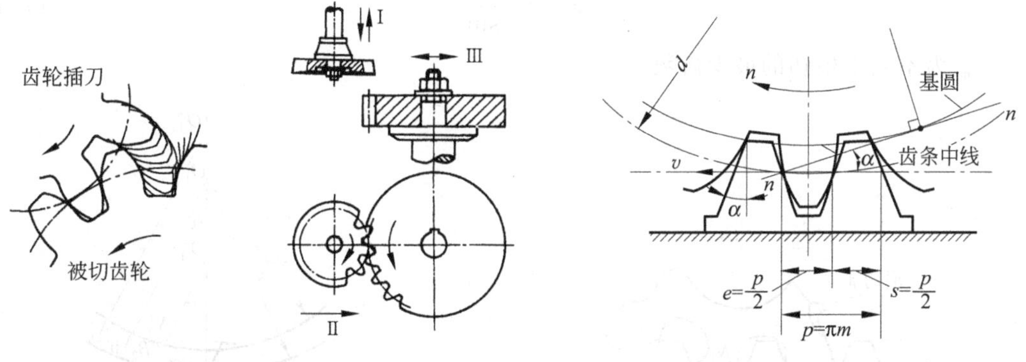

图 7-19　插齿加工　　图 7-20　齿条与齿轮啮合

模数、压力角相等的渐开线齿轮与齿条啮合时，齿条齿廓上各点在啮合线 nn 上与齿轮齿廓上各点依次啮合，齿条牙形侧边在啮合过程中的运动轨迹正好包络出齿轮的渐开线齿形。由此可知，如将齿条做成刀具，让它有上下往复的切削运动，并强制齿条刀具的移动速度与齿轮分度圆线速度相等，即保持对滚运动，齿条刀具就能切出齿轮的渐开线齿形。

实际加工时，往往利用有切削刃的螺旋状滚刀代替齿条刀。滚刀的轴向剖面形同齿条(见图 7-21)，当其回转时，轴向相当于有一无穷长的齿条向前移动。滚刀每转一圈，齿条移动 $z_{刀具}$ 个齿($z_{刀具}$ 为滚刀头数)，此时齿坯如被强迫转过相应的 $z_{刀具}$ 个齿。控制对滚关系，滚刀可在齿坯上包络切出所需渐开线齿形。滚刀除旋转外，还沿轮坯的轴向缓慢移动以切出全齿宽。滚刀的转速 $n_{刀具}$ 与工件转速 $n_{工件}$ 之间满足式(7-14)。

滚齿加工连续，生产率高，可加工直齿圆柱齿轮和斜齿圆柱齿轮。

范成法利用一对齿轮(或齿轮齿条)啮合的原理加工，一把刀具可加工相同模数、相同压力角的各种齿数的齿轮，而齿轮的齿数是靠齿轮机床中的传动链严格保证刀具与工件间的相对运动关系来控制。滚齿和插齿可加工 7～8 级精度的齿轮，是目前齿形加工的主要方法。

2. 根切现象及不发生根切现象的最小齿数

用范成法加工齿轮时，若齿轮齿数过少，刀具将与渐开线齿廓发生干涉，把轮齿根部渐开

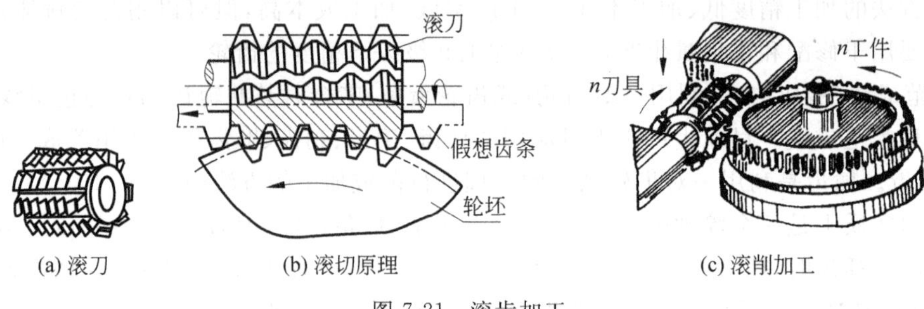

(a) 滚刀　(b) 滚切原理　(c) 滚削加工

图 7-21　滚齿加工

线切去一部分，产生“根切”现象（见图 7-22）。根切使轮齿齿根削弱，重合度减小，传动不平稳，应设法避免。

研究表明，在范成加工时，刀具的齿顶线超过了极限啮合点 N_1 是产生根切现象的根本原因（见图 7-23）。要避免根切，就必须使刀具的齿顶线与啮合线的交点 B_2 不超过 N_1 点。如图 7-23 所示，当用标准齿条刀具切制标准齿轮时，刀具的分度线应与被切齿轮的分度圆相切。为避免根切，应满足：$N_1C \geqslant h_a^* m$，由几何关系不难推得

$$z_{\min} = \frac{2h_a^*}{\sin^2\alpha} \tag{7-15}$$

式中，$z_{\min}$ 为不发生根切的最少齿数。

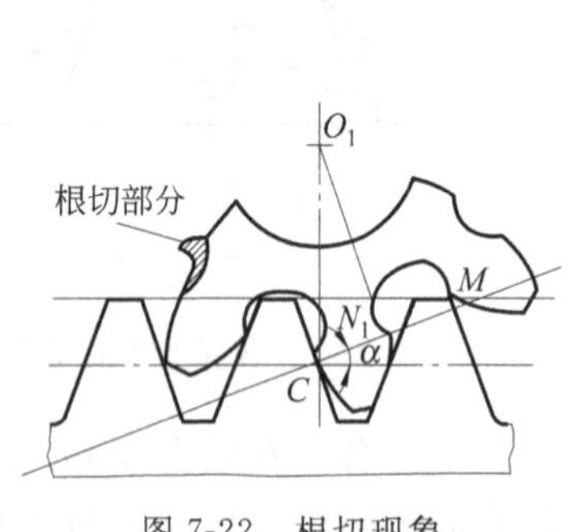

图 7-22　根切现象

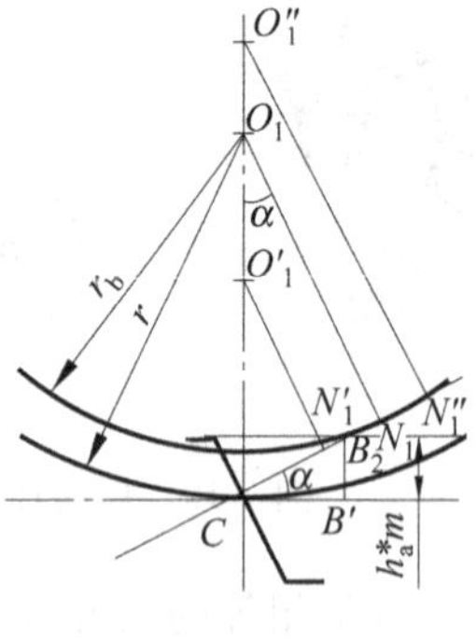

图 7-23　根切产生的条件

用齿条型刀具加工渐开线标准直齿圆柱齿轮，当 $\alpha=20°$、$h_a^*=1$ 时，齿轮不发生根切的最少齿数 $z_{\min}=17$；当 $\alpha=20°$、$h_a^*=0.8$ 时，齿轮不发生根切的最少齿数 $z_{\min}=14$。

从式(7-14)可以看出，增大 α 或减小 h_a^* 都可以减少最小根切齿数。但这需要使用非标刀具，一般不予采用。在加工齿数小于 $z_{\min}$ 的齿轮时，一般采用变位加工法。

3. 变位齿轮传动

渐开线标准齿轮有很多优点，但也存在如下不足：

① 用范成法加工时，当 $z<z_{\min}$ 时，标准齿轮将发生根切。

② 标准齿轮不适合中心距 $a' \neq a = \dfrac{m(z_1+z_2)}{2}$ 的场合。当 $a'<a$ 时无法安装；当 $a'>a$ 时，侧隙大，重合度减小，平稳性差。

③ 小齿轮渐开线齿廓曲率半径较小，齿根厚度较薄，参与啮合的次数多，故强度较低，易损坏。

为了改善和解决标准齿轮的这些不足，工程上广泛使用变位齿轮，有效地解决了这些问题。

我们知道，轮齿根切的根本原因是刀具的齿顶线超过了啮合极限点 N_1。当标准刀具从发生根切的位置相对于轮坯中心向外移动至刀具齿顶线不超过啮合极限点 N_1 的位置，则切出的齿轮就不发生根切。这种采用改变刀具与齿坯位置的切齿方法称为变位修正法。刀具中线（或分度线）相对齿坯移动的距离称为变位量（或移距）X，常用 xm 表示，x 称为变位系数。刀具移离齿坯称正变位，$x>0$；刀具移近齿坯称负变位，$x<0$。采用变位修正法切制所得的齿轮称为变位齿轮。$x=0$ 时，得到的是标准齿轮。

与标准齿轮相比，切制变位齿轮时，由于采用相同的刀具，刀具与齿轮的运动关系及刀具参数都没有改变，因此，无论刀具外移还是内移，切制的变位齿轮的齿距、模数、压力角都和刀具分度线上的数值相等，且为标准值，变位齿轮的分度圆、基圆都不变。齿廓曲线仍然是同一基圆形成的渐开线，只是截取了不同的部位使用。所以变位齿轮仍能保持恒定传动比的啮合传动。

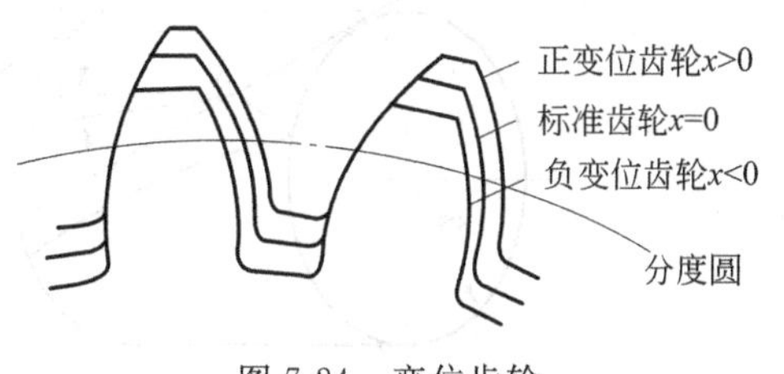

图 7-24　变位齿轮

如图 7-24 所示，与标准齿轮相比，正变位齿轮齿根部分的齿厚增大，齿轮的抗弯强度增大，但齿顶变尖，重合度下降；负变位齿轮齿厚的变化恰好相反，轮齿强度削弱，磨损加剧。变位齿轮的互换性差，且必须配对使用。

在一对大小齿轮传动中，通常小齿轮采用正变位，齿顶高增大，齿根高减小，齿根变厚，强度和寿命提高，还可避免根切；大齿轮采用负变位，齿顶高减小，齿根高增大，齿根强度有所减弱。由于大齿轮强度较高，选择适当的变位系数后，可以使一对大小齿轮的强度和使用寿命相近。

在两轮齿数都不会产生根切的情况下，也可通过选择合理的变位系数来协调、提高齿轮传动的强度，增加齿轮的使用寿命；或者用于安装中心距小于标准中心距，标准齿轮无法使用的场合。

7.5　平行轴斜齿圆柱齿轮传动

学习目标　能说明平行轴斜齿轮传动与直齿轮传动的不同点；能区分斜齿轮的法面和端面，会对其几何尺寸进行计算；能说出平行轴斜齿轮传动正确啮合的条件及其传动特点。

1. 斜齿轮齿廓的形成

如图 7-25(a)所示，直齿圆柱齿轮的齿廓实际上是由与基圆柱相切作纯滚动的发生面 S 上一条与基圆柱轴线平行的任意直线 KK 展成的渐开线曲面。

当一对直齿圆柱齿轮啮合时，轮齿的接触线是与轴线平行的直线，如图 7-25(b)所示，轮齿沿整个齿宽突然同时进入啮合和退出啮合，所以易引起冲击、振动和噪声，传动平稳性差。

斜齿轮齿面形成的原理和直齿轮类似，所不同的是形成渐开线齿面的直线 KK 与基圆轴线偏斜了一角度 β_b（见图 7-26(a)），KK 线展成斜齿轮的齿廓曲面，称为渐开线螺旋面。该曲面与任意一个以轮轴为轴线的圆柱面的交线都是螺旋线。由斜齿轮齿面的形成原理可知，在端平面上，斜齿轮与直齿轮一样具有准确的渐开线齿形。

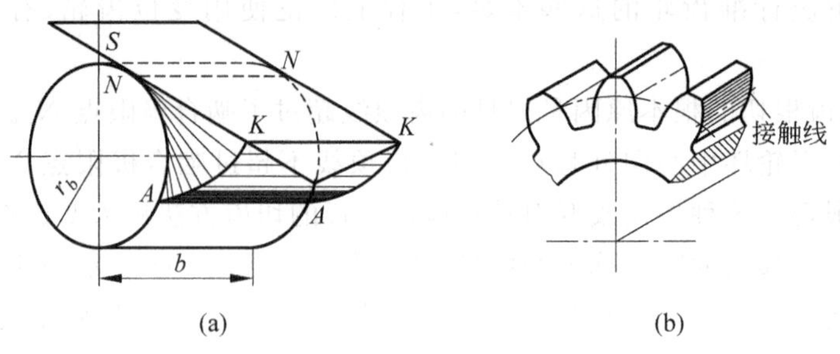

图 7-25 直齿轮齿面形成及接触线

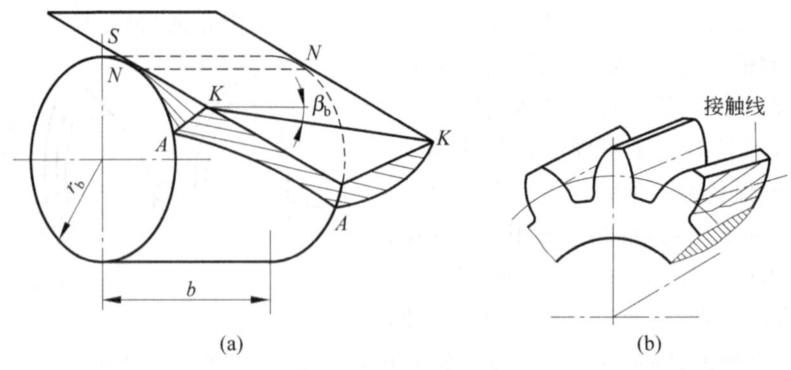

图 7-26 斜齿轮齿面形成及接触线

如图 7-26(b)所示,斜齿轮啮合传动时,齿面接触线的长度随啮合位置而变化,开始时接触线长度由短变长,然后由长变短,直至脱离啮合,因此传动平稳性好,重合度大,噪声和冲击小,承载能力强,适用于高速和大功率场合。

2. 斜齿圆柱齿轮的主要参数和几何尺寸计算

斜齿轮与直齿轮有共同之处,例如在端面上两者均具有渐开线齿廓的齿型等。但是,由于斜齿轮的轮齿是螺旋形的,故在垂直于轮齿螺旋线方向的法面上,齿廓曲线及齿型都与端面不同。

由于加工斜齿轮时,常用齿条型刀具或盘形齿轮铣刀来切齿,且刀具沿齿向方向进刀,所以必须按斜齿轮法面参数选择刀具,故此,我们规定斜齿轮法面参数为标准值。设计、加工和测量斜齿轮时均以法向为基准。规定:m_n 为标准值,$\alpha_n=\alpha=20°$;正常齿制,取 $h_{an}^*=1$,$c_n^*=0.25$,短齿制,取 $h_{an}^*=0.8$,$c_n^*=0.3$。而斜齿轮几何尺寸是按端面参数计算,因此必须建立法面参数与端面参数的换算关系。

(1) 法面模数 m_n 与端面模数 m_t 为了便于说明问题,把斜齿轮分度圆柱面展开,成为一个矩形,如图 7-27 所示。它的宽度是斜齿轮的轮宽 B;长是分度圆的周长 πd。这时分度圆柱面上轮齿的螺旋线便展成一条斜直线,其与平行于轴的直线的夹角为 β,即称为分度圆柱面上的螺旋角(简称螺旋角)。通常就用分度圆上的螺旋角 β 来进行几何尺寸计算。螺旋角 β 越大,轮齿越倾斜,传动越平稳,重合度越大,承载能力也增大,但轴向力也随之增大(见图 7-28(a)),所以一般取 $\beta=8°\sim20°$。近年来为了增大重合度、提高传动平稳性和降低噪声,在螺旋角参数选择上,有大螺旋角化的倾向。例如目前小轿车齿轮已经达到 35°~37°。对于人字齿轮,因其轴向力可以抵消,常取 $\beta=25°\sim45°$,如图 7-28(b)所示。但其加工较困难,精度较低,一般用于重型机械的齿轮传动。工程中也常用一对螺旋角相等、旋向相反的斜齿轮组成一个人字齿轮。

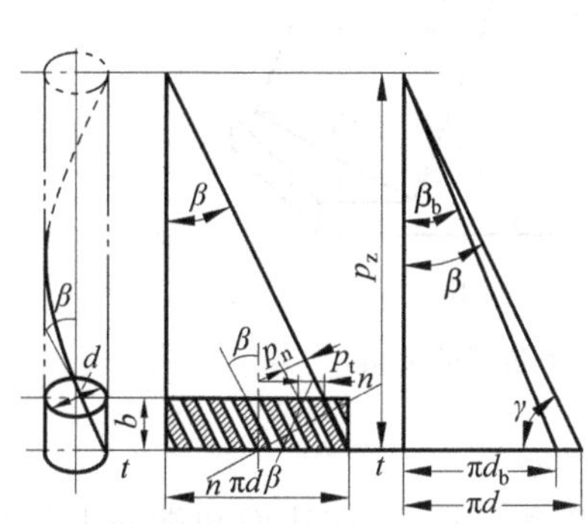

图 7-27　斜齿轮的螺旋角

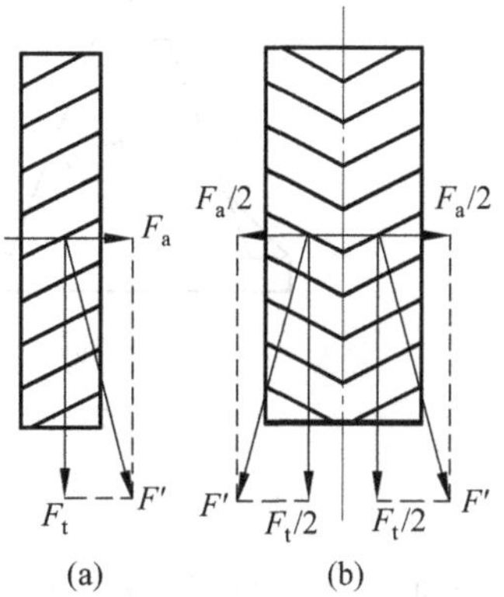

图 7-28　斜齿轮的轴向力

斜齿轮按其齿廓渐开螺旋面的旋向，可以分为右旋和左旋两种(见图 7-29)。

由图 7-30 所示展开图可知，法面齿距 p_n 与端面齿距 p_t 的几何关系为

$$p_n = p_t\cos\beta \tag{7-16}$$

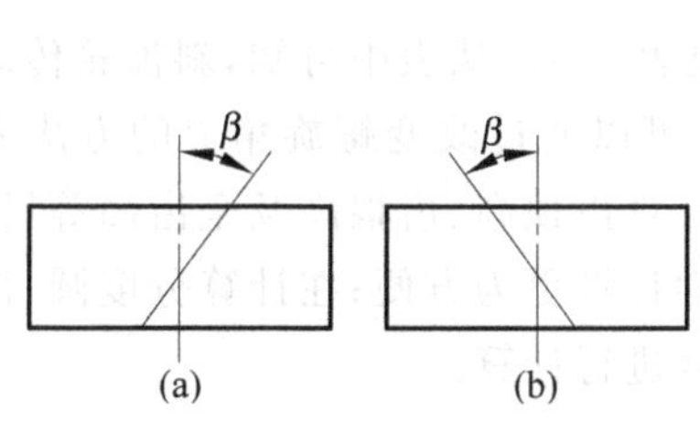

图 7-29　斜齿轮的旋向

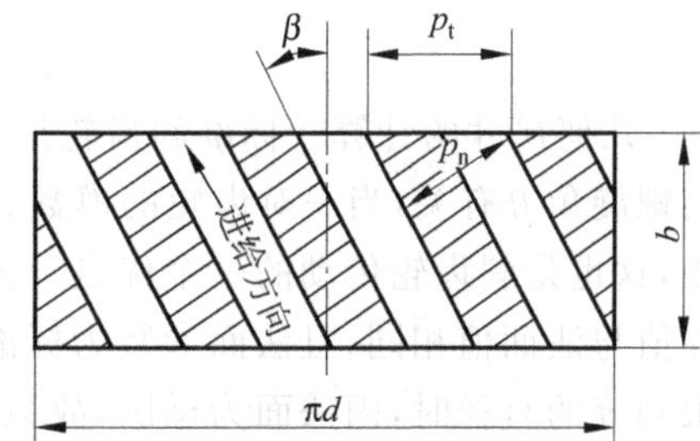

图 7-30　法面模数和端面模数间的关系

因此可得法面模数与端面模数的几何关系：

$$p_n = \pi m_n,\quad p_t = \pi m_t$$

$$m_n = m_t\cos\beta \tag{7-17}$$

斜齿轮的法面模数 m_n 的标准系列与直齿轮相同。

(2) 法面压力角 α_n 与端面压力角 α_t　为了便于分析 α_n 和 α_t 的关系，我们利用斜齿条来说明。因为斜齿轮与斜齿条正确啮合时，两者的法面压力角和端面压力角一定分别相等，它们之间的关系也相同。

图 7-31(a)所示为一直齿条的情况，其上法面和端面是同一个平面，所以有

$$\alpha_n = \alpha_t = \alpha$$

对于斜齿条来说，因为轮齿倾斜了一个 β 角，于是就有端面与法面之分，如图 7-31(b)所示的斜齿条。

abc 平面为端面，$a'b'c$ 为法面。$\angle abc$ 即为端面压力角 α_t，$\angle a'b'c$ 为法面压力角 α_n。

由于$\triangle abc$ 和$\triangle a'b'c$ 这两个直角三角形等高，即 $ab=a'b'$。通过三角关系可以得到

$$\frac{ac}{\tan\alpha_t} = \frac{a'c'}{\tan\alpha_n}$$

而 $a'c=ac\cos\beta$，所以有

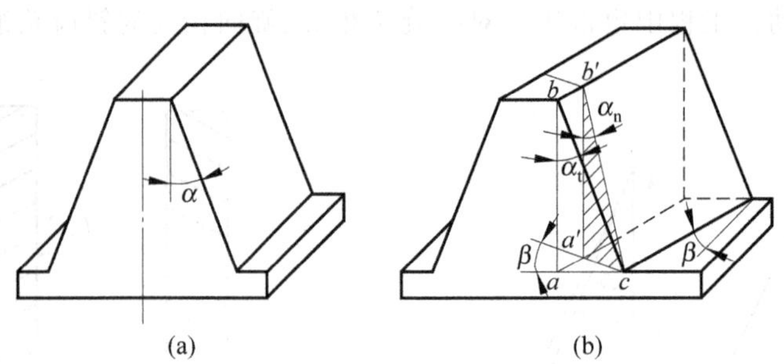

图 7-31 法面压力角和端面压力角间的关系

$$\tan\alpha_n = \tan\alpha_t \cdot \cos\beta \tag{7-18}$$

(3) 法面 h_{an}^*、c_n^* 与端面 h_{at}^*、c_t^* 斜齿轮的齿顶高和齿根高，在法面和端面上是相同的，计算方法和直齿轮相同，有

$$h_a = h_{an}^* m_n = h_{at}^* m_t$$

$$h_f = (h_{an}^* + c_n^*) m_n = (h_{at}^* + c_t^*) m_t$$

即

$$\left.\begin{aligned} h_{at}^* &= h_{an}^* \cos\beta \\ c_t^* &= c_n^* \cos\beta \end{aligned}\right\} \tag{7-19}$$

(4) 几何尺寸的计算 标准斜齿轮尺寸计算公式见表 7-4。从表中可知，斜齿轮传动的中心距与螺旋角 β 有关，当一对齿轮的模数、齿数一定时，可以通过改变螺旋角 β 的方法来配凑中心距，这也是斜齿轮传动的一个优点。另外注意，在计算齿顶高、齿根高及全齿高等尺寸时，因端面值与法面值相同，且法面参数为标准值，故以法面计算更为方便；在计算分度圆、齿顶圆及齿根圆等的直径时，因法面为椭圆，故只能以端面参数进行计算。

表 7-4 标准斜齿轮尺寸计算公式

名 称	符号	计 算 公 式
齿顶高	h_a	$h_a = h_{an}^* m_n$
齿根高	h_f	$h_f = (h_{an}^* + c_n^*) m_n$
全齿高	h	$h = (2h_{an}^* + c_n^*) m_n$
分度圆直径	d	$d = m_t z = (m_n/\cos\beta) z$
齿顶圆直径	d_a	$d_a = d + 2h_a = m_n(z/\cos\beta + 2h_{an}^*)$
齿根圆直径	d_f	$d_f = d - 2h_f = m_n(z/\cos\beta - 2h_{an}^* - 2c_n^*)$
基圆直径	d_b	$d_b = d\cos\alpha_t$
中心距	a	$a = m_n(z_1 + z_2)/2\cos\beta$

3. 平行轴斜齿轮的啮合传动

(1) 正确啮合条件 平行轴斜齿轮传动的正确啮合条件，除了两齿轮的模数和压力角分别相等外，螺旋角也必须相匹配，否则两啮合齿轮的齿向不同，依然不能进行啮合。因此斜齿轮传动正确啮合的条件为

$$\left.\begin{aligned} \beta_1 &= \pm \beta_2 \\ m_{n1} &= m_{n2} = m_n \\ \alpha_{n1} &= \alpha_{n2} = \alpha_n \end{aligned}\right\} \tag{7-20}$$

式中，β 前的"+"号表示旋向相同，用于内啮合；"−"号表示旋向相反，用于外啮合。

(2) 重合度　由平行轴斜齿轮一对齿啮合过程的特点可知，在计算斜齿轮重合度时，还必须考虑螺旋角 β 的影响。图 7-32 所示为两个端面参数(齿数、模数、压力角、齿顶高系数及顶隙系数)完全相同的标准直齿轮和标准斜齿轮的分度圆柱面展开图。由于直齿轮接触线为与齿宽相当的直线，从 B 点开始啮入，从 B' 点啮出，工作区长度为 BB'；斜齿轮接触线，由点 A 啮入，接触线逐渐增大，至 A'' 啮出，比直齿轮多转过一个弧 $f=b\tan\beta$，因此平行轴斜齿轮传动的重合度为端面重合度和纵向重合度之和。平行轴斜齿轮的重合度随螺旋角 β 和齿宽 b 的增大而增大，其值可以达到很大。工程设计中常根据齿数和 z_1+z_2 以及螺旋角 β 查表求取重合度。

(3) 斜齿轮的当量齿数　用仿形法加工斜齿轮时，盘状铣刀是沿螺旋线方向切齿的。因此，刀具需按斜齿轮的法向齿形来选择。如图 7-33 所示，用法截面截斜齿轮的分度圆柱得一椭圆，椭圆短半轴顶点 C 处被切齿槽两侧为与标准刀具一致的标准渐开线齿形。工程中为计算方便，特引入当量齿轮的概念。当量齿轮是指按 C 处曲率半径 ρ_c 为分度圆半径 r_v，以 m_n、α_n 为标准齿形的假想直齿轮。当量齿数 Z_v 由下式求得：

$$Z_v=\frac{Z}{\cos^3\beta} \tag{7-21}$$

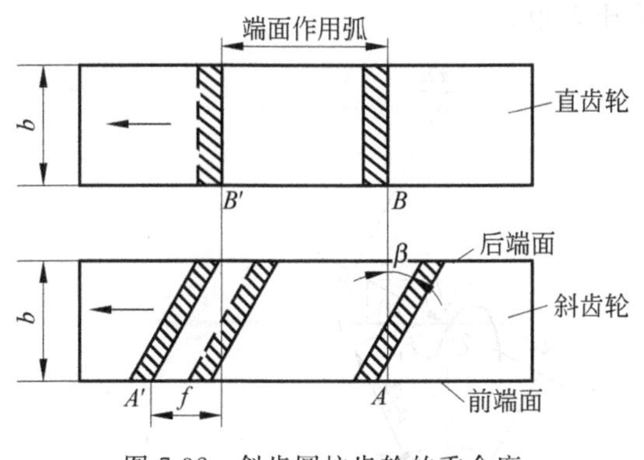

图 7-32　斜齿圆柱齿轮的重合度

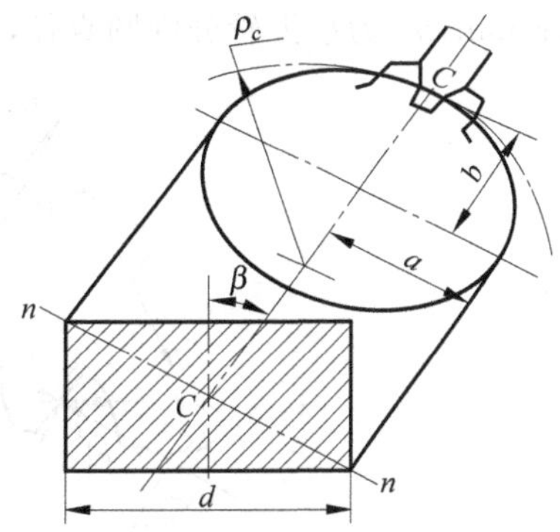

图 7-33　斜齿轮的当量齿数

用仿形法加工时，应按当量齿数选择铣刀号码；强度计算时，可按一对当量直齿轮传动近似计算一对斜齿轮传动；在计算标准斜齿轮不发生根切的齿数时，可按下式求得：

$$Z_{min}=Z_{vmin}\cos^3\beta=17\cos^3\beta \tag{7-22}$$

由式(7-21)可知，用范成法加工斜齿轮时，其不产生根切的最小齿数还与该齿轮的螺旋角大小有关，而且其值比直齿轮不产生根切的最小齿数要小，故结构可更紧凑。

(4) 平行轴斜齿轮传动的特点　与直齿轮传动相比较，斜齿轮的优点有：

① 啮合性好。轮齿开始和退出啮合都是逐渐的，所以传动平稳，噪声小，对齿廓的制造误差反映小。

② 重合度大。相对提高了承载能力，延长了使用寿命。

③ 结构紧凑。斜齿标准齿轮的最少齿数比直齿轮少，相对而言，在同样的条件下，斜齿轮传动结构更紧凑。

其缺点是会产生轴向推力。β 越大，推力越大。

要消除轴向推力的影响，可采用左右对称的人字形齿轮或反向同时使用两个斜齿轮传动。

7.6 圆柱齿轮传动设计简述

学习目标 能对圆柱齿轮传动时的受力情况进行正确分析，会判断其各分力方向，清楚名义载荷与计算载荷的概念；知道齿轮传动常见的失效形式，能根据齿轮传动的具体工作条件判断其可能出现的失效形式；对齿轮常见的材料、热处理方式及齿轮的结构、齿轮传动的润滑有一定认知；能简要说出齿轮传动的设计准则及设计整体思路。

1. 齿轮轮齿受力分析

为计算齿轮强度、设计轴、轴承等轴系零件，需要分析轮齿上的作用力和工作载荷。

(1) 渐开线直齿圆柱齿轮受力分析 一对渐开线齿轮啮合，若忽略摩擦力，则轮齿间相互作用的法向压力 F_n 的方向，始终沿啮合线且大小不变。对于渐开线标准齿轮啮合，按在节点 C 接触时进行力分析。

法向力 F_n 可分解为圆周力 F_t 和径向力 F_r，如图 7-34 所示，则：

$$F_n = \frac{F_t}{\cos\alpha};\quad F_t = \frac{2T_1}{d_1};\quad F_r = F_t\tan\alpha \tag{7-23}$$

式中，T_1 为小齿轮转矩，$T_1 = 9.55\times10^6 P/n_1$，N·mm；$P$ 为齿轮传递功率，kW；n_1 为小齿轮转速，r/min；d_1 为小齿轮分度圆直径，mm；α 为压力角。

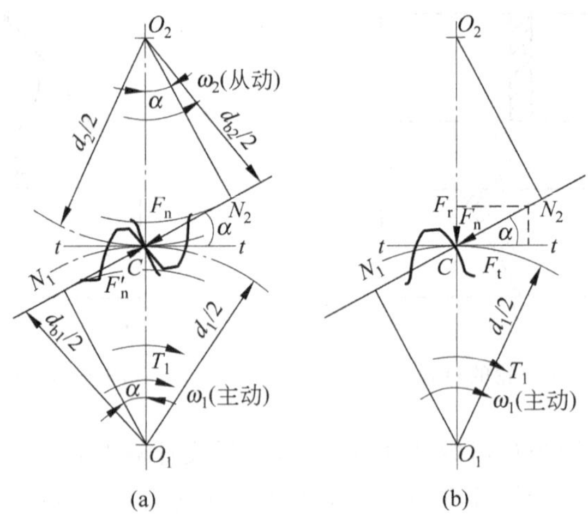

图 7-34 渐开线直齿圆柱齿轮受力分析

主、从动轮上各对应的力，大小相等、方向相反。径向力方向由作用点指向各自圆心，F_{t1} 与节点 C 的速度方向相反，F_{t2} 与节点 C 的速度方向相同。

(2) 渐开线斜齿圆柱齿轮受力分析 斜齿圆柱齿轮受力情况如图 7-35 所示，轮齿所受法向力 F_n 可分解为圆周力 F_t、径向力 F_r 和轴向力 F_a。

$$F_n = \frac{F_t}{\cos\beta\cos\alpha_n};\quad F_t = \frac{2T_1}{d_1};\quad F_r = \frac{F_t\tan\alpha_n}{\cos\beta};\quad F_a = F_t\tan\beta \tag{7-24}$$

式中，α_n 为法向压力角；β 为螺旋角。

圆周力的方向，在主动轮上与转动方向相反，在从动轮上与转向相同。径向力的方向均指向各自的轮心。轴向力的方向取决于齿轮的回转方向和轮齿的螺旋方向，可按“主动轮左、右手螺旋定则”来判断。

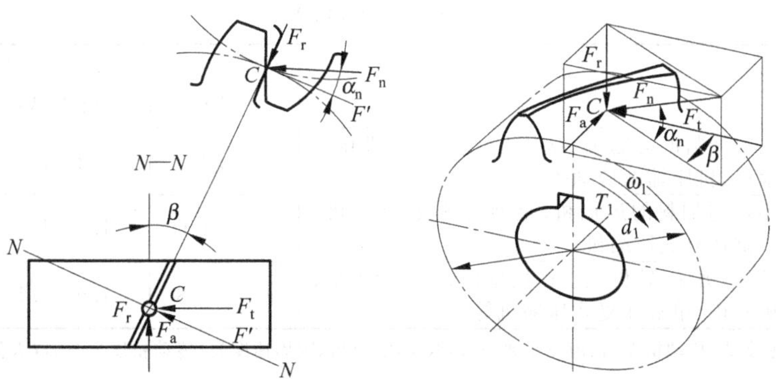

图 7-35 渐开线斜齿圆柱齿轮受力分析

轴向力的方向，主动轮右旋时，右手按转动方向握轴，以四指弯曲方向表示主动轴的回转方向，伸直大拇指，其指向即为主动轮上轴向力的方向；主动轮左旋时，则应以左手用同样的方法来判断，如图 7-36 所示。主动轮上轴向力的方向确定后，从动轮上的轴向力则与主动轮上的轴向力大小相等、方向相反。学会判断齿轮受力方向，在一根轴上装有几个斜齿轮时，可合理地选择齿轮旋向，以有效减少轴向力的影响。

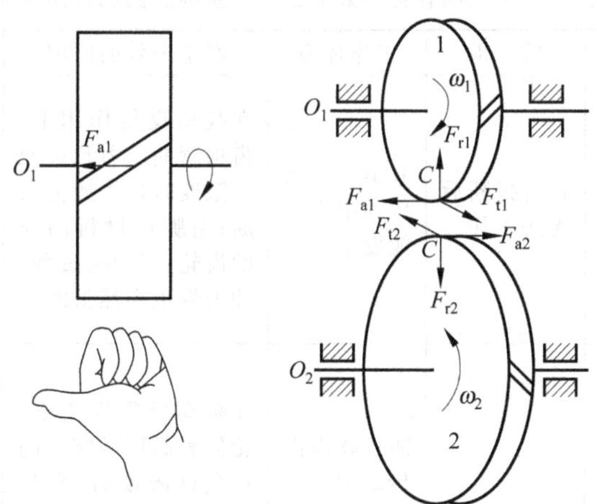

图 7-36 主动齿轮轴向力方向判断

(3) 计算载荷　上述求得的法向力 F_n 为理想状况下的名义载荷。实际上，由于齿轮、轴、支承等的制造、安装误差以及载荷下的变形等因素的影响，轮齿沿齿宽的作用力并非均匀分布，存在着载荷局部集中的现象。此外，由于原动机与工作机的载荷变化，以及齿轮制造误差和变形所造成的啮合传动不平稳等，都将引起附加动载荷。因此，齿轮强度计算时，通常用考虑了各种影响因素的计算载荷 F_{nc} 代替名义载荷 F_n，计算载荷按下式确定：

$$F_{nc} = KF_n \tag{7-25}$$

式中，K 为载荷因数，其值可由表 7-5 查得。

2. 齿轮传动的失效形式

齿轮传动的失效一般指轮齿的失效。常见的失效形式有轮齿折断、齿面点蚀、齿面磨损、齿面胶合以及塑性变形等几种形式。

轮齿失效形式与传动工作情况相关。开式传动时，环境中粉尘、杂物易侵入啮合齿间，润滑条件较差，失效以磨损及磨损后的折齿为主；闭式传动时，密封、润滑情况良好，失效以疲劳

表 7-5 载荷因数 *K*

载荷状态	工作机举例	原动机		
		电动机	多缸内燃机	单缸内燃机
平稳 轻微冲击	均匀加料的运输机、发电机、透平鼓风机和压缩机、机床辅助传动等	1～1.2	1.2～1.6	1.6～1.8
中等冲击	不均匀加料的运输机、重型卷扬机、球磨机、多缸往复式压缩机等	1.2～1.6	1.6～1.8	1.8～2.0
较大冲击	冲床、剪床、钻机、轧机、挖掘机、重型给水泵、破碎机、单缸往复式压缩机等	1.6～1.8	1.9～2.1	2.2～2.4

注：斜齿、圆周速度低、传动精度高、齿宽系数小时，取小值；直齿、圆周速度高、传动精度低时，取大值；齿轮在轴承间不对称布置时取大值。

点蚀或胶合为主。

轮齿失效还与受载、工作转速和齿面硬度有关。硬齿面(硬度＞350HBS)、重载时易发生轮齿折断，高速、中小载荷时易发生疲劳点蚀；软齿面(硬度≤350HBS)、重载、高速时易发生胶合，低速时则产生塑性变形。

常见的轮齿失效形式及产生的原因和预防措施见表 7-6。

表 7-6 常见的轮齿失效形式及产生的原因和预防措施

失效形式	后果	工作环境	产生失效的原因	防止失效的措施
折断面 轮齿折断	轮齿折断后无法工作	开式、闭式传动中均可能发生	在载荷反复作用下，齿根弯曲应力超过允许限度时发生疲劳折断；用脆性材料制成的齿轮，因短时过载、冲击发生突然折断	限制齿根危险截面上的弯曲应力；选用合适的齿轮参数和几何尺寸；降低齿根处的应力集中；强化处理和良好的热处理工艺
出现麻坑、剥落 齿面点蚀		闭式软齿面传动中	在载荷反复作用下，轮齿表面接触应力超过允许限度时，发生疲劳点蚀	限制齿面的接触应力；提高齿面硬度、降低齿面的表面粗糙度值；采用黏度高的润滑油及适宜的添加剂
磨损部分 齿面磨损	齿廓失去准确形状，传动不平稳，噪声、冲击增大或无法工作	主要发生在开式传动中，润滑油不洁的闭式传动中也可能发生	灰尘、金属屑等杂物进入啮合区	注意润滑油的清洁；提高润滑油黏度，加入适宜的添加剂；选用合适的齿轮参数及几何尺寸、材质、精度和表面粗糙度；开式传动选用适当防护装置
齿面出现沟痕 齿面胶合		高速、重载或润滑不良的低速、重载传动中	齿面局部温升过高，润滑失效；润滑不良	进行抗胶合能力计算，限制齿面温度；保证良好润滑，采用适宜的添加剂；降低齿面的表面粗糙度值

3. 齿轮传动设计准则

轮齿的失效形式很多，它们不大可能同时发生，却又相互联系，相互影响。例如轮齿表面产生点蚀后，实际接触面积减少将导致磨损的加剧，而过大的磨损又会导致轮齿的折断。不过在一定条件下，必有一种为主要失效形式。

在进行齿轮传动的设计计算时，应分析具体的工作条件，判断可能发生的主要失效形式，以确定相应的设计准则。

对于软齿面的闭式齿轮传动，由于齿面抗点蚀能力差，润滑条件良好，齿面点蚀将是主要的失效形式。在设计计算时，通常按齿面接触疲劳强度设计，再作齿根弯曲疲劳强度校核。

对于硬齿面的闭式齿轮传动，齿面抗点蚀能力强，但易发生齿根折断，齿根疲劳折断将是主要失效形式。在设计计算时，通常按齿根弯曲疲劳强度设计，再作齿面接触疲劳强度校核。

当一对齿轮均为铸铁制造时，一般只需作轮齿弯曲疲劳强度设计计算。

对于汽车、拖拉机的齿轮传动，过载或冲击引起的轮齿折断是其主要失效形式，宜先作轮齿过载折断设计计算，再作齿面接触疲劳强度校核。

对于开式传动，其主要失效形式将是齿面磨损。但由于磨损的机理比较复杂，到目前为止尚无成熟的设计计算方法，通常只能按齿根弯曲疲劳强度设计，再考虑磨损，将所求得的模数增大 10%～20%。

具体的强度计算过程这里不做阐述，有需要时请查看相关书籍手册。

4. 齿轮传动参数的选择

(1) 传动比　单级闭式传动，一般取 $i \leqslant 5$(直齿)、$i \leqslant 7$(斜齿)。传动比过大，则大小齿轮尺寸悬殊，会使传动的总体尺寸增大，且大小齿轮强度差别过大，不利于传动。所以，需要更大的传动比时，可采用二级或以上的传动。开式传动或手动机械可以达到 8～12。

对传动比无严格要求的一般齿轮传动，实际传动比 i 允许有±3%～±5%的误差。

(2) 齿数　大小轮齿数选择应符合传动比 i 的要求。齿数取整可能会影响传动比数值，误差一般控制在 5%以内。为避免根切，标准直齿圆柱齿轮最小齿数 $z_{\min}=17$，斜齿圆柱齿轮最小齿数 $z_{\min}=17\cos\beta$。

大轮齿数为小轮齿数的倍数，跑合性能好。而对于重要的传动或重载高速传动，大小轮齿互为质数，这样轮齿磨损均匀，有利于提高寿命。

中心距一定时，增加齿数能使重合度增大，提高传动平稳性；同时，齿数增多，相应模数减小，对相同分度圆的齿轮，齿顶圆直径小，可以节约材料，减轻重量，并能节省轮齿加工的切削量。所以，在满足弯曲强度的前提下，应适当减小模数，增大齿数。高速齿轮或对噪声有严格要求的齿轮传动建议取 $z_1 \geqslant 25$。

(3) 模数　传递动力的齿轮，其模数不宜小于 1.5mm，过小加工检验不便。普通减速器、机床及汽车变速箱中的齿轮模数一般在 2～8mm 之间。齿轮模数必须取标准值。为加工测量方便，一个传动系统中，齿轮模数的种类应尽量少。

(4) 齿宽　齿宽取大些，可提高齿轮承载能力，并相应减小径向尺寸，使结构紧凑；但齿宽越大，沿齿宽方向载荷分布越不均匀，使轮齿接触不良。

设计中常用齿宽系数 $\varphi_a=b/a$ 对齿宽作必要的限制。一般减速器斜齿轮常取 $\varphi_a=0.4$；机床或汽车变速器齿轮往往为硬齿面，不利于跑合，由于一根轴上有多个滑动齿轮，为减小轴承跨距，齿宽宜小些，常取 $\varphi_a=0.1\sim0.2$(滑动齿轮取小值)。开式齿轮径向尺寸一般不受限制，且安装精度差，取较小齿宽 $\varphi_a=0.1\sim0.3$。

为保证接触齿宽，圆柱齿轮的小齿轮齿宽 b_1 比大齿轮齿宽 b_2 略大，$b_1=b_2+(3\sim5)$mm。

(5) 螺旋角 β　一般斜齿圆柱齿轮螺旋角在 8°～25°之间，β 过小，显不出斜齿轮传动平稳、重合度大等优势。但 β 过大，会使轴向力增大，影响轴承寿命。对于人字齿轮或两对左右对称配置的斜齿轮，由于轴向力抵消，可取 $\beta=25°\sim40°$。

设计中，常在模数 m_n 和齿数 z_1、z_2 确定后，为圆整中心距或配凑标准中心距而需根据以下几何关系计算螺旋角 β：

$$\beta=\arccos\frac{m_n(z_1+z_2)}{2a} \tag{7-26}$$

5. 常用齿轮材料及热处理

为了保证齿轮工作的可靠性，提高其使用寿命，齿轮的材料及其热处理应根据工作条件和材料的特点来选取。

对齿轮材料的基本要求是：应使齿面具有足够的硬度和耐磨性，齿心具有足够的韧性，以防止齿面的各种失效，同时应具有良好的冷、热加工的工艺性，以达到齿轮的各种技术要求。

常用的齿轮材料为各种牌号的优质碳素结构钢、合金结构钢、铸钢、铸铁和非金属材料等。一般多采用锻件或轧制钢材。当齿轮结构尺寸较大，轮坯不易锻造时，可采用铸钢。开式低速传动时，可采用灰铸铁或球墨铸铁。低速重载的齿轮易产生齿面塑性变形，轮齿也易折断，宜选用综合性能较好的钢材。高速齿轮易产生齿面点蚀，宜选用齿面硬度高的材料。受冲击载荷的齿轮，宜选用韧性好的材料。对高速、轻载而又要求低噪声的齿轮传动，也可采用非金属材料，如夹布胶木、尼龙等。

常用的齿轮材料及其力学性能列于表 7-7。

表 7-7　常用的齿轮材料及其力学性能

类　别	材料牌号	热处理方法	抗拉强度 σ_b/MPa	屈服点 σ_s/MPa	硬　度
优质碳素钢	35	正火	500	270	150～180HBS
		调质	550	294	190～230HBS
	45	正火	588	294	169～217HBS
		调质	647	373	229～286HBS
		表面淬火			40～50HBC
	50	正火	628	373	180～220HBS
合金结构钢	40Cr	调质	700	500	240～258HBS
		表面淬火			48～55HRC
	35SiMn	调质	750	450	217～269HBS
		表面淬火			45～55HRC
	40MnB	调质	735	490	241～286HBS
		表面淬火			45～55HRC
	20Cr	渗碳淬火后回火	637	392	56～62HRC
	20CrMnTi		1079	834	56～62HRC
	38CrMnAlA	渗氮	980	834	850HV
铸钢	ZG45	正火	580	320	156～217HBS
	ZG55		650	350	169～229HBS

续表

类　别	材料牌号	热处理方法	抗拉强度 σ_b/MPa	屈服点 σ_s/MPa	硬　度
灰铸铁	HT300	—	300		185～278HBS
	HT350		350		202～304HBS
球墨铸铁	QT600-3	—	600	370	190～270HBS
	QT700-2		700	420	225～305HBS
非金属	夹布胶木	—	100		25～35HBS

钢制齿轮的热处理方法主要有以下几种。

(1) 表面淬火　常用于中碳钢和中碳合金钢，如 45＃钢、40Cr 钢等。表面淬火后，齿面硬度一般为 40～55HRC。特点是抗疲劳点蚀、抗胶合能力高，耐磨性好。由于齿心部未淬硬，齿轮仍有足够的韧性，能承受不大的冲击载荷。

(2) 渗碳淬火　常用于低碳钢和低碳合金钢，如 20＃钢、20Cr 钢等。渗碳淬火后齿面硬度可达 56～62HRC，而齿心部仍保持较高的韧性，轮齿的执弯强度和齿面接触强度高，耐磨性较好，常用于受冲击载荷的重要齿轮传动。齿轮经渗碳淬火后，轮齿变形较大，应进行磨齿。

(3) 渗氮　渗氮是一种表面化学热处理。渗氮后不需要进行其他热处理，齿面硬度可达 700～900HV。由于渗氮处理后的齿轮硬度高，工艺温度低，变形小，故适用于内齿轮和难以磨削的齿轮，常用于含铬、铜、铅等合金元素的渗氮钢，如 38CrMoAlA。

(4) 调质　调质一般用于中碳钢和中碳合金钢，如 45＃钢、40Cr、35SiMn 钢等。调质处理后齿面硬度一般为 220～280HBS。因硬度不高，轮齿精加工可在热处理后进行。

(5) 正火　正火能消除内应力，细化晶粒，改善力学性能和切削性能。机械强度要求不高的齿轮可采用中碳钢正火处理，大直径的齿轮可采用铸钢正火处理。

一般要求的齿轮传动可采用软齿面齿轮。为了减小胶合的可能性，并使配对的大小齿轮寿命相当，通常使小齿轮齿面硬度比大齿轮齿面硬度高出 30～50HBS。对于高速、重载或重要的齿轮传动，可采用硬齿面齿轮组合，齿面硬度可大致相同。

6. 齿轮的结构设计

齿轮的结构由轮缘、轮毂和轮辐三部分组成，根据齿轮毛坯制造的工艺方法，齿轮可分为锻造齿轮和铸造齿轮两种。圆柱齿轮的结构及其尺寸见表 7-8。

表 7-8　圆柱齿轮的结构及其尺寸

名称	结构形式	结构尺寸
齿轮轴	d_a　d　δ	$d_a<2d$ 或 $\delta<(2\sim2.5)m_t$ 时，轴与齿轮做成一体

续表

<table>
<tr><th>名称</th><th>结构形式</th><th>结构尺寸</th></tr>
<tr><td>实心式</td><td> 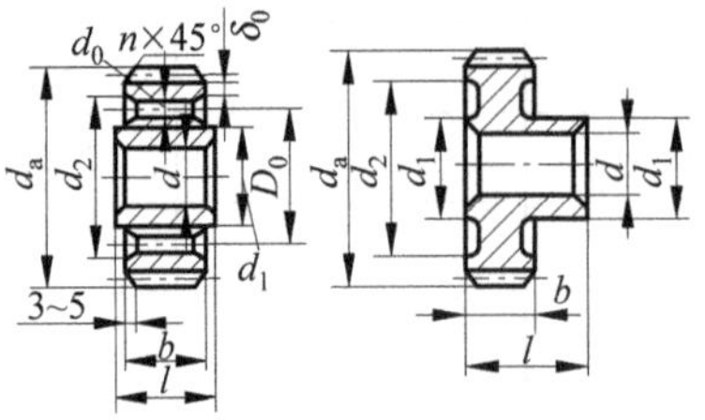$d_a \leqslant 200$</td><td>$d_1 = kd$，k 值见下表
$(1.2\sim1.5)d \geqslant l \geqslant b$
$\delta_0 = 2.5m_t$，但不小于 8mm
$D_0 = 0.5(d_1 + d_2)$
当 $d_0 < 10$mm 时不钻孔
$n = 0.5m_t$
<table>
<tr><td>d/mm</td><td><20</td><td>$20\sim32$</td><td>$>32\sim50$</td><td>$>50\sim80$</td><td>$>80\sim120$</td><td>$>120\sim200$</td></tr>
<tr><td>k</td><td>2.0</td><td>1.9</td><td>1.8</td><td>1.7</td><td>1.6</td><td>1.5</td></tr>
</table></td></tr>
<tr><td rowspan="2">腹板式</td><td>锻造
$d_a \leqslant 500$</td><td>$d_1 = 1.6d$
$1.5d > l \geqslant b$
$\delta_0 = (3\sim4)m_t$，但不小于 8mm
$D_0 = 0.5(d_1 + d_2)$
$d_0 = 15\sim25$mm
$c = 0.2b$（模锻）、$c = 0.3b$（自由锻），但不小于 8mm
$n = 0.5m_t$
$r \approx 0.5c$</td></tr>
<tr><td>铸造
$d_a < 500$</td><td>$d_1 = 1.6d$（铸钢）、$d_1 = 1.8d$（铸铁）
$1.5d > l \geqslant b$
$\delta_0 = (3\sim4)m_t$，但不小于 8mm
$D_0 = 0.5(d_1 + d_2)$
$d_0 = (0.25\sim0.35)(d_2 - d_1)$
$c = 0.2b$，但不小于 10mm
$n = 0.5m_t$
$r \approx 0.5c$</td></tr>
<tr><td>轮辐式</td><td>铸造
$d_a > 500$, $b < 240$</td><td>$d_1 = 1.6d$（铸钢）、$d_1 = 1.8d$（铸铁）
$1.5d > l \geqslant b$
$\delta_0 = (3\sim4)m_t$，但不小于 8mm
$H = 0.8d$（铸钢）、$H = 0.9d$（铸铁）
$H_1 = 0.8H$
$c = (1\sim1.3)\delta_0$，$s = 0.8c$
$e = (1\sim1.2)\delta_0$
$n = 0.5m_t$
$r \approx 0.5c$</td></tr>
</table>

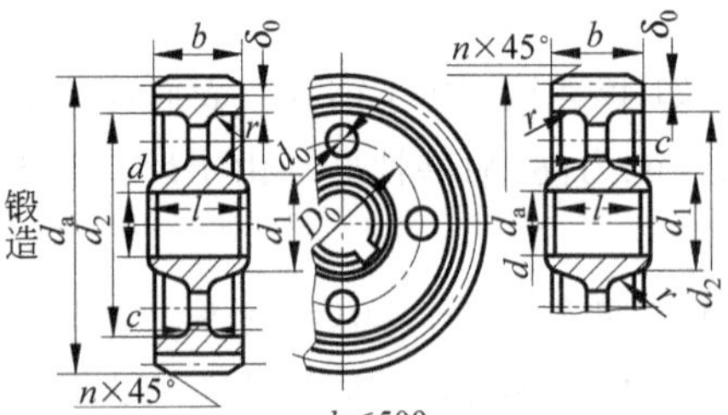

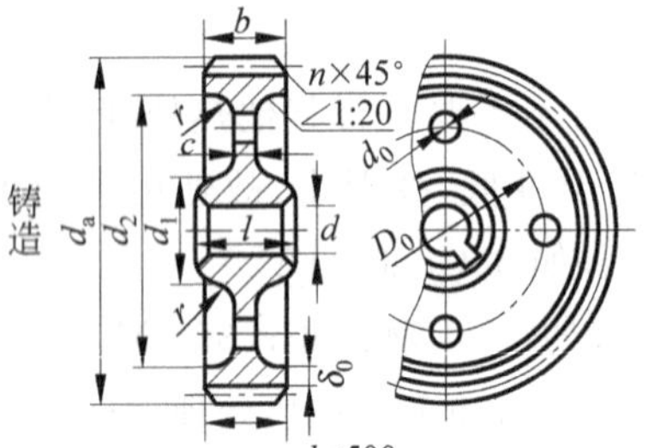

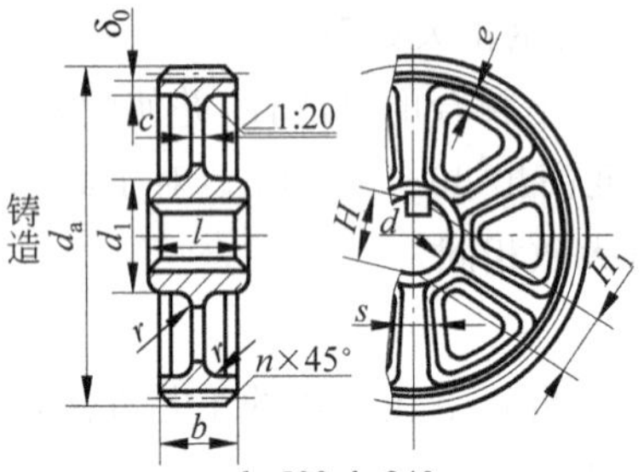

7. 齿轮传动的润滑

齿轮传动由于啮合时齿面间有相对滑动，产生摩擦和磨损，所以对其进行合适的润滑相当重要。润滑除了可以减少齿面间的摩擦、磨损，还可以起到缓冲、散热、降低噪声、防锈、冲洗磨屑等作用，从而可提高传动效率、延长齿轮寿命。

(1) 润滑剂的选择

润滑剂有三大类。

① 润滑油。润滑油是应用最广的润滑剂，目前使用的润滑油多为矿物油。润滑油最重要的物理性能是黏度，它也是选择润滑油的主要依据。黏度标志着液体流动的内摩擦性能。黏

度越大，内摩擦阻力越大，液体的流动性越差。黏度的大小可用动力黏度（又称绝对黏度）或运动黏度来表示。

动力黏度的定义：设长、宽、高各为 1cm 的液体（见图 7-37），使两平行平面 a 和 b 产生 1m/s 的相对滑动速度所需的力 F_f 为 1N，则认为这种液体具有 1 黏度单位的动力黏度，以 η 表示，其单位是 Ns/m^2，或 Pas（帕秒）。

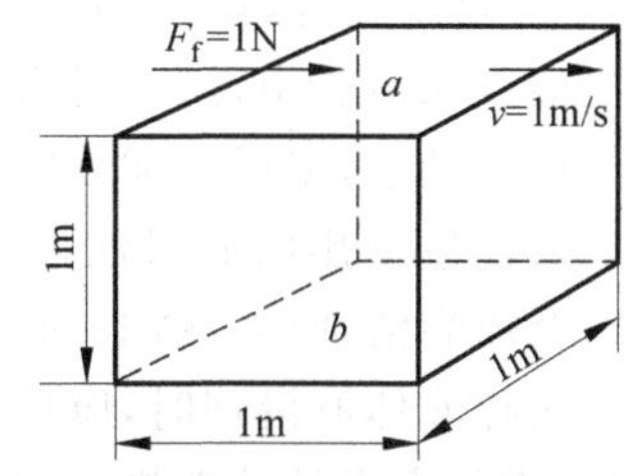

图 7-37　润滑油的动力黏度

运动黏度 ν 为动力黏度 η 与同温度下该液体的密度 ρ 的比值表示的黏度，其单位为 m^2/s，该单位偏大，工程上多用 mm^2/s，即 cSt（厘斯）。

工业上多用运动黏度标定润滑油的黏度。根据国家标准，润滑油产品油牌号一般按 40℃ 时的运动黏度平均值来划分，我们需要时可以查阅相关手册或资料参考选择。工业常用润滑油的性能和用途如表 7-9 所示。

表 7-9　工业常用润滑油的性能和用途

名　　称	牌号	主要质量指标					主要性能和用途
		运动黏度/(mm^2/s)(40℃)	凝点/℃(≤)	倾点/℃(≤)	闪点/℃(≥)	黏度指数	
L-AN 全损耗系统用油 (GB/T 443—1989)	15 22 32 46 68	13.5～16.5 19.8～24.2 28.8～35.2 41.4～50.6 61.2～74.8	−15 −15 −15 −10 −10		150 170 170 180 190		适用于对润滑油无特殊要求的轴承、齿轮和其他低负荷机械等部件的润滑，不适用于循环系统
L-HL 液压油 (GB/T 11118.1—1994)	32 46 68 100	28.8～35.2 41.4～50.6 61.2～74.8 90.0～100		−6 −6 −6 −6	180 180 200 200	90 90 90 90	抗氧化、防锈、抗浮化等性能优于普通机油。适用于一般机床主轴箱、齿轮箱和液压系统及类似的机械设备的润滑
L-CKB 工业闭式齿轮油 (GB/T 5903—1995)	100 150 220	90～110 135～165 198～242		−8 −8 −8	180 200 20	90 90 90	具有抗氧防锈性能。适用于正常油温下运转的轻载荷工业闭式齿轮润滑

② 润滑脂。润滑脂是在润滑油中添加稠化剂（如钙、钠、铝、锂等金属）后形成的胶状润滑剂。因为它稠度大，不宜流失，所以承载能力较大，但它的物理、化学性质不如润滑油稳定，摩擦功耗也大，故不宜在温度变化大或高速条件下使用（一般在轴承相对滑动速度低于 1～2m/s 时或不便注油的场合使用）。

目前使用最多的是钙基润滑脂，它有耐水性，常用于 60℃以下的各种机械设备中的轴承润滑。钠基润滑脂可用于 115～145℃以下，但抗水性较差。锂基润滑脂性能优良，抗水性好，在 −20～150℃范围内广泛使用，可以代替钙基、钠基润滑脂。

润滑脂的主要性能指标是针入度和滴点。

- 针入度。即润滑脂的稠度，将重力为 1.5N 的标准圆锥体放入 25℃的润滑脂试样中，经 5 秒钟后所沉入的深度称为该润滑脂的针入度，以 0.1mm 为单位。润滑脂按针入度自大至小分为 0～9 号共 10 种，号数越大，针入度越小，润滑脂越稠。常用 0～4 号。
- 滴点。在规定条件下加热，当开始滴下第一滴油时的温度为滴点，滴点决定润滑脂的最高使用温度。

③ 固体润滑剂。常用的固体润滑剂有石墨和二硫化钼。在滑动轴承中主要以粉剂加入润滑油或润滑脂中，用于提高其润滑性能，减少摩擦损失，提高轴承使用寿命。尤其高温、重载下工作的轴承，采用添加二硫化钼的润滑剂，能获得良好的润滑效果。

目前最常用的润滑油包括各类机械油(如 40、68、100 等)；各种齿轮油(如 H-32、HL-46 等)；合成润滑油(如 SY4024-83、4403 等)。

选择液体润滑剂时，应选择适用的润滑油黏度范围，再根据黏度值，参考齿轮传动所处的条件，进行润滑油的选择。在重载、相对滑动速度低、高温、配合间隙较大或表面较粗糙时，应选用黏度较大的润滑油；反之应选用黏度较小的润滑油。

在温度高时，应在油中加入抗脱氧剂及防锈添加剂。

如果齿轮和轴承要用同一油池中的油润滑，要进行折中选择。

在开式齿轮传动中使用润滑脂时，因其没有冷却效果，所以要求工作温度低于润滑脂滴点 40～60℃，同时要考虑耐水性等条件。

(2) 润滑方式及油量选择　开式齿轮传动速度较低，一般采用脂润滑或定时滴油润滑。闭式齿轮传动的润滑方式一般根据齿轮节圆的圆周速度(下面简称圆周速度)来选择。常用的有浸油润滑或喷油法润滑两种。

① 浸油润滑。通常将两轮中的大齿轮浸入油中润滑，浸油润滑时，为了减少齿轮运动的阻力和油的温升，浸入油中的齿轮深度以 1～2 个齿高为宜。速度高的还应浅些，建议为 0.7 倍齿高，但不少于 10mm。当速度低时(0.5～0.8m/s)，允许浸入深些，可达到齿轮半径的 1/6；更低速度时甚至可以达到齿轮半径的 1/3。在锥齿轮传动中浸入油中的齿轮深度应达到轮齿的整个齿宽。另外齿顶圆至油池底距离应不少于 30～50mm，以免太浅激起沉降在底部的磨屑或杂质。

对于多级齿轮传动，应尽量使各级传动中齿轮浸入油中的深度近于相等。如果低速级齿轮浸油太深，为了降低其深度，可对高速级齿轮采用惰轮浸油润滑(见图 7-38(b))，或将减速器箱盖或箱体的剖分面作成倾斜的，从而使高速级和低速级浸油深度大致相等。

由于大齿轮或带油轮可以将油带起，溅落到被润滑处，浸油润滑也称飞溅润滑。此时要求齿轮圆周速度不高于 12～15m/s。对于单级，每传递 1kW 功率约需要 0.35L 或更多的油量，多级传动可以按比例(级数)增加。

② 喷油润滑。当齿轮的圆周速度大于 12m/s 时不宜采用油池润滑，因为搅油损失和发热大，且由于离心力甩油造成齿面润滑不足，故此常用喷油或喷雾润滑。喷油压力约为 0.1～0.25MPa。喷嘴一般放在啮入侧(见图 7-39)，当速度大于 25m/s 时，喷嘴放在啮出侧散热效果较好。供油量为齿宽每 1cm 给油 0.45L/min。齿轮箱中的温度一般控制在 80℃以下，否则应采取冷却措施。

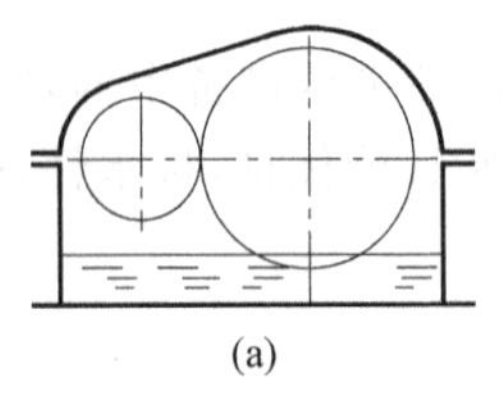

(a)

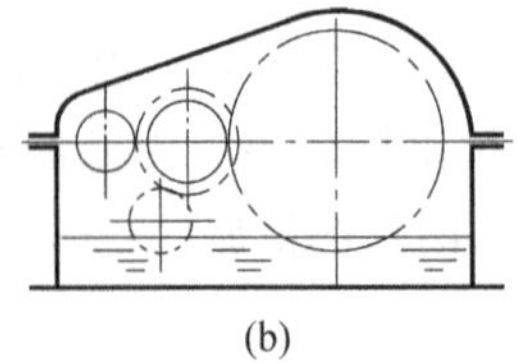

(b)

图 7-38　浸油润滑

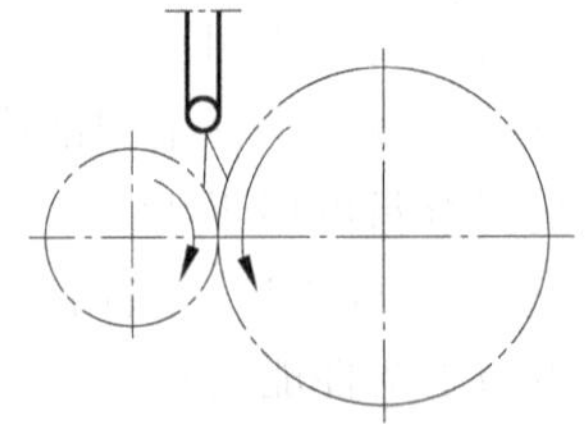

图 7-39　喷油润滑

对于非金属齿轮，载荷较小时可以不进行润滑。有时也可加入适量油以改善摩擦性能，提高承载能力，或改善材料使其具有自润滑能力。

8. 齿轮传动设计步骤

(1) 明确设计要求

列出已知条件(如功率 P、转速 n、传动比 i 等)。

(2) 分析失效形式,判定设计准则

闭式齿轮主要失效为齿面点蚀和齿根弯曲疲劳破坏,设计时应控制齿面接触疲劳应力和齿根弯曲疲劳应力。

开式齿轮主要失效为齿面磨损和齿根弯曲疲劳破坏。设计时要选耐磨材料,进行齿根弯曲疲劳强度计算,并用将计算所得模数加大10%～20%的办法考虑磨损的影响。

各类齿轮要采取相应的润滑和密封措施。

(3) 选材料,计算许用应力

根据以上分析选择相关材料,并计算许用应力。

(4) 确定参数

① 强度计算。设计计算:初定齿数 z_1、z_2,螺旋角 β,齿宽系数 φ_a 等。

进行齿面接触疲劳强度和齿根弯曲疲劳强度设计计算,求出满足强度要求的参数计算值:计算模数 m_c,计算齿宽 b_c,计算中心距 a_c 等。

核验计算:初定齿数 z_1、z_2,模数 m,螺旋角 β,齿宽 b 等。进行齿面接触疲劳强度和齿根弯曲疲劳强度核验,使 $\sigma \leqslant [\sigma]$。

② 确定参数。考虑运动关系:$z_2/z_1=i$(相对误差<5%)。

满足强度关系 m(取标准值)$\geqslant m_c$,$a \geqslant a_c$,$b \geqslant b_c$。

符合几何关系:

$$a=\frac{m_n}{2\cos\beta}(z_1+z_2)$$

(5) 齿轮结构设计

根据计算结果,确定齿轮结构设计方案。

(6) 绘制齿轮工作图

由设计绘制出齿轮工作图。

7.7 直齿圆锥齿轮传动

学习目标 能说出圆锥齿轮传动的常见类型及运用场合;清楚背锥与当量齿数的由来,能指出直齿圆锥齿轮的主要几何参数,会计算主要几何尺寸;知道一对直齿圆锥齿轮正确啮合的条件;能对锥齿轮传动进行受力分析。

1. 圆锥齿轮传动的类型及应用

圆锥齿轮机构用于两相交轴之间的传动,两轴的交角 $\sum(\delta_1+\delta_2)$ 由传动要求确定,可为任意值,$\sum=90°$ 的圆锥齿轮传动应用最广泛,如图7-40所示。

由于圆锥齿轮的轮齿分布在一个截圆锥面上,所以齿形从大端到小端逐渐缩小。一对圆锥齿轮传动时,两个节圆锥做纯滚动,与圆柱齿轮相似,圆锥齿轮也有基圆锥、分度圆锥、齿顶圆锥、齿根圆锥。正确安装的标准圆锥齿轮传动,其节圆锥与分度圆锥重合。

为了便于计算和测量,圆锥齿轮的参数和几何尺寸均取大端为标准值:取大端模数 m 为标准值(见表7-10),大端压力角为 $\alpha=20°$,齿顶高系数 $h_a^*=1$,顶隙系数 $c^*=0.2$。

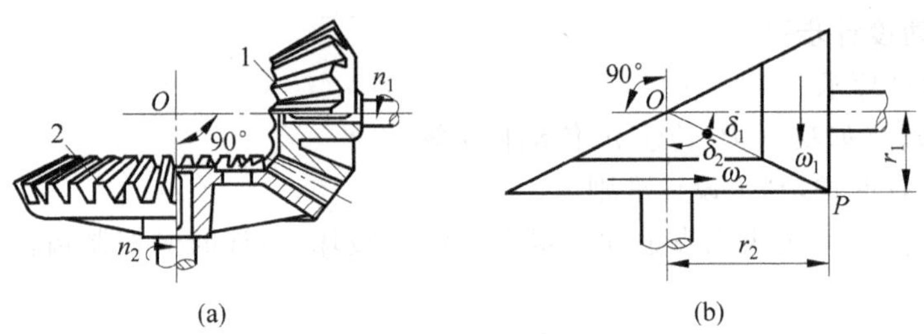

(a) (b)

图 7-40 圆锥齿轮传动

表 7-10 圆锥齿轮模数系列(GB 12368—1990)

0.1	0.35	0.9	1.75	3.25	5.5	10	20	36
0.12	0.4	1	2	3.5	6	11	22	40
0.15	0.5	1.125	2.25	3.75	6.5	12	25	45
0.2	0.6	1.25	2.5	4	7	14	28	50
0.25	0.7	1.375	2.75	4.5	8	16	30	—
0.3	0.8	1.5	3	5	9	18	32	—

圆锥齿轮按两轮啮合的形式不同,可分别为外啮合、内啮合及平面啮合三种,分别如图 7-41(a)、(b)、(c)所示。

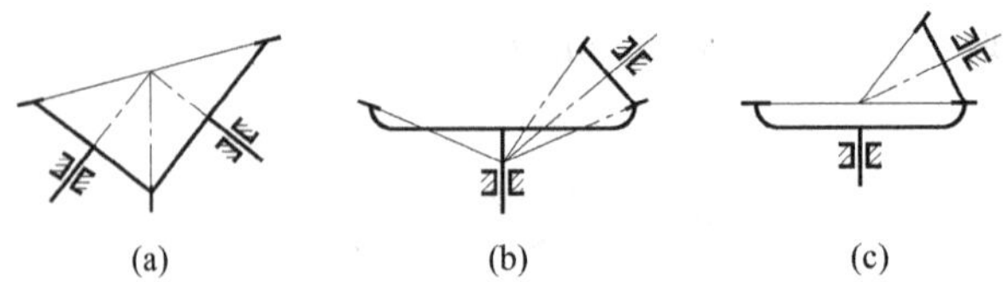

(a) (b) (c)

图 7-41 圆锥齿轮的啮合形式

圆锥齿轮的轮齿有直齿、斜齿和曲齿等类型,直齿圆锥齿轮因加工相对简单,应用较多,适用于低速、轻载的场合;曲齿圆锥齿轮设计制造较复杂,但因传动平稳,承载能力强,常用于高速、重载的场合,如汽车、拖拉机中的差速器齿轮、中央传动等;斜齿圆锥齿轮目前已很少使用。本节只讨论用途最广也最基本的直齿圆锥齿轮传动。

2. 直齿圆锥齿轮的齿廓曲线、背锥和当量齿数

直齿圆锥齿轮齿廓曲线是一条空间球面渐开线,其形成过程与圆柱齿轮类似。不同的是,圆锥齿轮的齿面是发生面在基圆锥上做纯滚动时,其上直线 KK' 所展开的渐开线曲面 $AA'K'K$,如图 7-42 所示,因直线上任一点在空间所形成的渐开线距锥顶的距离不变,故称为球面渐开

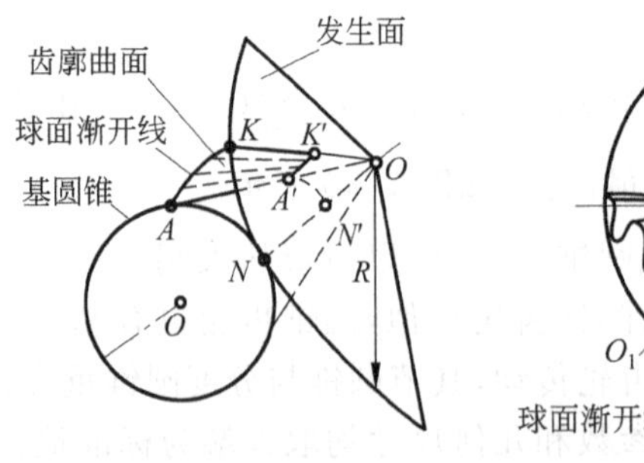

球面渐开线齿廓曲面

(a) 齿面的形成 (b) 球面渐开线齿廓

图 7-42 球面渐开线齿廓的形成

线。但因球面无法展开成平面，给圆锥齿轮设计和制造带来很大困难，所以，实际上的圆锥齿轮是采用近似的方法来进行设计和制造的，即采用背锥上的齿廓曲线来代替球面渐开线。

图 7-43 所示为一具有球面渐开线齿廓的直齿圆锥齿轮，过分度圆锥上的点 A 作球面的切线 AO_1，与分度圆锥的轴线交于 O_1 点。以 OO_1 为轴，O_1A 为母线作一圆锥体，此圆锥面称为背锥。背锥母线与分度圆锥上的切线的交点 a'、b' 与球面渐开线上的 a、b 点非常接近，即背锥上的齿廓曲线和齿轮的球面渐开线很接近。由于背锥可展成平面，其上面的平面渐开线齿廓可代替直齿圆锥齿轮的球面渐开线。将展开背锥所形成的扇形齿轮补足成完整的齿轮，即为直齿圆锥齿轮的当量齿轮，当量齿轮的齿数称为当量齿数 z_v。

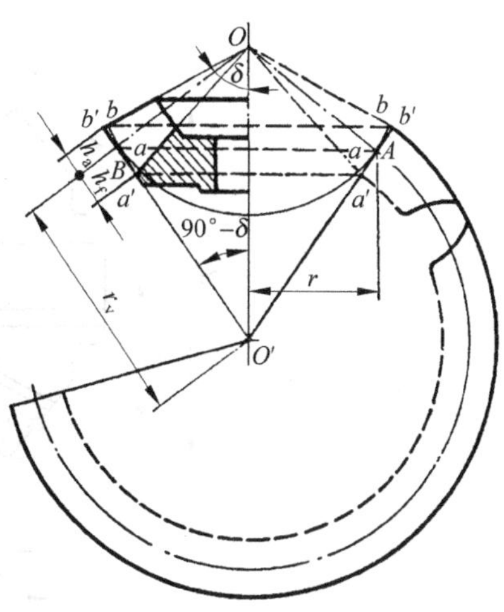

图 7-43　圆锥齿轮的背锥和当量齿数

由图可见

$$r_v = \frac{r}{\cos\delta} = \frac{mz}{2\cos\delta}$$

而

$$r_v = \frac{mz_v}{2}$$

故

$$z_v = \frac{z}{\cos\delta} \tag{7-27}$$

式中，z 为直齿圆锥齿轮的实际齿数；δ 为齿轮的分度圆锥角。

选择齿轮铣刀的刀号、轮齿弯曲强度计算及确定不产生根切的最少齿数时，都是以 z_v 为依据的。因 δ 总是大于零度，故 $z_v > z$，可知锥齿轮不产生根切的最小齿数小于 17，当 $\delta = 45°$ 时，齿轮不产生根切的最小齿数 $Z_{min} = 12$。

综上所述，一对圆锥齿轮的啮合相当于一对当量圆柱齿轮的啮合，因此可把圆柱齿轮的啮合原理运用到圆锥齿轮。

3. 几何尺寸计算

标准直齿圆锥齿轮各部分名称如图 7-44 所示，几何尺寸计算公式见表 7-11。

表 7-11　标准圆锥齿轮几何尺寸计算公式（$\sum = 90°$）

名　称	符号	计　算　公　式
分度圆锥角	δ	$\delta_2 = \arctan(z_2/z_1)$，$\delta_1 = 90° - \delta_2$
分度圆直径	D	$d = mz$
锥距	R	$R = \frac{mz}{2\sin\delta} = \frac{m}{2}\sqrt{z_1^2 + z_2^2}$
齿宽	B	$b \leqslant R/3$
齿顶圆直径	d_a	$d_a = d + 2h_a\cos\delta = m(z + 2h_a^*\cos\delta)$
齿根圆直径	d_f	$d_a = d - 2h_f\cos\delta = m[z - (2h_a^* + c^*)\cos\delta]$
顶圆锥角	δ_a	$\delta_a = \delta + \theta_a = \delta + \arctan(h_a^* m/R)$
根圆锥角	δ_f	$\delta_f = \delta - \theta_f = \delta - \arctan[(h_{afg}^* + c^*)m/R]$

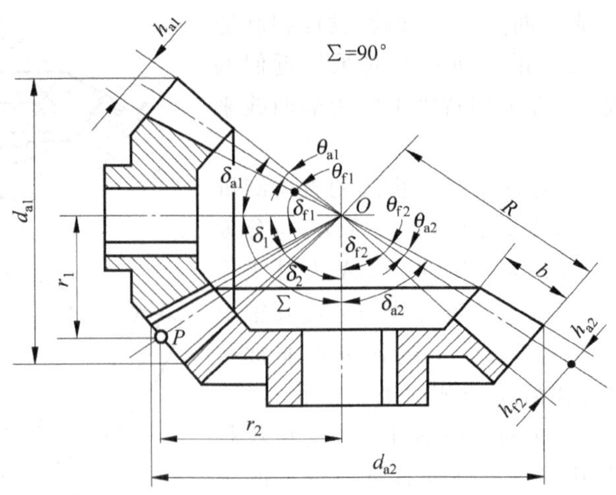

图 7-44 直齿圆锥齿轮的几何尺寸

设 δ_1、δ_2 为两轮的锥顶半角，$\delta_1+\delta_2=90°$，大端分度圆锥直径 r_1、r_2，齿数分别为 z_1、z_2。两齿轮的传动比为

$$i=\frac{\omega_1}{\omega_2}=\frac{n_1}{n_2}=\frac{z_2}{z_1}=\frac{r_2}{r_1}=\cot\delta_1=\tan\delta_2 \tag{7-28}$$

为了便于圆锥齿轮的加工及保证齿轮小端轮齿有足够的刚度，锥齿轮的齿宽 b 一般不大于锥距 B 的 1/3。齿宽系数 $\psi_R=b/R$，常取 $\psi_R=0.25\sim0.3$。

由当量圆柱齿轮的正确啮合条件可得到一对直齿圆锥齿轮的正确啮合条件是：两齿轮的大端模数和压力角分别相等，锥顶重合，锥距相等。

4. 直齿圆锥齿轮的受力分析

现对图 7-45 所示的圆锥齿轮传动中的主动轮进行受力分析。作用在直齿圆锥齿轮齿面上的法向力 F_n 可视为集中作用在齿宽中点分度圆直径上，即作用在齿宽中点的法向截面 N—N 内。法向力沿圆周方向、径向和轴向可分解为圆周力 F_t、径向力 F_r 和轴向力 F_a 三个互成直角的分力。分析可得

$$F_t=\frac{2T}{d_{m1}} \tag{7-29}$$

$$F_r=F'\cos\delta=F_t\tan\alpha\cos\delta \tag{7-30}$$

$$F_a=F'\sin\delta=F_t\tan\alpha\sin\delta \tag{7-31}$$

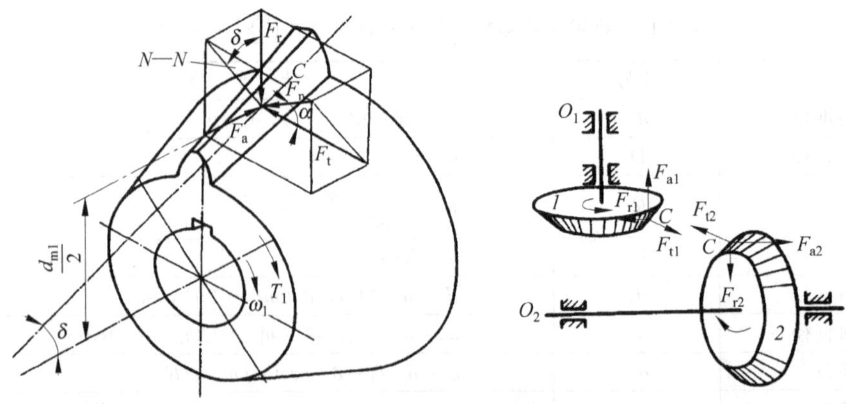

图 7-45 圆锥齿轮受力分析

式中，d_{m1}为小齿轮齿宽中点分度圆直径，$d_{m1}=d_1-b\sin\delta_1$。

圆周力和径向力方向的确定方法与直齿轮相同，两齿轮的轴向力方向都是沿各自的轴线指向大端。两轮的受力可根据作用与反作用原理确定：$F_{t1}=-F_{t2}$，$F_{r1}=-F_{a2}$，$F_{a1}=-F_{r2}$，负号表示二力的方向相反。

齿轮的制造工艺复杂，大尺寸的锥齿轮加工更困难，因此在设计时应尽量减小其尺寸。如在传动中同时有圆锥齿轮传动和圆柱齿轮传动时，应尽可能将圆锥齿轮传动放在高速级，这样可使设计的锥齿轮的尺寸较小，便于加工。为了使大锥齿轮的尺寸不致过大，通常取齿数比 $u<5$。

7.8　蜗杆传动

学习目标　能描述蜗杆传动的类型、特点和应用场合；能说出阿基米德蜗杆传动的主要参数；能对蜗杆传动的失效形式、材料、结构与润滑方式有一定认知。

1. 蜗杆传动的特点和类型

如图 7-46 所示，蜗杆传动是由蜗杆 1 和蜗轮 2 组成，用于传递两交错轴之间的运动和动力，常用交错角 $\sum=90°$。一般蜗杆为主动件，蜗轮为从动件，做减速运动。

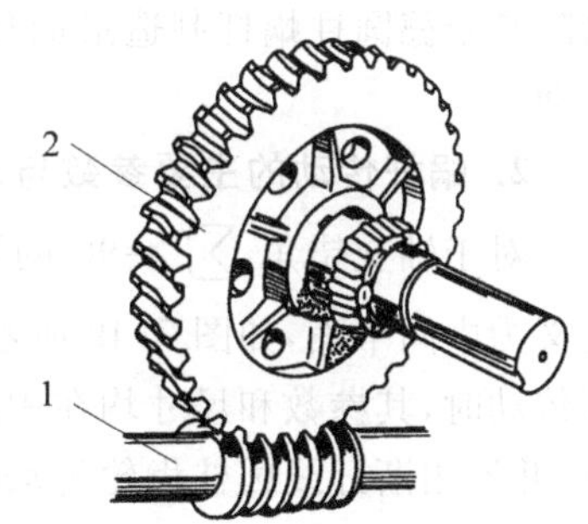

图 7-46　蜗杆传动

1—蜗杆；2—蜗轮

(1) 蜗杆传动的特点

① 传动平稳，噪声低。由于蜗杆上的齿是一条连续的螺旋线，蜗轮轮齿和蜗杆是逐步进入啮合和逐步退出啮合的，同时啮合的齿数多，所以工作平稳、噪声低。

② 传动比大。单级蜗杆传动在传递动力时，传动比 $i=8\sim100$，常用的为 $i=15\sim50$。分度传动时 i 可达 1000，与齿轮传动相比则结构紧凑。

③ 具有自锁性。当蜗杆的导程角小于轮齿间的当量摩擦角时，可实现自锁。即蜗杆能带动蜗轮旋转，而蜗轮不能带动蜗杆。

④ 传动效率低。蜗杆传动由于齿面间相对滑动速度大，齿面摩擦严重，故在制造精度和传动比相同的条件下，蜗杆传动的效率比齿轮传动低，一般只有 70%～80%。具有自锁功能的蜗杆机构，效率则一般不大于 50%。

⑤ 制造成本高。为了降低摩擦，减小磨损，提高齿面抗胶合能力，蜗轮齿圈常用贵重的铜合金制造，成本较高。

(2) 蜗杆传动的类型

按蜗杆曲面的形状不同，蜗杆传动可以分为圆柱蜗杆传动(见图 7-47(a))、环面蜗杆传动(见图 7-47(b))、锥蜗杆传动(见图 7-47(c))三种类型。圆柱蜗杆机构加工方便，环面蜗杆机构承载能力较强。

圆柱蜗杆传动可以分为普通圆柱蜗杆传动和圆弧圆柱蜗杆传动。

普通圆柱蜗杆按螺旋齿面在相同剖面内其齿廓曲线形状不同可分为阿基米德圆柱蜗杆(ZA 蜗杆)、渐开线圆柱蜗杆(ZI 蜗杆)和法向直廓圆柱蜗杆(ZN 蜗杆)，如图 7-48 所示。其中

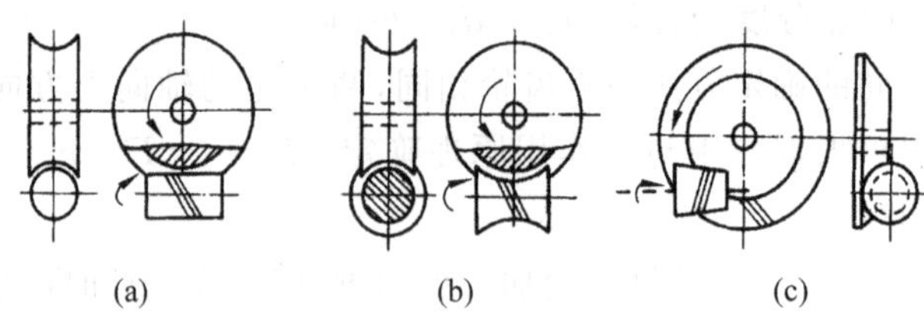

图 7-47 蜗杆传动的类型

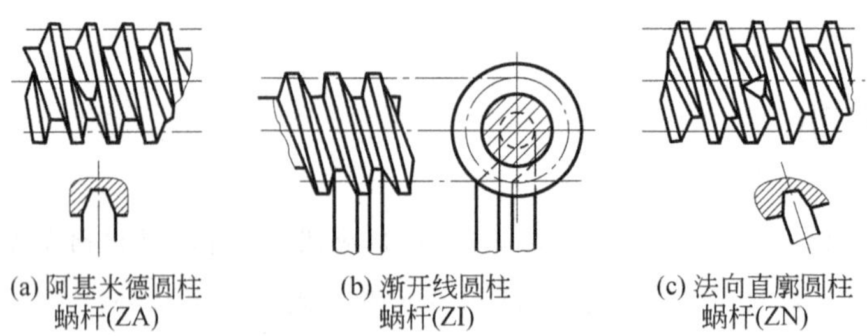

图 7-48 圆柱蜗杆的主要类型

以阿基米德圆柱蜗杆制造最简便，在机械传动中应用广泛，本节主要介绍阿基米德圆柱蜗杆传动。

2. 蜗杆传动的主要参数与几何尺寸

对于轴交错角 $\sum=90°$ 的圆柱蜗杆传动，我们将通过蜗杆轴线并与蜗轮轴线垂直的平面定义为中间平面，如图 7-49 所示。在此平面内，蜗杆传动相当于齿轮齿条传动。因此，设计蜗杆传动时，其参数和尺寸均在中间平面内确定，这个平面内的参数（如模数、压力角）均取标准值，并沿用渐开线圆柱齿轮传动的计算关系。

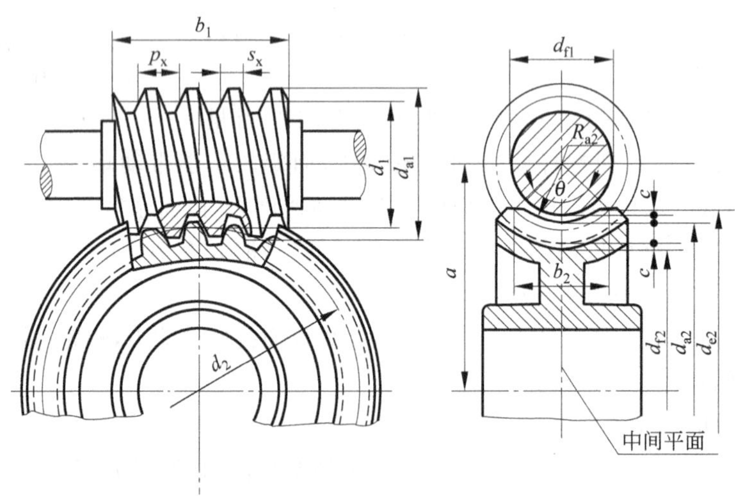

图 7-49 蜗杆传动的主要参数和几何尺寸

(1) 圆柱蜗杆传动的主要参数　普通圆柱蜗杆传动的主要参数有模数 m、压力角 α、蜗杆头数 z_1 和蜗轮齿数 z_2 及蜗杆的直径 d_1 等。进行蜗杆传动设计时，首先要正确地选择参数。这些参数之间是相互联系的，不能孤立地去确定，而应该根据蜗杆传动的工作条件和加工条件，考虑参数之间的相互影响，综合分析，合理选定。

① 模数 m 和压力角 α。蜗杆传动的尺寸计算与齿轮传动一样，也是以模数 m 作为计算的主要参数。在中间平面内蜗杆传动相当于齿轮齿条传动，蜗杆轴向的模数及压力角分别与蜗轮端面的模数及压力角相等，为此将此平面内的模数和压力角规定为标准值，标准模数见表 7-12，标准压力角为 $\alpha=20°$。

表 7-12　蜗杆基本参数配置表

模数 m/mm	分度圆直径 d_1/mm	蜗杆头数 z_1	直径系数 q	m^3q	模数 m/mm	分度圆直径 d_1/mm	蜗杆头数 z_1	直径系数 q	m^3q
1	**18**	1	18.000	18	6.3	(80)	1,2,4	12.698	3175
1.25	20	1	16.000	31		**112**	1	17.798	4445
	22.4	1	17.920	35	8	(63)	1,2,4	7.875	4032
1.6	20	1,2,4	12.500	51		80	1,2,4,6	10.000	5120
	28	1	17.500	72		(100)	1,2,4	12.500	6400
2	18	1,2,4	9.000	72		**140**	1	17.500	8960
	22.4	1,2,4,6	11.200	90	8	71	1,2,4	7.100	7100
	(28)	1,2,4	14.000	112		90	1,2,4,6	9.000	9000
	35.5	1	17.750	142		(112)	1	11.200	11200
2.5	(22.4)	1,2,4	8.960	140		160	1	16.000	16000
	28	1,2,4,6	11.200	175	12.5	(90)	1,2,4	7.200	14062
	(35.5)	1,2,4	14.200	222		112	1,2,4	8.960	17500
	45	1	18.000	281		(140)	1,2,4	11.200	21875
3.15	(28)	1,2,4	8.889	278		200	1	16.000	31250
	35.5	1,2,4,6	11.270	352	16	(112)	1,2,4	7.000	28672
	(45)	1,2,4	14.286	447		140	1,2,4	8.750	35840
	56	1	17.778	556		(180)	1,2,4	11.250	46080
4	(31.5)	1,2,4	7.875	504		250	1	15.625	64000
	40	1,2,4,6	10.000	640	20	(140)	1,2,4	7.000	56000
	(50)	1,2,4	12.500	800		160	1,2,4	8.000	64000
	71	1	17.750	1136		(224)	1,2,4	11.200	89600
5	(40)	1,2,4	8.000	1000		315	1	15.750	126000
	50	1,2,4,6	10.000	1250	25	(180)	1,2,4	7.200	112500
	(63)	1,2,4	12.600	1575		200	1,2,4	8.000	125000
	90	1	18.000	22500		(280)	1,2,4	11.200	175000
6.3	(50)	1,2,4	7.936	1984		400	1	16.000	250000
	63	1,2,4,6	10.000	2500					

注：表中分度圆直径 d_1 的数字，带（ ）的尽量不用；黑体的为 $\eta<3°30'$ 的自锁蜗杆。

② 蜗杆的分度圆直径 d_1。在蜗杆传动中，为了保证蜗杆与配对蜗轮的正确啮合，常用与蜗杆相同尺寸的蜗轮滚刀来加工与其配对的蜗轮。这样，只要有一种尺寸的蜗杆，就需要一种对应的蜗轮滚刀。对于同一模数，可以有很多不同直径的蜗杆，因而对每一模数就要配备很多蜗轮滚刀。显然，这样很不经济。为了限制蜗轮滚刀的数目及便于滚刀的标准化，就对每一标准

模数规定了一定数量的蜗杆分度圆直径 d_1，而把比值 $q=\frac{d_1}{m}$ 称为蜗杆直径系数。由于 d_1 与 m 均已取为标准值，故 q 就不是整数，如表 7-11 所示。

③ 蜗杆头数 z_1 和蜗轮齿数 z_2。蜗杆头数 z_1 一般取 1、2、4。蜗杆头数 z_1 增大，可以提高传动效率，但加工制造难度增加。

蜗轮齿数一般取 $z_2=28\sim80$。若 $z_2<28$，传动的平稳性会下降，且易产生根切；若 z_2 过大，蜗轮的直径 d_2 增大，与之相应的蜗杆长度增加、刚度降低，从而影响啮合的精度。

(2) 导程角 γ　蜗杆的直径系数 q 和蜗杆头数 z_1 选定之后，蜗杆分度圆柱上的导程角 γ 也就确定了，如图 7-50 所示。显然有

$$\tan\gamma=\frac{p_z}{\pi d_1}=\frac{z_1 p_a}{\pi d_1}=\frac{z_1\pi m}{\pi d_1}=\frac{z_1 m}{d_1}=\frac{z_1}{q} \tag{7-32}$$

式中，p_z 为蜗杆的导程，p_a 为蜗杆的轴向齿距。

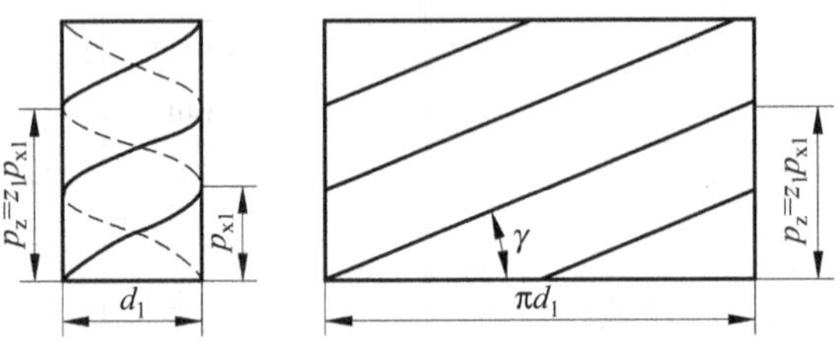

图 7-50　蜗杆导程角和导程的关系

由上面的公式可知，当 m 一定时，q 增大，则 d_1 变大，蜗杆的刚度给强度相应提高，因此 m 较小时，q 选较大值；又因为 q 取小值时，γ 增大，效率随之提高，故在蜗杆刚度允许的情况下，应尽可能选小的 q 值。通常导程角 γ 取 3.5°～27°，导程角在 3.5°～4.5°范围内的蜗杆可实现自锁，升角大时传动效率高，但蜗杆加工难度大。

(3) 传动比 i　通常蜗杆为主动件，蜗杆与蜗轮之间的传动比为

$$i=\frac{n_1}{n_2}=\frac{z_2}{z_1} \tag{7-33}$$

一般圆柱蜗杆传动减速装置的传动比的公称值按下列选择：5、7.5、10、12.5、15、20、25、30、40、50、60、70、80。其中 10、20、40 和 80 为基本传动比，应优先选用。

(4) 蜗杆传动的标准中心距

$$a=\frac{1}{2}(d_1+d_2)=\frac{1}{2}(q+z_2)m \tag{7-34}$$

国标规定了中心距的标准系列值，为 40mm、50mm、63mm、80mm、100mm、125mm、160mm、180mm、200mm、250mm、280mm、315mm、155mm、400mm、450mm、500mm。为了配凑成标准规定的中心距值，蜗杆传动有时需要变位，其方法与齿轮传动相同。

标准圆柱蜗杆传动的几何尺寸计算公式见表 7-13。

3. 蜗杆传动的正确啮合条件

根据齿轮齿条正确啮合条件分析可知，蜗杆传动的正确啮合条件为：蜗杆轴平面上的轴面模数 m_{x1} 等于蜗轮的端面模数 m_{t2}，蜗杆轴平面上的轴面压力角 α_{x1} 等于蜗轮的端面压力角 α_{t2}(即在中间平面上蜗轮与蜗杆的模数和压力角分别相等)；蜗杆导程角 γ 等于蜗轮螺旋角 β，

表 7-13　标准普通圆柱蜗杆传动的几何尺寸计算公式

名　称	计算公式	
	蜗　杆	蜗　轮
齿顶高	$h_a=m$	$h_a=m$
齿根高	$h_f=1.2m$	$h_f=1.2m$
分度圆直径	$d_1=mq$	$d_2=mz_2$
齿顶圆直径	$d_{a1}=m(q+2)$	$d_{a2}=m(z_2+2)$
齿根圆直径	$d_{f1}=m(q-2.4)$	$d_{f2}=m(z_2-2.4)$
顶隙	$c=0.2m$	
蜗杆轴向齿距 蜗轮端面齿距	$p=m\pi$	
蜗杆分度圆柱的导程角	$\tan\gamma=\frac{z_1}{q}$	
蜗轮分度圆上轮齿的螺旋角		$\beta=\lambda$
中心距	$a=m(q+z_2)/2$	
蜗杆螺纹部分长度	$z_1=1、2,b_1\geqslant(11+0.06z_2)m$ $z_1=4,b_1\geqslant(12.5+0.09z_2)m$	
蜗轮咽喉母圆半径		$r_{g2}=a-d_{a2}/2$
蜗轮最大外圆直径		$z_1=1,d_{e2}\leqslant d_{a2}+2m$ $z_1=2,d_{e2}\leqslant d_{a2}+1.5m$ $z_1=4,d_{e2}\leqslant d_{a2}+m$
蜗轮轮缘宽度		$z_1=1,2,b_2\leqslant0.75d_{a1}$ $z_1=4,b_2\leqslant0.67d_{a1}$
蜗轮轮齿包角		$\theta=2\arcsin(b_2/d_1)$ 一般动力传动 $\theta=70°-90°$ 高速动力传动 $\theta=90°-130°$ 分度传动 $\theta=45°-60°$

且旋向相同。即：

$$\left.\begin{aligned}m_{x1}&=m_{t2}=m\\\alpha_{x1}&=\alpha_{t2}=\alpha\\\gamma&=\beta\end{aligned}\right\}\tag{7-35}$$

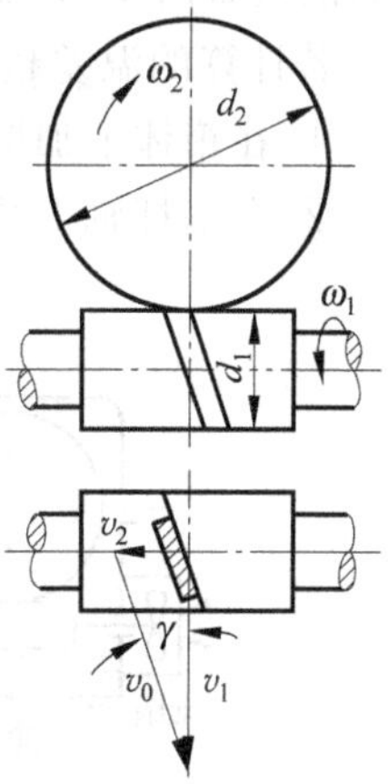

4. 蜗杆传动的失效形式

(1) 齿面间的相对滑动速度　如图 7-51 所示，蜗杆传动即使在节点 C 处啮合，齿廓之间也有较大的相对滑动。设蜗杆的圆周速度为 v_1，蜗轮的圆周速度为 v_2，v_1 和 v_2 之间成 90°角，使齿廓之间产生很大的相对滑动，相对滑动速度 v_s 为

$$v_s=\sqrt{v_1^2+v_2^2}=\frac{v_1}{\cos\gamma}(\text{m/s})\tag{7-36}$$

图 7-51　蜗杆传动的滑动速度

由图可见，相对滑动速度 v_s 沿蜗杆螺旋线方向。齿廓之间的相对滑动引起磨损和发热，导致传动效率降低。

(2) 轮齿的失效形式　由于材料方面的原因，蜗杆传动中的蜗杆表面硬度、接触强度、弯曲强度都比蜗轮高，所以失效常常发生于蜗轮的轮齿上。

蜗杆传动的主要失效形式是蜗轮齿面产生胶合、点蚀及磨损等。当润滑条件差及散热不良时，闭式传动极易出现胶合。开式传动以及润滑油不清洁的闭式传动中，轮齿磨损的速度很快。

5. 蜗杆传动的润滑与散热

由于蜗杆传动的相对滑动速度大，发热量大，若散热不及时，油温升高、黏度下降，油膜破裂，更易发生胶合。开式传动中，蜗轮轮齿磨损严重，所以蜗杆传动中，要考虑润滑与散热问题。

(1) 润滑　对于开式蜗杆传动，采用黏度较高的润滑油或润滑脂。对于闭式蜗杆传动，根据工作条件和滑动速度参考表 7-14 中推荐值选定润滑油和润滑方式。

当采用油池润滑时，在搅油损失不大的情况下，应有适当的油量，以利于形成动压油膜，且有助于散热。对于下置式或侧置式蜗杆传动，浸油深度应为蜗杆的一个齿高；当蜗杆圆周转速大于 4m/s 时，为减少搅油损失，常将蜗杆上置，其浸油深度约为蜗轮外径的三分之一。

表 7-14　蜗杆传动润滑油黏度及润滑方法

滑动速度 v_s/(m/s)	<1	<2.5	<5	5～10	10～15	15～25	>25
工作条件	重载	重载	中载	—	—	—	—
运动黏度 r/cSt(40℃)	900	500	350	220	150	100	80
润滑方式	油池润滑			油池润滑或喷油润滑	用压力喷油润滑		
					0.7	0.2	0.3

(2) 散热　在闭式蜗杆传动中，为避免散热不够可能引起润滑失效而导致齿面胶合，还要进行热平衡计算。闭式传动中，热量由箱体散逸，要求箱体内的油温 t 和周围空气温度 t_0 之差 Δt 不超过允许值，即

$$\Delta t = t - t_0 = \frac{1000P_1(1-\eta)}{\alpha_s A} \leqslant [\Delta t] \tag{7-37}$$

式中，P_1 为蜗杆传递功率，kW；η 为传动效率；α_s 为散热系数，通常取 $\alpha_s = 10 \sim 17\text{W}/(\text{m}^2 \cdot ℃)$；$A$ 为散热面积，m^2；$[\Delta t]$为温差允许值，一般为 60～70℃。

若计算的温差超过允许值，可采取以下措施来改善散热条件：

① 在箱体上加散热片以增大散热面积。

② 在蜗杆轴上装风扇进行吹风冷却(见图 7-52(a))。

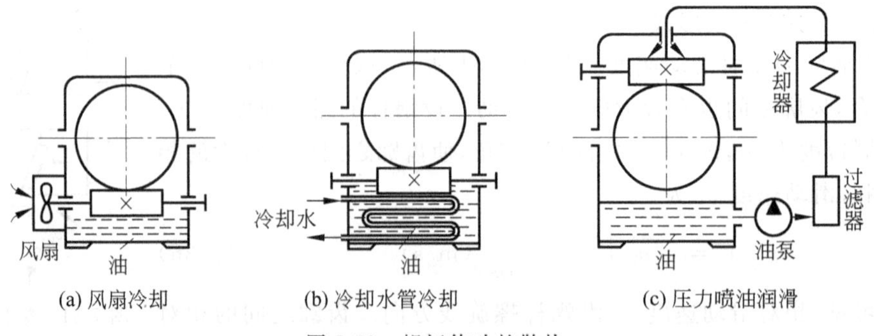

(a) 风扇冷却　(b) 冷却水管冷却　(c) 压力喷油润滑

图 7-52　蜗杆传动的散热

③ 在箱体油池内装设蛇形水管，用循环水冷却(见图 7-52(b))。

④ 采用压力喷油循环冷却(见图 7-52(c))，油泵将高温的润滑油抽到箱体外，经过滤器、冷却器冷却后，喷射到传动的啮合部位。

6. 蜗杆传动的材料与结构

(1) 蜗杆、蜗轮的材料选择　基于蜗杆传动的失效特点，选择蜗杆和蜗轮材料组合时，不但要求有足够的强度，而且要有良好的减摩、耐磨和抗胶合的能力。实践表明，较理想的蜗杆副材料是：青铜蜗轮齿圈匹配淬硬磨削的钢制蜗杆。

① 蜗杆材料。对高速重载的传动，蜗杆常用低碳合金钢(如 20Cr、20CrMnTi)经渗碳后，表面淬火使硬度达 56～62HRC，再经磨削。对中速中载传动，蜗杆常用 45＃钢、40Cr、35SiMn 等，表面经高频淬火使硬度达 45～55HRC，再磨削。对一般蜗杆可采用 45＃、40＃等碳钢调质处理(硬度为 210～230HBS)。

② 蜗轮材料。常用的蜗轮材料为铸造锡青铜(ZCuSn10P1，ZCuSn6Zn6Pb3)、铸造铝铁青铜(ZCuAl10Fe3)及灰铸铁 HT150、HT200 等。锡青铜的抗胶合、减摩及耐磨性能最好，但价格较高，常用于 $v_s \geqslant 3\text{m/s}$ 的重要传动；铝铁青铜具有足够的强度，并耐冲击，价格便宜，但抗胶合及耐磨性能不如锡青铜，一般用于 $v_s \leqslant 6\text{m/s}$ 的传动；灰铸铁用于 $v_s \leqslant 2\text{m/s}$ 的不重要场合。

(2) 蜗杆传动的结构　蜗杆因为直径不大，常与轴做成一体的，称为蜗杆轴。除螺旋部分的结构尺寸取决于蜗杆的几何尺寸外，其余的结构尺寸可参考轴的结构尺寸而定。图 7-53(a)所示为铣制蜗杆，在轴上直接铣出螺旋部分，刚性较好。图 7-53(b)所示为车制蜗杆，因为需加工退刀槽，刚性稍差。

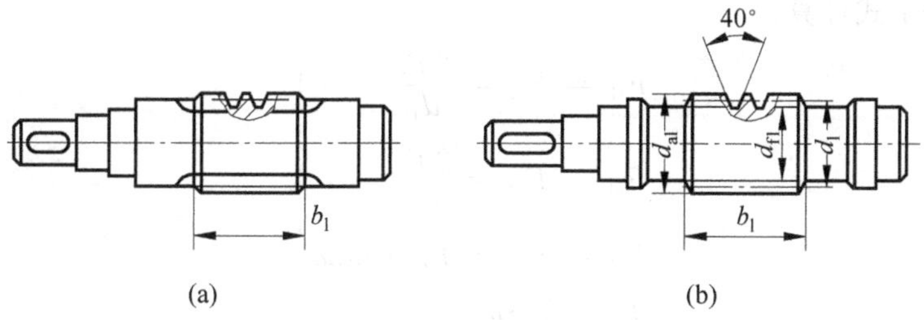

图 7-53　蜗杆的结构形式

蜗轮的结构如图 7-54 所示，一般为组合式结构，齿圈用青铜，轮芯用铸铁或钢。

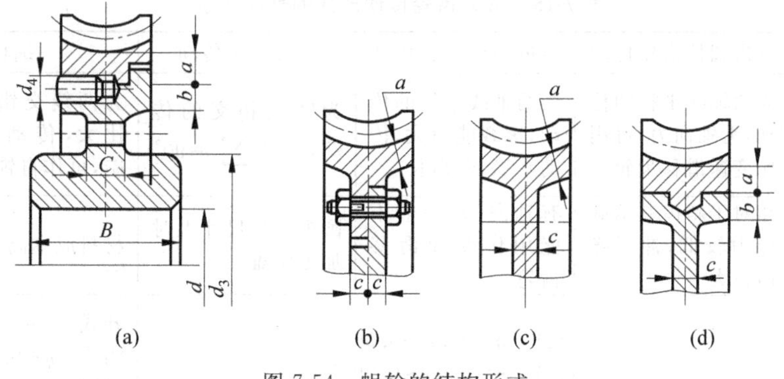

图 7-54　蜗轮的结构形式

图 7-54(a)为组合式过盈联接,这种结构常由青铜齿圈与铸铁轮芯组成,多用于尺寸不大或工作温度变化较小的地方。图 7-54(b)为组合式螺栓联接,这种结构装拆方便,多用于尺寸较大或易磨损的场合。图 7-54(c)为整体式,主要用于铸铁蜗轮或尺寸很小的青铜蜗轮。图 7-54(d)为拼铸式,将青铜齿圈浇铸在铸铁轮芯上,常用于成批生产的蜗轮。

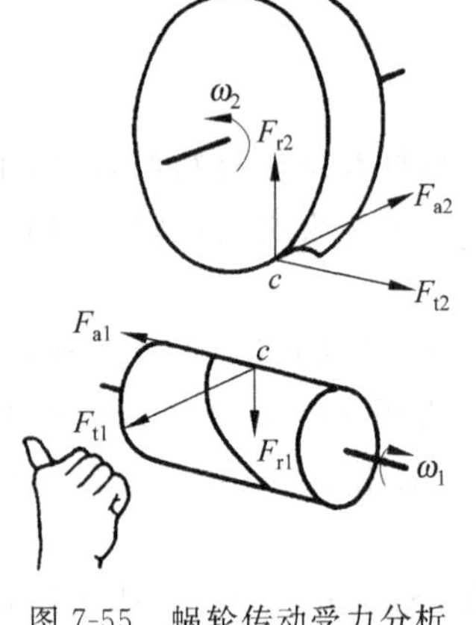

图 7-55 蜗轮传动受力分析

7. 蜗杆传动的受力分析

蜗杆传动的受力分析与斜齿圆柱齿轮的受力分析相似,齿面上的法向力 F_n 分解为三个相互垂直的分力:圆周力 F_t、轴向力 F_a、径向力 F_r,如图 7-55 所示。

蜗杆受力方向:轴向力 F_{a1} 的方向由左、右手定则确定,图 7-55 所示为右旋蜗杆,则用右手握住蜗杆,四指所指方向为蜗杆转向,拇指所指方向为轴向力 F_{a1} 的方向;圆周力 F_{t1} 与主动蜗杆转向相反;径向力 F_{r1},指向蜗杆中心。

蜗轮受力方向:因为 F_{a1} 与 F_{t2}、F_{t1} 与 F_{a2}、F_{r1} 与 F_{r2} 是作用力与反作用力关系,所以蜗轮上的三个分力方向,如图 7-55 所示。径向力 F_{r2} 指向轮心,圆周力 F_{t2} 驱动蜗轮转动,轴向力 F_{a2} 与轮轴平行。F_{a1} 的反作用力 F_{t2} 是驱使蜗轮转动的力,所以通过蜗轮蜗杆的受力分析也可判断它们的转向。

判定方法如下:右旋蜗杆用右手(左旋蜗杆用左手),四指顺着蜗杆转动方向弯曲,则大拇指所指方向的相反方向即为蜗轮所受圆周力的方向,根据圆周力的方向即可判定蜗轮的旋向。各力的大小可按下式计算:

$$\left.\begin{aligned} F_{t1} &= F_{a2} = \frac{2T_1}{d_1} \\ F_{a1} &= F_{t2} = \frac{2T_2}{d_2} \\ F_{r1} &= F_{r2} = F_{t2} \cdot \tan\alpha \\ T_2 &= T_1 i\eta \end{aligned}\right\} \tag{7-38}$$

本章我们主要学习了直齿圆柱齿轮传动、斜齿圆柱齿轮传动、圆锥齿轮传动及蜗杆传动等传动形式,现将这四种齿轮传动的性能做一简要比较,见表 7-15。

表 7-15 常见齿轮传动形式的性能比较

项　目	直齿圆柱齿轮传动	斜齿圆柱齿轮传动	圆锥齿轮传动	蜗杆传动
主要优点	为两轴线平行的传动,无轴向力,可用作变速滑移齿轮	为两轴线平行的传动,承载能力大,传动平稳,寿命长	为轴线相交的传动,一般 $\sum=90°$	为两线交错的传动,传动比大,传动平稳,结构紧凑,可作自锁传动
主要缺点	相对于斜齿其承载能力较低,冲击噪声较大	有轴向力,一般不能用作变速滑移齿轮	圆锥齿轮尺寸大时加工困难	材料成本高,效率低
效率 η	开式:η=0.92～0.96 闭式:η=0.95～0.99			开式:η=0.5～0.7 闭式:η=0.7～0.94 自锁:η=0.4～0.45

续表

项　目	直齿圆柱齿轮传动	斜齿圆柱齿轮传动	圆锥齿轮传动	蜗杆传动
功率 P	～60000kW			～750kW 常用值 25～50kW
速度 v	6 级精度 $v \leqslant 18$m/s	6 级精度 $v \leqslant 36$m/s	6 级精度 直齿 $v \leqslant 18$m/s 非直齿 $v \leqslant 36$m/s	$v_s \leqslant 15 \sim 50$m/s
单级传动比 i	$i \leqslant 10$ 常用值 $i \leqslant 5$	$i \leqslant 10$ 常用值 $i \leqslant 5$	$i \leqslant 8$ 常用值 $i \leqslant 5$	开式：$i \leqslant 00$，常用值 $i=15 \sim 60$；闭式：$i \leqslant 100$，常用值 $i=10 \sim 40$；传递运动时 i 可达 1000
不产生根切的最少齿数 z_{min}	$z_{min} \geqslant 17$	$z_{min} \geqslant 17\cos^3\beta$	$z_{min} \geqslant 17\cos\delta$	一般 $z_2 \geqslant 27$

思考题与习题

7-1　齿轮传动的特点是什么？有哪些常见类型？分别用在什么场合？

7-2　渐开线的基本性质有哪些？为什么齿轮传动多选用渐开线齿廓？

7-3　什么样的齿轮称为标准齿轮？标准直齿圆柱齿轮的基本参数有哪些？其中决定渐开线形状的基本参数有哪些？

7-4　齿轮的分度圆与节圆有何区别？两者何时会重合？

7-5　何谓重合度？渐开线圆柱齿轮连续传动的条件是什么？

7-6　渐开线直齿圆柱齿轮与渐开线斜齿圆柱齿轮相比，各有何优缺点？

7-7　试分别说明渐开线直齿圆柱齿轮、渐开线斜齿圆柱齿轮以及直齿圆锥齿轮正确啮合的条件。

7-8　用切削法加工齿轮时，其加工原理有哪些？什么情况下齿轮会产生根切现象？根切对传动有何影响？避免根切的措施有哪些？

7-9　何谓变位加工？变位齿轮与标准齿轮相比有何异同点？各有何优缺点？

7-10　有一个标准渐开线直齿圆柱齿轮，测量其齿顶圆直径 $d_a=106.40$mm，齿数 $z=25$，问是哪一种齿制的齿轮？基本参数是多少？

7-11　两个标准直齿圆柱齿轮，已测得齿数 $z_1=22$、$z_2=98$，小齿轮齿顶圆直径 $d_{a1}=240$mm，大齿轮全齿高 $h=22.5$mm，试判断这两个齿轮能否正确啮合传动？

7-12　已知一标准渐开线直齿圆柱齿轮，其齿顶圆直径 $d_{a1}=77.5$mm，齿数 $z_1=29$。现要求设计一个大齿轮与其相啮合，传动的安装中心距 $a=145$mm，试计算这对齿轮的主要参数及大齿轮的主要尺寸。

7-13　当用滚刀或齿条插刀加工标准直齿圆柱齿轮时，其不产生根切的最少齿数怎样确定？当被加工齿轮的压力角 $\alpha=20°$、齿顶高系数 $h_a^*=1$ 时，不产生根切的最少齿数为多少？

7-14　已知一对正常齿标准斜齿圆柱齿轮的模数 $m=3$mm，齿数 $z_1=20$、$z_2=76$，分度圆螺旋角 $\beta=12°$。试求其中心距、端面压力角、当量齿数、分度圆直径、齿顶圆直径和齿根圆直径。

7-15 图 7-56 所示斜齿圆柱齿轮减速器中，已知主动轮 1 的螺旋角旋向及转向，为了使轮 2 和轮 3 的中间轴的轴向力最小，试确定轮 2、3、4 的螺旋角旋向和各轮产生的轴向力方向。

7-16 在一般传动中，如果同时有圆锥齿轮传动和圆柱齿轮传动，圆锥齿轮传动应放在高速级还是低速级？为什么？

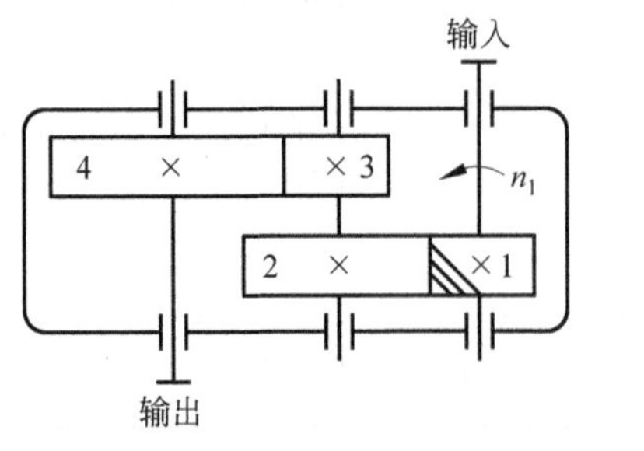

图 7-56 题 7-15 图

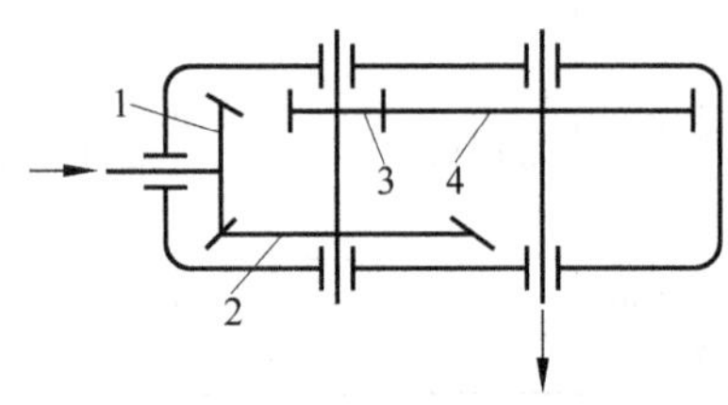

图 7-57 题 7-17 图

7-17 如图 7-57 所示的传动简图中，采用斜齿圆柱齿轮与圆锥齿轮传动，当要求中间轴的轴向力最小时，斜齿轮的旋向应如何？

7-18 齿轮传动常见的失效形式有哪些？分别在什么条件下容易产生？

7-19 齿轮传动中常用的润滑方式有哪些？如何选用？

7-20 蜗杆传动有哪些特点？

7-21 蜗杆传动以哪一个平面内的参数和尺寸为标准？这样做有什么好处？

7-22 蜗杆传动正确啮合的条件是什么？

7-23 与一般齿轮传动相比，蜗杆传动的失效形式有何特点？如何选择蜗轮蜗杆的材料？为什么通常将蜗轮做成组合式结构？

7-24 蜗杆传动为什么要考虑散热问题？有哪些散热方法？

7-25 试分析图 7-58 所示蜗杆传动中蜗轮（蜗杆）的转动方向及蜗杆、蜗轮所受各分力的方向。

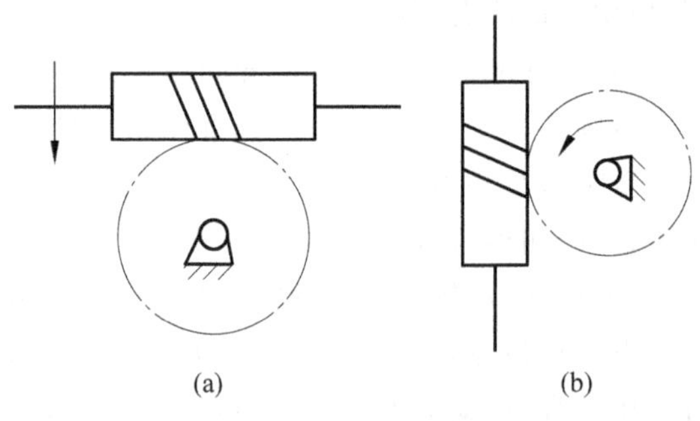

图 7-58 题 7-25 图

第 8 章

轮　系

我们在前面讨论了一对齿轮啮合传动、蜗杆传动等相关设计问题。但是，在实际的机械工程中，为了满足各种不同的工作需要，仅仅使用一对齿轮是不够的。例如，在各种机床中，为了将电动机的一种转速变为主轴的多级转速；在机械式钟表中，为了使时针、分针、秒针之间的转速具有确定的比例关系；在汽车的传动系中等，都是依靠一系列的彼此相互啮合的齿轮所组成的齿轮机构来实现的。这种由一系列的齿轮所组成的传动系统称为齿轮系，简称轮系。本章将介绍轮系的功用、分类及各类轮系的传动比计算方法。

8.1　轮系概述

学习目标　知道轮系的分类与功用，能识别、看懂轮系简图。

1. 轮系的分类

按轮系运动时轴线是否固定，将其分为三大类。

① 定轴轮系　轮系运动时，所有齿轮轴线都固定的轮系，称为定轴轮系，如图 8-1 所示。

② 周转轮系　轮系运动时，至少有一个齿轮的轴线可以绕另一根齿轮的轴线转动，这样的轮系称为周转轮系。如图 8-2 所示轮系，为一基本周转轮系。外齿轮 1、内齿轮 3 都是绕固定轴线 OO 回转的，在周转轮系中称为太阳轮(或称中心轮)。齿轮 2 安装在构件 H 上，绕 O_1O_1 进行自转，同时由于 H 本身绕 OO 有回转，齿轮 2 会随着 H 绕 OO 转动，就像天上的行星一样，兼有自转和公转，故此称为行星轮。而安装行星轮的构件 H 称为行星架(或称为系杆、转臂)。

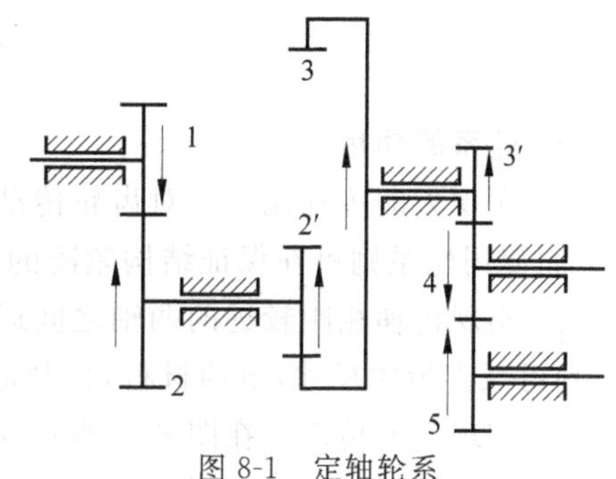

图 8-1　定轴轮系

在周转轮系中，一般都以太阳轮或行星架作为运动的输入和输出构件，所以它们就是周转轮系的基本构件。OO 轴线称为主轴线。由上可以看出，一个基本周转轮系必须具有一个行星架、具有一个或若干个行星轮以及与行星轮啮合的太阳轮。

根据基本的周转轮系的自由度数目，我们可以将其划分为两大类。

① 差动轮系。如果轮系中两个太阳轮都可以转动，其自由度为 2，如图 8-2(a)所示的轮系，称之为差动轮系。该轮系需要两个输入，才有确定的输出。

② 行星轮系。如果有一个中心轮是固定的，则其自由度为 1，就称为行星轮系(见图 8-2(b))。

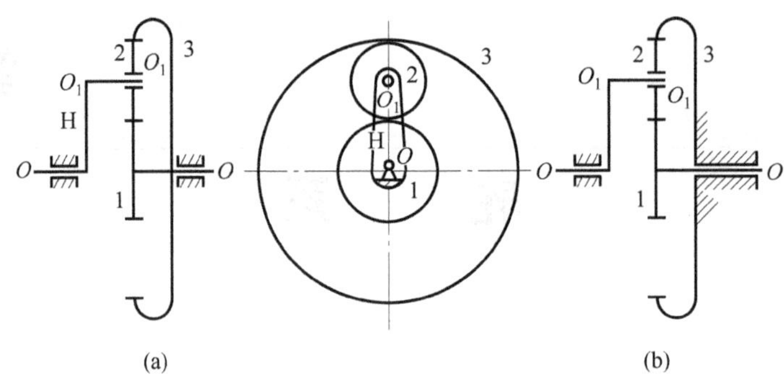

图 8-2 周转轮系

另外，周转轮系还常根据其中构件的组成情况分为：2K-H 型、3K 型和 K-H-V 型等，其中 K 代表太阳轮，H 代表行星架，V 代表输出构件。具体就不进行深入讨论了。

③ 复合轮系(混合轮系) 当轮系由几个基本周转轮系或由定轴轮系和周转轮系组成则称为复合轮系。如图 8-3(a)所示的复合轮系包括周转轮系 A(由齿轮 1、2、3 和系杆 H_1 组成)和周转轮系 B(4、5、6、H_2 和转臂组成)两个周转轮系。如图 8-3(b)所示的复合轮系由定轴轮系(由齿轮 1、2 组成)和周转轮系(2′、3、4 和系杆 H 组成)组成。

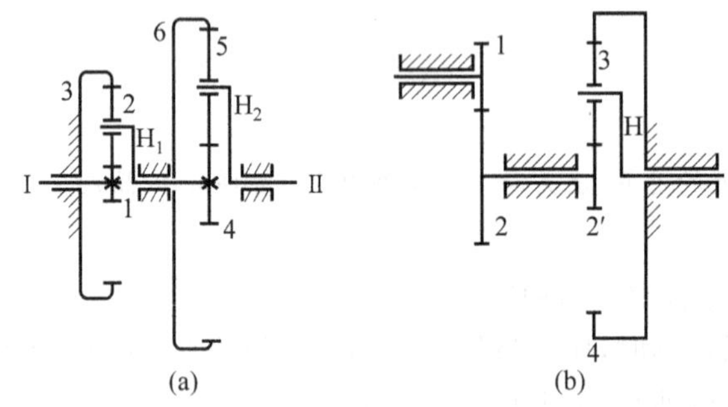

图 8-3 复合轮系

2. 轮系的功用

① 实现大的传动比。一对齿轮传动时，其传动比一般不大于 8，否则结构超大，小轮易损坏。而使用轮系则可在保证结构紧凑的前提下获得大的传动比(i 可达 10000)。

② 实现传递相距较远的两轴之间运动和动力的传递。当两轴间的距离较大时，用轮系传动，则可减少齿轮尺寸，节约材料，且制造安装都方便，如图 8-4 所示。

③ 实现变速传动。在图 8-5 所示变速箱的轮系中，利用三联齿轮 a 和双联齿轮 b 可实现 6 路不同的输出转速。这在各类机床或汽车中广泛运用。

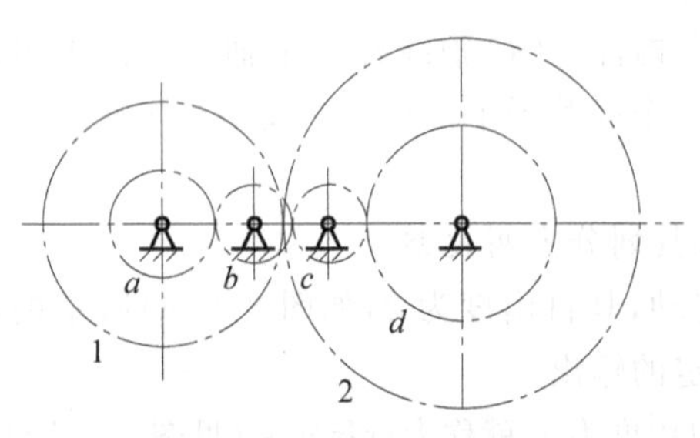

图 8-4 实现远距离传动

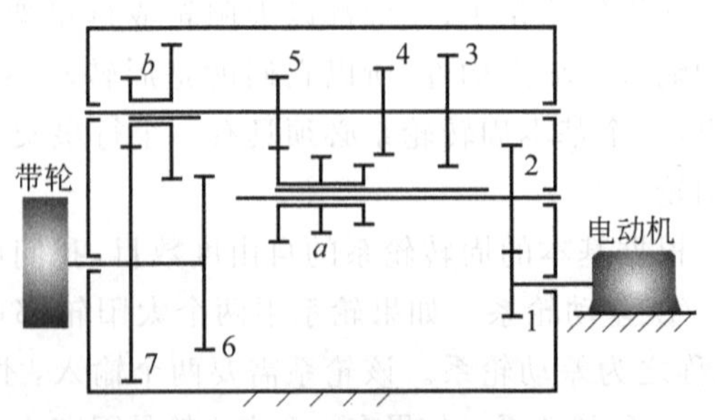

图 8-5 实现变速传动

④ 实现分路传动。利用齿轮系可使一个主动轴带动若干从动轴同时转动，将运动从不同的传动路线传动给执行机构，实现机构的分路传动。如钟表传动中，由发条驱动主动齿轮转动时，通过不同的齿轮啮合可分别获得分针、秒针、时针的不同转速。

⑤ 实现换向传动。在主动轴转向不变的情况下，利用中间惰轮可以改变从动轴的转向。

⑥ 做运动的分解与合成。在差动齿轮系中，当给定两个基本构件的运动后，第三个构件的运动是确定的。换言之，第三个构件的运动是另外两个基本构件运动的合成。同理，在差动齿轮系中，当给定一个基本构件的运动后，可根据附加条件按所需比例将该运动分解成另外两个基本构件的运动。如汽车后桥差速器即为分解运动的齿轮系。在汽车转弯时它可将发动机传到齿轮5的运动以不同的速度分别传递给左右两个车轮，以维持车轮与地面间的纯滚动，避免车轮与地面间的滑动摩擦导致车轮过度磨损。关于差速器的工作原理我们将在后面进行介绍。

8.2　定轴轮系传动比的计算

学习目标　会计算定轴轮系的传动比，能判断轮系中各轮的转向。

第 7 章已经介绍，一对齿轮的传动比是指该对齿轮的转速（或角速度）之比，而轮系的传动比是指所研究轮系中的首末两构件的转速（或角速度）之比，用 i_{ab} 表示。为了完整地描述 a、b 两构件的运动关系，计算传动比时不仅要确定两构件的角速度比的大小，而且要确定它们的转向关系。也就是说轮系传动比的计算内容包括大小和方向。

定轴轮系分为两大类：一类是所有齿轮的轴线都相互平行，称为平行轴定轴轮系（也称平面定轴轮系）；另一类轮系中有相交或交错的轴线，称为非平行轴定轴轮系（也称空间定轴轮系）。

对于平行轴定轴轮系，其转向关系可用正、负号表示：转向相同用正号，相反用负号。对于非平行轴定轴轮系，各轮转动方向用箭头表示。

1. 传动比的计算

下面首先以图 8-6 所示的定轴轮系为例介绍传动比的计算。

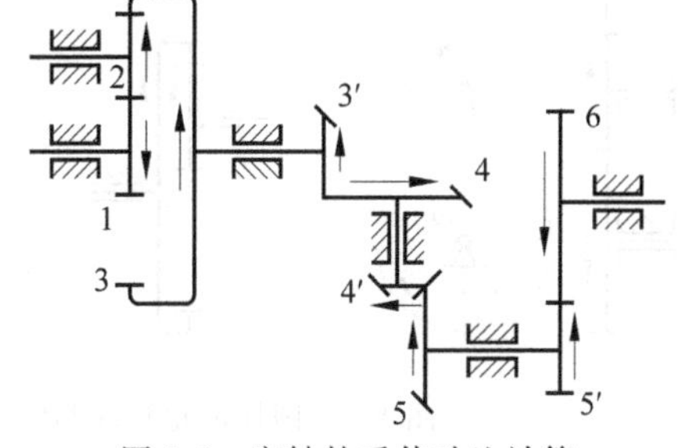

图 8-6　定轴轮系传动比计算

齿轮 1、2、3、5′、6 为圆柱齿轮；3′、4、4′、5 为圆锥齿轮。设齿轮 1 为主动轮（首轮），齿轮 6 为从动轮（末轮），其轮系的传动比为 $i_{16}=\frac{n_1}{n_6}$。

从图中可以看出，该齿轮共有 5 对齿轮啮合，其中齿轮 1、2 为外啮合，2、3 为内啮合。各对啮合齿轮中，轮 1、2、3′、4′、5′为主动轮，轮 2、3、4、5、6 为从动轮。根据第 7 章所介绍的内容，可以求得图中各对啮合齿轮的传动比大小：

1、2 齿轮：$i_{12}=\frac{n_1}{n_2}=\frac{z_2}{z_1}$　　2、3 齿轮：$i_{23}=\frac{n_2}{n_3}=\frac{z_3}{z_2}$

3′、4 齿轮：$i_{3'4}=\frac{n_{3'}}{n_4}=\frac{z_4}{z_{3'}}$　　4′、5 齿轮：$i_{4'5}=\frac{n_{4'}}{n_5}=\frac{z_5}{z_{4'}}$

5′、6 齿轮：$i_{5'6}=\frac{n_{5'}}{n_6}=\frac{z_6}{z_{5'}}$

因为轮 3 和轮 3′共轴，轮 4 和轮 4′共轴，所以有 $n_3=n_3'$、$n_4=n_4'$，观察分析以上式子可以看出，n_2、n_3、n_4 三个参数在这些式子的分子和分母中各出现一次。

我们的目的是求 i_{16}，将上面的式子连乘起来，可以得到

$$i_{12}i_{23}i_{3'4}i_{4'5}i_{5'6}=\frac{n_1}{n_2}\frac{n_2}{n_3}\frac{n_3}{n_4}\frac{n_4}{n_5}\frac{n_5}{n_6}=\frac{n_1}{n_6}=\frac{z_2}{z_1}\frac{z_3}{z_2}\frac{z_4}{z_{3'}}\frac{z_5}{z_{4'}}\frac{z_6}{z_{5'}}$$

所以

$$i_{16}=\frac{n_1}{n_6}=\frac{z_3z_4z_5z_6}{z_1z_{3'}z_{4'}z_{5'}}$$

式中分子、分母均无齿轮 2 的齿数 z_2，这是因为齿轮 2 在与齿轮 1′啮合时是从动轮，但在与齿轮 3 啮合时又为主动轮，因此可在等式右边分子分母中互消去 z_2。这说明齿轮 2 的齿数不影响轮系传动比的大小。但齿轮 2 的加入，改变了轮系的从动轮转向，这种齿轮称为惰轮（或称介轮）。

从上式还可看出，定轴轮系的传动比等于组成该轮系的各对啮合齿轮传动比的连乘积。其大小等于各对啮合齿轮所有从动轮齿数的连乘积与所有主动轮齿数连乘积之比。设定轴齿轮系中，首轮轮 1 的转速为 n_1，末轮轮 k 转速为 n_k，则此齿轮系的传动比为

$$i_{1k}=\frac{n_1}{n_k}=\frac{\text{从轮 1 到轮 }k\text{ 之间所有从动轮齿数的连乘积}}{\text{从轮 1 到轮 }k\text{ 之间所有主动轮齿数的连乘积}} \tag{8-1}$$

2. 转向关系的确定

齿轮传动的转向关系有用箭头法表示或用正、负号法表示两种方法。

(1) 箭头法　箭头法即在传动示意图中用箭头方向代表齿轮可见一侧的圆周速度方向，则首末轮及其他轮的转向关系均可在图中用箭头来表示。用箭头法判断从动轮转向时有以下几个要点。

① 内啮合的圆柱齿轮转向相同，外啮合的圆柱齿轮转向相反（见图 8-7）。

② 圆锥齿轮的转动方向要么同时指向啮合点，要么同时背离啮合点（见图 8-8）。

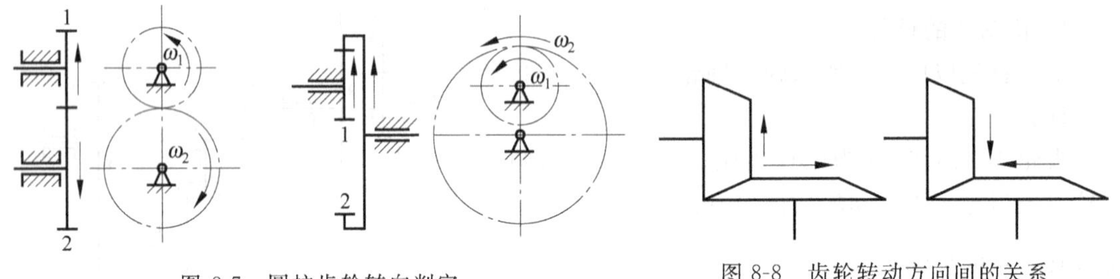

图 8-7　圆柱齿轮转向判定

图 8-8　齿轮转动方向间的关系

③ 蜗杆传动的转向判定在第 7 章中已有说明，即当蜗杆是左旋（或右旋）时，伸出左手（或右手）半握拳，用四指顺着蜗杆的旋转方向，大拇指指向的相反方向就是蜗轮的旋转方向（见图 8-9）。

在图 8-6 所示的轮系中，已知首轮 1（主动轮）的转向，则用箭头法可判定轮 1、6 的转向相同（见图 8-9）。

(2) 正、负号法　对于轮系所有齿轮轴线平行的轮系，由于两轮的转向或者相同、或者相反，因此我们规定：两轮转向相同，其传动比取“+”；转向相反，其传动比取“−”。其“+”、“−”可以用箭头法判断出的两轮转向关系来确定，如图 8-1 所示的轮系，用箭头法可判定首轮 1 和末轮 5 的转向相反；也可以直接计算而得到：由于在一个所有齿轮轴线平行的轮系中，每出现一对外啮合齿轮，齿轮的转向改变一次。如果有 m 对外啮合齿轮，可以用 $(-1)^m$ 表示传

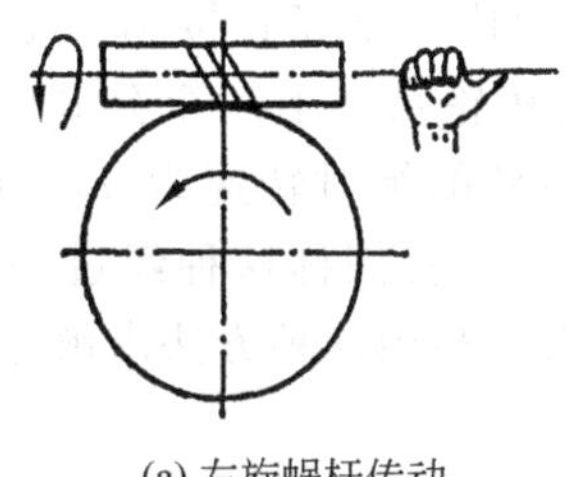

(a) 右旋蜗杆传动

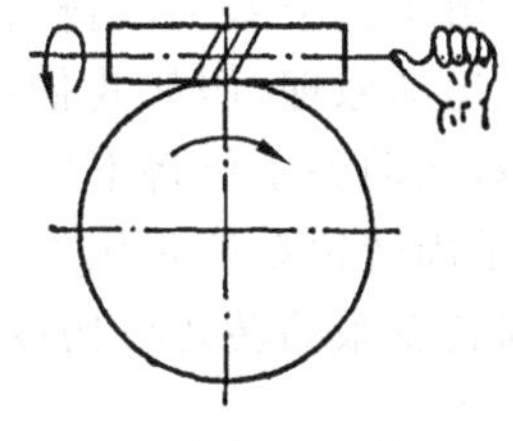

(b) 右旋蜗轮传动

图 8-9　蜗轮旋转方向判定

动比的正负号，图 8-1 所示轮系中首轮 1 与末轮 5 之间有三对外啮合，故两轮的转向相反。可见用两种方法判定转向的结果相同。

需要注意的是，在轮系中，轴线不平行的两个齿轮的转向没有相同或相反的意义，所以不能用正、负号法，只能用箭头法，如图 8-8 所示轮系。箭头法对任何一种轮系都是适用的。

在平行轴定轴齿轮系中，齿轮系的传动比可写为

$$i_{1k}=\frac{n_1}{n_k}=(-1)^m\frac{\text{从轮 1 到轮 } k \text{ 之间所有从动轮齿数的连乘积}}{\text{从轮 1 到轮 } k \text{ 之间所有主动轮齿数的连乘积}} \tag{8-2}$$

式中，m 为齿轮系中从轮 1 到轮 k 间，外啮合齿轮的对数。

以下举例说明定轴齿轮系的传动比计算。

例 8-1　在图 8-1 所示的齿轮系中，已知 $z_1=20$，$z_2=40$，$z_2'=30$，$z_3=60$，$z_3'=25$，$z_4=30$，$z_5=50$。若已知轮 1 的转速 $n_1=1440\text{r/min}$，试求轮 5 的转速。

解：此定轴齿轮系各轮轴线相互平行，且齿轮 4 为惰轮，齿轮系中有三对外啮合齿轮，由式(8-2)得

$$i=\frac{n_1}{n_5}=(-1)^3\frac{z_2}{z_1}\cdot\frac{z_3}{z_2'}\cdot\frac{z_4}{z_3'}\cdot\frac{z_5}{z_4}=(-1)^3\frac{40\times60\times30\times50}{20\times30\times25\times30}=-8$$

$$n_5=n_1/i=1440/(-8)=-180\text{r/min}$$

负号表示轮 1 和轮 5 的转向相反。

例 8-2　图 8-10 所示的轮系中，设已知 $z_1=16$，$z_2=32$，$z_2'=20$，$z_3=40$，$z_3'=2$，$z_4=40$，均为标准齿轮传动。已知轮 1 的转速 $n_1=1000\text{r/min}$，方向如图 8-10 所示，试求轮 4 的转速及转动方向。

解：由式(8-1)得

$$i=\frac{n_1}{n_4}=\frac{z_2}{z_1}\cdot\frac{z_3}{z_2'}\cdot\frac{z_4}{z_3'}=\frac{32\times40\times40}{16\times20\times2}=80$$

$$n_4=n_1/i=1000/80=12.5\text{r/min}$$

轮 4 的转向如图所示为逆时针转动。

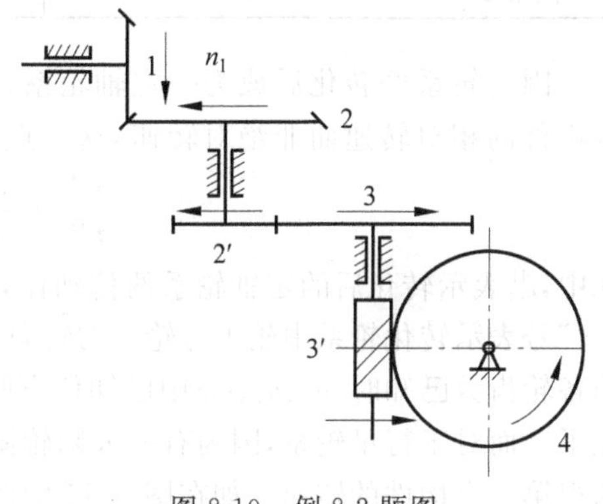

图 8-10　例 8-2 题图

8.3　周转轮系传动比的计算

学习目标　理解周转轮系的转化原理，会计算周转轮系的传动比。

通过对周转轮系和定轴轮系的观察分析发现，它们之间的根本区别就在于周转轮系中有着转动的系杆，使得行星轮既有自转又有公转，那么各轮之间的传动比计算就不再是与齿数成

反比的简单关系了。由于这个差别，周转轮系的传动比就不能直接利用定轴轮系的方法进行计算。但是根据相对运动原理，假如我们给整个周转轮系加上一个公共的转速“n_H”，则各个齿轮、构件之间的相对运动关系仍将不变，但这时系杆的绝对转速为 $n_H - n_H = 0$，即系杆相对变为“静止不动”，于是周转轮系便转化为定轴轮系了。我们称这种经过一定条件转化得到的假想定轴轮系为原周转轮系的转化机构或转化轮系。利用这种方法求解轮系的方法称为转化轮系法。

如图 8-11 所示为一基本周转轮系。按照上述方法转化后得到定轴轮系如图 8-12 所示，在转化轮系中，各构件的转速变化情况如表 8-1 所示。

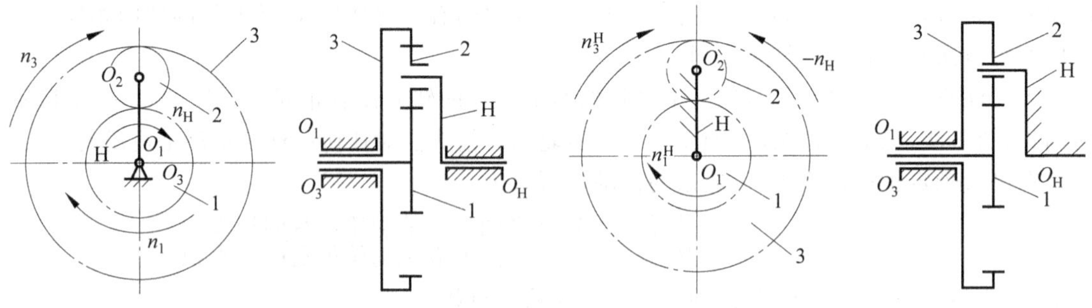

图 8-11 周转轮系分析图　　　　图 8-12 周转轮系转化图

表 8-1 周转轮系转化前后各构件的转速

构　件	原来转速(绝对速度)	转化后转速(相对于行星架的相对速度)
行星架 H	n_H	$n_H - n_H = 0$
齿轮 1	n_1	$n_1^H = n_1 - n_H$
齿轮 2	n_2	$n_2^H = n_2 - n_H$
齿轮 3	n_3	$n_3^H = n_3 - n_H$
机架 4	$n_4 = 0$	$n_4 = -n_H$

因为轮系经转化后成为一定轴轮系，故可套用定轴轮系传动比的计算公式，但式中需代入各构件的相对转速而非绝对转速，这一点必须特别注意，所以有

$$i_{13}^H = \frac{n_1^H}{n_3^H} = \frac{n_1 - n_H}{n_3 - n_H} = -\frac{z_2 z_3}{z_1 z_2} = -\frac{z_3}{z_1} \tag{8-3}$$

式中，i_{13}^H 表示转化后的定轴轮系的传动比，即轮 1 与轮 3 相对于行星架 H 的传动比。齿数前的“-”号表示转化轮系中轮 1 与轮 3 的转向相反。式(8-3)建立了 n_1、n_3、n_H 与齿数比之间的关系，当各轮齿数已知时，n_1、n_3、n_H 中已知任意两个，便可求得第三个，也就可以求得构件之间的传动比了。而对于行星轮系，因为有一太阳轮固定，转速为零，故只需知道其中一个构件的速度，便可求得第三个构件的转速。如在图 8-11 中假设 $n_3 = 0$，则此时行星轮系的传动比为

$$i_{13}^H = \frac{n_1^H}{n_3^H} = \frac{n_1 - n_H}{0 - n_H} = -\frac{z_3}{z_1}$$

即

$$i_{1H} = \frac{n_1}{n_H} = 1 - i_{13}^H \tag{8-4}$$

由上述分析可以得出周转轮系的转化轮系传动比计算的一般公式为

$$i_{Ak}^H = \frac{n_A^H}{n_k^H} = \frac{n_A - n_H}{n_k - n_H} = \pm\frac{\text{从 A 轮到 k 轮之间所有从动轮齿数的连乘积}}{\text{从 A 轮到 k 轮之间所有主动轮齿数的连乘积}} \tag{8-5}$$

由于在周转轮系的转化过程中，包含了转速的代数叠加，所以应用式(8-5)时必须注意：

① 齿轮 A、k 和系杆 H 的轴线必须平行。

② n_A、n_k、n_H 需在假定正方向的前提下代入公式，反方向应代入负值。

③ 必须用"±"号将和的转向关系表示在齿数前，因为该符号不仅表明转化轮系中 A、k 两构件的转向关系，而且直接影响 n_A、n_B 和 n_H 之间的数值关系，进而影响传动比计算结果的正确性，因此不能漏判或错判。

下面举例说明周转轮系的传动比计算。

例 8-3　在图 8-11 所示的轮系中，设 $z_1'=z_2=20$，$z_3=60$。试求：①当轮 3 固定，$n_1=1$r/min 时，n_H 及 i_{1H} 的值。②当 $n_1=1$r/min，$n_3=-1$r/min 时，n_H 及 i_{1H} 的值。③当 $n_1=1$r/min，$n_3=1$r/min 时，n_H 及 i_{1H} 的值。

解：① 轮 3 固定，$n_3=0$，则转化后的定轴轮系的传动比：

$$i_{13}^H=\frac{n_1^H}{n_3^H}=\frac{n_1-n_H}{0-n_H}=-\frac{z_3}{z_1}=-\frac{60}{20}=-3$$

由式(8-4)可得

$$i_{1H}=\frac{n_1}{n_H}=1-i_{13}^H=1-(-3)=4$$

结果为正，说明轮 1 与系杆转向相同。则 $n_H=\dfrac{n_1}{i_{1H}}=\dfrac{1}{4}$

② $n_1=1$r/min，$n_3=-1$r/min 时，由

$$i_{13}^H=\frac{n_1^H}{n_3^H}=\frac{n_1-n_H}{n_3-n_H}=\frac{1-n_H}{-1-n_H}=-\frac{z_3}{z_1}=-\frac{60}{20}=-3$$

可求得

$$n_H=-\frac{1}{2}\text{r/min}$$

$i_{1H}=\dfrac{n_1}{n_H}=\dfrac{1}{-1/2}=-2$，符号为负，说明两者转向相反。

③ $n_1=1$r/min，$n_3=1$r/min 时，由 $i_{13}^H=\dfrac{n_1^H}{n_3^H}=\dfrac{n_1-n_H}{n_3-n_H}=\dfrac{1-n_H}{-1-n_H}=-\dfrac{z_3}{z_1}=-3$ 可求得

$$n_H=1\text{r/min}$$

$$i_{1H}=\frac{n_1}{n_H}=\frac{1}{1}=1$$

两者转向相同。$n_1=n_2=n_H$ 即三个基本构件无相对运动。

例 8-4　在图 8-13 所示的行星轮系中，已知 $z_1=z_2'=100$，$z_3=99$，$z_2=101$，行星架 H 为原动件，试求传动比 i_{H1}。

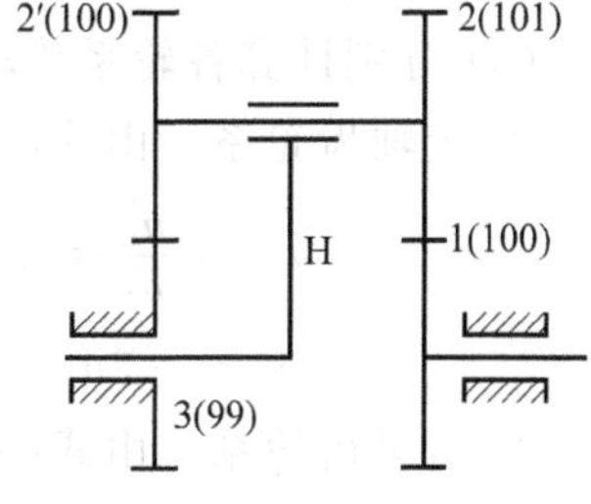

图 8-13　例 8-4 题图

解：$i_{13}^H=\dfrac{n_1-n_H}{n_3-n_H}=\dfrac{n_1-n_H}{0-n_H}=\dfrac{z_2z_3}{z_1z_2'}=\dfrac{101\times99}{10000}$

$$i_{1H}=\frac{n_1}{n_H}=1-i_{13}^H$$

所以

$$i_{1H}=1-\frac{99\times101}{10000}=\frac{1}{10000}$$

则

$$i_{H1}=10000$$

结果为正，即系杆 H 转 10000 转时，齿轮 1 同方向转过 1 转。本例说明，行星轮系用少数几个齿轮就能获得很大的传动比。

在本题轮系中，若将轮 3 的齿数 z_3 由 99 改为 100，则

$$i_{H1}=1-\frac{100\times 101}{10000}=-100$$

即系杆 H 转 100 转时，轮 1 反方向转过 1 转。

若将轮 2 的齿数 z_2 由 101 改为 100，则

$$i_{H1}=1-\frac{99\times 100}{10000}=100$$

即系杆 H 转 100 转时，轮 1 同方向转过 1 转。

从结果可以看出，同一种结构形式的周转轮系，由于其中某一齿轮的齿数略有变化（本例中仅差一个齿），其传动比则会发生巨大变化，构件转向也有可能会改变，这一点也是周转轮系与定轴轮系不同的地方。

8.4 复合轮系传动比的计算

学习目标 会对复合轮系进行分析，能将其正确分解为基本轮系单元，并计算出其传动比。

因为复合轮系中既包含定轴轮系，又包含周转轮系，或者包含有几个基本周转轮系，在计算其传动比时，不能将整个轮系单纯地按求定轴轮系或周转轮系传动比的方法来计算，而应将复合轮系中的定轴轮系与周转轮系区别开，分别列出它们的传动比计算公式，最后找到各轮系中的关系，联立求解。

分析复合轮系的关键是先找出周转轮系。方法是先找出行星轮和系杆，再找出与行星轮啮合的太阳轮。行星轮、太阳轮和系杆构成一个周转轮系。找出所有的周转轮系后，剩下的就是定轴轮系。

下面举例说明复合轮系传动比的计算方法。

例 8-5 在图 8-14 所示的轮系中，已知 $z_1=20$，$z_2=40$，$z_2'=20$，$z_3=30$，$z_4=60$，试求 i_{1H}。

解：(1) 分析轮系

按行星轮轴线可转的特征，找到由行星架 H 支承的行星轮 3，以行星轮 3 为核心，找到与其相啮合的有太阳轮 2′和 4。分析可知该轮系为一平行轴定轴轮系与简单行星轮系组成的组合轮系，其中，行星轮系：2′—3—4—H；定轴轮系：1—2。

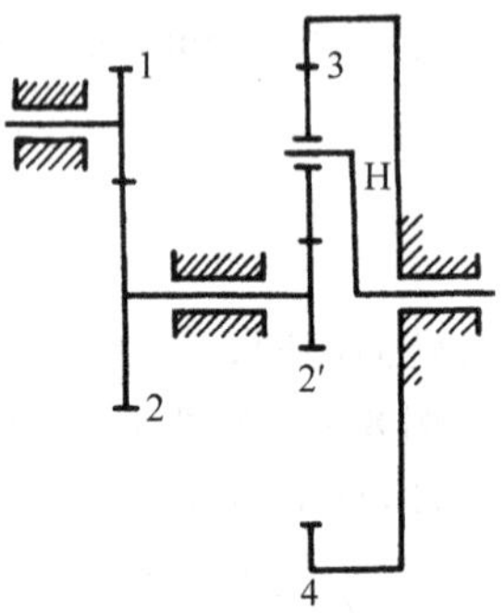

图 8-14 例 8-5 题图

(2) 分析轮系中各轮之间的内在关系

由图中可知 $n_4=0$，$n_2=n_2'$

(3) 分别计算各轮系传动比

① 定轴齿轮系。由式(8-2)得

$$i_{12}=\frac{n_1}{n_2}=(-1)^1\frac{z_2}{z_1}=-\frac{40}{20}=-2$$

$$n_1=-2n_2 \qquad (1)$$

② 行星齿轮系。由式(8-5)得

$$i_{2'4}^{H}=\frac{n_{2'}^{H}}{n_4^{H}}=\frac{n_2'-n_H}{n_4-n_H}=-\frac{z_4z_3}{z_3z_2'}=-\frac{60}{20}=-3 \qquad (2)$$

③ 联立求解。联立(1)、(2)式，代入 $n_4=0$，$n_2=n_2'$ 得

$$\frac{n_2-n_H}{0-n_H}=-3 \quad 即 \quad n_H=\frac{n_2}{4}$$

所以 $i_{1H}=\dfrac{n_1}{n_H}=\dfrac{-2n_2}{\dfrac{n_2}{4}}=-8$，即轮 1 转 8 转时，系杆 H 反方向转过 1 转。

例 8-6　如图 8-15 所示为一汽车后桥差速器。已知各轮齿数，主动轮 5 的转速 n_5，左右两车轮间的距离为 $2L$。求汽车直线行驶和沿半径为 r 的弯道上转弯时左右两轮的转速。

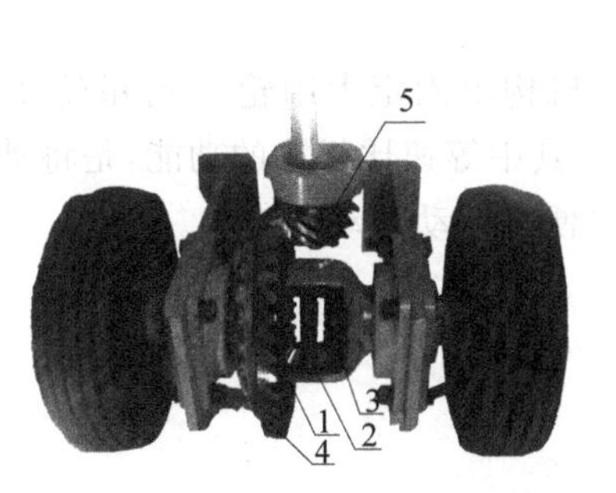

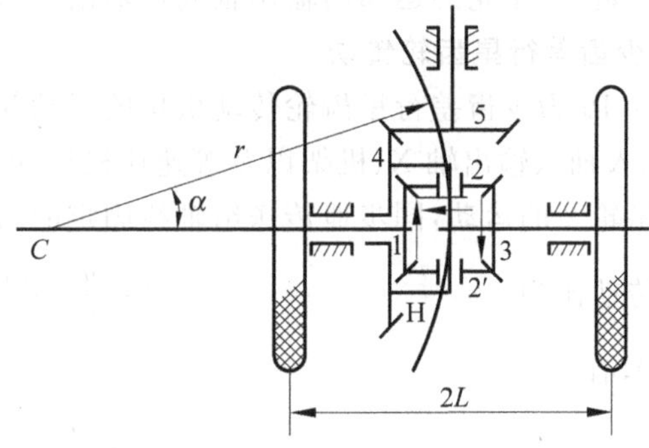

图 8-15　汽车差速器

解：差速器是混合轮系，可划分为由齿轮 1、2、3 和系杆 H 组成的差动轮系和由齿轮 4、5 组成的定轴轮系，且系杆 H 的转速与轮 4 的转速相同。

按式(8-1)，齿轮 4、5 组成的定轴轮系的传动比为

$$i_{45}=\frac{n_4}{n_5}=\frac{z_5}{z_4} \tag{1}$$

因为，这一定轴轮系的轴线不平行，因此不能采用符号判断转向。

齿轮 1、2、3 及 4(转臂 H)组成的差动轮系的传动比为

$$i_{13}^H=\frac{n_1-n_H}{n_3-n_H}=\frac{n_1-n_4}{n_3-n_4}=-\frac{z_3}{z_1}=-1 \quad 故 \quad n_4=\frac{n_1+n_3}{2} \tag{2}$$

当汽车直线行驶时，因左右两轮所行的距离相等，根据能耗最低原理，行星轮不自转，$n_1=n_3=n_4$，也就是说齿轮 1 和 3 之间没有相对转动，它们成为一个整体，共同随齿轮 4 一起转动。

当汽车转弯沿圆弧行驶时，例如汽车向左转时，车体将以 ω 的角速度绕 C 点旋转，其右轮所行的外圈距离大于左轮所行的内圈距离。由于两车轮的直径大小相等，而它们和地面之间又是纯滚动，所以应满足以下关系：

$$\begin{cases} v_1=(r-L)\omega \\ v_3=(r+L)\omega \end{cases}$$

则

$$\frac{n_1}{n_3}=\frac{v_1}{v_3}=\frac{r-L}{r+L} \tag{3}$$

即该轮系(差速器)可根据汽车转弯半径大小自动分解 n_H，使 n_1、n_3 符合转弯的要求。

联立式(1)、(2)、(3)可得

$$\begin{cases} n_1=\dfrac{2L}{r-L}\times\dfrac{z_5}{z_4}n_5 \\[2ex] n_3=\dfrac{r+L}{r-L}\times\dfrac{z_5}{z_4}n_5 \end{cases}$$

8.5 几种特殊的行星传动简介

学习目标 对少齿差行星齿轮传动、和谐波齿轮传动等几种特殊的行星轮系的结构及工作原理有一定认知。

本节介绍几种特殊行星传动的原理、结构和应用。它们的基本原理与行星轮系相同，只是太阳轮固定，行星轮的运动由输出轴同步输出。

1. 少齿差行星齿轮传动

图 8-16 为少齿差行星齿轮传动机构的运动简图，该机构由固定太阳轮 1、行星轮 2、行星架 H(输入轴)、输出轴 X、机架以及等速比机构 M 组成。其中等速比机构的功能，是将轴线可动的行星轮 2 的运动，同步地传送给轴线固定的 X 轴，以便将运动和动力输出。

其传动比为

$$i_{12}^{H}=\frac{n_1-n_H}{n_2-n_H}=\frac{z_2}{z_1}$$

因 $n_1=0$，有

$$\frac{0-n_H}{n_2-n_H}=\frac{z_2}{z_1}$$

得

$$i_{H2}=-\frac{z_2}{z_1-z_2} \tag{8-6}$$

由式(8-6)可以知道，齿数差值(z_1-z_2)越小，则传动比越大。

少齿差行星齿轮传动机构，按齿廓形状可以分为采用渐开线作齿廓的渐开线少齿差行星齿轮传动和采用摆线作齿廓的摆线少齿差行星齿轮传动。

图 8-17 为摆线少齿差行星齿轮传动示意图，行星轮 2 采用摆线作齿廓，与渐开线少齿差行星齿轮传动相比，制造和装配难度增大，固定太阳轮 1 的齿形，在理论上呈针状，实际上制成滚子，固定在壳体上，称为针轮，故这种传动又称为摆线针轮行星传动。

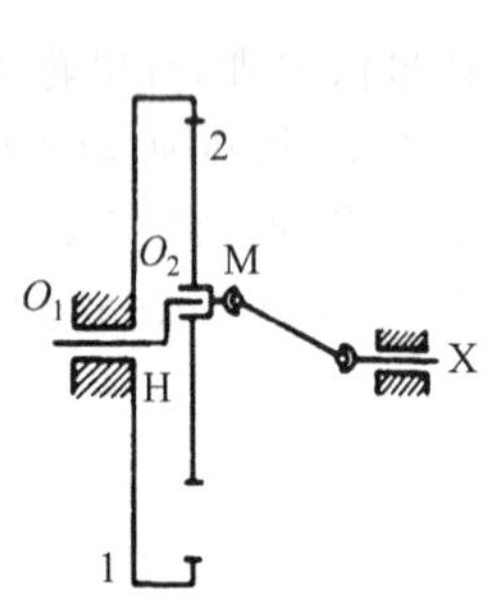

图 8-16 少齿差行星齿轮传动

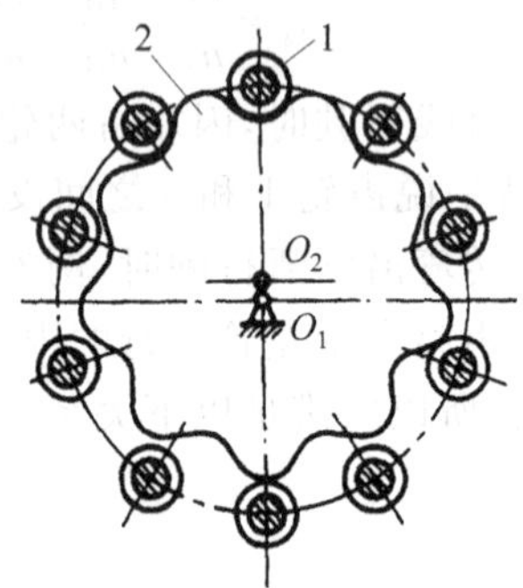

图 8-17 摆线针轮行星传动

摆线少齿差行星齿轮传动的齿数差(z_1-z_2)为 1，单级传动比可达 9～87，啮合齿数多，摩擦、磨损小，承载能力强。

少齿差行星齿轮传动机构，结构紧凑，传动比大。渐开线少齿差行星齿轮传动适用于中、小型动力传动，在轻工、化工等机械中广泛应用；摆线少齿差行星齿轮传动在军工、冶金、造船等工业机械中广泛应用。

2. 谐波齿轮传动

图 8-18 是谐波齿轮传动示意图。它主要由谐波发生器 H(相当于行星架 H)、刚轮 1(相当于太阳轮)和柔轮 2(相当于行星轮)组成。柔轮 2 是一个容易变形的外齿圈,刚轮 1 是一个刚性内齿圈,它们的齿距相等,但柔轮 2 比刚轮 1 少一个或几个齿。谐波发生器由一个转臂和几个滚子组成。通常谐波发生器 H 为输入端,柔轮 2 为输出端,刚轮 1 固定不动。

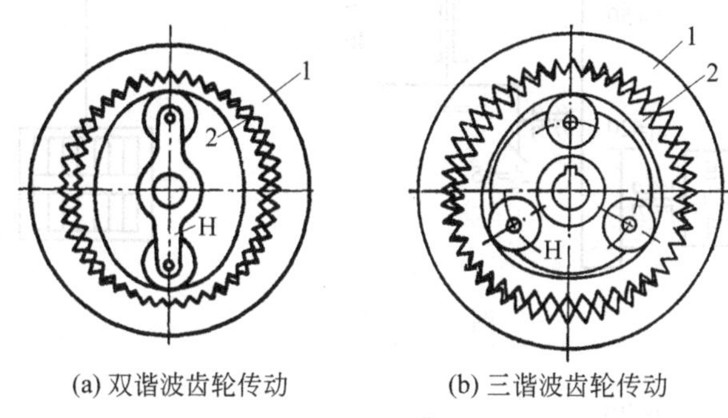

(a) 双谐波齿轮传动　　(b) 三谐波齿轮传动

图 8-18　谐波齿轮传动

把谐波发生器 H 装入柔轮 2 内后,当谐波发生器 H 转动时,因为柔轮 2 的内孔径略小于谐波发生器 H 的长度,所以迫使柔轮产生弹性变形而呈椭圆形状。椭圆长轴两端轮齿进入啮合,而短轴两端轮齿脱开,其余处的轮齿处于过渡状态。随着谐波发生器回转,柔轮长、短轴位置不断周期性地变化,轮齿啮合位置也随着周期性地变化,由于刚轮不动,且刚轮的齿数大于柔轮齿数,导致柔轮转动,并由柔轮直接将运动输出。

谐波齿轮传动与摆线针轮行星齿轮传动相比,除传动比大、体积小、重量轻外,因不需等角速比机构,大大简化了结构,密封性好;同时参加啮合的齿数多,故承载能力强,传动平稳。

由于柔轮周期性变形,容易发热和疲劳,故要求柔轮的抗疲劳强度高、热处理性能要好。

谐波齿轮传动已广泛应用于仪表、船舶、能源及军事装备中。

思考题与习题

8-1　轮系比单对齿轮传动,在功能方面有哪些扩展?

8-2　定轴轮系传动比的正、负号代表什么意思?什么情况下可用正、负号?什么情况下不可用正、负号?

8-3　什么是惰轮?它在轮系中有何作用?

8-4　定轴轮系与周转轮系的主要区别是什么?

8-5　为什么要引入转化轮系?i_{13}与i_{13}^{H}有什么不同?

8-6　图 8-19 所示为一电动提升装置,其中各轮齿数均为已知,试求传动比i_{15},并画出当提升重物时电动机的转向。

8-7　图 8-20 所示轮系中,已知齿轮 1 的转速为 240r/min,齿轮 9 的模数为 5mm,各轮齿数如图中标注,试求齿条 10 的速度v_{10};若轮 1 转向如图所示,请确定齿轮 10 的移动方向。

8-8　如何求复合轮系的传动比?

8-9　在图 8-21 所示的轮系中,已知传动比$i_{1H}=7.5$,行星轮齿数为 3,各齿轮为标准齿轮且模数相等。试确定各轮的齿数。

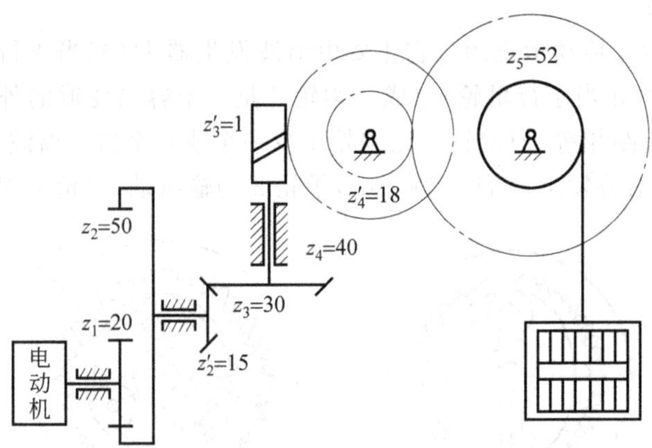

图 8-19　题 8-6 图

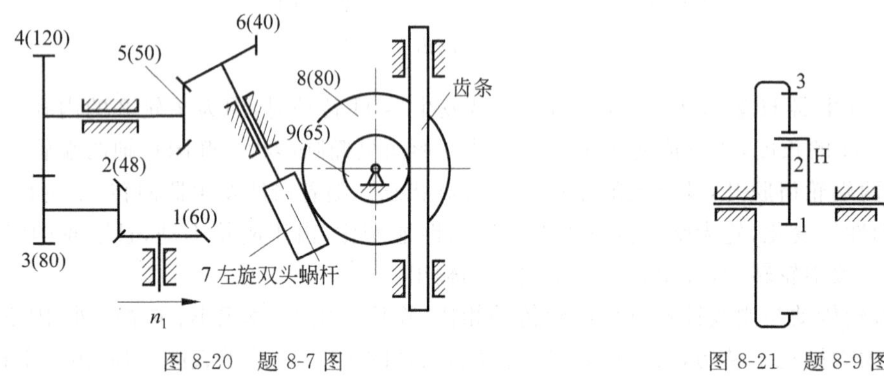

图 8-20　题 8-7 图　　图 8-21　题 8-9 图

8-10　在图 8-22 所示轮系中，已知 $z_1=z_2=48$，$z_2'=18$，$z_3=24$，$n_1=250\text{r/min}$，$n_3=100\text{r/min}$，方向如图所示。试求 n_H 的大小和方向。

8-11　在图 8-23 所示减速装置中，已知各轮齿数为 $z_1=z_2=20$，$z_3=60$，$z_4=90$，$z_5=210$，齿轮 1 联于电动机的轴上，电动机的转速为 1440r/min。求轴 A 的转速 n_A 及其回转方向。

8-12　在图 8-24 所示轮系中，动力由电动机输给轮 1，由轮 4 输出。已知 $z_1=18$、$z_2=36$、$z_2'=33$、$z_3=90$、$z_4=87$，求传动比 i_{14}。

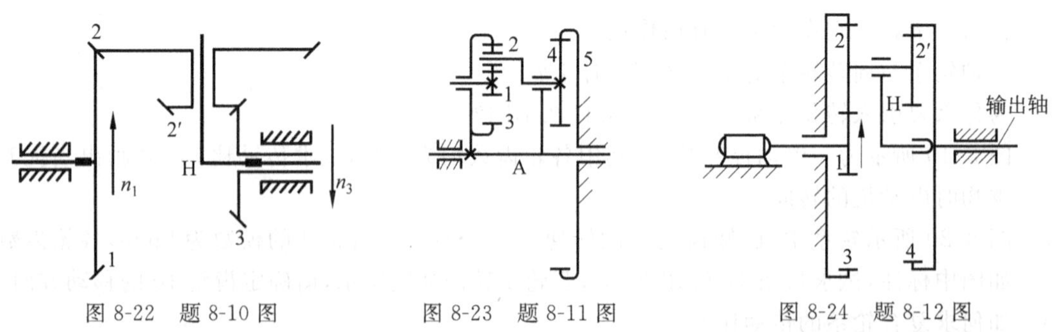

图 8-22　题 8-10 图　　图 8-23　题 8-11 图　　图 8-24　题 8-12 图

第9章

机械中的支承部件

前面我们已经介绍了机械中的联接件、传动件及常用机构等，本章将主要介绍机械中的主要支承部件——轴和轴承。

9.1 滑动轴承

学习目标 能描述轴承的功用与分类，清楚滑动轴承与滚动轴承的区别与使用场合；对滑动轴承的分类、结构、材料及润滑有一定的认知。

1. 轴承概述

(1) 轴承的功用 轴承用于支撑做旋转运动的轴（包括轴上的零件），保持轴的旋转精度，减小轴与支承间的摩擦和磨损。

(2) 轴承的分类与特点 按轴与轴承间的摩擦形式，轴承可分两大类。

① 滚动轴承。图9-1(a)所示为滚动轴承的结构原理图。滚动轴承内有滚动体，运行时运动副为滚动摩擦，摩擦因数与磨损较小。

滚动轴承的摩擦阻力小，载荷、转速及工作温度的适用范围广，且为标准件，有专门厂家大批量生产，质量可靠，供应充足，润滑、维修方便，但径向尺寸较大，有振动和噪声。

由于滚动轴承的机械效率较高，对轴承的维护要求较低，因此在中、低转速以及精度要求较高的场合得到广泛应用。

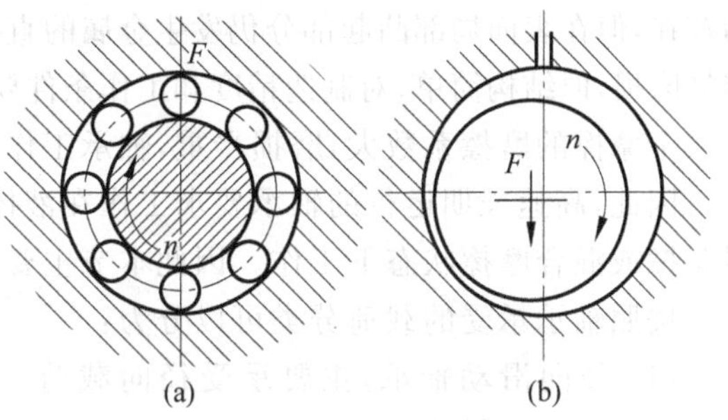

图9-1 轴承的结构原理

② 滑动轴承。图9-1(b)所示为滑动轴承的结构原理图。工作时轴承和轴颈的支承面间形成直接或间接滑动摩擦，为减小摩擦与磨损，对摩擦副间的润滑要求较高。

滑动轴承结构简单、径向尺寸小、易于制造、便于安装，且具有工作平稳、无噪声、耐冲击和承载能力强等优点。但润滑不良时，会使滑动轴承迅速失效，并且轴向尺寸较大。

滑动轴承适用于要求不高或有特殊要求的场合，如转速特高、承载特重、回转精度特高、承受巨大冲击和振动、轴承结构需要剖分、径向尺寸特小等场合。

2. 滑动轴承的类型与特点

滑动轴承的运动形式是以轴颈与轴瓦相对滑动为主要特征，即摩擦性质为滑动摩擦。实践表明，由于滑动轴承的润滑条件不同，会出现不同的摩擦状态。轴承工作面的摩擦状态分为干摩擦状态、边界摩擦状态、液体摩擦状态和混合摩擦状态四类，如图 9-2 所示。

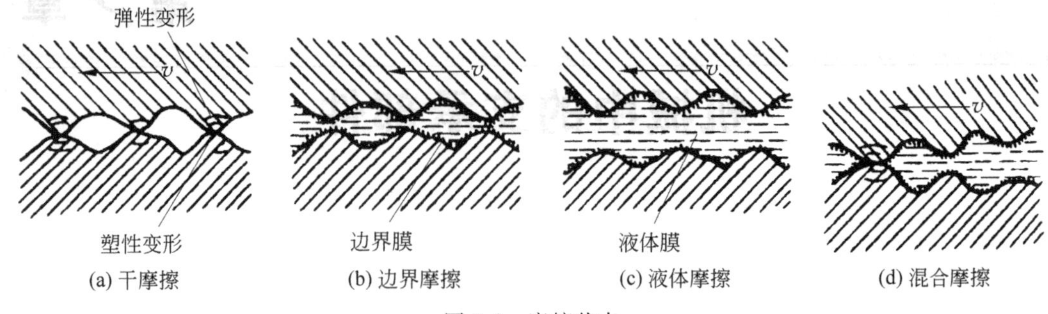

图 9-2　摩擦状态

摩擦表面直接接触，相对滑动，又不加入任何润滑剂，称为干摩擦；两摩擦表面被润滑油完全隔开，摩擦性质仅取决于流体内部分子之间黏性阻力的称为液体摩擦；两摩擦表面被吸附在表面的边界膜隔开，摩擦性质取决于边界膜和表面吸附性质的称为边界摩擦状态；实际上，干摩擦状态和边界摩擦状态很难精确区分，所以这两种摩擦状态也常常归并为边界摩擦状态。在实际应用中，轴承工作表面有时是边界摩擦和液体摩擦并存的混合状态，称为混合摩擦。边界摩擦和混合摩擦又常称为非液体摩擦。

所以，滑动轴承按其摩擦性质可以分为液体滑动摩擦轴承和非液体滑动摩擦轴承两类。

(1) 液体滑动摩擦轴承　由于在液体滑动轴承中，轴颈和轴承的工作表面被一层润滑油膜隔开，两零件之间没有直接接触，轴承的阻力只是润滑油分子之间的摩擦，所以摩擦系数很小，一般仅为 0.001～0.008。这种轴承的寿命长、效率高，但是制造精度要求也高，并需要在一定的条件下才能实现液体摩擦。

(2) 非液体滑动摩擦轴承　非液体滑动摩擦轴承的轴颈与轴承工作表面之间虽有润滑油的存在，但在表面局部凸起部分仍发生金属的直接接触。因此摩擦系数较大，一般为 0.1～0.3，容易磨损，但结构简单，对制造精度和工作条件要求不高，故在机械中得到广泛使用。

干摩擦的摩擦系数大，磨损严重，轴承工作寿命短，所以在滑动轴承中应力求避免。

因此，高速长期运行的轴承要求工作在液体摩擦状态下，一般工作条件下轴承则维持在边界摩擦或混合摩擦状态下工作。因此本节主要讨论非液体滑动摩擦轴承。

按照轴承承受的载荷分类可以分为：

(1) 径向滑动轴承，主要承受径向载荷 F_R（如图 9-3(a)所示）。

(2) 推力滑动轴承（也称止推滑动轴承），主要承受轴向载荷 F_A（如图 9-3(b)所示）。

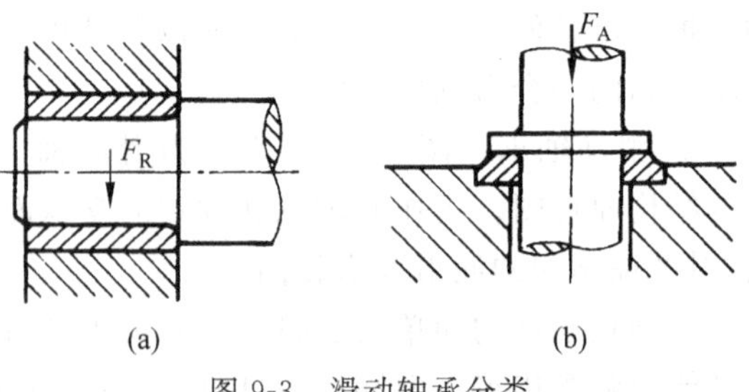

图 9-3　滑动轴承分类

在机械中，虽然广泛采用滚动轴承，但在许多情况下又必须采用滑动轴承。这是因为滑动轴承有其独特的优点是滚动轴承不能代替的。滑动轴承的主要优点是：结构简单，制造、加工、拆装方便；具有良好的耐冲击性和良好的吸振性能，运转平稳，旋转精度高；寿命长。但是也有其缺点，主要有维护复杂，对润滑条件要求较高；边界润滑轴承，摩擦损耗较大。滑动轴承常用于大型汽轮机、发电机、压缩机、轧钢机及高速磨床上。此外，在低速而带有冲击载荷的机器中，如水泥搅拌器、滚筒清砂机、破碎机等冲压机械、农业机械中也多采用滑动轴承。

3. 滑动轴承的结构

(1) 径向滑动轴承　常用的径向滑动轴承,我国已经制定了标准,通常情况下可以根据工作条件进行选用。径向滑动轴承可以分为整体式和剖分式(对开式)两大类。

① 整体式径向滑动轴承。整体式滑动轴承(JB/T 2560—2007)如图 9-4 所示。它由轴承座和轴承套组成。轴承套压装在轴承座孔中,一般配合为 H8/s7。轴承座用螺栓与机座联接,顶部设有安装注油杯的螺纹孔。轴套上开有油孔,并在其内表面开油沟以输送润滑油。这种轴承结构简单、制造成本低,但当滑动表面磨损后无法修整,而且装拆轴的时候只能做轴向移动,有时很不方便,有些粗重的轴和中间具有轴颈的轴(如内燃机的曲轴)就不便或无法安装。所以,整体式滑动轴承多用于低速、轻载和间歇工作的场合,例如手动机械、农业机械中等。

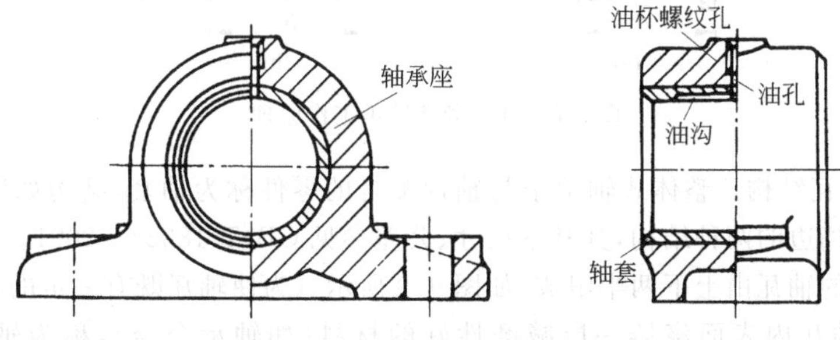

图 9-4　整体式径向滑动轴承

② 剖分式滑动轴承。如图 9-5 所示,剖分式滑动轴承由轴承盖、轴承座、剖分轴瓦和螺栓组成。

轴承座水平剖分为轴承座和轴承盖两部分,并用两(或四)个螺栓联接。为了防止轴承盖和轴承座横向错动和便于装配时对中,轴承盖和轴承座的剖分面做成阶梯状。剖分式滑动轴承在装拆轴时,轴颈不需要轴向移动,装拆方便。另外,适当增减轴瓦剖分面间的调整垫片,可以调节轴颈与轴承之间的间隙。为使润滑油能均匀地分布在整个工作表面上,一般在不承受载荷的轴瓦表面开出油沟和油孔。这种轴承所受的径向载荷方向一般不超过剖分面垂线左右 35°的范围,否则应该使用斜剖分面轴承。

在图 9-6 所示的剖分式斜滑动轴承中,轴承剖分面与水平面成 45°角,轴承载荷的方向应位于垂直剖分面的轴承中心线左右 35°的范围内,其特点与对剖开式正滑动轴承相同。

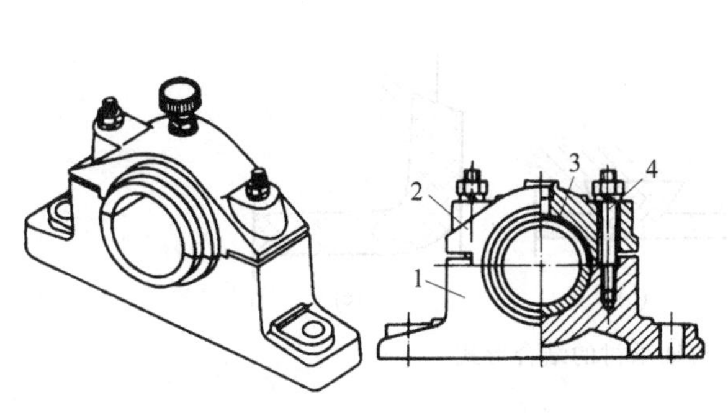

图 9-5　剖分式正滑动轴承

1—轴承座;2—轴承盖;3—轴瓦;4—螺柱

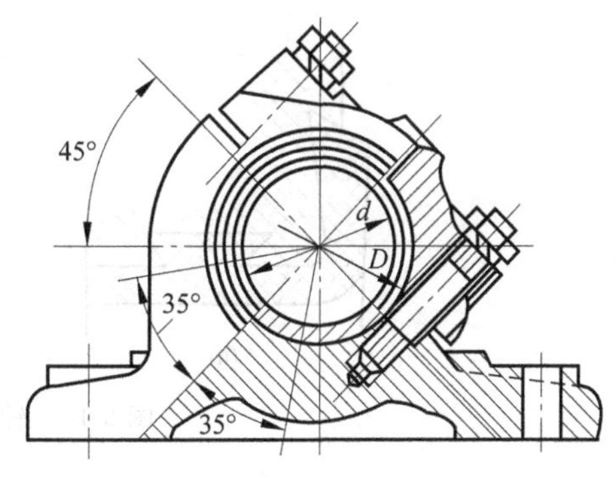

图 9-6　剖分式斜滑动轴承

当轴颈较长(宽径比大于 1.5～1.75),轴的刚度较小,或由于两轴承不是安装在同一刚性机架上,同心度较难保证时,都会造成轴瓦端部的局部接触(如图 9-7(a)所示),使轴瓦局部严重磨损,为此可采用能相对轴承自行调节轴线位置的滑动轴承,称为可调滑动轴承(如图 9-7(b)所示)。这种滑动轴承的结构特点是轴瓦的外表面做成凸形球面,与轴承盖及轴承座上的凹形球面相配合,当轴变形时,轴瓦可随轴线自动调节位置,从而保证轴颈和轴瓦为球面接触。

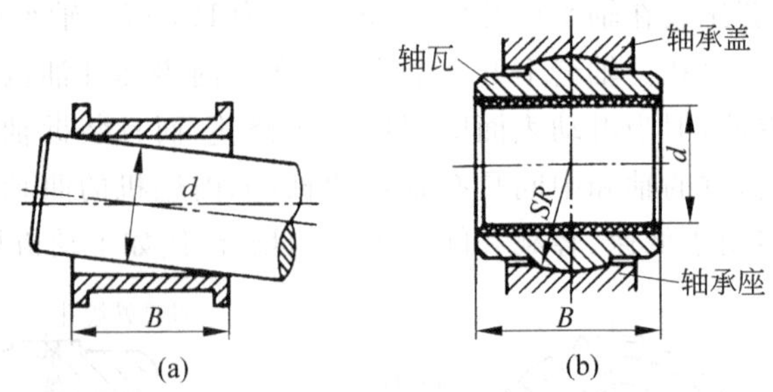

图 9-7 可调滑动轴承工作原理

③ 轴套与轴瓦结构。整体式轴承中与轴颈配合的零件称为轴套,结构如图 9-8 所示,分为不带挡边和带挡边的两种结构,其基本尺寸、公差参见 GB/T 18324—2001。

剖分式轴承的轴瓦由上下两半组成,如图 9-9 所示。为使轴瓦既有一定的强度,又有良好的减磨性,常在轴瓦内表面浇铸一层减磨性好的材料(如轴承合金),称为轴承衬,厚度为 0.5～6mm。轴承衬应可靠的贴合在轴瓦表面上,为此可以采用如图 9-10 所示的结合形式,图 9-10(a)、图 9-10(b)用于钢制轴瓦,图 9-10(c)用于青铜轴瓦。

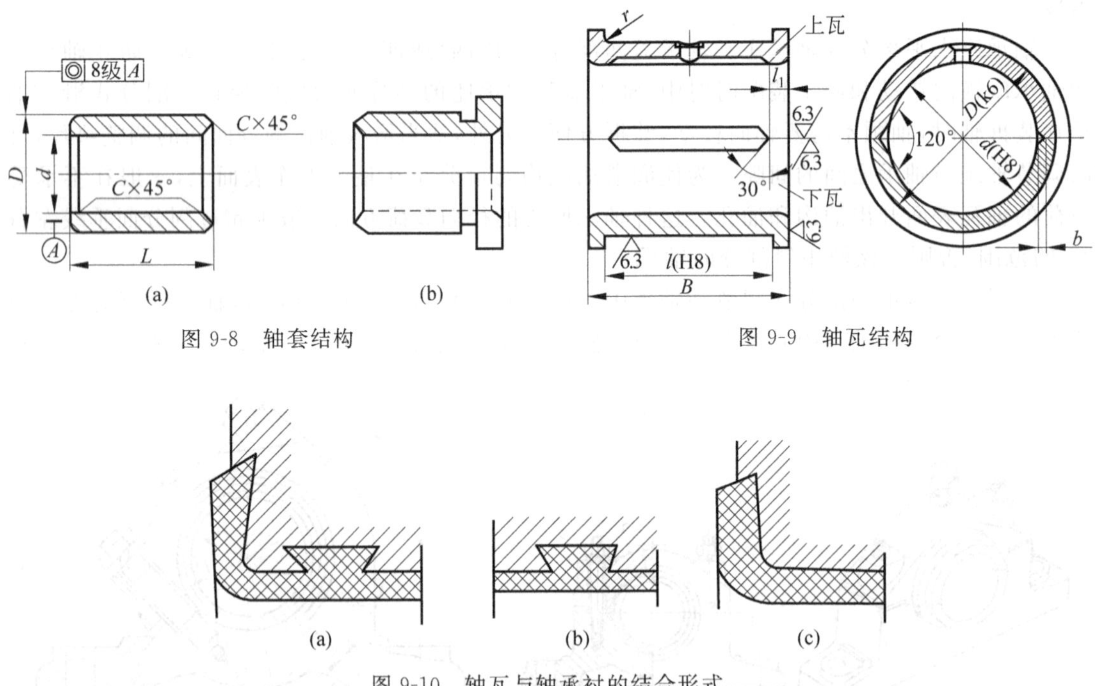

图 9-8 轴套结构

图 9-9 轴瓦结构

图 9-10 轴瓦与轴承衬的结合形式

为了将润滑油引入轴承,并布满于工作表面,常在其上开有供油孔和油沟;供油孔和油沟应开在轴瓦的非承载区,否则会降低油膜的承载能力。轴向油沟也不应在轴瓦全长上开通,以免润滑油自油沟端部大量泄漏。常见的油沟形式如图 9-11 所示。

对于一些重型机器的轴承轴瓦，其上常开设油室。它既可以使润滑空间增大，并有储油和保证润滑油稳定供应的作用，如图 9-12 所示。

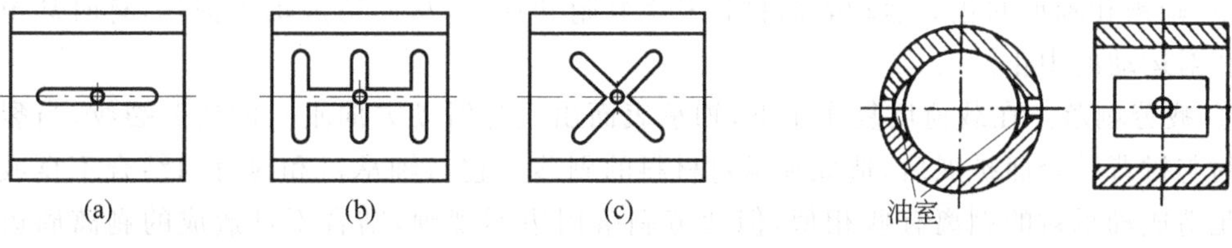

图 9-11　供油孔和油沟　　图 9-12　油室结构

(2) 推力滑动轴承　推力滑动轴承用于承受轴向载荷。如图 9-13 所示为一简单的推力轴承结构，它由轴承座、套筒、径向轴瓦、止推轴瓦所组成。为了便于对中，止推轴瓦底部制成球面形式，并用销钉来防止它随轴颈转动，润滑油从底部进入，上部流出。

按轴颈支承面的形式不同，推力轴承可分为实心式、空心式、环形式三种。如图 9-14 所示，图 9-14(a)为实心止推轴颈，当轴旋转时，由于端面上不同半径处的线速度不相等，因而使端面中心部的磨损很小，而边缘的磨损却很大，结果造成轴颈端面中心处应力集中。实际结构中多数采用图 9-14(b)所示空心轴颈，可使其端面上压力的分布得到明显改善，并有利于储存润滑油；图 9-14(c)为单环形推力轴颈；图 9-14(d)为多环形推力轴颈，由于支承面积大，故可承受较大的载荷。

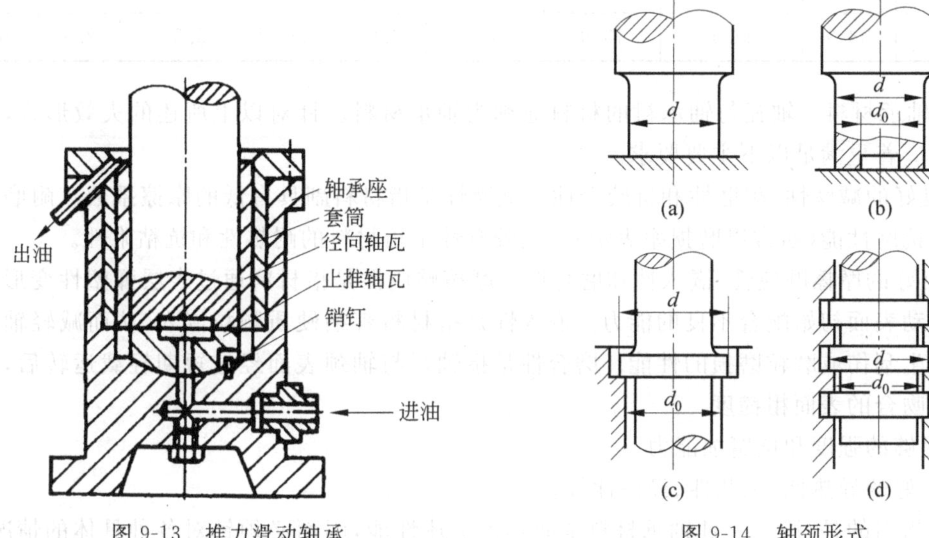

图 9-13　推力滑动轴承　　图 9-14　轴颈形式

4. 滑动轴承的失效形式与常用材料

(1) 失效形式　滑动轴承的失效形式通常由多种原因引起，失效的形式有很多种，有时几种失效形式并存，相互影响。

① 磨粒磨损。进入轴承间隙的硬颗粒物（如灰尘、砂砾等）有的嵌入轴承表面，有的游离于间隙中并随轴一起转动，它们都将对轴颈和轴承表面起研磨作用。在机器启动、停车或轴颈与轴承发生边缘接触时，它们都将加剧轴承磨损，导致几何形状改变、精度丧失，轴承间隙加大，使轴承性能在预期寿命前急剧恶化。

② 刮伤。进入轴承间隙的硬颗粒或轴颈表面粗糙的轮廓峰顶，在轴承伤划出线状伤痕，导致轴承因刮伤而失效。

③ 胶合(也称为烧瓦)。当轴承温升过高，载荷过大，油膜破裂时，或在润滑油供应不足的条件下，轴颈和轴承的相对运动表面材料发生黏附和迁移，从而造成轴承损坏，有时甚至可能导致相对运动的中止。

④ 疲劳剥落。在载荷反复作用下，轴承表面出现与滑动方向垂直的疲劳裂纹，当裂纹向轴承衬与衬背结合面扩展后，造成轴承衬材料的剥落。它与轴承衬和衬背因结合不良或结合力不足造成轴承衬的剥离有些相似，但疲劳剥落周边不规则，结合不良造成的剥离周边比较光滑。

⑤ 腐蚀。润滑剂在使用中不断氧化，所生成的酸性物质对轴承材料有腐蚀性，特别对制造铜铅合金中的铅，易受腐蚀而形成点状剥落。氧对锡基巴氏合金的腐蚀，会使轴承表面形成一层由 SnO_2 和 SnO 混合组成的黑色硬质覆盖层，它能擦伤轴颈表面，并使轴承间隙变小。此外，硫对含银或铜的轴承材料的腐蚀，润滑油中水分对铜铅合金的腐蚀，都应予以注意。

以上列举了常见的几种失效形式，由于工作条件不同，滑动轴承还可出现气蚀、流体侵蚀、电侵蚀和微动磨损等损伤。从美国、英国和日本三家汽车厂统计的汽车用滑动轴承故障原因的平均比率来看，因不干净或由异物进入而导致故障的比率较大，如表 9-1 所示。

表 9-1 车用滑动轴承故障原因调查表

故障原因	不干净	润滑油不足	安装误差	对中不良	超载	腐蚀	制造精度低	气蚀	其他
比率/%	38.3	11.1	15.9	8.1	6.0	5.6	5.5	2.8	6.7

(2) 轴承材料　轴瓦与轴承衬的材料通称为轴承材料。针对以上所述的失效形式，轴承材料性能应着重满足以下主要要求。

① 良好的减摩性、耐磨性和抗胶合性。减摩性是指材料副具有低的摩擦系数。耐磨性是指材料的抗磨性能(通常以磨损率表示)。抗胶合性是指材料的耐热性和抗粘附性。

② 良好的摩擦顺应性、嵌入性和磨合性。摩擦顺应性是指材料通过表层弹塑性变形来补偿轴承滑动表面初始配合不良的能力。嵌入性是指材料容纳硬质颗粒嵌入，从而减轻轴承滑动表面发生刮伤或磨粒磨损的性能。磨合性是指轴瓦与轴颈表面经过短期轻载运转后，易于形成相互吻合的表面粗糙度。

③ 足够的强度和抗腐蚀能力。

④ 良好的导热性、工艺性、经济性等。

应该指出的是，没有一种轴承材料全面具备上述性能，因而必须针对各种具体的情况，仔细进行分析后合理选用。常用轴瓦和轴承衬材料的牌号和性能如表 9-2 所示。此外还可采用粉末合金(如铁-石墨、青铜-石墨)、非金属材料(如塑料、橡胶和木材等)作轴承材料。

5. 滑动轴承的润滑

润滑的目的主要是减少摩擦，降低磨损，提高轴承效率，同时还有散热冷却、缓冲吸振、密封和防锈的作用。

(1) 润滑剂及其选择　润滑剂分为润滑油、润滑脂和固体润滑剂三类。

润滑油是滑动轴承中应用最广的润滑剂，目前使用的润滑油多为矿物油。

表 9-2　常用轴瓦和轴承衬材料的牌号和性能

轴瓦材料		最大许用值			最高工作温度/℃	性能比较	备　注
		$[p]$/MPa	$[v]$/(m/s)	$[pv]$/(MPam/s)			
铸造锡锑轴承合金	ZSnSb11Cu6	平稳载荷			150	摩擦系数小，抗胶合性良好，耐腐蚀，易磨合，变载荷下易疲劳	用于高速、重载下工作的重要轴承，如石油钻机
		25	80	20			
	ZSnSb8Cu4	冲击载荷					
		20	60	15			
铸造铅锑轴承合金	ZPbSb16Sn16Cu2	15	12	10	150	各方面性能与锡锑轴承合金相近，但材料较脆，可作为锡锑轴承合金的代用品	用于中速、中载轴承，不宜受较大的冲击载荷，如机床、内燃机等
	ZPbSb15Sn4Cu3Cd2	5	6	5			
铸造锡青铜	ZCuSn10P1	15	10	15	280	熔点高，硬度高，承载能力、耐磨性、导热性均高于轴承合金，但可塑性差，不易磨合	用于中速重载及受变载荷的轴承，如破碎机
	ZCuSn5Pb5Zn5	8	3	15			用于中速、中载的轴承
铸造铝青铜	ZCuAl10Fe3	15	4	12	280	硬度较高，抗胶合性能较差	用于润滑充分的低速、重载轴承，如重型机床

润滑脂目前使用最多的是钙基润滑脂，它有耐水性，常用于 60℃以下的各种机械设备中的轴承润滑。钠基润滑脂可用于 115～145℃以下，但抗水性较差。锂基润滑脂性能优良，抗水性好，在－20～150℃范围内广泛使用，可以代替钙基、钠基润滑脂。

常用的固体润滑剂有石墨和二硫化钼。在滑动轴承中主要以粉剂加入润滑油或润滑脂中，用于提高其润滑性能，减少摩擦损失，提高轴承使用寿命。尤其是在高温、重载下工作的轴承，采用添加二硫化钼的润滑剂，能获得良好的润滑效果。

(2) 润滑方法和润滑装置　为了保证轴承良好的润滑状态，除了合理选择润滑剂之外，合理选择润滑方法和润滑装置也是十分重要的。

① 润滑油。润滑油的润滑方法有间歇供油和连续供油两种。间歇供油有手工油壶注油和油杯注油供油。这种方法只适用于低速不重要的轴承或间歇工作的轴承。

对于重要的轴承必须采用连续供润滑，连续供油方法及装置主要有以下几种。

- 油杯滴油润滑。如图 9-15(a)、(b)所示分别为针阀油杯和芯捻油杯。针阀油杯可调节滴油速度以改变供油量，在轴承停止工作时，可通过油杯上部手柄关闭油杯，停止供油。芯捻油杯利用毛细管作用将油引到轴承工作表面上，这种方法不易调节供油量。
- 浸油润滑。浸油润滑即将部分轴承直接浸入油池中进行润滑，如图 9-16 所示。
- 飞溅润滑。飞溅润滑主要用于润滑减速器、内燃机等机械中的轴承。通常直接利用转动零件将油池中的润滑油带起溅到轴承或箱体壁上，然后经油沟导入轴承工作面进行润滑。
- 油环润滑。当润滑油无法由旋转零件直接甩到需润滑部位时，可采用甩油环甩油润滑。甩油环根据安装特点分为松环和固定环两种，如图 9-17 所示。

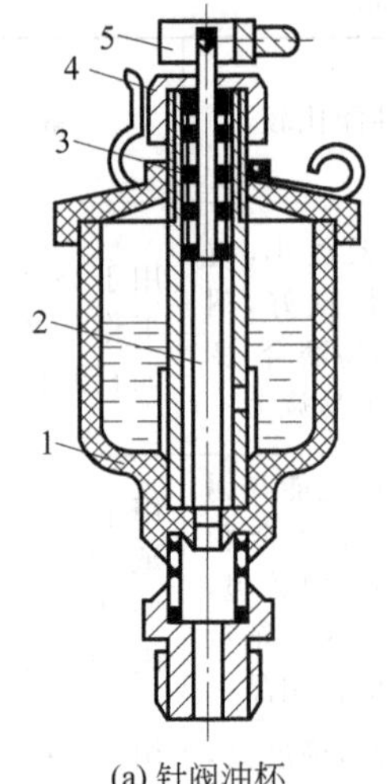

(a) 针阀油杯

1—杯体；2—针阀；3—弹簧；
4—调节螺母；5—手柄

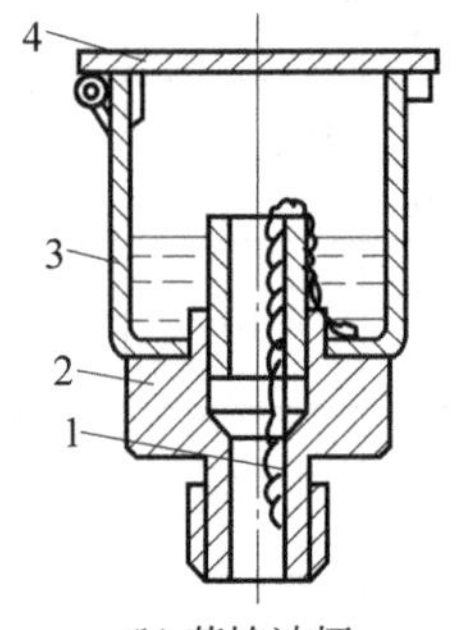

(b) 芯捻油杯

1—油芯；2—接头；
3—杯体；4—杯盖

图 9-15　油杯滴油润滑

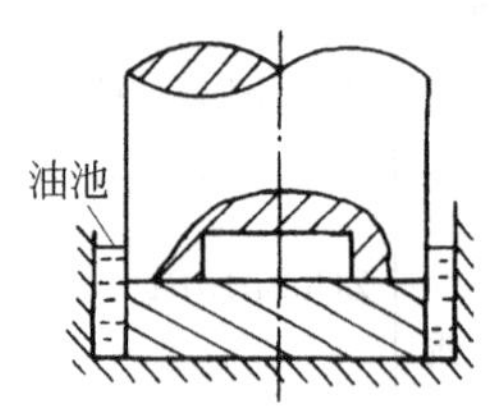

图 9-16　浸油润滑

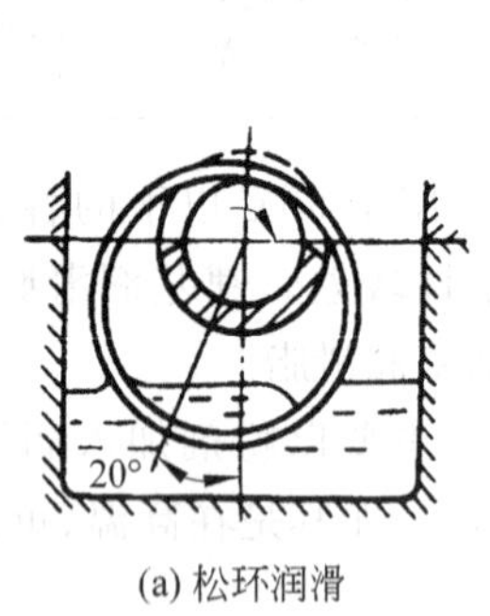

(a) 松环润滑

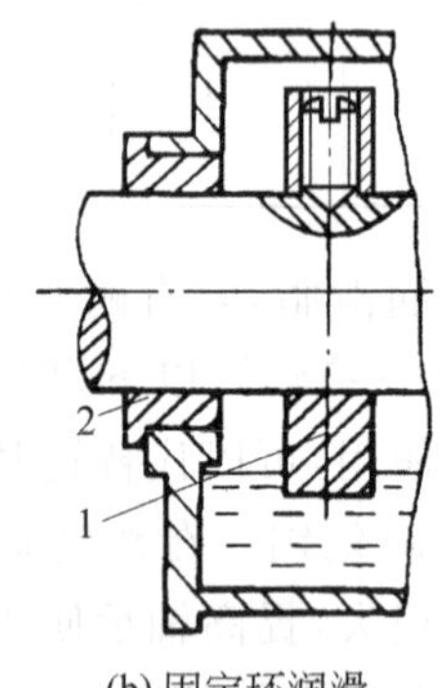

(b) 固定环润滑

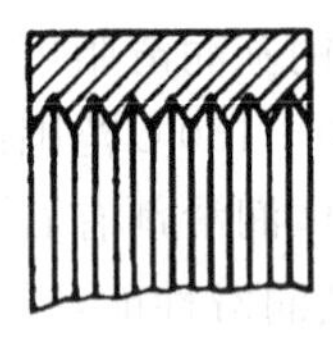

(c) 沟槽环

图 9-17　油环润滑

1—甩油环；2—轴承

松环是指油环松套在轴上，如图 9-17(a)所示。靠摩擦力随轴转动，将附着在油环上的油溅到箱体壁上，然后经油沟导入轴承和直接甩到轴承工作面上进行润滑。当轴承转速较低时，环和轴同步运动。转速增加，由于在环和轴的接触部位有油润滑，摩擦力降低，油环会出现滞后。松环的供油量与环的质量、宽度、浸油深度以及润滑油的黏度有关。大量实验证明，松环的供油量对轴承的润滑是完全够用的。如果在油环的内表面上开出窄的沟槽，如图 9-17(c)所示，供油量会明显增大，轴的温度也会明显降低。松环适用于 $v \leqslant 20\mathrm{m/s}$，运转比较平稳的轴承。

如图 9-17(b)所示，油环通过紧固螺钉或其他方式固定在轴上，称为固定环。这种结构主要用于低速，通常 $v \leqslant 13\mathrm{m/s}$ 时使用。

- 压力循环润滑。如图 9-18 所示，压力循环润滑是一种强制润滑方法。润滑油泵将高压力的油经油路导入轴承，再经轴承两端流回油池。这种润滑方法供油量充足，润滑可靠，并有冷却和冲洗轴承的作用。但结构复杂、费用较高。常用于重载、高速和载荷变化较大的轴承当中。

② 脂润滑。润滑脂只能间歇供给。常用的装置有如图 9-19 所示的旋盖注油杯（见图 9-19(a)）和压注油杯（见图 9-19(b)）。旋盖注油油杯靠旋紧杯盖将杯内润滑脂压入轴承工作面；压注油杯靠油枪压注润滑脂至轴承工作面。

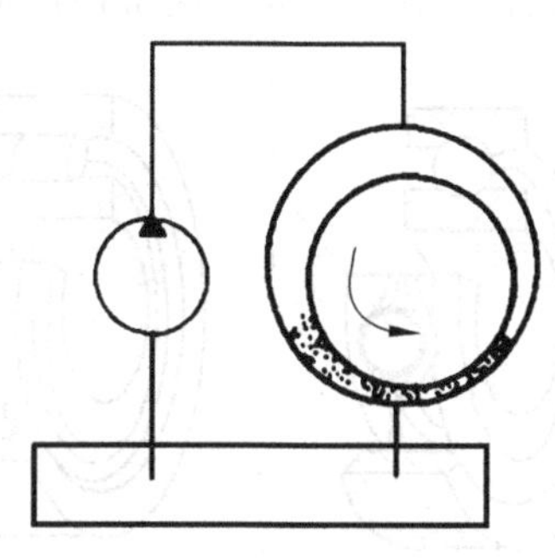

图 9-18 压力循环润滑

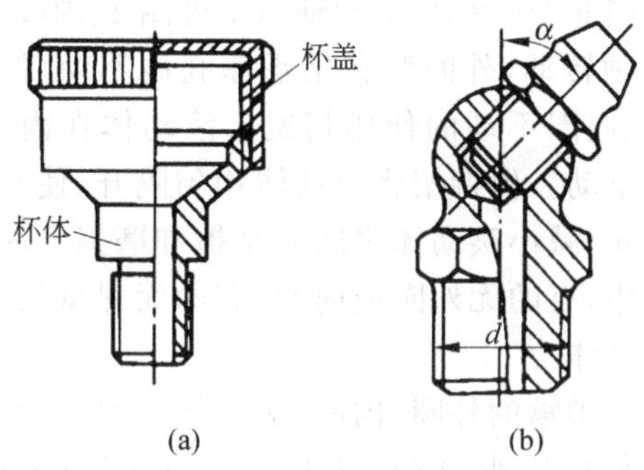

图 9-19 脂润滑用装置

常用润滑脂的性能及用途见表 9-3 所示。

表 9-3 常用润滑脂的性能及用途

名 称	代号	滴点/℃	针入度/10^{-1}mm	性能和主要用途
钙基润滑脂(GB 491—2008)	1 2 3	≥80 ≥85 ≥90	310～340 265～295 220～250	耐水性好，但耐热性差，用于各种工农业、交通运输设备的中速中低载荷轴承润滑，特别是有水、潮湿处
钠基润滑脂(GB 492—1989)	2 3	≥160 ≥160	265～295 220～250	耐热性很好但不耐水，用于工作温度在－10～110℃的一般中等载荷机械设备轴承的润滑
通用锂基润滑脂(GB/T 7324—2010)	1 2 3	≥170 ≥175 ≥180	310～340 265～295 220～250	多效通用润滑脂。适用于各种机械设备的滚动轴承和滑动轴承及其他摩擦部位的润滑。使用温度为－20～120℃
7407 号齿轮润滑脂(SH/T 0469—1994)		≥160	75～90	用于各种低速，中、高载荷齿轮、链和联轴器的润滑。使用温度小于 120℃
滚珠轴承润滑脂(SH 0386—1992)	2	≥120	250～290	具有良好的润滑性能，用于汽车、电动机、机车及其他机械中滚动轴承的润滑

滑动轴承的润滑方式可根据系数 k 选定：

$$k = \sqrt{pv^3} \tag{9-1}$$

式中，p 为比压，单位是 MPa；v 为轴颈的线速度，单位是 m/s。

当 $k \leqslant 2$ 时，用润滑脂，油杯润滑；$k=2\sim16$ 时，用针阀式润滑；$k=16\sim32$ 时，用油环或飞溅润滑；$k>32$ 时，用压力润滑。

9.2 滚动轴承

学习目标 能描述滚动轴承的结构、特点与主要类型；能认知滚动轴承的代号；能表述滚动轴承的选用原则；对滚动轴承的组合设计如定位、预紧、装拆、润滑、密封及维护有一定的认知。

滚动轴承是机器上一种重要的通用部件。它依靠主要元件间的滚动接触来支撑转动零件，具有摩擦阻力小、容易启动、效率高、轴向尺寸小等优点，而且由于大量标准化生产，具有制造成本低的优点。因而在各种机械中得到了广泛的使用。

1. 滚动轴承的构造

如图 9-20 所示，滚动轴承由外圈 1、内圈 2、滚动体 3 和保持架 4 组成。通常内圈固定在轴上随轴转动，外圈装在轴承座孔内不动；但也有外圈转动、内圈不动的使用情况。滚动体在内、外圈的滚道中滚动。保持架将滚动体均匀隔开，使其沿圆周均匀分布，减小滚动体之间的摩擦和磨损。滚动轴承的构造中，有的无外圈或内圈，有的无保持架，但不能没有滚动体。

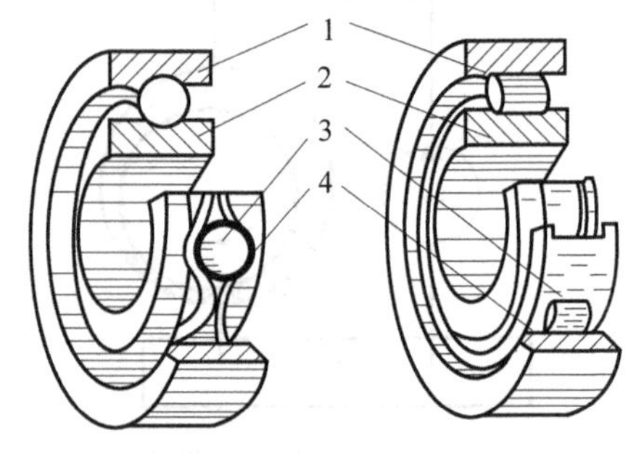

图 9-20　滚动轴承的构造

1—外圈；2—内圈；3—滚动体；4—保持架

滚动轴承的外圈、内圈、滚动体一般采用强度高、耐磨性好的轴承铬钢（如 GCr9、GCr15、GCr15SiMn 等）经淬火制成，硬度 60HRC 以上。保持架多用低碳钢或铜合金制造，也可采用塑料及其他材料。

保持架有冲压式和实体式两种。

冲压式：用低碳钢冲压制成。

实体式：用铜合金、铝合金或工程塑料。具有较好的定心精度，适用于较高速的轴承。

滚动体的形状有球形、圆柱形、圆锥形、鼓形、空心螺旋形和滚针形等多种（见图 9-21）。

(a) 球形

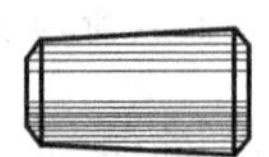
(b) 短圆柱形

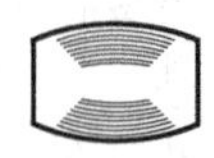
(c) 圆锥形

(d) 鼓形

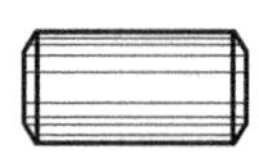
(e) 空心螺旋形

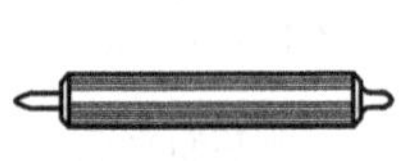
(f) 长圆柱形

(g) 滚针形

图 9-21　滚动体的形状

2. 滚动轴承的结构特性

(1) 公称接触角　滚动体和外圈接触处的法线 nn 与轴承的径向平面（垂直于轴承轴心线的平面）的夹角 α（见图 9-22），称为公称接触角。α 越大，轴承承受轴向载荷的能力越大。

(2) 游隙　滚动体和内、外圈之间存在一定的间隙，因此，内、外圈之间可以产生相对位移。其最大位移量称为游隙，分为轴向游隙和径向游隙（见图 9-23）。游隙的大小对轴承寿命、噪声、温升等有很大影响，应按使用要求进行游隙的选择或调整。

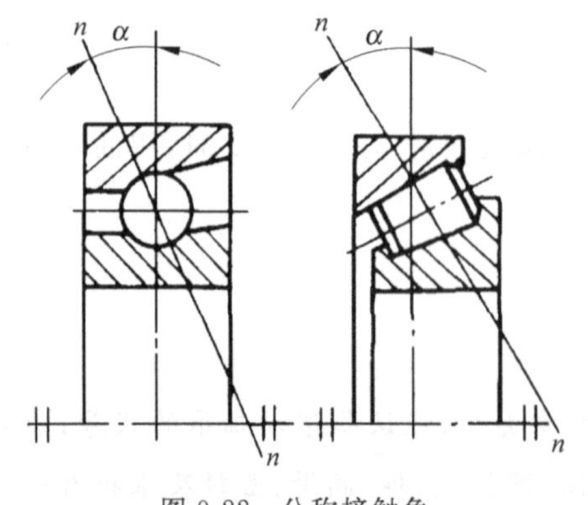

图 9-22　公称接触角

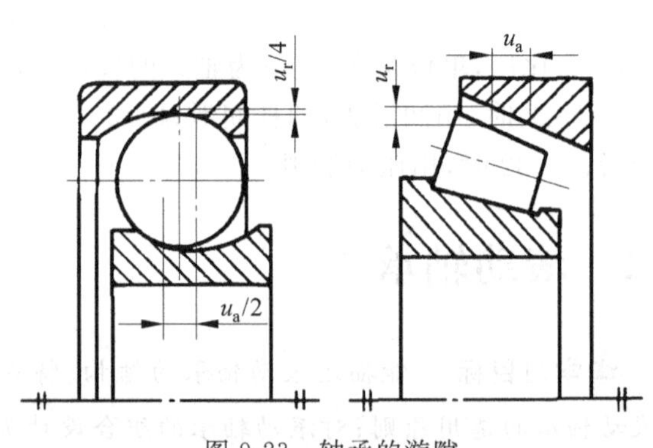

图 9-23　轴承的游隙

(3) 偏移角　轴承内、外圈轴线相对倾斜时所夹锐角，称为偏移角。能自动适应角偏移的轴承，称为调心轴承。

(4) 极限转速　滚动轴承转速过高会使摩擦面间产生高温，润滑失效，从而导致滚动体回火或胶合破坏。轴承在一定载荷和润滑条件下，允许的最高转速称为极限转速，其具体数值见有关手册。如果轴承极限转速不能满足要求，可采取提高轴承精度、适当加大间隙、改善润滑和冷却条件、选用青铜保持架等措施。

3. 滚动轴承的主要类型

按轴承所能承受的外载荷不同，可将轴承分为向心轴承、推力轴承和向心推力轴承(或称角接触轴承)三大类。公称接触角 $\alpha=0°$ 时为向心轴承，主要承受径向载荷。公称接触角 $\alpha=90°$ 时为推力轴承，只能承受轴向载荷。公称接触角 $0°<\alpha<90°$ 时为角接触轴承，可同时承受径向载荷和轴向载荷。各类球轴承的公称接触角如表 9-4 所示。

表 9-4　各类球轴承的公称接触角

轴承类型	向心轴承		推力轴承	
	径向接触	向心角接触	推力角接触	轴向接触
公称接触角 α	$\alpha=0°$	$0°<\alpha\leqslant 45°$	$45°<\alpha<90°$	$\alpha=90°$
图例				

按滚动体形状的不同，又可将轴承分为球轴承和滚子轴承。因滚子轴承为线接触，故在外廓尺寸相同的条件下，滚子轴承比球轴承承载能力高。

轴承按游隙能否调整分为可调游隙轴承(如角接触球轴承、圆锥滚子轴承)、不可调游隙轴承(如深沟球轴承、圆柱滚子轴承)。

滚动轴承是标准件，类型很多，选用时主要根据载荷的大小、方向和性质；转速的高低及使用要求来选择，同时也必须考虑价格及经济性。

滚动轴承的基本类型及特性见表 9-5。

表 9-5　滚动轴承的基本类型及特性

类型及代号	结构简图与承载方向	极限转速	允许角偏差 θ	特性与应用
双向角接触球轴承(0)		中		能同时承受径向负荷和双向的轴向负荷，比角接触球轴承具有较大的承载能力，与双联角接触球轴承比较，在同样负荷作用下能使轴在轴向更紧密地固定
调心球轴承 1		中	2°～3°	主要承受径向负荷，可承受少量的双向轴向负荷。外圈滚道为球面，具有自动调心性能。适用于多支点轴、弯曲刚度小的轴以及难以精确对中的支承

续表

类型及代号	结构简图与承载方向	极限转速	允许角偏差 θ	特性与应用
调心滚子轴承 2	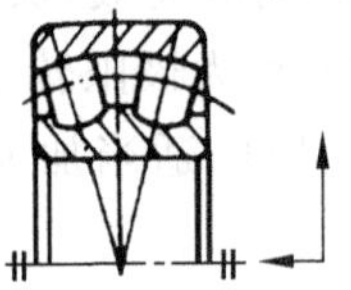	中	0.5°～2°	主要承受径向负荷，其承载能力比调心球轴承约大一倍，也能承受少量的双向轴向负荷。外圈滚道为球面，具有调心性能，适用于多支点轴、弯曲刚度小的轴及难以精确对中的支承
圆锥滚子轴承 3	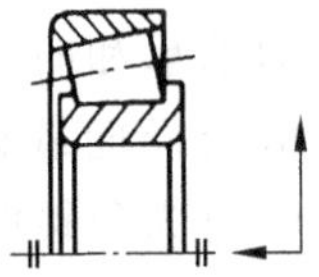	中	2′	能承受较大的径向负荷和单向的轴向负荷，极限转速较低。内外圈可分离，轴承游隙可在安装时调整。通常成对使用，对称安装。适用于转速不太高，轴的刚性较好的场合
双列深沟球轴承 4	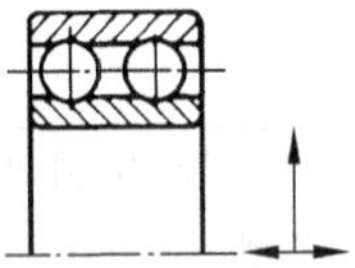	中		主要承受径向负荷，也能承受一定的双向轴向负荷。它比深沟球轴承具有较大的承载能力
推力球轴承 5	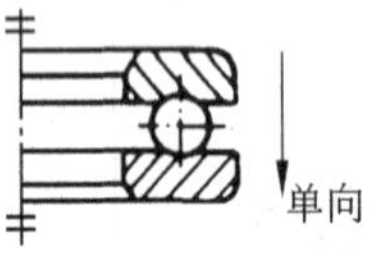 单向	低	不允许	推力球轴承的套圈与滚动体可分离，单向推力球轴承只能承受单向轴向负荷，两个圈的内孔不一样大，内孔较小的与轴配合，内孔较大的与机座固定 双向推力球轴承可以承受双向轴向负荷，中间圈与轴配合，另两个圈为松圈。高速时，由于离心力大，寿命较低。常用于轴向负荷大、转速不高的场合
	 双向	低	不允许	
深沟球轴承 6	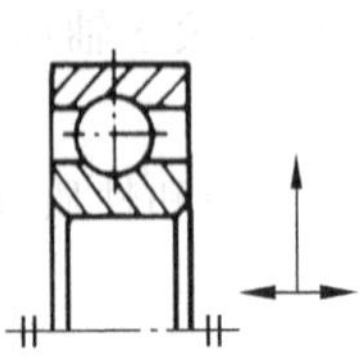	高	8′～16′	主要承受径向负荷，也可同时承受少量双向轴向负荷，工作时内外圈轴线允许偏斜。摩擦阻力小，极限转速高，结构简单，价格便宜，应用最广泛。但承受冲击载荷能力较差，适用于高速场合。在高速时可代替推力球轴承
角接触球轴承 7	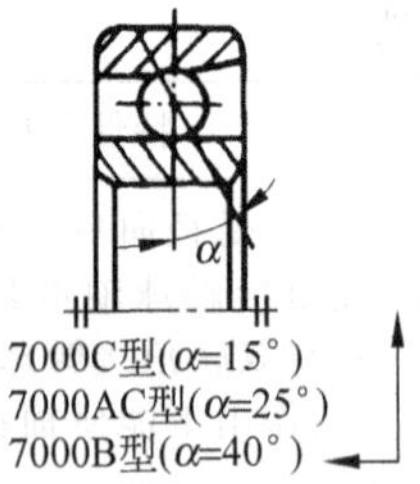 α 7000C型(α=15°) 7000AC型(α=25°) 7000B型(α=40°)	较高	2′～3′	能同时承受径向负荷与单向的轴向负荷，公称接触角 α 有 15°、25°、40°三种，α 越大，轴向承载能力也越大。成对使用，对称安装，极限转速较高。适用于转速较高，同时承受径向和轴向负荷的场合
推力圆柱滚子轴承 8	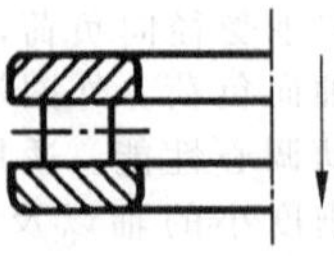	低	不允许	能承受很大的单向轴向负荷，但不能承受径向负荷。它比推力球轴承承载能力要大，套圈也分紧圈与松圈。极限转速很低，适用于低速重载的场合

续表

类型及代号	结构简图与承载方向	极限转速	允许角偏差 θ	特性与应用
圆柱滚子轴承 N		较高	2′～4′	只能承受径向负荷。承载能力比同尺寸的球轴承大，承受冲击载荷能力大，极限转速高。对轴的偏斜敏感，允许偏斜较小，用于刚性较大的轴上，并要求支承座孔很好地对中
滚针轴承 NA		低	不允许	滚动体数量较多，一般没有保持架。径向尺寸紧凑且承载能力很大，价格低廉。 不能承受轴向负荷，摩擦系数较大，不允许有偏斜。常用于径向尺寸受限制而径向负荷又较大的装置中

4. 滚动轴承的代号

滚动轴承的种类很多，而各类轴承又有不同结构、尺寸和公差等级等，为了表述各类轴承的不同特点，便于组织生产、管理、选择和使用，国家标准中规定了滚动轴承代号的表示方法，由数字和字母所组成。

按 GB/T 272—1993 的规定，轴承代号由基本代号、前置代号和后置代号构成，其排列见表 9-6。

表 9-6　滚动轴承的代号组成

前置代号	基本代号			后置代号(组)							
	轴承类型	尺寸系列	轴承内径	内部结构	密封防尘套圈变形	保持架(材料)	轴承材料	公差等级	游隙	配置	其他

(1) 基本代号　基本代号是表示轴承主要特征的基础部分，也是我们应着重掌握的内容。基本代号由类型代号、尺寸系列代号和内径代号三部分组成。

类型代号用阿拉伯数字(以下简称数字)或大写拉丁字母(简称字母)表示，见表 9-5。代号为 0 时可以省略。

尺寸系列是由轴承的直径系列代号和宽(高)度系列代号组合而成，用两位数字表示。直径系列表示内径相同、外径不同的系列，用右起第三位数字表示。宽度系列表示内、外径相同，宽度不同的系列，用右起第四位数字表示，当宽度系列为 0 时可不标出，但对调心轴承和圆锥滚子轴承不可省略。向心轴承、推力轴承尺寸系列代号表示法如表 9-7 所示。

表 9-7　向心轴承、推力轴承尺寸系列代号表示法

直径系列代号	向心轴承							推力轴承			
	宽度系列代号							高度系列代号			
	窄 0	正常 1	宽 2	特宽 3	特宽 4	特宽 5	特宽 6	特低 7	低 9	正常 1	正常 2
	尺寸系列代号										
超特轻 7	—	17	—	37	—	—	—	—	—	—	—
超轻 8	08	18	28	38	48	58	68	—	—	—	—
超轻 9	09	19	29	39	49	59	69	—	—	—	—

续表

直径系列代号	向心轴承							推力轴承			
	宽度系列代号							高度系列代号			
	窄 0	正常 1	宽 2	特宽 3	特宽 4	特宽 5	特宽 6	特低 7	低 9	正常 1	正常 2
	尺寸系列代号										
特轻 0	00	10	20	30	40	50	60	70	90	10	—
特轻 1	01	11	21	31	41	51	61	71	91	11	—
轻 2	02	12	22	32	42	52	62	72	92	12	22
中 3	03	13	23	33	—	—	63	73	93	13	23
重 4	04	—	24	—	—	—	—	74	94	14	24

内径代号是用基本代号右起第一、二两位数字表示轴承的内径，具体表示方法见表 9-8。

表 9-8　轴承内径尺寸代号

内径尺寸	代号表示	举　例	
		代　号	内　径
10 12 15 17	00 01 02 03	6200	10
20～480(5 的倍数)	内径/5 的商	23208	40
22、28、32 及 500 以上	/内径	230/500 62/22	500 22

(2) 前置代号、后置代号　前置、后置代号用字母(或字母加数字)表示，是在基本代号左右添加的补充代号。用以说明轴承在结构形状、公差、材料或成套轴承部件特点等方面的特殊要求。

常见的轴承内部结构代号及公差等级代号见表 9-9 和表 9-10。

表 9-9　轴承内部结构代号

代号	含义及示例			
C	角接触球轴承	公称接触角	$\alpha=15°$	7210C
	调心滚子轴承	C 型	23122C	
AC	角接触球轴承	公称接触角	$\alpha=25°$	7210AC
B	角接触球轴承	公称接触角	$\alpha=45°$	7210B
	圆锥滚子轴承	接触角加大	32310B	
E	加强型(即内部结构设计改进，增大轴承承载能力)N207E			

其精度等级按上表中的顺序依次提高。

其他各符号的含义可以查阅 GB/T 272—1993，此处我们就不作过多介绍了。

例 9-1　试说明轴承代号 6206、32315E、7312C 及 51410/P6 的含义。

6206：(从左至右)6 深沟球轴承；2 尺寸系列代号，直径系列为 2，宽度系列为 0(省略)；06 为轴承内径 30mm；公差等级为 0 级。

表 9-10 轴承公差等级代号

代号		含义和示例
新标准 GB/T 272—1993	原标准 GB 272—1988	
/P0	G	公差等级符合标准规定的 0 级，代号中省略不标 6203
/P6	E	公差等级符合标准中的 6 级 6203/P6
/P6X	EX	公差等级符合标准中的 6X 级 6203/P6X
P5	D	公差等级符合标准中的 5 级 6203/P5
P4	C	公差等级符合标准中的 4 级 6203/P4
P2	B	公差等级符合标准中的 2 级 6203/P2

32315E：(从左至右)3 为圆锥滚子轴承；23 为尺寸系列代号，直径系列为 3、宽度系列为 2；15 为轴承内径 75mm；E 加强型；公差等级为 0 级。

7312C：(从左至右)7 为角接触球轴承；3 为尺寸系列代号，直径系列为 3、宽度系列为 0(省略)；12 为轴承内径 60mm；C 公称接触角 $\alpha=15°$；公差等级为 0 级。

51410/P6：(从左至右)5 为双向推力轴承；14 为尺寸系列代号，直径系列为 4、宽度系列为 1；10 为轴承直径 50mm；P6 前有“/”，为轴承公差等级。

5. 滚动轴承的类型选择

滚动轴承的类型很多，因此选用轴承首先是选择类型。而选择类型必须依据各类轴承的特性，表 9-5 中给出了各类轴承的性能特点，可供我们选用时参考。同时，在选用轴承时还要考虑下面几个方面的因素。

(1) 轴承所受的载荷(大小、方向和性质) 受纯径向载荷时应选用向心轴承(如 60000、N0000、NU0000 型等)。受纯轴向载荷应选用推力轴承(如 50000 型)。对于同时承受径向载荷 R 和轴向载荷 A 的轴承，应根据两者(A/R)的比值来确定：若 A 相对于 R 较小时，可选用深沟球轴承(60000 型)或接触角不大的角接触球轴承(70000C 型)及圆锥滚子轴承(30000 型)；当 R 相对比较大时，可选用接触角较大的角接触球轴承(70000AC 型或 70000C 型)；当 A 比 R 大很多时，则应考虑采用向心轴承和推力轴承的组合结构，以分别承受径向载荷和轴向载荷。

在同样外廓尺寸的条件下，滚子轴承比球轴承的承载能力和抗冲击能力要大。故载荷较大、有振动和冲击时，应优先选用滚子轴承。反之，轻载和要求旋转精度较高的场合应选择球轴承。

同一轴上两处支承的径向载荷相差较大时，也可以选用不同类型的轴承。

(2) 轴承的转速 在一般转速下，转速的高低对类型选择不发生什么影响，只有当转速较高时，才会有比较显著的影响。在轴承样本中列入了各种类型、各种尺寸轴承的极限转速 $n_{\lim}$ 值。一般必须保证轴承在低于极限转速条件下工作。

① 球轴承比滚子轴承的极限转速高，所以在高速情况下应选择球轴承。

② 当轴承内径相同，外径越小则滚动体越小，产生的离心力越小，对外径滚道的作用也小，所以，外径越大极限转速越低。

③ 实体保持架比冲压保持架允许有较高的转速。

④ 推力轴承的极限转速低，所以当工作转速较高而轴向载荷较小时，可以采用角接触球轴承或深沟球轴承。

(3) 调心性能的要求　对于因支点跨距大而使轴刚性较差，或因轴承座孔的同轴度低等原因而使轴挠曲时，为了适应轴的变形，应选用允许内外圈有较大相对偏斜的调心轴承，例如10000系列和20000系列的调心球轴承可以在内外圈产生不大的相对偏斜时正常工作。

在使用调心轴承的轴上，一般不宜使用其他类型的轴承，以免受其影响而失去了调心作用。

滚子轴承对轴线的偏斜最敏感，调心性能差。在轴的刚度和轴承座的支撑刚度较低的情况下，应尽可能避免使用。

(4) 拆装方便等其他因素　选择轴承类型时，还应考虑到轴承装拆的方便性、安装空间尺寸的限制以及经济性问题。例如，在轴承的径向尺寸受到限制时，就应选择同一类型、相同内径轴承中外径较小的轴承，或考虑选用滚针轴承。

在轴承座没有剖分面而必须沿轴向安装和拆卸时，应优先选择内、外圈可分离的轴承。

球轴承比滚子轴承便宜，在能满足需要的情况下应优先选用球轴承。

同型号不同公差等级的轴承价格相差很大，故对高精度轴承应慎重选用。

滚动轴承类型选择示例如图9-24所示。

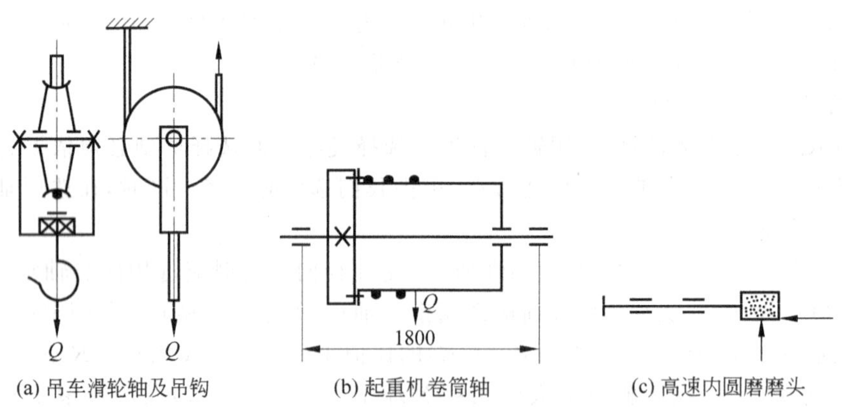

(a) 吊车滑轮轴及吊钩　(b) 起重机卷筒轴　(c) 高速内圆磨磨头

图9-24　轴承类型选择示例

例9-2　吊车滑轮轴及吊钩(见图9-24(a))，起重量$Q=5\times10^4$N。

解：滑轮轴轴承承受较大的径向载荷，转速低，考虑结构选用一对深沟球轴承(6类)。

吊钩轴承承受较大的单向轴向载荷，有摆动，选用一套推力球轴承(5类)。

例9-3　起重机卷筒轴(见图9-24(b))，起重量$Q=3\times10^5$N，转速$n=30$r/min，动力由直齿圆柱齿轮输入。

解：承受较大的径向载荷，转速低，支点跨距大；轴承座分别安装，对中性较差，轴承内、外圈间可能产生较大的角偏斜，选用一对调心滚子轴承(2类)。

例9-4　高速内圆磨磨头(见图9-24(c))，转速$n=18000$r/min。

解：同时承受较小的径向和轴向载荷，转速高，要求回转精度高，选用一对公差等级为P5的角接触球轴承。

6. 滚动轴承的失效形式

(1) 疲劳破坏　如图9-25所示，在工作过程中，滚动体和内外圈不断地接触，滚动体与滚道受变应力作用，可近似地看成脉动循环。在载荷的反复作用下，首先在表面下一定深度处产生疲劳裂

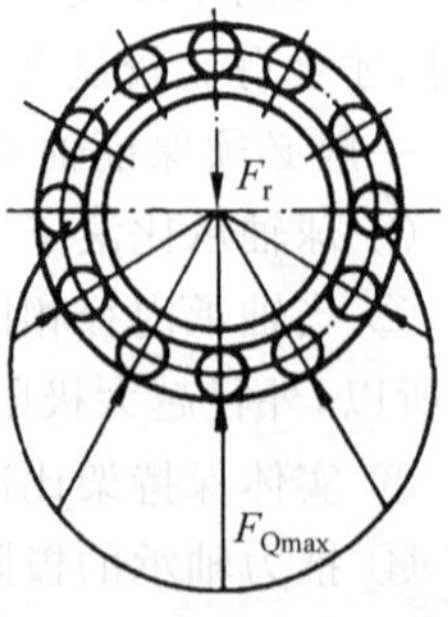

图9-25　轴承的受力情况

纹，继而扩展到接触表面，形成疲劳点蚀。在发生点蚀破坏后，在运转中将会产生较强烈的振动、噪声和发热现象，最后导致失效而不能正常工作。通常，疲劳点蚀是滚动轴承的主要失效形式。

(2) 塑性变形　当轴承转速很低或间歇摆动时，一般不会产生疲劳损坏。而很大的静载荷或冲击载荷会使轴承滚道和滚动体接触处产生塑性变形，使滚道表面形成变形凹坑。从而使轴承在运转中产生剧烈振动和噪声，无法正常工作。

此外，使用维护和保养不当或密封润滑不良也能引起轴承早期磨损、胶合、内外圈和保持架破损等失效形式。

7. 轴承的寿命

轴承的套圈或滚动体的材料首次出现疲劳点蚀前，一个套圈相对于另一个套圈的转数，称为轴承的寿命。寿命还可以用在恒定转速下的运转小时数来表示。

对于一组同一型号的轴承，由于材料、热处理和工艺等很多随机因素的影响，即使在相同条件下运转，寿命也不一样，有的甚至相差几十倍。因此对一个具体轴承，很难预知其确切的寿命。但大量的轴承寿命试验表明，轴承的可靠性与寿命之间有如图 9-26 所示的关系。可靠性常用可靠度 R 度量。一组相同轴承能达到或超过规定寿命的百分率，称为轴承寿命的可靠度。如图所示，当寿命 L 为 1(10^6 转)时，可靠度 R 为 90%。

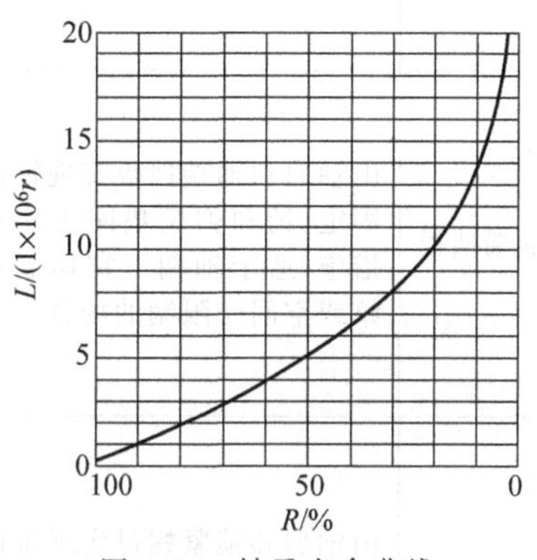

图 9-26　轴承寿命曲线

一组同一型号轴承在相同条件下运转，其可靠度为 90%时，能达到或超过的寿命称为额定寿命，单位为百万转(10^6 转)。换言之，即 90%的轴承在发生疲劳点蚀前能达到或超过的寿命，称为轴承的额定寿命。对单个轴承来讲，能够达到或超过此寿命的概率为 90%。

8. 轴承的组合设计

为了保证轴承的正常工作，除了合理选择轴承的类型和尺寸之外，还必须进行轴承的组合设计，妥善解决滚动轴承的固定、轴系的固定，轴承组合结构的调整，轴承的配合、装拆、润滑和密封等问题。

(1) 滚动轴承内、外圈的轴向固定　为了防止轴承在承受轴向载荷时，相对于轴或座孔产生轴向移动，轴承内圈与轴、外圈与座孔必须进行轴向固定，滚动轴承常用的内、外圈轴向固定方式见表 9-11。

(2) 轴系的固定　轴系固定的目的是防止轴工作时发生轴向窜动，保证轴上零件有确定的工作位置。常用的固定方式有以下两种。

① 双支撑单向固定(两端固定式)。如图 9-27 所示，这种方法是利用轴肩和端盖的挡肩单向固定内、外圈，每一个支撑只能限制单方向移动，两个支撑共同防止轴的双向移动。这种安装主要用在两个成对布置的角接触球轴承或圆锥滚子轴承的情况，同时考虑温度升高后轴的伸长，为使轴的伸长不致引起附加应力，在轴承盖与外圈端面之间留出热补偿间隙 c=0.2～0.4mm(见图 9-27(b))。游隙的大小是靠端盖和外壳之间的调整垫片增减来实现的。

表 9-11 滚动轴承常用内、外圈轴向固定方式

轴承内圈的轴向固定方式		图 例	轴承外圈的轴向固定方式	
名 称	特点与应用		名 称	特点与应用
轴肩	结构简单，外廓尺寸小，可承受大的轴向负荷		端盖	端盖可为通孔，以通过轴的伸出端，适于高速及轴向负荷较大的场合
弹性挡圈	由轴肩和弹性挡圈实现轴向固定，弹性挡圈可承受不大的轴向负荷，结构尺寸小		螺钉压盖	类似于端盖式，但便于在箱体外调节轴承的轴向游隙，螺母为防松措施
轴端挡板	由轴肩和轴端挡板实现轴向固定，销和弹簧垫圈为防松措施，适于轴端不宜切制螺纹或空间受限制的场合		螺纹环	便于调节轴承的轴向游隙，应有防松措施，适于高转速、较大轴向负荷的场合
锁紧螺母	由轴肩和锁紧螺母实现轴向固定，有止动垫圈防松，安全可靠，适于高速重载		弹性挡圈	结构简单，拆装方便，轴向尺寸小，适于转速不高，轴向负荷不大的场合，弹性挡圈与轴承间的调整环可调整轴承的轴向游隙

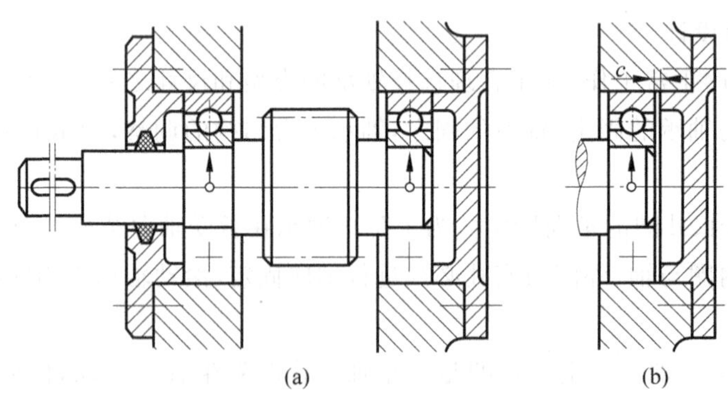

图 9-27 两端单向固定支承

这种支承方式结构简单，便于安装，适用于工作温度不高变化的短轴。

② 单支承双向固定式（一端固定、一端游动）。对于工作温度较高的长轴，受热后伸长量比较大，应该采用一端固定，而另一端游动的支承结构（见图 9-28）。作为固定支承的轴承，应能承受双向载荷，故此内、外圈都要固定（见图 9-28(a)）。作为游动支承的轴承，若使用的是可分离型的圆柱滚子轴承等，则其内、外圈都应固定（见图 9-28(c)）；若使用的是内外圈不可

分离的深沟球轴承等，则固定其内圈，其外圈在轴承座孔中应可以游动(见图 9-28(b))。

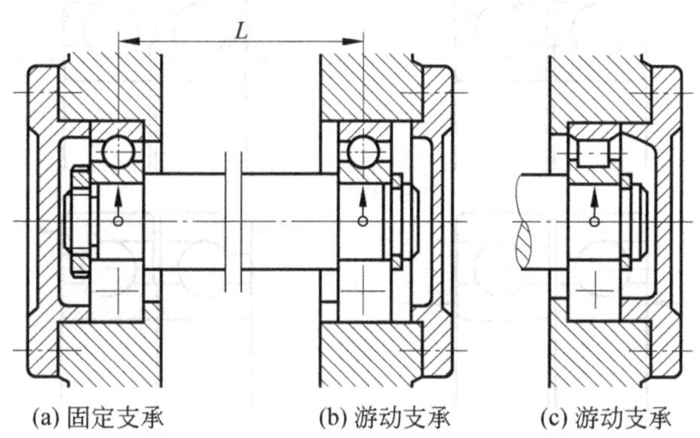

图 9-28　一端固定、一端游动

这种结构比较复杂，但工作稳定性好，适用于工作温度变化较大的长轴。

(3) 滚动轴承组合结构的调整　滚动轴承组合结构的调整包括轴承间隙的调整和轴系轴向位置的调整。

① 轴承间隙的调整。轴承间隙的大小将影响轴承的旋转精度、轴承寿命和传动零件工作的平稳性。轴承间隙调整的方法有：

- 如图 9-29(a)所示，靠加减轴承端盖与箱体间垫片的厚度进行调整。

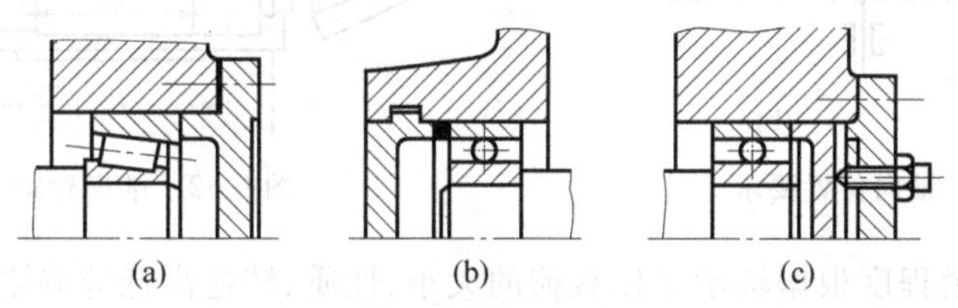

图 9-29　轴承间隙的调整

- 如图 9-29(b)所示，利用调整环进行调整，调整环的厚度在装配时确定。
- 如图 9-29(c)所示，利用调整螺钉推动压盖移动滚动轴承外圈进行调整，调整后用螺母锁紧。

② 轴承的预紧。对某些可调游隙式轴承，在安装时给予一定的轴向预紧力，使内外圈产生相对位移，从而消除轴承内部的原始游隙，并使套圈与滚动体产生预变形，借此提高轴的旋转精度和刚度的方法，称为轴承的预紧。

常用的预紧方法有：在一对轴承内圈或外圈之间加金属垫片(见图 9-30(a))；磨窄一对轴承的内圈或外圈(见图 9-30(b))，所加预紧力的传递路线如图 9-30(b)所示。还有其他方法，需要时可以参考有关手册进行。

③ 轴系轴向位置的调整。轴系轴向位置调整的目的是使轴上零件有准确的工作位置。如蜗杆传动，要求蜗轮的中间平面必须通过蜗杆轴线(见图 9-31(a))；直齿锥齿轮传动，要求两锥齿轮的锥顶必须重合(见图 9-31(b))。图 9-32 为锥齿轮轴的轴承组合结构，轴承装在套杯内，通过加减第 1 组垫片的厚度来调整轴承套杯的轴向位置，即可调整锥齿轮的轴向位置；通过加、减第 2 组垫片的厚度，则可以实现轴承间隙的调整。

(4) 滚动轴承的配合　滚动轴承的配合是指轴承内圈与轴颈、轴承外圈与轴承座孔的配合。由于滚动轴承是标准件，故内圈与轴颈的配合采用基孔制，外圈与轴承座孔的配合采用

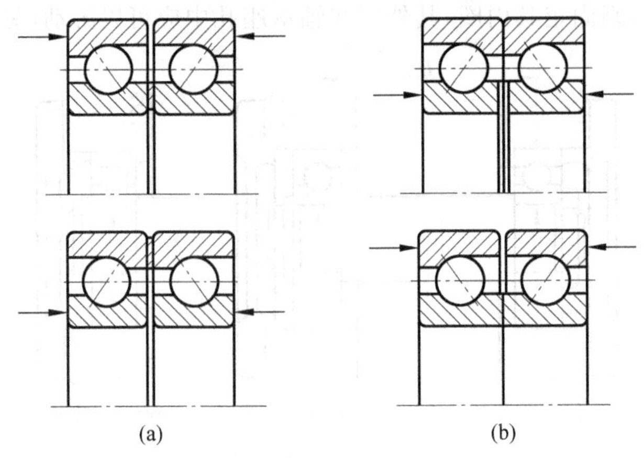

图 9-30 轴承的预紧

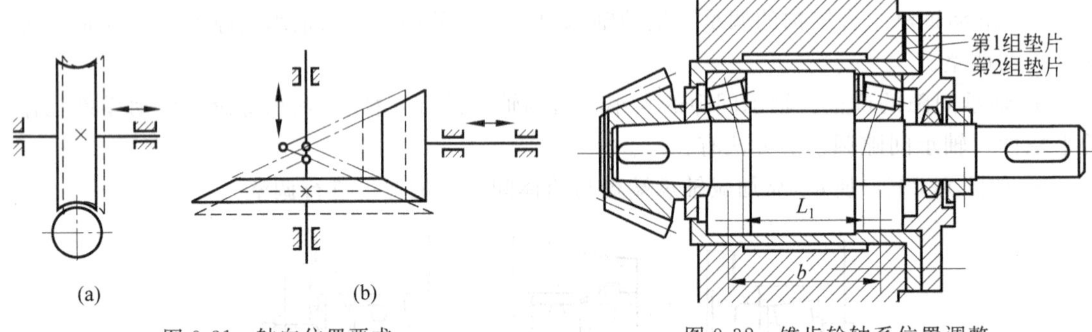

图 9-31 轴向位置要求

图 9-32 锥齿轮轴系位置调整

基轴制。配合的松紧程度根据轴承工作载荷的大小、性质、转速高低等确定。转速高、载荷大、冲击振动比较严重时应选用较紧的配合,旋转精度要求高的轴承配合也要紧一些;游动支承和需经常拆卸的轴承,则应配合松一些。

对于一般机械,轴与内圈的配合常选用 m6、k6、js6 等,外圈与轴承座孔的配合常选用 J7、H7、G7 等。由于滚动轴承内径的公差带在零线以下,因此,内圈与轴的配合比圆柱公差标准中规定的基孔制同类配合要紧些。如圆柱公差标准中 H7/k6、H7/m6 均为过渡配合,而在轴承内圈与轴的配合中就成了过盈配合。

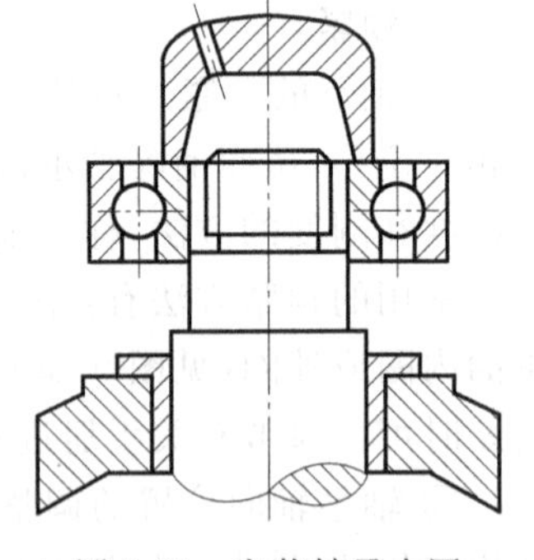

图 9-33 安装轴承内圈

(5) 滚动轴承的装拆 安装和拆卸轴承的力应直接加在紧配合的套圈端面,不能通过滚动体传递。由于内圈与轴的配合较紧,在安装轴承时:

① 对中、小型轴承,可在内圈端面加垫后,用手锤轻轻打入(见图 9-33)。

② 对尺寸较大的轴承,可在压力机上压入或把轴承放在油里加热至 80~100℃,然后取出套装在轴颈上。

③ 同时安装轴承的内、外圈时,须用特制的安装工具(见图 9-34)。

轴承的拆卸可根据实际情况按图 9-35 实施。为使拆卸工具的钩头钩住内圈,应限制轴肩高度。轴肩高度可查设计手册。

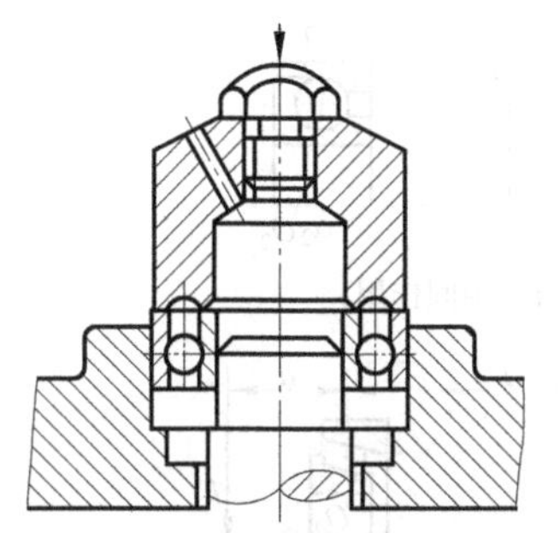
图 9-34 同时安装轴承的内、外圈

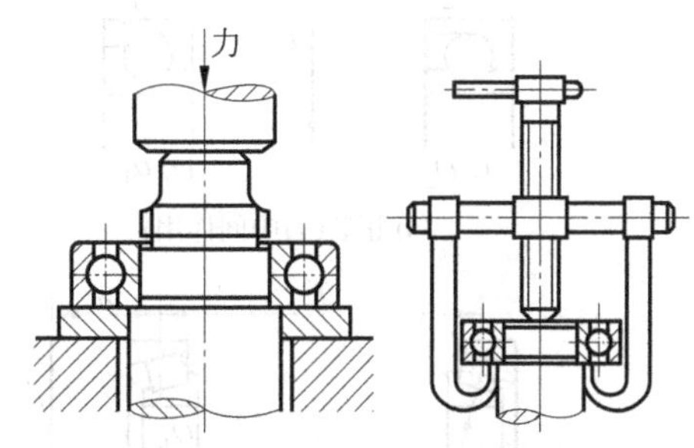

图 9-35 轴承的拆卸

内、外圈可分离的轴承，其外圈的拆卸可用压力机、套筒或螺钉顶出，也可以用专用设备拉出。为了便于拆卸，座孔的结构一般采用图 9-36 所示的形式。

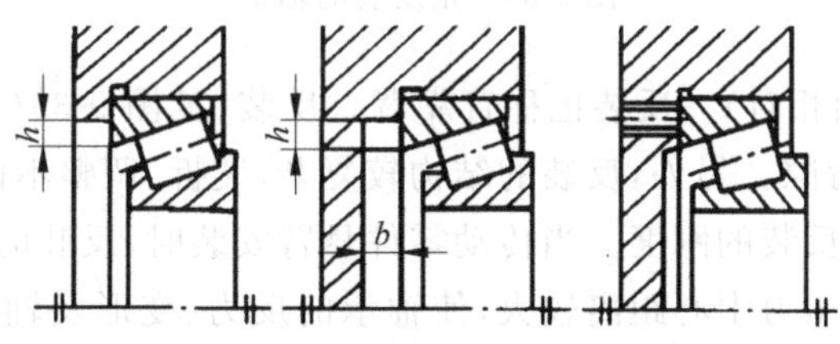

图 9-36 便于外圈拆卸的座孔结构

(6) 支承部位的刚度和同轴度 为保证支承部分的刚度，轴承座孔壁应有足够的厚度，并设置加强肋以增强刚度，如图 9-37 所示，为保证支承部分的同轴度，同一轴上两端的轴承座孔必须保持同心。为此，两端轴承座孔的尺寸应尽量相同，以便加工时一次镗出，减少同轴度误差。若轴上装有不同外径尺寸的轴承时，可采用套杯结构，如图 9-38 所示。

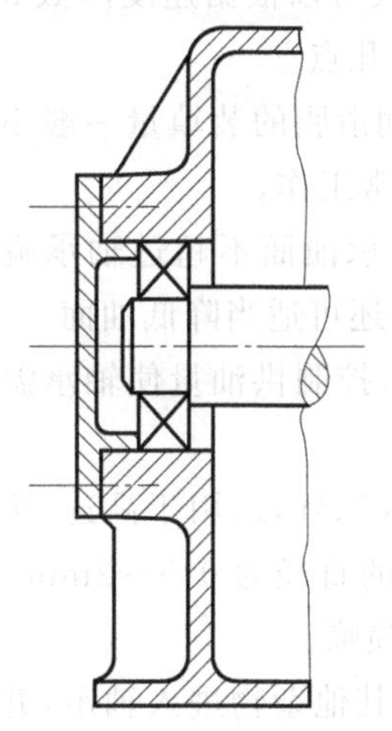
图 9-37 支承部位刚度

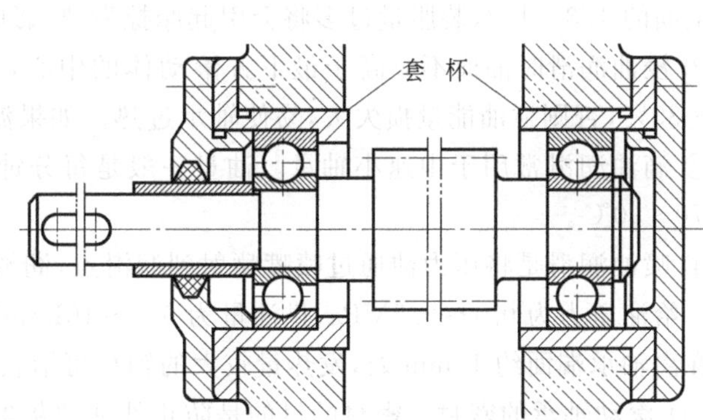

图 9-38 轴承座孔的同轴度

(7) 角接触球轴承和圆锥滚子轴承的安装方式 角接触球轴承和圆锥滚子轴承一般成对使用，根据调整、安装以及使用场合的不同，有如下两种排列方式。

① 正装(外圈窄端面相对)。正装也称面对面。正装(见图 9-39(a)、(c))的轴系，结构简单，装拆、调整方便，但是，轴的受热伸长会减小轴承的轴向游隙，甚至会卡死。

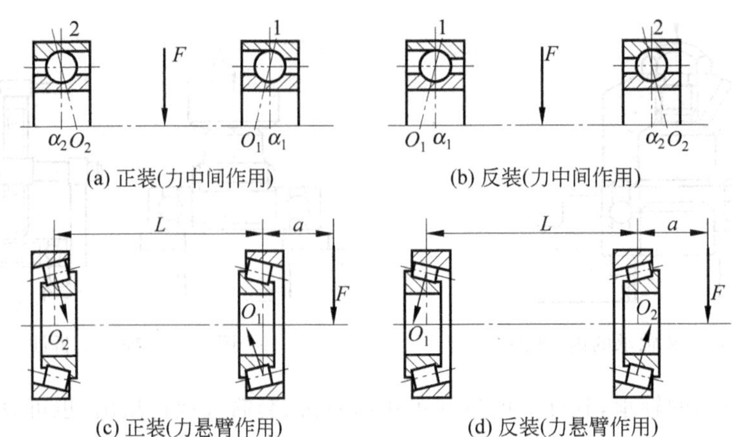

图 9-39 正反装的轴系

② 反装(外圈宽端面相对)。反装也称背靠背。反装(见图 9-39(b)、(d))时,显然轴的热膨胀会增大轴承的轴向游隙。另外,反装的结构较复杂,装拆、调整不便。

接下来分析一下正、反装的刚度。当传动零件悬臂安装时,反装的轴系刚度比正装的轴系高,这是因为反装的轴承压力中心距离较大,使轴承的反力、变形及轴的最大弯矩和变形均小于正装。

当传动零件介于两轴承中间时,正装使轴承压力中心距离减小而有助于提高轴的刚度,反装则相反。

(8) 滚动轴承的润滑　轴承润滑的主要目的是减小摩擦与磨损、缓蚀、吸振和散热。一般采用脂润滑或者油润滑。

滚动轴承一般高速时采用油润滑、低速时采用脂润滑,润滑方式可以根据速度因数 dn(轴承内径和转速的乘积)的大小查表选择。但总体来讲需要注意以下几点。

① 脂润滑结构简单,易于密封,并且能够承受较大的载荷,但润滑脂的装填量一般不超过轴承空间的 1/3～1/2,装脂量过多将会引起摩擦发热,影响轴承正常工作。

② 浸油润滑时油面不应高于最下方滚动体的中心,立轴的轴承油面不超过轴承宽度的 70%～80%,否则搅油能量损失大,易使轴承过热。如果温升过高,还可适当降低油面。

③ 滴油润滑常用于中速小轴承。油量一般是每分钟 5～6 滴,控制供油量使轴承温度不超过 70～90℃。

④ 喷油润滑是将压力油通过喷嘴喷射到润滑点,润滑及冷却效果好,适用于高速、重载荷轴承。给油压力为 0.1～0.5MPa,供油量为 0.5～10L/min。喷嘴的直径为 0.5～2mm 以上,安装在离轴承端面约 10mm 处,发热量较大的轴承可增设 2～4 个喷嘴。

(9) 滚动轴承的密封　密封的目的是防止外部的灰尘、水分及其他杂物进入轴承,并阻止轴承内润滑剂的流失。

密封分接触式密封和非接触式密封。

① 接触式密封。接触式密封是在轴承盖内放毡圈、皮碗,使其直接与轴接触,起到密封作用。由于工作时,轴与毛毡等相互摩擦,故这种密封适用于低速,且要求接触处轴的表面硬度大于 40HRC,粗糙度 $Ra<0.8\mu m$。

- 毡圈密封(见图 9-40(a))。矩形毡圈压在梯形槽中与轴接触,适用于脂润滑,环境清洁，轴颈圆周速度 $v<4\sim5\text{m/s}$，工作温度<90℃的场合。

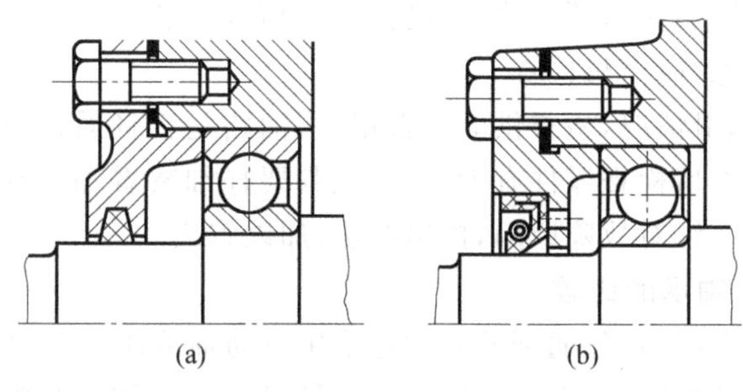

(a)　　(b)

图 9-40　接触式密封

- 密封圈密封（见图 9-40(b)）。密封圈由皮革或橡胶制成，有或无骨架，利用环形螺旋弹簧，将密封圈的唇部压在轴上，图中唇部向外，可防止尘土入内；如唇部向内，可防止油泄漏。也可将两个密封圈背靠背安装，同时起到防尘和防漏的效果。密封圈密封适用于油润滑或脂润滑，轴颈圆周速度 $v<7\text{m/s}$，工作温度在$-40\sim100$℃的场合，密封圈为标准件。

② 非接触式密封。非接触式密封是利用狭小和曲折的间隙密封，不直接与轴接触，故可用在高速场合。

- 间隙密封（见图 9-41(a)）。在轴与轴承盖间，留有细小的环形间隙，半径间隙为 0.1～0.3mm，中间填以润滑脂。它用于工作环境清洁、干燥的场合。

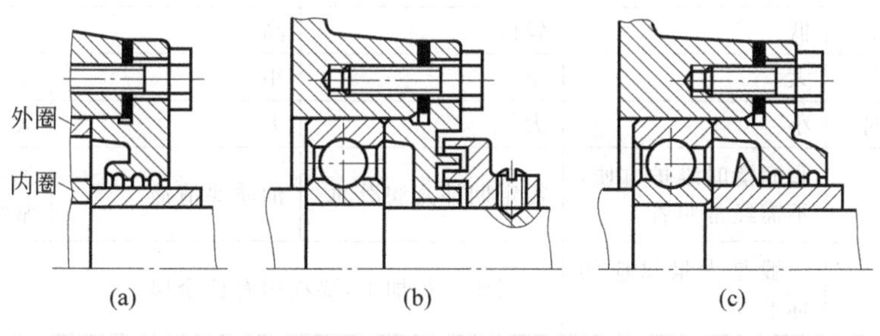

(a)　　(b)　　(c)

图 9-41　非接触式密封

- 迷宫密封（见图 9-41(b)）。它是由旋转和静止的密封零件之间拼合成许多曲折的缝隙所形成的，使流体经多次节流而难以渗漏。根据部件的结构，曲路的布置可以是径向的，也可以是轴向的。采用轴向曲路，当轴有热伸缩或缝隙设计不当时，有使旋转片与静止片干涉的可能。因此，在通常的情况下采用径向曲路为宜，图示即为径向曲路。迷宫密封对润滑脂和润滑油都很有效，适用于工作环境较差、密封要求可靠的场合。环境比较脏时采用这种形式，轴径圆周速度可达 30m/s。
- 油环与油沟组合密封（见图 9-41(c)）。在油沟密封区内的轴上安装一个甩油环，当向外流失的润滑油落在甩油环上时，由于离心力的作用而甩落，然后通过导油槽流会油箱。这种组合密封形式在高速时密封效果好。

另外，也可将毛毡圈和迷宫组合使用，或将甩油盘与唇形密封圈组合使用，都有不错的密封效果。

(10) 轴承的维护　轴承的维护工作，除保证良好的润滑、完善的密封外，还要注意观察和检查轴承的工作情况，防患于未然。

设备运行时，若出现工作条件未变，轴承突然温度升高，且超过允许范围；工作条件未变，轴承运转不灵活，有沉重感；转速严重滞后；设备工作精度显著下降，达不到标准；滚动轴承产生噪声或振动等异常状态，应停机检查。

检查时，首先检查润滑情况，检查供油是否正常，油路是否畅通；再检查装配是否正确，有无游隙过紧、过松情况；然后检查零件有无损坏，尤其要仔细察看轴与轴承表面状态，从油迹、伤痕可以判别损坏原因。针对故障原因，提出办法，加以解决。

9. 滚动轴承与滑动轴承的比较

在设计机器轴承部件时，首先遇到的问题是采用滚动轴承还是滑动轴承的问题。因此，全面比较和了解两种轴承的性能，有助于正确地选用轴承。滚动轴承与滑动轴承的性能比较见表 9-12。

表 9-12 滚动轴承与滑动轴承的性能比较

比较项目		滚动轴承	滑动轴承		
			非液体轴承	液体轴承	
				动压式	静压式
效率		0.95～0.99	0.94～0.98	0.995～0.999(或更高)	
启动摩擦阻力		小	较大	较大	小
旋转精度		较高	较低	较高	可以很高
适用工作速度、寿命、噪声		低、中速，寿命较短，噪声大	低速，寿命较长，无噪声	中、高速，寿命长，无噪声	任何速度，寿命长，无噪声
受冲击、振动能力		低	较低	高	高
外廓尺寸	径向	大	小	小	小
	轴向	小	大	大	大
维护		脂润滑时维护方便，不需经常照管	需定期补充润滑油	油质要清洁	油质要清洁，需经常维护供油系统
其他		一般是大量供应的标准件	一般要自行加工，要耗用有色金属		

9.3 轴

学习目标 能描述轴的作用与分类；能大致说出轴的一般设计要求；能列举并认知轴上零件常用的固定方法；能表述轴在结构设计上应注意的事项；能说出提高轴强度和刚度的主要措施。

1. 轴的功用与分类

轴是组成机器的重要零件，其功用是支承旋转零件(如齿轮、带轮等)，并传递运动和动力。

根据受载情况，轴可分为三类：

(1) 心轴 承受弯矩不传递转矩的轴，如图 9-42(a)所示自行车前轮轴(固定心轴)和图 9-42(b)所示火车车轮轴(转动心轴)。

(2) 传动轴 以传递转矩为主，不承受弯矩或承受很小弯矩的轴，如汽车的传动轴(见图 9-43)。

(3) 转轴 既传递转矩，又承受弯矩的轴，如图 9-44 所示的齿轮轴。

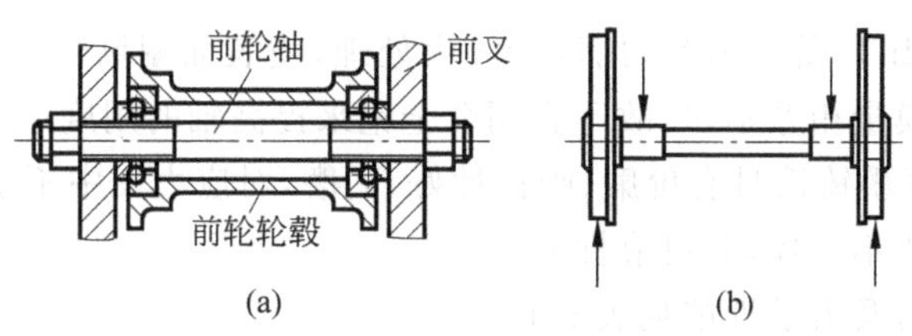

图 9-42　固定心轴和转动心轴

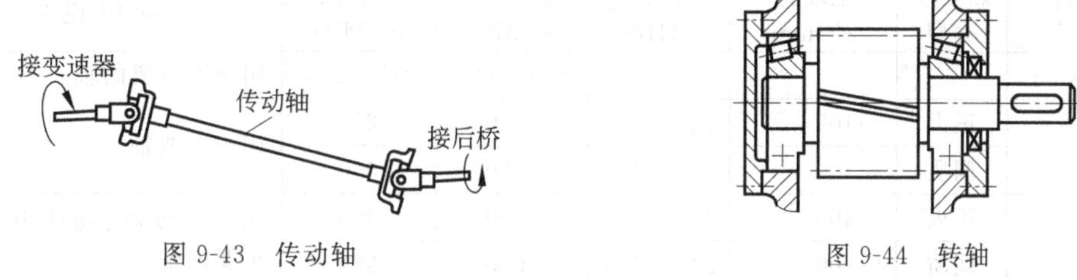

图 9-43　传动轴　　图 9-44　转轴

根据轴线的几何形状，轴还可分为直轴（见图 9-45）、曲轴（见图 9-46）和挠性钢丝轴（见图 9-47）。

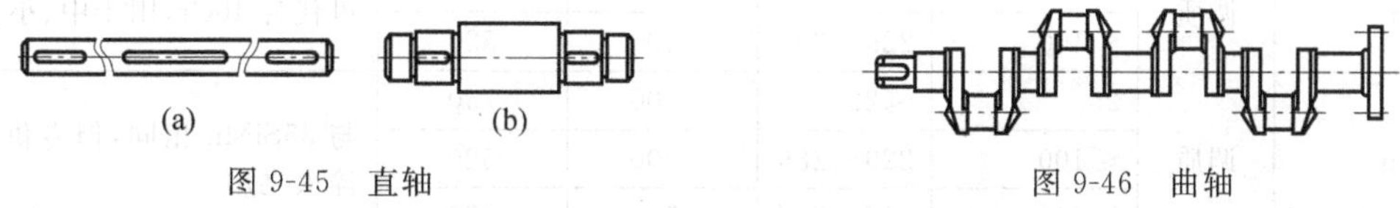

图 9-45　直轴　　图 9-46　曲轴

直轴应用最广泛。按外形可以分为光轴（见图 9-45(a)）和阶梯轴（见图 9-45(b)）。光轴形状简单，应力集中源少，制造容易，主要用做传动轴。阶梯轴各轴段直径不同，使各轴段的强度相近，而且便于轴上零件的拆装和定位，在机器中最为常用。轴一般做成实心的，但为了减轻重量或满足某种功能，也可以做成空心轴（见图 9-48）。

图 9-47　挠性钢丝轴　　图 9-48　空心轴

曲轴常用于往复式机械中，例如内燃机、空气压缩机等。可以实现直线运动与旋转运动的转换。挠性钢丝轴通常是由几层紧贴在一起的钢丝层构成的，它不受任何空间的限制，可以将转矩和运动灵活地传到任何所需的位置，常用于医疗设备、操纵机构、仪表等机械中。

2. 轴的材料

轴的失效多为疲劳破坏，所以轴的材料应满足强度、刚度、耐磨性等方面的要求，常用的材料有：

(1) 碳素钢　对较重要或传递载荷较大的轴，常用 35＃、40＃、45＃和 50＃优质碳素钢，其中 45＃钢应用最广泛。这类材料的强度、塑性和韧性等都比较好。进行调质或正火处理可提高其机械性能。对不重要或传递载荷较小的轴，可用 Q235、Q275 等普通碳素钢。

(2) 合金钢　合金钢具有较好的机械性能和淬火性能。但对应力集中比较敏感，价格较高，多用于有特殊要求的轴，如要求重量轻或传递转矩大而尺寸又受到限制的轴。常用的低碳合金钢有20Cr、20CrMnTi等，一般采用渗碳淬火处理，使表面耐磨性和芯部韧性都较好。合金钢与碳素钢的弹性模量相差不多，故不宜用合金钢来提高轴的刚度。

(3) 球墨铸铁　球墨铸铁具有价廉、吸振性好、耐磨，对应力集中不敏感，容易制成复杂形状的轴等特点。但品质不易控制，可靠性差。

轴常用的金属材料及力学性能见表9-13。

表9-13　轴常用的金属材料及力学性能

材料牌号	热处理类型	毛坯直径/mm	硬度/HBS	抗拉强度 σ_b/MPa	屈服点 σ_s/MPa	应用说明
Q275～Q235				600～440	275～235	用于不重要的轴
35	正火	≤100	149～187	520	270	用于一般轴
	调质	≤100	156～207	560	300	
45	正火	≤100	170～217	600	300	用于强度高、韧性中等的较重要的轴
	调质	≤200	217～255	650	360	
40Cr	调质	25	≤207	1000	800	用于强度要求高、有强烈磨损而无很大冲击的重要轴
		≤100	241～286	750	550	
35SiMn	调质	25	≤229	900	750	可代替40Cr，用于中、小型轴
		≤100	229～286	800	520	
42SiMn	调质	25	≤220	900	750	与35SiMn相同，但专供表面淬火之用
		≤100	229～286	800	520	
		>100～200	217～269	750	470	
40MnB	调质	25	≤207	1000	800	可代替40Cr，用于小型轴
		≤200	241～286	750	500	
35CrMo	调质	25	≤229	1000	350	用于重载的轴
		≤100	207～269	750	550	
		>100～300		700	500	
QT600-2			229～302	600	420	用于发动机的曲轴和凸轮等

3. 轴的结构设计

(1) 轴的结构　轴的结构设计就是根据工作条件，确定轴的合理外形，各段轴径和长度以及全部结构尺寸。为了便于装拆，一般的转轴均为中间大、两端小的阶梯轴(如图9-49所示齿轮减速器输入轴)。轴与轴承配合处的轴段称为轴颈，安装轮毂的轴段称为轴头，轴头与轴颈间的轴段称为轴身。阶梯轴上截面尺寸变化的部位，称为轴肩和轴环。轴肩和轴环常用于轴上零件的定位。图中齿轮由左方装入，依靠轴环限定轴向位置，左端的带轮和右端的轴承靠轴肩定位。为了固定轴上的零件，轴上还设有其他相应的结构，如轴上开有键槽，通过键联接实现齿轮的周向固定。为便于加工和装配，轴上还常设有倒角、中心孔和退刀槽等工艺结构。

轴的结构形式取决于轴上零件的装配方案。应拟定几种不同的装配方案，以便进行比较与选择，以轴的结构简单，轴上零件少为佳。

(2) 轴的结构设计　轴的结构设计的主要要求有：满足制造安装要求，轴应便于加工，轴上零件要方便装拆；满足零件定位要求，轴和轴上零件有准确的工作位置，各零件要牢固而可靠地相对固定；满足结构工艺性要求，使加工方便和节省材料；满足强度要求，尽量减少应力集中等。下面结合图9-49所示的单级齿轮减速器的高速轴，逐项讨论这些要求。

① 制造安装要求。为了方便轴上零件的装拆，常将轴做成阶梯形。对于一般剖分式箱体中的轴，它的直径从轴端逐渐向中间增大。如图 9-49 所示，可依次将齿轮、套筒、左端滚动轴承、轴承盖和带轮从轴的左端装拆，另一滚动轴承从右端装拆。为使轴上零件易于安装，轴端及各轴段的端部应有倒角。

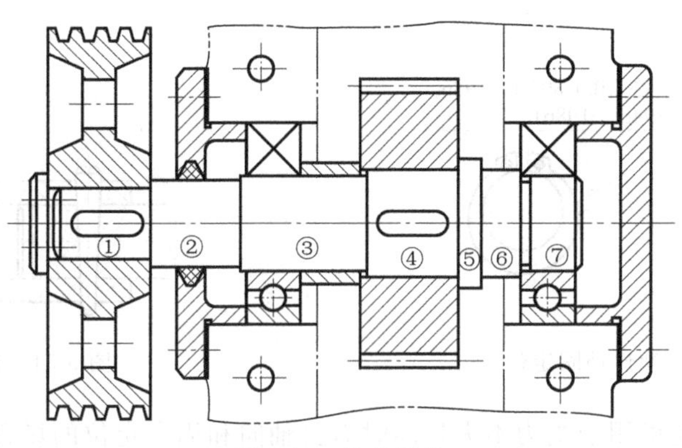

①
②
③
④
⑤
⑥
⑦
图 9-49　轴的结构

轴上磨削的轴段，应有砂轮越程槽(图 9-49 中⑥与⑦的交界处)；车制螺纹的轴段，应有退刀槽。在满足使用要求的情况下，轴的形状和尺寸应力求简单，以便于加工。

② 零件轴向和周向定位。

- 轴上零件的轴向定位和固定。最常用的是利用轴肩和轴环进行轴向定位，其结构简单、可靠，并能承受较大轴向力。在图 9-49 中，①、②间的轴肩使带轮定位；轴环⑤使齿轮在轴上定位；⑥、⑦间的轴肩使右端滚动轴承定位。

有些零件依靠套筒定位。在图 9-49 中左端滚动轴承采用套筒③定位。套筒定位可简化轴的结构，减小应力集中，结构简单、定位可靠，多用于轴上零件间距离较小的场合。但由于套筒与轴之间存在间隙，所以在高速情况下不宜使用。

圆螺母GB/T 812—1988
止动垫圈(GB/T 812—1988
图 9-50　圆螺母定位

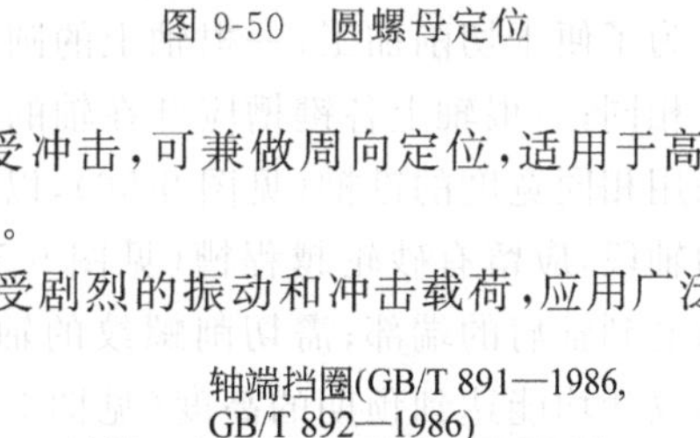

无法采用套筒或套筒太长时，可采用圆螺母加以固定，如图 9-50 所示。圆螺母定位可靠、并能承受较大轴向力，能实现轴上零件的间隙调整。但切制螺纹将会产生较大的应力集中，降低轴的疲劳强度，多用于固定装在轴端的零件。

在轴端部还可以用圆锥面定位(见图 9-51)，圆锥面定位的轴和轮毂之间无径向间隙、装拆方便，能承受冲击，可兼做周向定位，适用于高速、冲击以及对中性要求较高的场合，但锥面加工较为麻烦。

图 9-52 中的轴端挡圈定位可靠，适用于轴端，可承受剧烈的振动和冲击载荷，应用广泛。

图 9-51　圆锥面定位

轴端挡圈(GB/T 891—1986,
GB/T 892—1986)
图 9-52　轴端挡圈定位

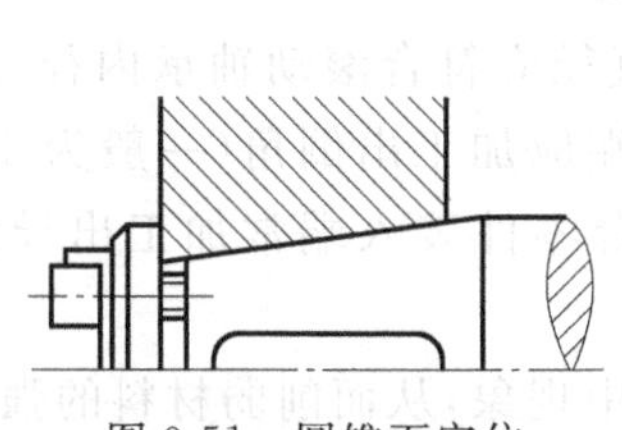

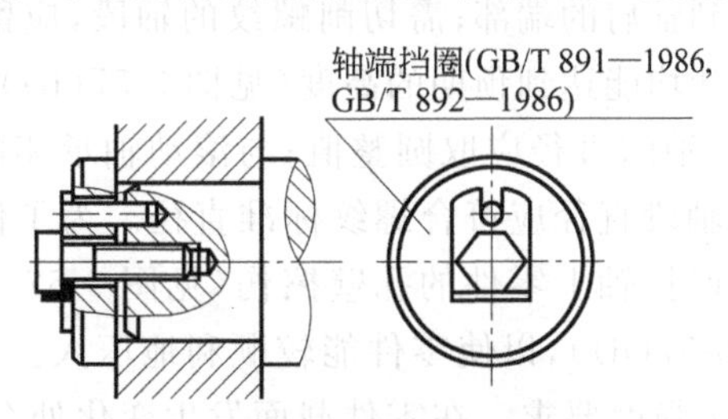

图 9-49 中,带轮的轴向固定是靠轴端挡圈。

图 9-53 所示弹性挡圈定位结构紧凑、简单、装拆方便,但受力较小,且轴上切槽会引起应力集中,常用于轴承的定位。

圆锥销也可以用做轴向定位,它结构简单,用于受力不大且同时需要轴向和周向定位的场合,如图 9-54 所示。

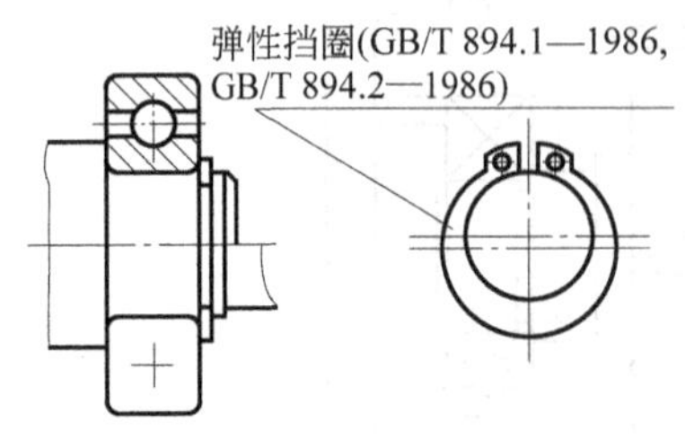

图 9-53 弹性挡圈定位

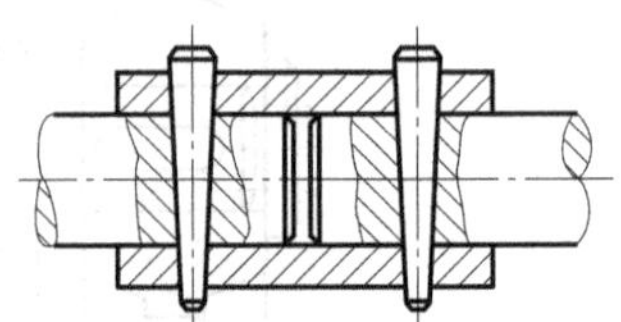

图 9-54 销定位

此外,紧定螺钉也可用于受力不大且同时需要轴向和周向定位的场合。

- 轴上零件的周向固定。轴上零件周向固定的目的是使其能同轴一起转动并传递转矩。轴上零件的周向固定,大多采用键、花键、销或过盈配合等联接形式。具体可参考第 5 章内容。

(3) 结构工艺性要求 轴的形状,从满足强度和节省材料考虑,最好是等强度的抛物线回转体。但这种形状的轴既不便于加工,也不便于轴上零件的固定;从加工考虑,最好是直径不变的光轴,但光轴不利于轴上零件的装拆和定位。由于阶梯轴接近于等强度,而且便于加工和轴上零件的定位和装拆,所以实际上轴的形状多呈阶梯形。为了能选用合适的圆钢和减少切削加工量,阶梯轴各轴段的直径不宜相差太大,一般取 5~10mm。

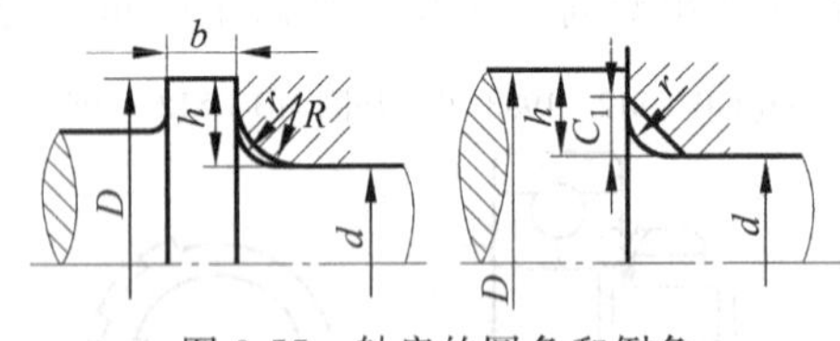

图 9-55 轴肩的圆角和倒角

为了保证轴上零件紧靠定位面(轴肩),轴肩的圆角半径 r 必须小于相配零件的倒角 C_1 或圆角半径 R,轴肩高 h 必须大于 C_1 或 R(见图 9-55)。

在采用套筒、螺母、轴端挡圈作轴向固定时,应把装配零件的轴段长度做得比零件轮毂长度短 2~3mm,以确保套筒、螺母或轴端挡圈能靠紧零件端面。

为了便于切削加工,一根轴上的圆角应尽可能取相同的半径,退刀槽取相同的宽度,倒角尺寸相同;一根轴上各键槽应开在轴的同一母线上,若开有键槽的轴段直径相差不大时,尽可能采用相同宽度的键槽(见图 9-56),以减少换刀的次数;需要磨削的轴段,应留有砂轮越程槽(见图 9-57(a)),以便磨削时砂轮可以磨到轴肩的端部;需切削螺纹的轴段,应留有退刀槽,以保证螺纹牙均能达到预期的高度(见图 9-57(b))。为了便于加工和检验,轴的直径应取圆整值;与滚动轴承相配合的轴颈直径应符合滚动轴承内径标准;有螺纹的轴段直径应符合螺纹标准直径。为了便于装配,轴端应加工出倒角(一般为 45°),以免装配时把轴上零件的孔壁擦伤(见图 9-57(c));过盈配合零件装入端常加工出导向锥面(见图 9-57(d)),以使零件能较顺利地压入。

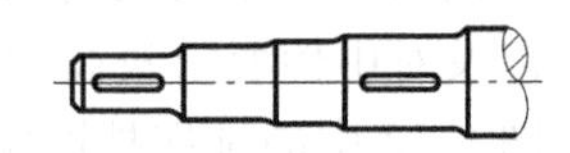

图 9-56 键槽应在同一母线上

(4) 强度要求 在零件截面发生变化处会产生应力集中现象,从而削弱材料的强度。因

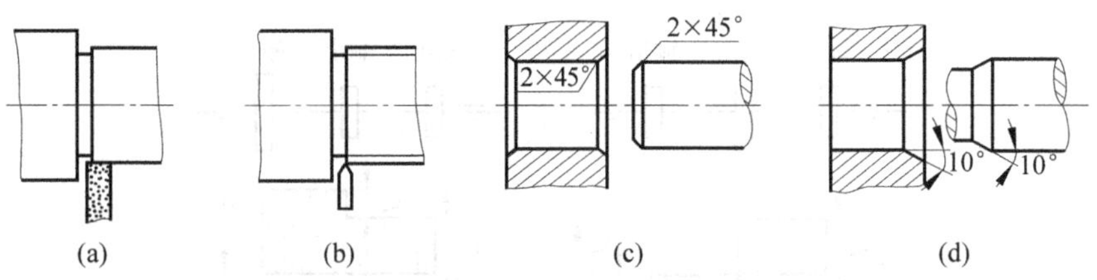

图 9-57　越程槽、退刀槽、倒角和锥面

此，进行结构设计时，应尽量减小应力集中。特别是合金钢材料对应力集中比较敏感，应当特别注意。在阶梯轴的截面尺寸变化处应采用圆角过渡，且圆角半径不宜过小。另外，设计时尽量不要在轴上开横孔、切口或凹槽，必须开横孔须将边倒圆。在重要的轴的结构中，可采用卸载槽 B(见图 9-58(a))、过渡肩环(见图 9-58(b))或凹切圆角(见图 9-58(c))增大轴肩圆角半径，以减小局部应力。在轮毂上做出卸载槽 B(见图 9-58(d))，也能减小过盈配合处的局部应力。

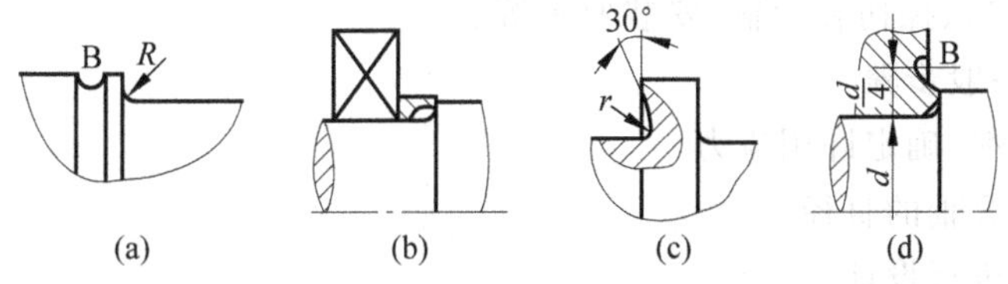

图 9-58　减小应力集中的措施

当轴上零件与轴为过盈配合时，可采用如图 9-59 所示的各种结构，以减轻轴在零件配合处的应力集中。

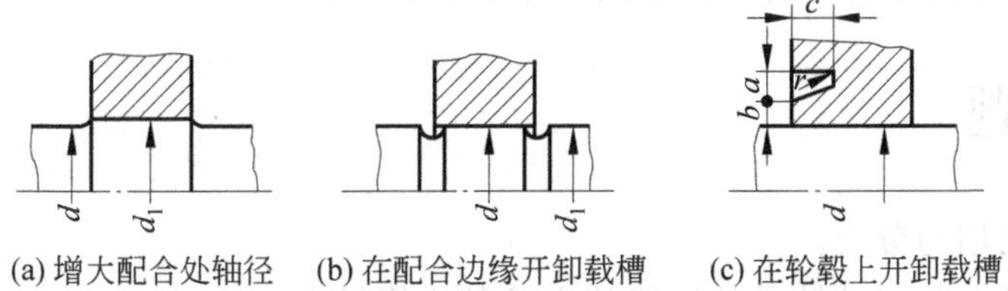

图 9-59　几种轴与轮毂的过盈配合方法

此外，结构设计时，还可以采取改善受力情况、改变轴上零件位置等措施以提高轴的强度。例如，在图 9-60 所示的起重机卷筒的两种不同方案中，图 9-60(a)的结构是大齿轮和卷筒联成一体，转矩经大齿轮直接传给卷筒。这样，卷筒轴只受弯矩而不传递转矩，起重同样载荷 Q 时，轴的直径可小于图 9-60(b)的结构。

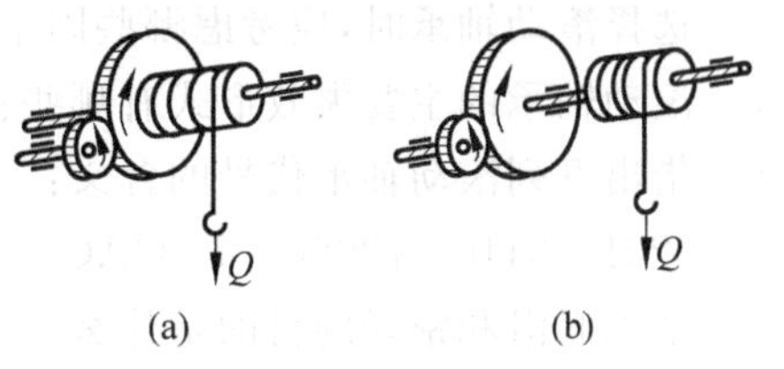

图 9-60　起重机卷筒

再如，当动力需从两个轮输出时，为了减小轴上的载荷，尽量将输入轮置在中间。在图 9-61(a)中，当输入转矩为 T_1+T_2 而 $T_1>T_2$ 时，轴的最大转矩为 T_1；而在图 9-61(b)中，轴的最大转矩为 T_1+T_2。

此外，轴的表面质量对轴的疲劳强度有着显著影响。应采取适当措施改善轴的表面质量来提高轴的疲劳强度。如减小轴的表面粗糙度，对轴的表面采取表面强化，如喷丸、滚压、表面淬火、渗碳、渗氮等，都可显著提高轴的疲劳强度。

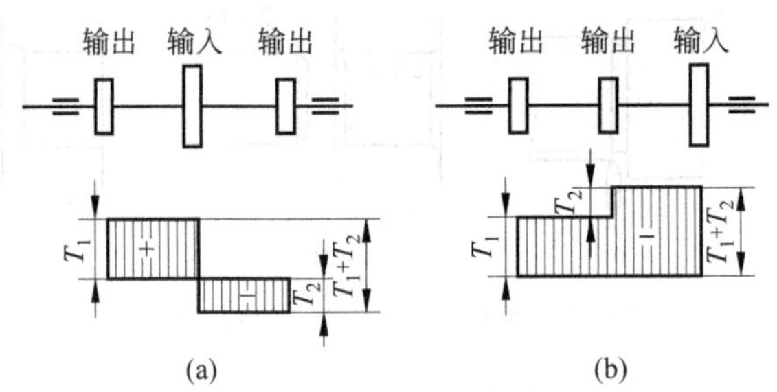

图 9-61 轴上零件的两种布置方案

4. 轴的一般设计要求及设计步骤

（1）一般设计要求　为保证轴能正常工作，轴必须具有足够的强度和刚度。为保证轴上零件能可靠固定、装拆方便，且便于加工制造，要求轴有合理的结构和良好的工艺性。此外，不同机械对轴的工作又有不同的特殊要求，如机床主轴的刚度要求、汽轮机转子轴不发生共振要求、重型轴毛坯的制造、探伤和运输、安装要求等。

（2）轴设计的一般步骤

① 选择轴的材料，确定许用应力。

② 利用公式估算轴的直径。

③ 对轴的结构进行设计。

④ 对轴按弯扭合成进行强度校核。

⑤ 对轴进行疲劳强度安全系数校核。

⑥ 必要的刚度校核。

轴的具体设计方法与案例请参看相关参考书或手册。

思考题与习题

9-1　试述轴承的功用与分类。

9-2　试比较滑动轴承与滚动轴承的性能特点及其应用场合。

9-3　滑动轴承的摩擦状况有哪几种？各有何特点？

9-4　径向滑动轴承的主要结构形式有哪几种？各有何特点？

9-5　滑动轴承的失效形式有哪些？非液体摩擦滑动轴承的主要失效形式是什么？

9-6　选择滚动轴承时，应考虑哪些因素？

9-7　滚动轴承的主要失效形式有哪些？

9-8　指出下列滚动轴承代号的含义：

6201　6410　7206C　7308AC　30312/P6x　N2210

9-9　轴承润滑和密封的目的是什么？

9-10　滚动轴承常用的润滑及密封装置有哪些？各适用于什么场合？

9-11　滚动轴承预紧的目的是什么？是不是所有的滚动轴承在工作前都要进行预紧？

9-12　滚动轴承内、外圈常用的轴向定位方式有哪些？

9-13　为什么要调整滚动轴承的间隙？如何调整？

9-14　轴系的固定方式有几种？各有什么特点？适用于什么场合？

9-15 装、拆滚动轴承时,应注意哪些问题?

9-16 什么是滚动轴承的额定寿命?

9-17 轴有哪些类型?各有何特点?请各举 2 个实例。

9-18 如图 9-62 所示为轴上零件的两种布置方案,功率由齿轮 A 输入,齿轮 1 输出转矩 T_1,齿轮 2 输出转矩 T_2,且 $T_1 > T_2$。试比较两种布置方案中各段轴所受转矩的大小。哪种方案更为合理?

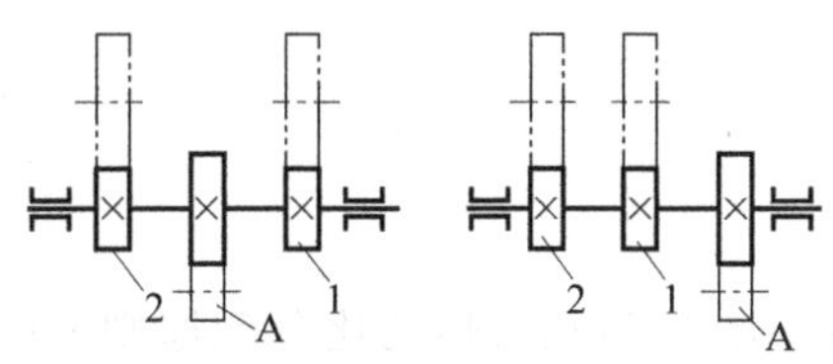

图 9-62 题 9-18 图

9-19 轴上零件的周向和轴向定位方式有哪些?各适用什么场合?

9-20 轴的结构设计应从哪几个方面考虑?

9-21 轴的加工工艺性主要考虑哪几个方面?

9-22 轴的常用材料有哪些?应如何选用?

9-23 指出图 9-63 中轴的结构不合理的地方,并说明错因,提出改进意见。

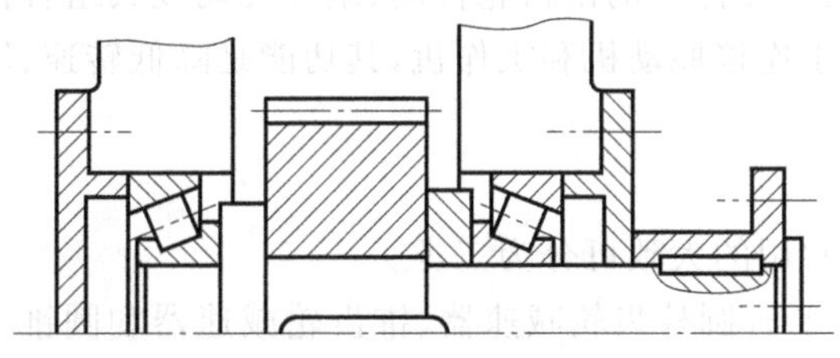
图 9-63 题 9-23 图

第 10 章

减　速　器

本章将介绍减速器的功用、类型、特点及传动比分配原则，并重点介绍圆柱齿轮减速器的结构特点。

10.1　概述

学习目标　清楚减速器的功用，能认知常用减速器的类型、特点与应用场合。

1. 减速器的功用

减速器是一种由封闭在壳体中的由齿轮传动、蜗杆传动或其组合传动所组成的独立部件，它具有固定传动比，多用于连接原动机和工作机，其功能是降低转速、增大扭矩，以满足工作机对转速和转矩的要求。

2. 减速器的类型

减速器的类型很多，常用的大致可分为三类。

(1) 齿轮减速器　主要有圆柱齿轮减速器、锥齿轮减速器和圆锥-圆柱齿轮减速器。齿轮减速器效率高、寿命长、维护简便、应用广泛，尤以圆柱齿轮应用最广。图 10-1 所示为常用齿轮减速器的传动示意图。

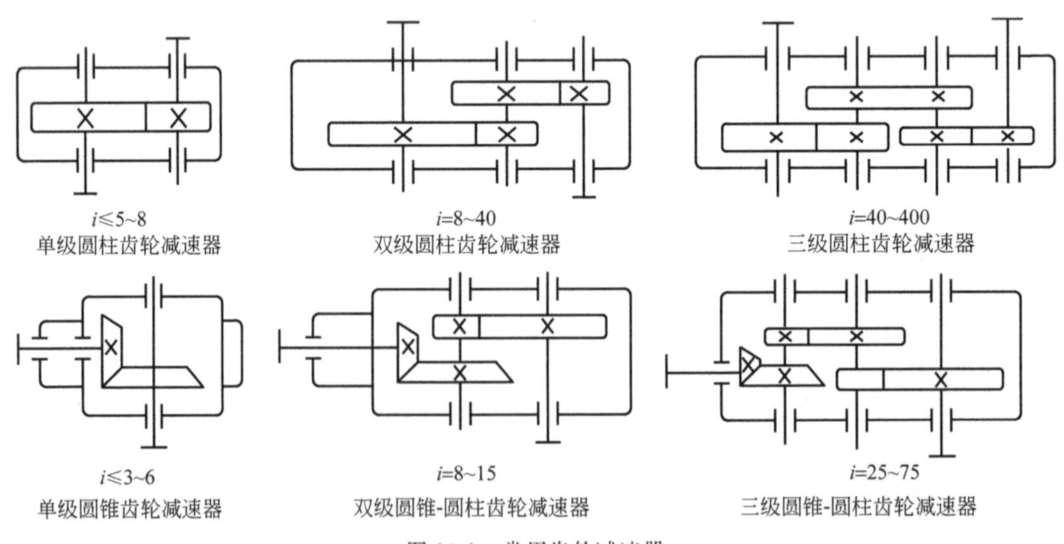

图 10-1　常用齿轮减速器

(2) 蜗杆减速器 主要有普通蜗杆减速器、圆弧蜗杆减速器、圆锥蜗杆减速器及蜗杆-齿轮减速器等。

蜗杆减速器在外廓尺寸不大的情况下可获得较大的传动比，单级传动比 $i=10\sim70$，工作平稳、噪音小，但效率低。

图 10-2 所示为常见蜗杆减速器的传动示意图。

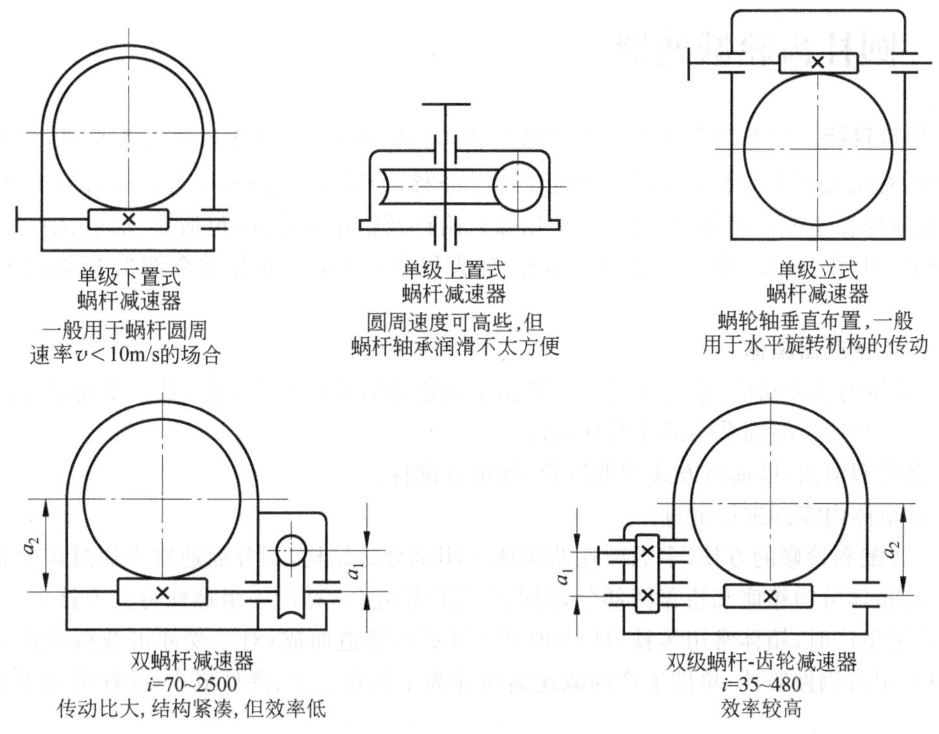

图 10-2 常用蜗杆减速器

(3) 行星减速器 主要有渐开线行星齿轮减速器、摆线齿轮减速器及谐波齿轮减速器等。

行星减速器即利用行星轮系进行传动，其结构紧凑、传动比大。例如图 8-13 所示的简单行星轮系中，传动比可达 10000。

摆线齿轮减速器和谐波齿轮减速器是两种特殊的行星轮系（具体结构请参见第 8 章 8.4 节）。

摆线齿轮减速器的特点：传动比大，一级减速 i_{1H} 可达 135，二级可达 1000 以上；结构简单，体积小，重量轻，与同样传动比和同样功率的普通齿轮减速器相比，重量可减轻 1/3 以上；效率较高，一级减速 $\eta=0.8\sim0.94$，比蜗杆传动高；加工精度要求高，成本高。

谐波齿轮减速器的特点是：传动比大，单级减速 i_{1H} 可达 $50\sim500$；同时啮合的齿数多，承载能力高；传动平稳、传动精度高、磨损小；在大传动比下，仍有较高的机械效率；零件数量少、重量轻、结构紧凑；启动力矩较大、柔轮容易发生疲劳损坏、发热严重。启动力矩较大、柔轮容易发生疲劳损坏、发热严重。

3. 减速器传动比的分配原则

由于单级齿轮减速器的传动比最大不超过 10，当总要求超过此值时，应采用双级或多级减速器。此时就应考虑各级传动比的合理分配问题，否则将影响到减速器外形尺寸的大小，承载能力能否充分发挥等。根据使用要求的不同，可按下列原则分配传动比。

① 各级传动比的承载能力基本相同。

② 使减速器的外廓尺寸和重量最小。

③ 使传动具有最小的转动惯量。

④ 各级传动中大齿轮的浸油深度大致相同。

10.2 圆柱齿轮减速器

学习目标 清楚圆柱齿轮减速器的结构，能认知减速器中各附件及其功用；能结合前一章所学，对减速器中的轴系零件部件进行综合分析，加深对轴、轴承及齿轮传动的认识。

齿轮减速器主要由箱体(包括箱座和箱盖)、附件及轴系零部件(包括轴、轴承、轴承盖及齿轮等)组成，见图 10-3。轴系零部件已在前面课程中介绍，这里着重介绍减速器的箱体及附件。

1. 齿轮减速器箱体

(1) 箱体的主要功能、结构及材料 箱体是减速器的重要基础零件，其主要功能是：

① 安装减速器的轴系零部件及其附件。

② 盛装润滑油，以油浴方式润滑齿轮、轴承等部件。

③ 对箱体内零件进行密封。

为了装配和检修的方便，多数减速器箱体采用剖分式结构，剖分面通常为通过齿轮轴线的水平面，将箱体分为箱座和箱盖两部分，用两个定位销定位，并用一组螺栓将其连接为一体。

在批量生产时，箱体常用铸铁(HT200 或 HT250)铸造而成；对于受冲击载荷的重型减速器，一般采用铸钢做箱体；单件生产的减速器箱体为了简化工艺、降低成本，往往采用钢板焊接而成。

(2) 对箱体的主要要求

① 箱体要有足够的刚度。保证在加工和使用过程中不发生过大的变形，以免影响加工精度和轴的运转精度以及齿轮副的正确啮合传动。为此，要求箱体有足够的壁厚，在适当部位(如轴承孔附近)设置加强筋、轴承座连接处设置凸台，且凸台应具有足够支承托面，以便放置联接螺栓，并保证旋紧螺栓时需要的扳手空间。

② 箱体应有良好的工艺性。工艺性包括铸造工艺、机加工工艺、装配调整、安装固定、吊装运输、维护修理等，主要从铸造工艺性和机械加工工艺性两个方面考虑。

铸造工艺性方面：壁厚均匀，过渡平缓，有必要的铸造圆角和拔模斜度等。

机械加工工艺性方面：同轴上的轴承成对使用；轴承座同侧端面位于同一平面，箱体底面不宜采用整块大平面，任一加工面应较相邻的非加工面凸出或凹入等。

③ 箱体应有足够的容积。除容纳主要零件外，箱体还应能储存足量的润滑油，以满足齿轮和轴承等的润滑要求，同时润滑油还有冷却、防锈的作用。

④ 箱体应有可靠的密封。保证箱体中的润滑油不外泄。箱体与箱盖之间不允许添加任何有厚度的填料。因此对结合面的加工要求较高，并常在箱座凸缘的上表面开设回油沟。

此外还要求箱体具有造型好、质量小、散热性能好等要求。

2. 齿轮减速器附件

为了保证减速器的正常工作，除了对齿轮、轴、轴承组合的箱体的结构设计给予足够的重

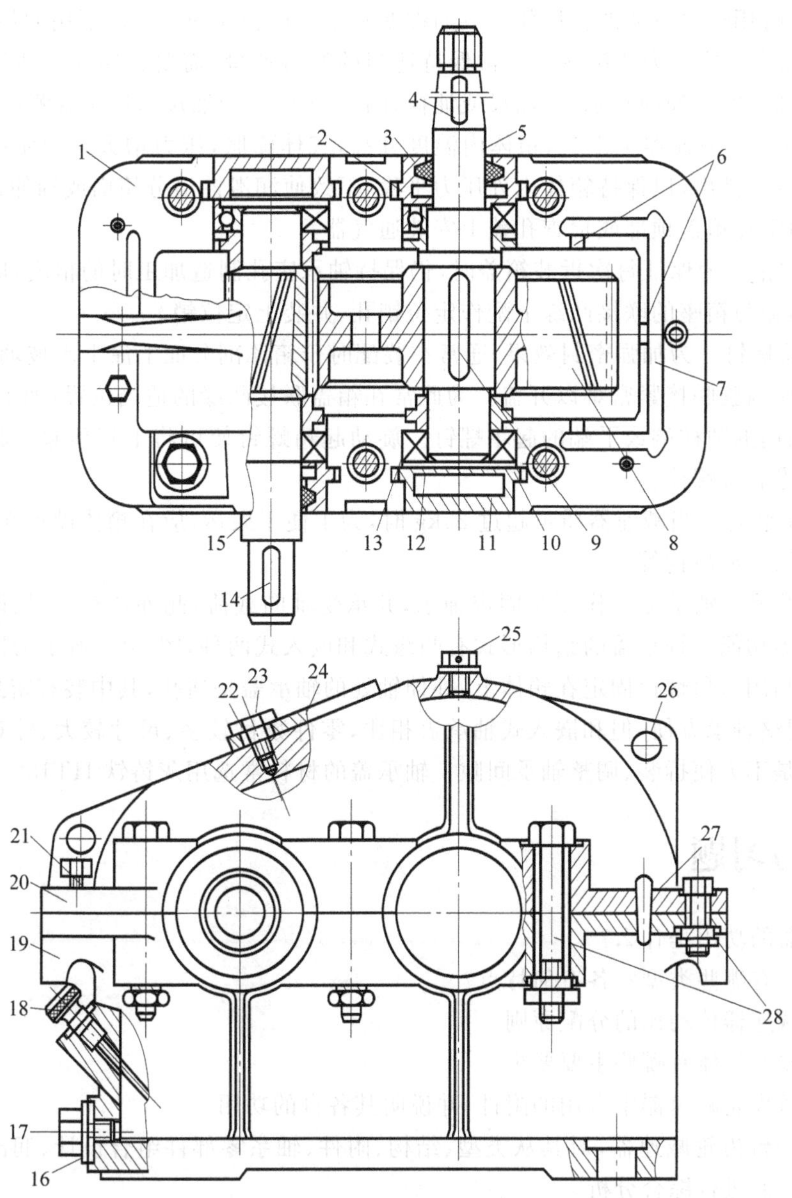

图 10-3 单级圆柱齿轮减速器

1—箱座；2、11—轴承盖；3—毡圈油封；4、9、14—键；5—轴；6—斜槽；7—回油沟；8—大齿轮；10—调整环；12—轴承；13—挡油环；15—齿轮；16—垫圈；17—放油螺塞；18—油尺；19—启动吊钩；20—箱盖；21—起盖螺钉；22—垫片；23—螺钉；24—检查孔盖；25—通气器；26—起重吊耳；27—销；28—联接螺栓

视外，还应考虑到减速器润滑油池注油、排油、检查油面高度、加工及拆装检修时箱盖与箱座的精确定位、吊装等辅助工作，所以减速器除箱体和轴系零部件外，还有一系列附件。

减速器附件主要有以下几种。

(1) 检查孔盖 减速器箱盖的上方均有检查孔，用于观察齿轮啮合情况及向箱体内注入润滑油。检查孔上应有垫片及检查孔盖，用螺钉固定，以防止漏油。

(2) 放油螺塞 换油时，为方便排放污油和清洗剂，应在箱座底部、油池的最低位置处开设放油孔，平时用螺塞将放油孔堵住。放油螺塞和箱体接合面间应加防漏用的垫圈。

(3) 油面指示器　为使箱体内经常保持适当的润滑油量，需要在箱体上便于观察且油面比较稳定的部位安装油面指示器(油尺或油标，图 10-3 所示为油尺)，用于观测油位。

(4) 通气器　减速器工作时，箱体内温度升高，气体膨胀，压力增大。为使箱体内受热膨胀的空气能自由排出，以保持箱体内外压力平稳，不致使润滑油沿分箱面或轴伸密封件等其他缝隙渗漏，通常在箱盖顶部或检查孔盖上安装通气器。

(5) 定位销　为保证每次拆装箱盖时，仍保持轴承座孔制造加工时的精度，应在精加工轴承孔前，在箱盖与箱座的联接凸缘上配作定位销孔，并装上定位销。

(6) 起盖螺钉　为加强密封效果，通常在装配时于箱体剖分面上涂上水玻璃密封胶，因而在拆卸时往往因胶联接紧密难以开盖。为此常在箱盖联接凸缘的适当位置，加工出 1～2 个螺孔，旋入起箱用的圆柱端或平端的起箱螺钉。旋动起箱螺钉便可将上箱顶起。起盖螺钉的大小可同于凸缘联接螺栓。

(7) 起吊装置　当减速器质量超过 25kg 时，为了便于搬运，应在箱体设置起吊装置，如在箱体上铸出吊耳或吊钩等。

(8) 轴承盖　轴承盖的作用是固定轴承，并承受轴向载荷，此外还有密封、调整轴承位置及轴承间隙等功能。轴承盖的结构形式有凸缘式和嵌入式两种，图 10-3 所示为嵌入式。凸缘式轴承盖是利用六角螺栓固定在箱体上，外伸轴处的轴承盖是通孔，其中装有密封装置。其优点是拆装、调整轴承方便，但和嵌入式轴承盖相比，零件数目较多、尺寸较大、外观不平整。嵌入式的缺点是不方便拆装、调整轴承间隙。轴承盖的材料常选用灰铸铁 HT150。

思考题与习题

10-1　减速器的功用是什么？

10-2　减速器有哪些类型？各有何特点？

10-3　简述减速器传动比的分配原则。

10-4　减速器的箱体有哪些主要要求？

10-5　试列举齿轮减速器中常用的附件，并说明其各自的功用。

10-6　拆装一台齿轮减速器，对其从类型、结构、附件、轴系零部件组合设计、润滑与密封方式等各方面进行综合分析。

第 11 章

联轴器和离合器

本章将介绍联轴器与离合器的功用与常见类型，并对一些典型结构进行分析。

11.1 概述

学习目标 能表述联轴器与离合器的功用，清楚两者之间的异同点。

联轴器、离合器是机械传动中的重要部件。两者的功用相同，都是在机器中实现主动轴与从动轴的联接，从而使两轴共同回转并传递运动和动力。其中，用联轴器联接的两轴，必须在机器停止运转后才能拆卸分离；而用离合器联接的两轴，在机器运转过程中即可随时进行对接或分离，从而达到操纵机器传动系统，实现变速或换向运动等。

如图 11-1、图 11-2 所示为联轴器和离合器应用实例。

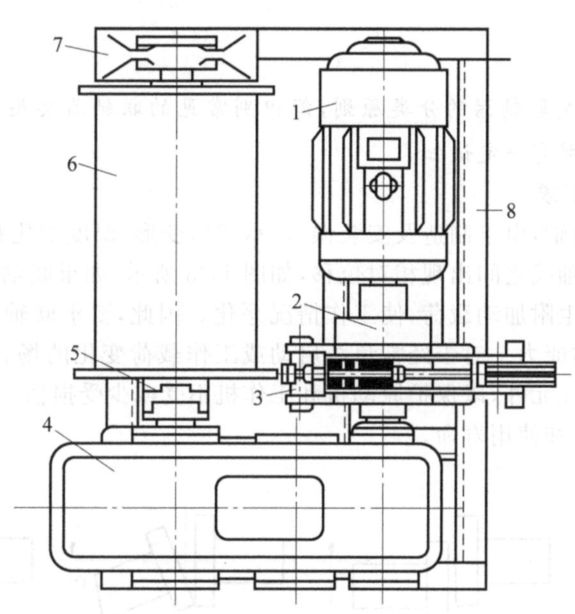

图 11-1 电动绞车

1—电动机；2、5—联轴器；3—制动器；4—减速器；6—卷筒；7—轴承；8—机架

图 11-1 所示为电动绞车，电动机输出轴与减速器输入轴之间用联轴器联接，减速器输出轴与卷筒之间同样用联轴器联接来传递运动和扭矩。

图 11-2 所示为自动车床转塔刀架上用于控制转位的离合器。

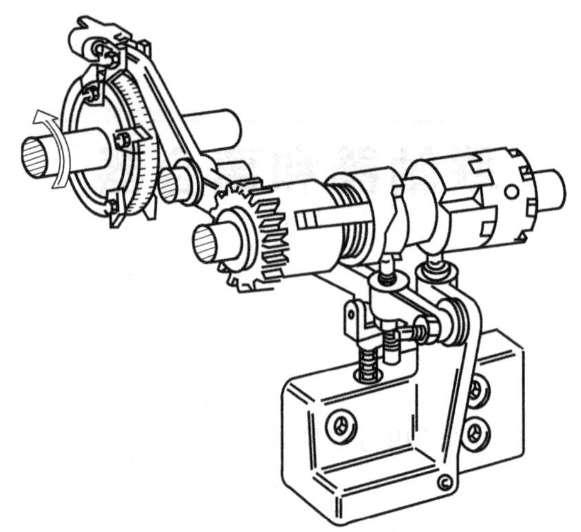

图 11-2 转塔刀架用离合器

联轴器和离合器的类型很多，其中有些已经标准化。在选择时可根据工作要求，选定合适的类型，再按被联接轴的直径、转矩和转速从有关手册中查取适用的型号和尺寸，必要时再作进一步的验算。

由于联轴器和离合器的种类繁多，本章仅对少数典型结构及其有关知识作些介绍，以便为选用和自行创新设计提供必要的基础。

11.2 联轴器

学习目标 清楚联轴器的分类原则，能识别常见的联轴器类型，并对其结构、工作原理、应用场合及选用原则有一定认知。

1. 联轴器的性能要求

联轴器所联接的两轴，由于制造及安装误差、承载后变形、温度变化和轴承磨损等原因，不能保证严格对中，使两轴线之间出现相对位移，如图 11-3 所示，如果联轴器对各种位移没有补偿能力，工作中将会产生附加动载荷，使工作情况恶化。因此，要求联轴器具有补偿一定范围内两轴线相对位移量的能力。对于经常负载启动或工作载荷变化的场合，要求联轴器中具有起缓冲、减振作用的弹性元件，以保护原动机和工作机不受或少受损伤。同时还要求联轴器安全、可靠，有足够的强度和使用寿命。

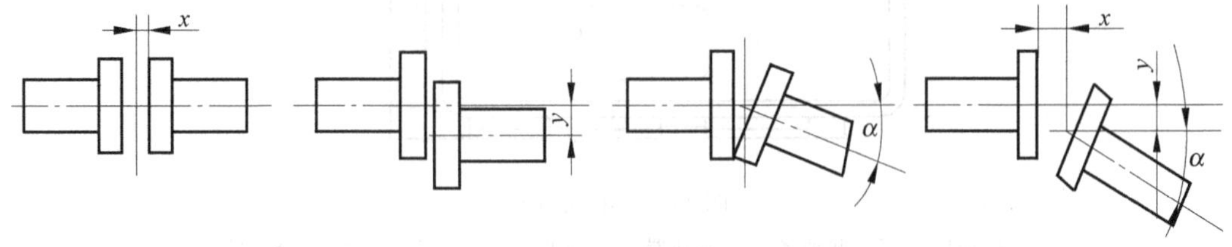

图 11-3 两轴间的各种相对位移

2. 联轴器的类型与特点

根据联轴器中有无弹性元件，可以将联轴器分为刚性联轴器和弹性联轴器两大类。

刚性联轴器根据其结构特点分为固定式和可移动式两类，固定式联轴器要求被联接的两轴中心线严格对中，而可移动式联轴器允许两轴间有一定的安装误差，对两轴的位移有一定的补偿能力。

弹性联轴器视其所具有弹性元件材料的不同，又可以分为金属弹簧式和非金属弹性元件式两类。弹性联轴器不仅能在一定范围内补偿两轴线间的位移，还具有缓冲减振的作用。

（1）刚性固定式联轴器　刚性固定式联轴器具有结构简单、成本低的优点。但对被联接的两轴间的相对位移缺乏补偿能力，故对两轴对中性要求很高。如果两轴线发生相对位移时，就会在轴、联轴器和轴承上引起附加的载荷，使工作情况恶化。所以常用于无冲击、轴的对中性好的场合。这类联轴器常见的有套筒式、凸缘式以及夹壳式等。我们主要介绍套筒式和凸缘式。

① 套筒式联轴器。这是一类最简单的联轴器，如图 11-4 所示。这种联轴器是一个圆柱形套筒，用两个圆锥销键或螺钉与轴相联接并传递扭矩。此种联轴器没有标准，需要自行设计，例如机床上就经常采用这种联轴器。

② 凸缘式联轴器。刚性联轴器中使用最多的就是凸缘式联轴器。它由两个带凸缘的半联轴器组成，两个半联轴器通过键分别与两轴相联接，并用螺栓将两个半联轴器联成一体，如图 11-5 所示。

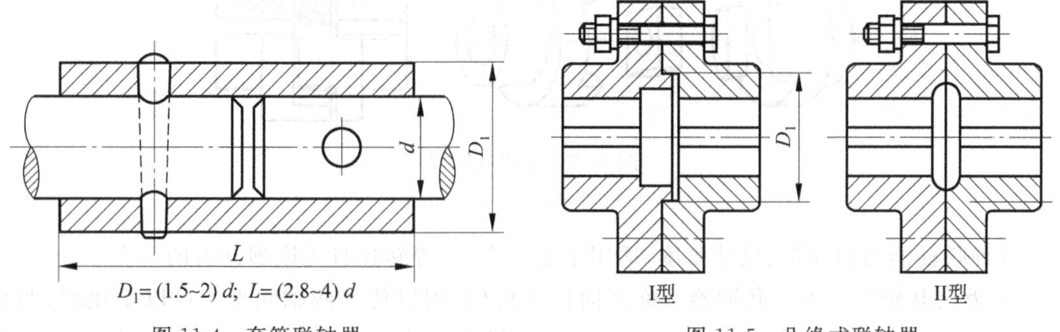

图 11-4　套筒联轴器　　　图 11-5　凸缘式联轴器

凸缘式联轴器按对中方式分为Ⅰ型和Ⅱ型：Ⅰ型用凸肩和凹槽（D_1）对中，并用普通螺栓联接，工作时靠两半联轴器接触面间的摩擦力传递转矩，装拆时需要做轴向移动。Ⅱ型用铰制孔螺栓对中，螺栓与孔为略有过盈的紧配合，工作时靠螺栓受剪与挤压来传递转矩。装拆时不需要做轴向移动，但要配铰螺栓孔。

对于受中等载荷，圆周速度小于 35m/s 时，凸缘联轴器的材料可以使用 HT200 等灰铸铁。重载或圆周速度大于 30m/s 时可以采用 35＃、45＃铸钢或锻钢。

凸缘式联轴器结构简单、价格低廉，使用方便，能传递较大的转矩，但要求被联接的两轴必须安装准确，严格对中。它适用于工作平稳、刚性好和速度较低的场合。凸缘联轴器的尺寸可以按照标准 GB/T 5843—2003 选用。

（2）刚性可移式联轴器

① 十字滑块联轴器。十字滑块联轴器是由两个端面带槽的套筒 1、3 和两侧面各具有凸块的浮动盘 2 组成，如图 11-6 所示。浮动盘两侧的凸块相互垂直，分别嵌装在两个套筒的凹槽中。浮动盘的凸块可在套筒的凹槽中滑动，

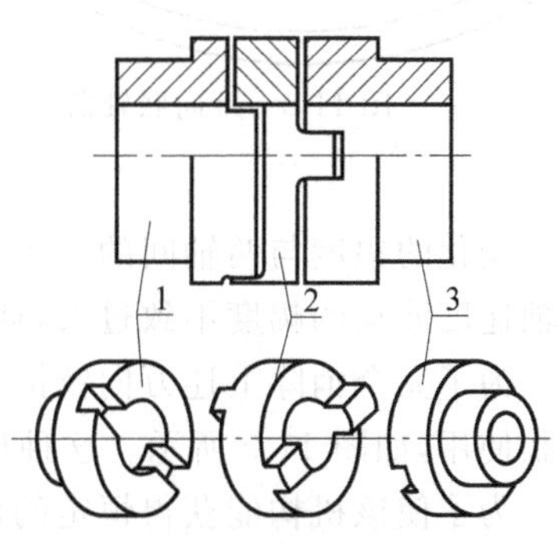

图 11-6　十字滑块联轴器

故允许一定的径向位移(即偏心距)$y \leqslant 0.04d$,和角位移$\alpha \leqslant 0.5°$。

这种联轴器零件的材料可用45#钢,工作表面须经热处理以提高其硬度;要求较低时也可以用Q275钢,不进行热处理。为了减少摩擦及磨损,使用时应向中间盘的油孔注油进行润滑。

因为半联轴器与中间盘组成移动副,不能发生相对转动,故主动轴与从动轴的角加速度应该相等。但在两轴间有相对位移的情况下工作时,中间盘会产生很大的离心力,从而增大动载荷及磨损。因此选用时应该注意其工作速度不得大于规定值。

这种联轴器一般用于转速$n<250$r/min,轴的刚度较大,且无剧烈冲击的场合。

效率$\eta=1-(3\sim5)y/d$,这里y为两轴间径向位移量,单位mm;d为轴径,单位mm。

② 滑块联轴器。滑块联轴器与十字块联轴器相似,只是两边半联轴器1、3上的沟槽很宽,并把原来的中间盘改为两面不带凸牙的方形滑块2,且通常用夹布胶木制成,如图11-7所示。由于中间滑块的质量减小,又有弹性,故具有较高的极限转速。中间滑块也可以用尼龙制成,并在装配时加入少量的石墨或二硫化钼,以便在使用时可以自行润滑。

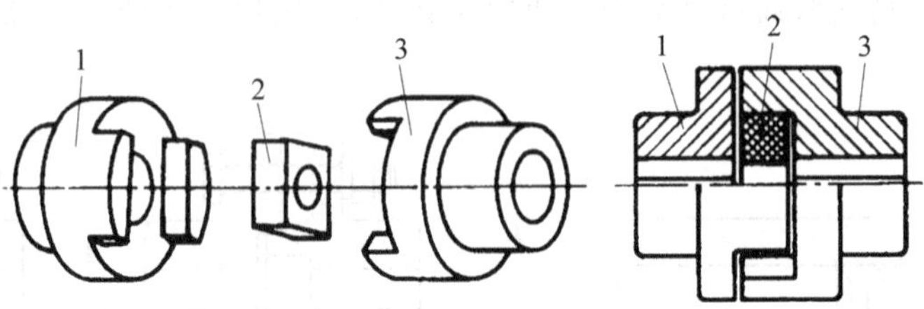

图11-7 滑块联轴器

1、3—半联轴器;2—滑块

这种联轴器结构简单、尺寸紧凑,适用于小功率、中等转速且无剧烈冲击的场合。

③ 万向联轴器。万向联轴器又称万向铰链机构,用以传递两轴间夹角可以变化的、两相交轴之间的运动。这种机构广泛地应用于汽车、机床、轧钢等机械设备中。

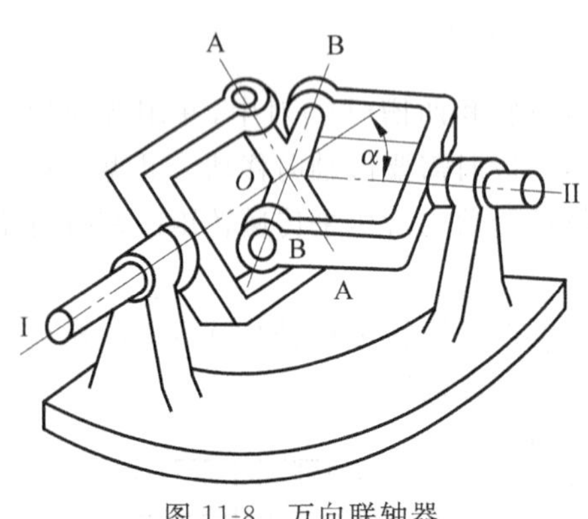

图11-8 万向联轴器

图11-8所示即为万向铰链机构的结构示意图。轴Ⅰ、Ⅱ的末端各有一叉,分别用转动副A—A及B—B与一个"十字形"构件相连。所有转动副的回转中心(轴线)交于一点O,两轴间的夹角为α。

我们可以看出当轴Ⅰ旋转一周时,轴Ⅱ显然也将随之转一周,即两轴的平均传动比为1。

但是,两轴的瞬时传动比却不恒为1,而是作周期性变化的。万向铰链的这种特性称为瞬时传动比的不均匀性。变化的幅度与两轴间的夹角α有关。当α越大,其变化的范围也越广(宽)。所以,为使从动轴速度波动的幅度不致过大,通常工程上限制两轴间的夹角α在30°以内,即$\alpha \leqslant 30°$。

为了完全消除上述万向铰链机构中从动轴变速传动的缺点,常将两个万向铰链机构成对串联使用,如图11-9所示。这种机构称为双万向铰链机构。

为了使该机构能获得恒定的传动比,机构要满足如下三个条件。

- 主动轴、从动轴、中间轴的三根轴线应位于同一平面内。

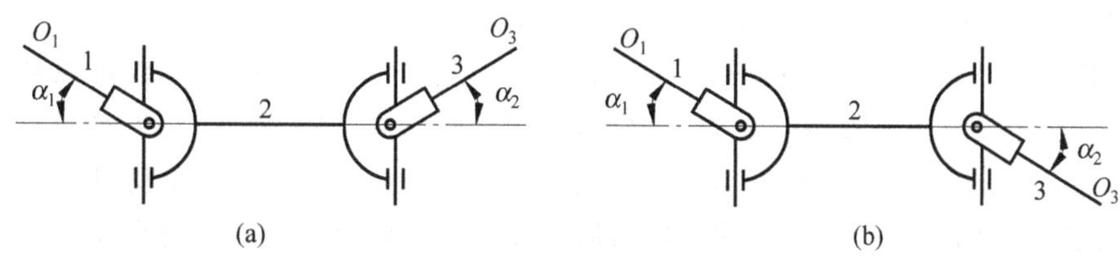

图 11-9　双万向铰链机构

- 主动轴、从动轴与中间轴的轴间夹角应相等，即 $\alpha_1=\alpha_2$。
- 中间轴两端的叉面应位于同一平面内。

如图 11-10 所示为 WS 型十字轴万向联轴器的典型结构，它已经标准化。

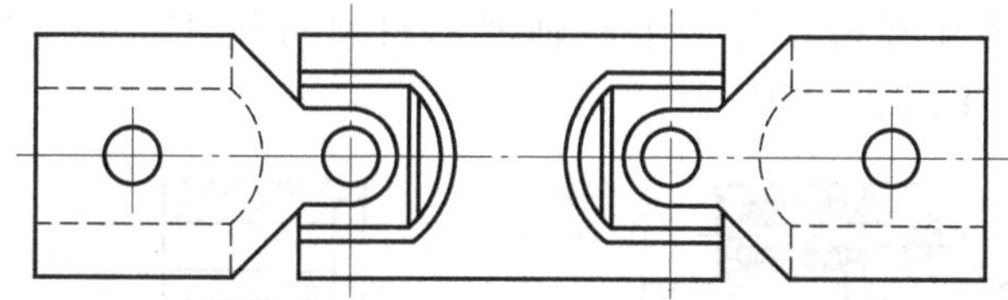

图 11-10　WS 型十字轴万向联轴器结构图

④ 齿式联轴器。齿式联轴器是由两个带内齿的外套筒 3 和两个带外齿的套筒 1 组成(见图 11-11(a))。套筒与轴相连，两个外套筒用螺栓 5 联成一体。工作时靠啮合的轮齿传递扭矩。为了减少轮齿的磨损和相对移动时的摩擦阻力，在壳内储有润滑油，为防止润滑油泄漏，内外套筒之间设有密封圈 6。齿轮联轴器能补偿适量的综合位移，如图 11-11(b)所示。由于轮齿间留有较大的间隙和外齿轮的齿顶制成椭球形，能补偿两轴的不同心和偏斜。允许角位移在 30′以下，若将外齿做成鼓形齿，角位移可达 3°。通常，轮齿采用压力角为 20°的渐开线齿廓。

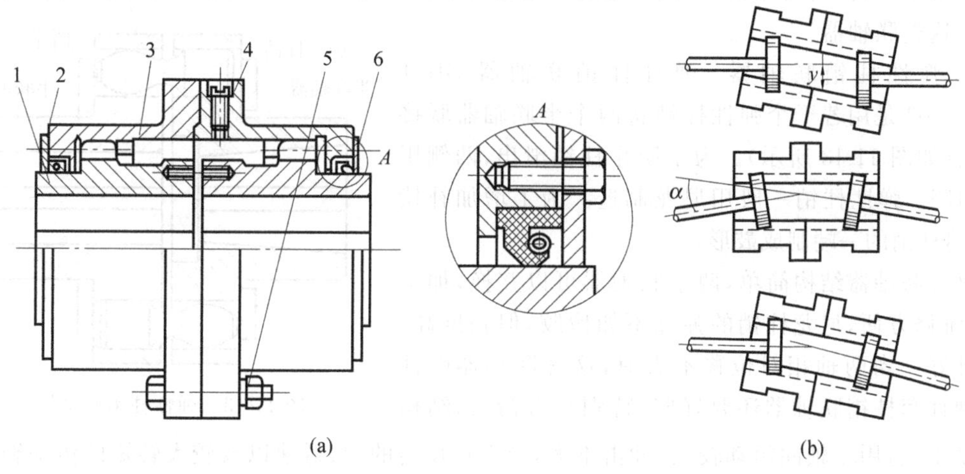

图 11-11　齿轮联轴器

1—带外齿的外套筒；2—端盖；3—带内齿的外套筒；4—油孔；5—螺栓；6—密封圈

齿式联轴器的优点是能传递很大的转矩和补偿适量的综合位移，但是，当传递巨大转矩时，齿间的压力也随着增大，使联轴器的灵活性降低，而且其结构笨重、造价较高。因此通常用于高速重载的重型机械中。齿式联轴器的标准为JB/T 5514—2007。

(3) 弹性可移式联轴器　在弹性联轴器中，由于安装有弹性元件，它不仅可以补偿两轴间的相对位移，而且有缓冲和吸振的能力。故此，适用于频繁启动、经常正反转、变载荷及高速运转的场合。制造弹性元件的材料有金属和非金属两种。非金属材料有橡胶、尼龙和塑料等。其特点为重量轻、价格便宜，有良好的弹性滞后性能，因而减振能力强，但橡胶寿命较短。金属材料制造的弹性元件，主要是各种弹簧，其强度高、尺寸小、寿命长，主要用于大功率的场合。这些联轴器可参考有关设计手册选用。

下面仅介绍几种已经标准化的非金属弹性元件联轴器。

① 弹性套柱销联轴器。弹性套柱销联轴器的结构与凸缘式联轴器很近似，不同的是用装有弹性套的柱销代替联接螺栓(如图11-12所示)。弹性套的变形可以补偿两轴线的径向位移和角位移，并且有缓冲和吸振作用。半联轴器的材料可用HT200，有时也用35#钢或ZG270—500；柱销材料多用35#钢。

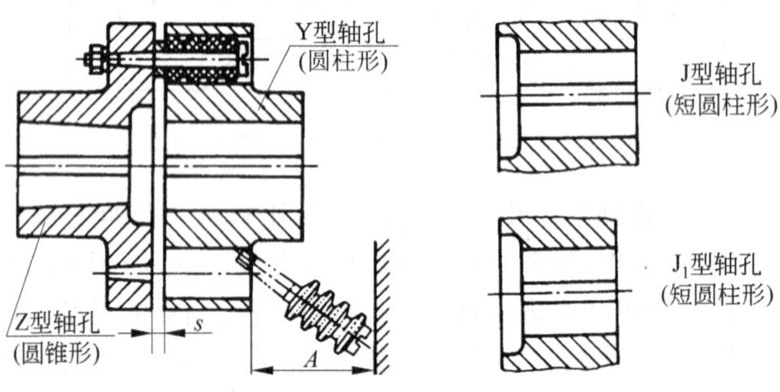

图11-12　弹性套柱销联轴器

这种联轴器结构简单、容易制造、装拆方便、成本较低，但弹性套容易磨损、寿命较短。适用于经常正反转、启动频繁、载荷平稳的高速运动中。如电动机与减速器(或其他装置)之间就常使用这类联轴器。

② 弹性柱销联轴器。弹性柱销联轴器GB/T 5014—2003是用若干个弹性柱销将两个半联轴器联接而成的(如图11-13所示)。为了防止柱销滑出，两侧用挡环封闭。弹性柱销一般用尼龙制造。为了增加补偿量，常将柱销的一端制成鼓形。

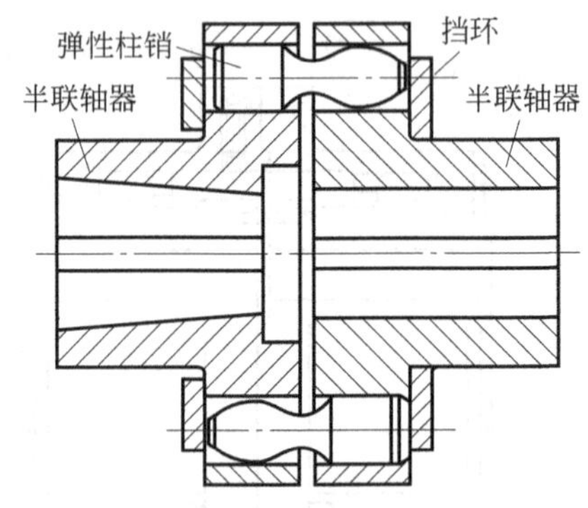

图11-13　弹性柱销联轴器

这种联轴器结构简单，两半联轴器可以互换，加工容易，维修方便，尼龙柱销的弹性不如橡胶，但强度高、耐磨性好。当两轴相对位移不大时，这种联轴器的性能比弹性套柱销联轴器还要好些，特别是寿命长，结构尺寸紧凑，适用于轴向窜动较大、冲击不大，经常正反转的中、低速以及较大转矩的传动轴系。

由于尼龙柱销对温度比较敏感，故使用温度限制在−20～70℃的范围内。

③ 梅花形弹性联轴器。这种联轴器如图11-14所示，其半联轴器与轴的配合孔可做成圆柱形或圆锥形。装配联轴器时，将梅花形弹性元件的花瓣部分夹紧在两半联轴器端面的凸齿交错插进所形成的齿侧空间，以便在联轴器工作时起到缓冲减振的作用。弹性元件可根据使用要求选用不同硬度的聚氨酯橡胶、铸型尼龙等材料制造。工作范围为−35～80℃，短时工作

温度可达 100℃，传递的公称转矩范围为 16～25000N·m。

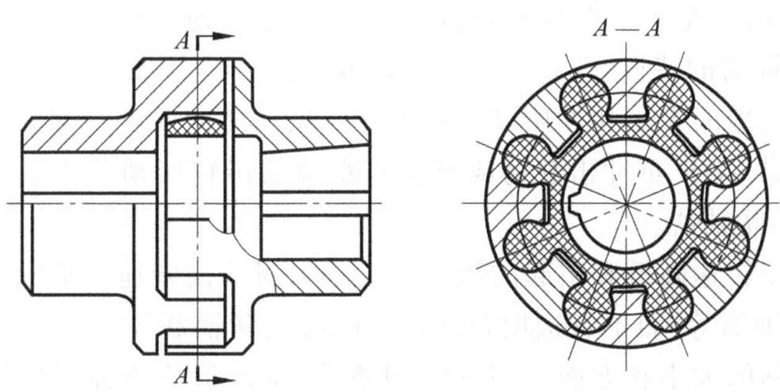

图 11-14　梅花形弹性联轴器

④ 轮胎式联轴器。轮胎式联轴器(GB/T 5844—2002)如图 11-15 所示。橡胶或橡胶织物制成轮胎状的弹性元件，用螺栓与两半联轴器联接而成。轮胎环中的橡胶织物元件与低碳钢制成的骨架硫化黏结在一起，骨架上焊有螺母，装配时用螺栓与两半联轴器的凸缘联接，依靠拧紧螺栓在轮胎环与凸缘端面之间产生的摩擦力来传递转矩。它的特点是弹性强、补偿位移能力大，有良好的阻尼和减振能力，绝缘性能好，运转时没有噪声，而且结构简单、不需要润滑，装拆和维护方便。其缺点是承载能力小，外形尺寸较大，当转矩较大时会因为过大的扭转变形而产生附加轴向载荷。

⑤ 膜片联轴器。膜片式联轴器的典型结构如图 11-16 所示，其弹性元件为一定数量的很薄的多边形(或椭圆形)金属膜片叠合而成的膜片组，膜片上有沿圆周方向均布的若干个螺栓孔，铰制孔用螺栓交错间隔与半联轴器相联接。这样弹性元件上的弧段分别为交错受压缩和受拉伸的两部分。拉伸部分传递转矩，压缩部分趋于皱褶。当所联接的两轴存在轴向、径向和角位移时，金属膜片便产生波状变形。

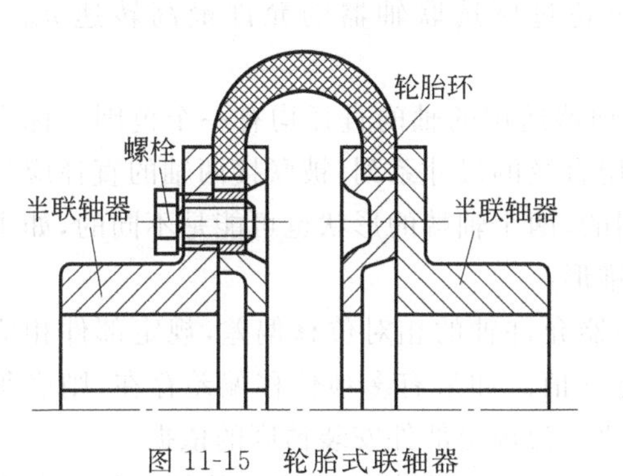

图 11-15　轮胎式联轴器

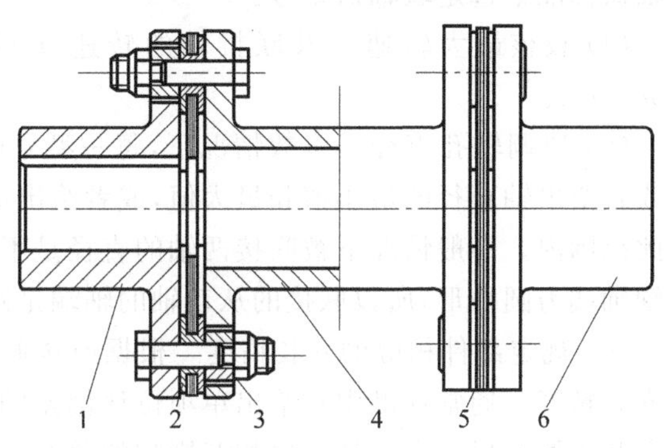

图 11-16　膜片联轴器

1、6—半联轴器；2—衬套；3—垫圈；4—中间轴；5—膜片组

当然，还有其他多种联轴器，我们在需要时可以查阅有关手册根据需要选定，在此就不作进一步讲解了。

3. 联轴器的选择

联轴器多已标准化，其主要性能参数为：额定转矩 T_n、许用转速[n]、位移补偿量和被联接轴的直径范围等。选用联轴器时，通常先根据使用要求和工作条件确定合适的类型，再按转矩、轴径和转速选择联轴器的型号，必要时应校核其薄弱件的承载能力。

选择的基本步骤如下：

(1) 选择联轴器的类型　根据传递的转矩的大小、轴转速的高低，被联接两部件的安装精度，参考各种类型联轴器的特性，选择一种合用的联轴器。具体如下：

① 所需传递的转矩的大小和性质以及对缓冲减振功能的要求。例如，对大功率的重载传动，可选用齿式联轴器；对严重冲击载荷或要求消除轴系扭转振动的传动，可选用轮胎式联轴器等具有较高弹性的联轴器。

② 联轴器的工作转速高低和引起的离心力大小。对于高转速传动轴，应选用平衡精度高的联轴器，如膜片联轴器等，而不宜选用存在偏心的滑块联轴器等。

③ 两轴相对位移的大小和方向。当安装调整后，难以保持两轴严格精确对中，或者工作过程中两轴将产生较大的附加相对位移时，应选用有补偿作用的联轴器。例如当径向位移较大时，可选用滑块联轴器，角位移较大时或相交两轴的联接可用万向联轴器等。

④ 联轴器的可靠性和工作环境。通常由金属元件制成的不需要润滑的联轴器比较可靠；需要润滑的联轴器，其性能易受润滑完善程度的影响，且可能污染环境。含有橡胶等非金属元件的联轴器对温度、腐蚀性介质及强光等比较敏感，而且容易老化。

⑤ 联轴器的制造、安装、维护和成本。在满足使用性能的前提下，应选用拆装方便、维护简单、成本低的联轴器。例如，刚性联轴器不但简单，而且拆装方便，可用于低速、刚性大的传动轴。一般的非金属弹性元件联轴器，由于具有良好的综合性能，广泛适用于一般中小功率传动。

(2) 计算联轴器的计算转矩　由于机器启动时的动载荷和运转中可能出现过载现象，所以应当按轴上的最大转矩作为计算转矩 T_{ca}，计算转矩按下式进行：

$$T_{ca} = K_A T \tag{11-1}$$

式中，T_{ca} 为公称转矩，N·m；K_A 为工况系数，可以查阅有关设计资料得到。

(3) 确定联轴器的型号　根据计算转矩 T_{ca} 及所选联轴器类型，按照 $T_{ca} \leqslant [T]$ 的条件由联轴器标准中选定联轴器型号。

(4) 校核最大转速　被联接轴的转速 n 不应超过所选联轴器的允许最高转速 n_{max}，即 $n \leqslant n_{max}$。

(5) 协调轴孔直径　多数情况下，每一型号联轴器适用的轴的直径均有一个范围。标准中或者给出轴直径的最小值和最大值，或者给出适用直径的尺寸系列，被联接两轴的直径应当在此范围内。一般情况下被联接两轴的直径是不同的，两个轴端的形状也可能是不同的，如主动轴轴端为圆柱形，所以联接的从动轴的轴端是圆锥形。

(6) 规定部件相应的安装精度　根据所选联轴器允许轴的相对位移偏差，规定部件相应的安装精度。通常标准中只给出单项位移偏差的允许值。如果有多项位移偏差存在，则必须根据联轴器的尺寸大小计算出相互影响的关系，依此作为规定部件安装精度的依据。

(7) 进行必要的校核　如有必要，应对联轴器的主要传动零件进行强度校核。使用非金属弹性元件的联轴器时，还应注意联轴器所在部位的工作温度不要超过该弹性元件材料允许的最高温度。

11.3　离合器

学习目标　清楚离合器的分类原则，能识别常见的离合器类型，并对其结构、工作原理、应用场合及选用原则有一定的认知。

1. 离合器的性能要求

离合器在机器传动过程中能方便地接合和分离。对其基本要求是：工作可靠，接合、分离迅速而平稳，操纵灵活、省力，调节和修理方便，外形尺寸小，重量轻。对摩擦式离合器还要求其耐磨性好并具有良好的散热能力等。

2. 离合器的分类

离合器的类型很多。按实现接合和分离的过程可分为操纵离合器和自动离合器；按离合的工作原理可分为牙嵌离合器和摩擦离合器。

牙嵌离合器通过主、从动元件上牙齿之间的啮合力来传递回转运动和动力，工作比较可靠，传递的转矩较大，但接合时有冲击，运转中接合困难。

摩擦离合器是通过主、从动元件间的摩擦力来传递回转运动和动力，运动中接合方便，有过载保护性能，但传递转矩较小，适用于高速、低转矩的工作场合。

3. 常用离合器的结构和特点

(1) 牙嵌离合器　牙嵌离合器如图 11-17 所示，是由两端面上带牙的半离合器 1、2 组成。半离合器 1 用平键固定在主动轴上，半离合器 2 用导向键 3 或花键与从动轴联接。在半离合器 1 上固定有对中环 5，从动轴可在对中环中自由转动，通过滑环 4 的轴向移动操纵离合器的接合和分离，滑环的移动可用杠杆、液压、气压或电磁吸力等操纵机构控制。

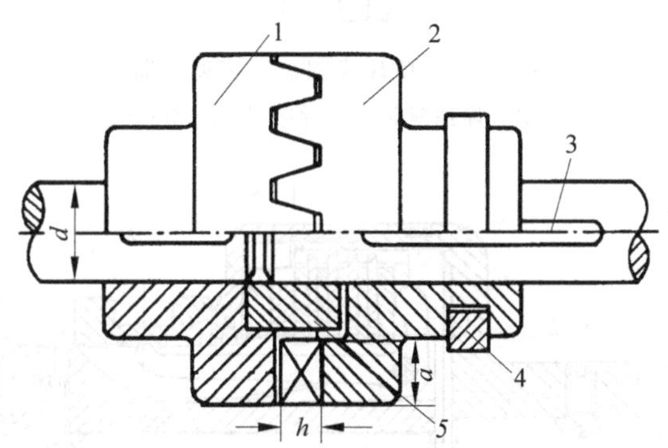

图 11-17　牙嵌离合器

1、2—半离合器；3—导向键；4—滑环；5—对中环

牙嵌离合器常用的牙形有三角形、矩形、梯形和锯齿形，如图 11-18 所示。

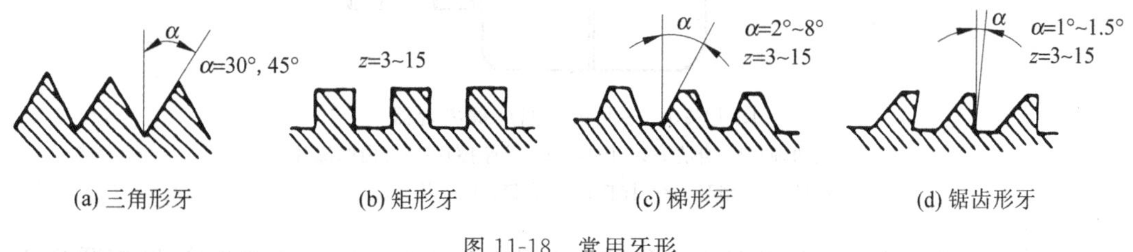

图 11-18　常用牙形

三角形牙用于传递中小转矩的低速离合器，牙数一般为 12～60；矩形牙无轴向分力，接合困难，磨损后无法补偿，冲击也较大，故使用较少；梯形牙强度高，传递转矩大，能自动补偿牙面磨损后造成的间隙，接合面间有轴向分力，容易分离，因而应用最为广泛；锯齿形牙只能单向工作，反转时由于有较大的轴向分力，会迫使离合器自行分离。

牙嵌离合器主要失效形式是牙面的磨损和牙根折断，因此要求牙面有较高的硬度，牙根有良好的韧性，常用材料为低碳钢渗碳淬火到54～60HRC，也可用中碳钢表面淬火。

牙嵌离合器结构简单，尺寸小，接合时两半离合器间没有相对滑动，但只能在低速或停车时接合，以避免因冲击折断牙齿。

(2) 摩擦离合器　摩擦离合器依靠两接触面间的摩擦力来传递运动和动力。按结构形式不同，可分为圆盘式、圆锥式、块式和带式等类型，最常用的是圆盘摩擦离合器。

圆盘摩擦离合器分为单片式和多片式两种，分别如图11-19、图11-20所示。

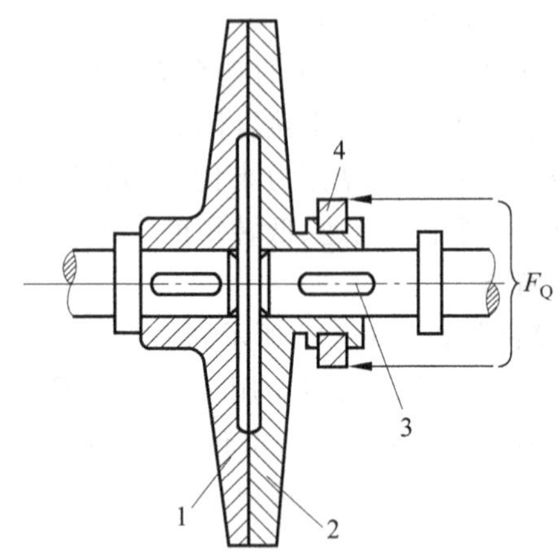

图11-19　单片式圆盘摩擦离合器

1、2—摩擦圆盘；3—导向键；4—滑环

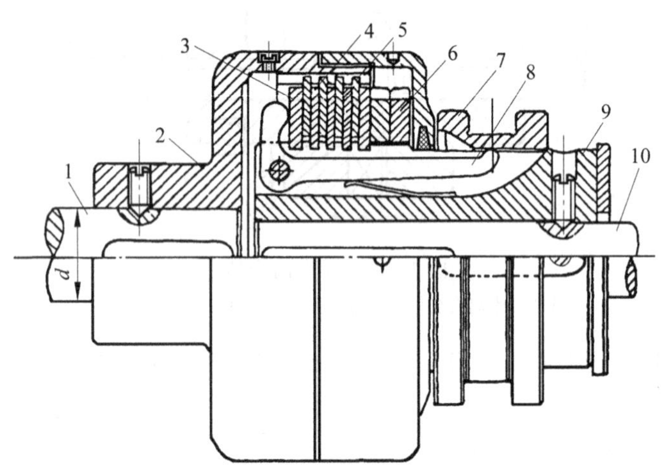

图11-20　多片式圆盘摩擦离合器

1—主动轴；2—外壳；3—压板；4—外摩擦片；5—内摩擦片；6—螺母；7—滑环；8—杠杆；9—套筒；10—从动轴

单片式摩擦离合器由摩擦圆盘1、2和滑环4组成。圆盘1与主动轴联接，摩擦圆盘2通过导向键3与从动轴联接并可在轴上移动。操纵滑环4可使两圆盘接合或分离。轴向压力F_Q使两圆盘接合，并在工作表面产生摩擦力，以传递转矩。单片式摩擦离合器结构简单，但径向尺寸较大，只能传递不大的转矩。

多片式摩擦离合器有两组摩擦片，主动轴1与外壳2相联接，外壳内装有一组外摩擦片4，形状如图11-21(a)所示，其外缘有凸齿插入外壳上的内齿槽内，与外壳一起转动，其内孔不与任何零件接触。从动轴 10 与套筒 9 相联接，套筒上装有一组内摩擦片 5，形状如图 11-21(b)所示，其外缘不与任何零件接触，随从动轴一起转动。滑环 7 由操纵机构控制，当滑环向左移动时，使杠杆 8 绕支点顺时针转动，通过压板 3 将两组摩擦片压紧，实现接合；滑环 7 向右移动，则实现离合器分离。摩擦片间的压力由螺母 6 调节。若摩擦片为图 11-21(c)所示的形状，则分离时能自动弹开。

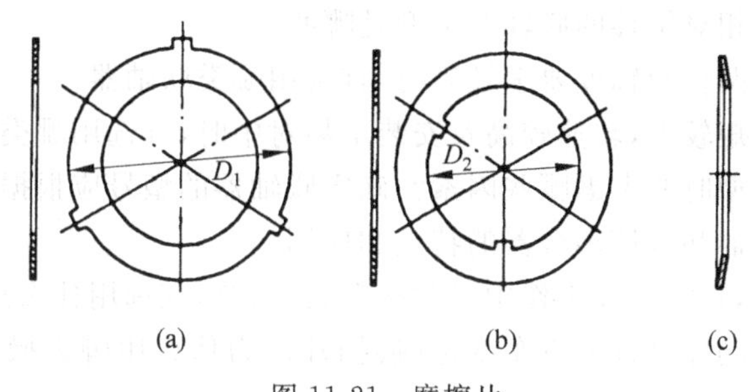

图 11-21　摩擦片

摩擦片材料常用淬火钢片或压制石棉片。摩擦片数目多，可以增大所传递的转矩。但片数过多，将使各层间压力分布不均匀，所以一般不超过 12～15 片。

多片式摩擦离合器由于摩擦面增多，传递转矩的能力提高，径向尺寸相对减小，但结构较为复杂。

摩擦离合器与牙嵌离合器比较，其优点是：两轴能在不同速度下接合；接合和分离过程比较平稳、冲击振动小；从动轴的加速时间和所传递的最大转矩可以调节；过载时将发生打滑，可避免使其他零件受到损坏。故摩擦离合器的应用较广。其缺点是结构复杂、成本高；当产生滑动时不能保证被联接两轴间的精确同步转动；摩擦会产生热，当温度过高时会引起摩擦系数的改变，严重的可能导致摩擦盘胶合和塑性变形。所以，一般对钢制摩擦盘应限制其表面最高温度不超过 300～400℃，整个离合器的平均温度不超过 100～120℃。

(3) 定向离合器　定向离合器是一种随速度的变化或回转方向的变换而能自动接合或分离的离合器，它只能单向传递转矩。如锯齿型牙嵌离合器，只能单向传递转矩，反向时自动分离。棘轮机构也可以作为定向离合器。

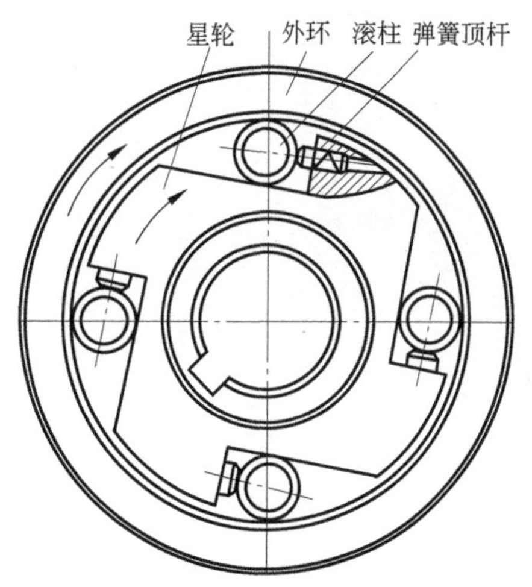

图 11-22　滚柱式定向离合器

如图 11-22 所示为一种滚柱式定向离合器，它由星轮、外环、滚柱和弹簧顶杆等组成。弹簧顶杆的推力使滚柱与星轮和外环经常接触。如果星轮为主动件并按图示方向顺时针回转，滚柱受摩擦力的作用被楔紧在槽内，从而带动外环回转，这时离合器处于接合状态。当星轮反向回转时，滚柱则被推到槽中宽敞部分，离合器处于分离状态。这种离合器工作时没有噪声，故适用于高速传动，但制造精度要求较高。

当外环与星轮作顺时针方向的同向回转时，根据相对运动原理，若外环的速度大于星轮转速，则离合器处于分离状态。反之，如外环的转速小于星轮的转速，则离合器处于接合状态，故又称为超越离合器。定向离合器常用于汽车、拖拉机和机床等的传动装置中，我们自行车后轴上也安装有超越离合器。

思考题与习题

11-1 联轴器与离合器的主要功用有何异同点？

11-2 刚性联轴器和弹性联轴器有何差别？各举例说明它们适用于什么场合。

11-3 具有补偿两轴间相对位移的联轴器类型是哪些？

11-4 当传递功率大且两轴同轴度要求较高时，宜选用哪类联轴器？

11-5 当两轴传递的转矩较大，转速较高及安装不易对中时，宜选用哪类联轴器？

11-6 选择联轴器的类型时要考虑哪些因素？确定联轴器的型号应根据什么原则？

11-7 试比较牙嵌离合器和摩擦离合器的特点和应用。

11-8 当两轴转速较高，且需要在工作中经常接合、分离时，宜选用什么离合器？

11-9 汽车司机用手搬动操纵杆使汽车变速（换挡）时，为什么用脚去操纵离合器？这里用的是什么离合器？

附录 A

《机械基础》常用单词中英文对照

一画

V 带	V belt		

二画

力	force	力矩	moment

三画

工作载荷	serving load	飞轮	flier，flywheel
干摩擦	dry friction		

四画

内圈	innerring	切向键	tangential key
切应力	tangential stress	切削	cutting
双头螺柱	stud	尺寸	dimension
尺寸公差	dimensional tolerance	计算载荷	calculating load

五画

主动轴	drive shaft	凸轮	cam
加工	working	半圆键	half round key
外圈	outer ring	失效	failure
尼龙	nylon	平键	flat key
打滑	slippage	正火	normalizing treatment
正应力	normal stress		

六画

优化设计	optimum design	压缩应力	compressive stress
动平衡	dynamic balance	向心轴承	centripetal stress
压力	pressure	导向键	guide key
压强	pressure intensity	当量动载荷	equivalent dynamic load

曲轴	crank axle	合金钢	alloy steel
有色金属	non ferrous metal	向心推力轴承	centripetal thrust bearing
机架	framework	导轨	guide track
机械	machine	曲柄	crank
机械零件	machine element	曲率半径	curvature radius
灰铸铁	gray cast iron	机构	mechanism
行星轮系	planetary gear train	机座	machine base
防松	locking	机械加工	mechanical working
冲压	punching	机器	machine
动载荷	moving load	自锁	self locking
压应力	compressive stress	许用应力	allowable stress
压缩	compress	刨削	planning

七画

寿命	life	应力	stress
应力集中	stress concentration	应变	strain
扭转	torsion	扭转角	angle of torsion
抗压强度	compression strength	抗拉强度	tensile strength
抗弯强度	bending strength	材料	material
极限应力	limit stress	极惯性矩	polar moment of inertial
花键	spline	连杆	connecting rod

八画

周转轮系	epicyclic gear train	屈服强度	yield strength
底板	base plate	底座	underframe
径向力	radial force	径向轴承	journal bearing
径向基本额定动载荷	radial elementary rated life	性能	performance
		拉力	pulling force
承载量	load carrying capacity	拉伸应力	tensile stress
拉伸	tension	泊松比	Poisson's ratio
油膜	oil film	空心轴	hollow axle
直径	diameter	表面处理	surface treatment
空气轴承	air bearing	转矩	torque
表面淬火	surface quenching	青铜合金	bronze alloy
金属材料	metallic material	齿轮	gear
非金属材料	non metallic material	齿数	tooth number
齿轮模数	module of gear teeth	变应力	dynamic stress
保持架	holding frame	变载荷	dynamic load
变形	deflection，deformation		

九画

轮系	gear train	垫片	shim
垫圈	washer	复合材料	composite material
带传动	belt driving	弯曲	bend
弯曲应力	bending stress	弯曲强度	bending strength
弯矩	bending moment	挡圈	retaining ring
残余应力	residual stress	残余变形	residual deformation
点蚀	pitting	相对运动	relative motion
相对滑动	relative sliding	相对滚动	relative rolling motion
矩形花键	square key	结构	structure
结构设计	structural design	结构钢	structural steel
耐磨性	wearing quality	脉动循环应力	repeated stress
轴	shaft	轴瓦	bushing
轴向力	axial force	轴承	bearing
轴承合金	bearing metal	轴承油沟	grooves in bearing
轴承衬	bearing bush	轴承座	bearing block
轴承盖	bearing cap	轴环	axle ring
轴肩	shaft neck	轴套	shaft sleeve
退刀槽	tool escape	钢材	steel
钩头楔键	gib head key	钩头螺栓	gib head bolt

十画

挺杆	tappet，tapper	圆柱销	cylindrical pin
圆锥销	cone pin	圆螺母	circular nut
流体动力润滑	hydrodynamic lubrication	流体静力润滑	hydrostatic lubrication
润滑	lubrication	润滑油膜	lubricant film
热处理	heat treatment	热平衡	heat balance
疲劳	fatigue	疲劳失效	fatigue failure
疲劳寿命	fatigue life	疲劳强度	fatigue strength
疲劳裂纹	fatigue cracking	离合器	clutch
紧定螺钉	tightening screw	胶合	seizing of teeth
能量	energy	脆性材料	brittle material
调质钢	quenched and tempered steel	载荷	load
载荷谱	load spectrum	通用零件	universal element
速度	velocity	部件	parts
铆接	riveting	陶瓷	ceramics
预紧	pretighten	高速传动轴	high speed drive shaft

十一画

偏心载荷 eccentric load
减速器 redactor
剪切应力 shear stress
基本额定动载荷 elementary rated dynamic load
密度 density
弹性流体动力润滑 elastohydrodynamic lubrication
弹性滑动 elastic slippage
弹簧 spring
惯性力 inertial force
接触应力 contact stress
推力轴承 thrust bearing
液压 hydraulic pressure
渐开线花键 involute spline
球形阀 globe valve
粗糙度 roughness
铝合金 aluminum alloy
黄铜 brass
偏转角 deflection angle
剪切应力 shearing stress
基本额定寿命 elementary rated life
密封 seal
弹性变形 elastic deformation
弹性啮合 elastic engagement
弹性模量 modulus of elasticity
弹簧垫圈 spring washer
惯性矩 moment of inertia
接触角 Contact Angle
断裂 break
混合润滑 mixed lubrication
焊接 welding
球墨铸铁 nodular cast iron
铜合金 copper alloy
铰链 hinge

十二画

剩余预紧力 residual initial tightening load
强度 strength
最小油膜厚度 minimum film thickness
滑动轴承 sliding bearing
滑键 slide key
联轴器 coupling
铸件 casting
铸造 cast
铸铝 cast aluminum
链轮 chain wheel
销钉联接 pin connection
喷丸 sand blast
强度极限 ultimate strength
棘轮传动 ratchet wheel
滑块 slide block
硬度 hardness
装配 assembly
铸钢 cast steel
铸铁 cast iron
链 chain
销 pin

十三画

塑性材料 ductile material
塑料 plastics
楔键 wedge key
滚动轴承 rolling bearing
滚珠丝杆 ball leading screw
锥形阀 cone valve
键槽 keyways
塑性变形 plastic deformation
摇杆 rocker
滚动体 Rolling Body

滚压	rolling	键	key
锡青铜	tin bronze		

十四画

碳化	carbonization	碳素钢	carbon steel
稳定性	stability	腐蚀	corrosion
锻件	forged piece	锻钢	forged steel
锻造	forging	静压轴承	hydrostatic bearing
静应力	steady stress	静载荷/应力	static load/stress

十五画

摩擦	friction	摩擦力	friction force
摩擦功	friction work	摩擦系数	friction coefficient
摩擦角	friction angle	摩擦学	tribology
槽轮	sheave wheel		

十六画

橡胶	rubber	箱体	box
磨削	grinding	磨损	wear
磨损过程	wear process		

十七画

螺母	nut	螺纹	screw
螺纹	threads	螺纹联接	threaded and coupled
螺钉	pitch	螺栓	bolt
螺栓联接	bolting	螺旋传动	screw-driven

参考文献

[1] 穆能伶.工程力学[M].北京：机械工业出版社,2002.
[2] 范钦珊.材料力学[M].北京：高等教育出版社,2000.
[3] 胡增强.材料力学习题解析[M].北京：清华大学出版社,2005.
[4] 张少实.新编材料力学[M].北京：机械工业出版社,2002.
[5] 党锡康.工程力学(修订版)[M].南京：东南大学出版社,2005.
[6] 赵忠等.金属材料及热处理[M].3版.北京：机械工业出版社,2005.
[7] 金忠谋.材料力学[M].北京：机械工业出版社,2005.
[8] 郑章耕.工程材料及热加工工艺基础[M].重庆：重庆大学出版社,1997.
[9] 尹传华.金属工艺学[M].北京：机械工业出版社,2001.
[10] 杨可桢.机械设计基础[M].4版.北京：高等教育出版社,1999.
[11] 朱凤芹.机械设计基础[M].北京：北京大学出版社,2008.
[12] 李海萍.机械设计基础[M].苏州：苏州大学出版社,2005.
[13] 濮良贵等.机械设计[M].7版.北京：高等教育出版社,1996.
[14] 常新中.机械基础[M].北京：化学工业出版社,2007.
[15] 钟丽萍.机械基础[M].北京：北京大学出版社,2006.
[16] 李培根.机械工程基础[M].2版.北京：机械工业出版社,2007.
[17] 王忠章.机械工程材料[M].北京：机械工业出版社,2001.
[18] 马永林.机械原理[M].北京：高等教育出版社,2005.
[19] 郑志祥.机械零件[M].2版.北京：高等教育出版社,2000.
[20] 朱平等.机械设计基础[M].广州：华南理工大学出版社,2002.
[21] 钟建宁.机械基础[M].北京：高等教育出版社,2003.
[22] 胡家秀.机械设计基础[M].北京：机械工业出版社,2004.
[23] 李卫平.机械基础[M].北京：机械工业出版社,2004.
[24] 吴宗泽.机械设计实用手册[M].北京：化学工业出版社,1999.
[25] 徐灏.机械设计手册[M].2版. 北京：机械工业出版社,2000.